单电感多输出开关变换器建模与控制

Modeling and Control of Single-inductor Multiple-output Switching Converters

周国华　周述晗　著

科 学 出 版 社

北　京

内 容 简 介

本书涉及单电感多输出开关变换器建模与控制的基础理论和应用研究，具体内容包括：单电感多输出开关变换器的拓扑结构与开关时序、单电感多输出开关变换器动力学建模与分析、连续导电模式单电感多输出开关变换器的建模与控制技术、断续导电模式单电感多输出开关变换器的建模与控制技术、伪连续导电模式单电感多输出开关变换器的建模与控制技术、混合导电模式单电感多输出开关变换器的建模与控制技术，涵盖了动力学建模与非线性特性分析、小信号建模与控制环路设计、电压型纹波控制技术与电流型纹波控制技术、脉冲宽度调制与脉冲频率调制等相关内容。

本书是作者长期研究成果的总结与提炼，可供高等院校电力电子、电路与系统、控制工程等相关专业的高年级本科生、研究生参考，也可供电气工程领域工程技术人员和研究学者使用。

图书在版编目（CIP）数据

单电感多输出开关变换器建模与控制/周国华，周述晗著. —北京：科学出版社，2023.11

ISBN 978-7-03-076354-9

Ⅰ. ①单…　Ⅱ. ①周…②周…　Ⅲ. ①开关-变换器　Ⅳ. ①TN624

中国国家版本馆 CIP 数据核字（2023）第 173358 号

责任编辑：华宗琪 / 责任校对：樊雅琼
责任印制：罗　科 / 封面设计：义和文创

科学出版社 出版
北京东黄城根北街 16 号
邮政编码：100717
http://www.sciencep.com

成都锦瑞印刷有限责任公司 印刷

科学出版社发行　各地新华书店经销

*

2023 年 11 月第　一　版　开本：787×1092　1/16
2023 年 11 月第一次印刷　印张：13 1/2
字数：320 000

定价：139.00 元

（如有印装质量问题，我社负责调换）

前　言

随着信息技术的快速发展，以手机、智能手表、无线耳机为代表的便携式电子产品发展十分迅速，已成为功能越来越强大的移动终端；同时，对其供电电池在小型化、轻量化和续航时间等方面提出了越来越高的要求，这使得便携式电子产品的电源系统朝着高效率、多电压输出和小体积的方向发展。单电感多输出(single-inductor multiple-output，SIMO)开关变换器采用单个电感即可实现多路独立直流输出，具有体积小、转换效率高等优点。因多条输出支路共用一个电感，SIMO 存在电感电流共享或耦合现象，导致交叉影响。关于 SIMO 开关变换器建模和控制技术的研究，尤其在抑制输出支路交叉影响和提升系统效率等方面，已成为电气工程学科的重要研究方向。深入分析和研究交叉影响产生的本质原因，研究消除交叉影响并同时提升效率的控制技术，以及电路参数变化对变换器性能的影响，对 SIMO 开关变换器的系统设计具有十分重要的理论意义和应用价值。

本书以多路输出开关变换器为研究对象，从控制技术出发，系统地介绍纹波控制和非纹波控制 SIMO 开关变换器的动力学建模、小信号建模和控制环路的参数设计；从调制方式出发，系统地介绍脉冲宽度调制(pulse width modulation，PWM)和脉冲频率调制(pulse frequency modulation，PFM)下 SIMO 开关变换器的小信号建模，并对不同调制技术的性能进行分析；从工作模式、开关时序出发，系统地介绍不同工作模式、不同开关时序时 SIMO 开关变换器的建模与控制技术、瞬态性能、交叉影响特性；介绍 SIMO 开关变换器的小信号模型与控制环路参数设计，以及不同负载对系统损耗的影响，揭示控制技术能够抑制 SIMO 开关变换器交叉影响并提升效率的本质。基于本书的讨论，读者能够理解并掌握 SIMO 开关变换器的动力学建模与非线性特性分析、小信号建模与控制环路设计、纹波控制与非纹波控制、PWM 与 PFM、断续导电模式、连续导电模式、伪连续导电模式和混合导电模式等相关内容，为 SIMO 开关变换器的分析与设计提供参考。

全书共 9 章，第 1 章对 SIMO 开关变换器的拓扑结构、开关时序、工作模式、研究现状及应用前景进行详细介绍。结合电流型和电压型两种基本纹波控制方式，第 2 章和第 3 章详细介绍 SIMO 开关变换器的动力学建模与分析。第 2 章介绍电流型纹波控制共享时序 SIMO 开关变换器的动力学行为，重点分析输入电压、输出电压变化时的动力学特性，得到变换器工作状态发生转移时的分界线方程。第 3 章以电压型纹波控制 SIMO 开关变换器为研究对象，建立精确的离散迭代映射模型，揭示输出电容和输出电容等效串联电阻、负载电阻、恒定下降时间、输入电压、输出电压和斜坡补偿斜率对变换器动力学行为的影响。结合 PWM 和 PFM 两种调制方式，以及连续导电模式和断续导电模式，第 4～6 章详细介绍 SIMO 开关变换器的小信号建模与控制技术。第 4 章介绍连续导电模式 SIMO 开关变换器的电流型恒频纹波控制技术，建立完整的小信号模型，从理论上揭示 SIMO 开关变换器存在交叉影响的根本原因；同时对控制环路的补偿器进行设计，从频域的角度通过伯德(Bode)图对交叉影响特性和负载瞬态性能进行分析，并给出稳定状态区域。第 5 章介绍连续导电模式 SIMO 开关变换器的变频纹波控制技术，包括电压型变频纹波控制技术和电流型变频纹波控制技术。不同于第 4 章和第 5 章，第 6 章介绍断续导电模式 SIMO 开关变换器恒频均值电压控制技术，研究结果表明：恒频均值电压控制断续导电模式 SIMO 开关变换器的输出支路间不存在交叉影响。根据伪连续导电模式和混合导电模式，第 7～9 章系统地介绍 SIMO 开关变换器的控制技术和性能分析。第 7 章介绍伪连续导电模式 SIMO 开关变换器的恒定续流控制技术，包括恒频均值电压型恒定续流控制技术和电压型恒频纹波控制技术；根据电感电流与输出负载的关系，推导输出负载表达式，分析变换器的负载范围和输出支路的交叉影响，以及负载变化时变换器的效率特性。第 8 章介绍伪连续导电模式 SIMO 开关变换器的电压型纹波动态续流控制技术，从负载范围、效率、负载瞬态性能和交叉影响特性四个方面，对其性能进行详细分析。第 9 章介绍混合导电模式 SIMO 开关变换器的电压型纹波动态续流控制技术，包括动态续流时间控制技术和动态参考电流控制技术，详细分析两种控制技术的工作原理，推导效率表达式，分析不同负载条件下变换器的效率，建立系统的采样数据模型，并对变换器的稳定性进行分析。

本书重点介绍 SIMO 开关变换器的建模与控制技术，详细介绍多种控制技术、调制方式、工作模式下 SIMO 开关变换器动力学建模与非线性特性、小信号建模与控制环路设计、损耗分析与效率计算等。全书的相关材料主要来源于作者承担的国家自然科学基金项目(61771405、62101361)和高等学校全国优秀博士学位论文作者专项资金项目(201442)的成果总结，其中博士研究生周述晗，硕士研究生叶馨、冉祥、谭宏麟、张小猛等对本书内容做出了重要贡献。

本书由西南交通大学周国华教授和四川大学周述晗副研究员共同撰写完成。在本书的撰写过程中，作者参考和引用了国内外相关重要文献，受益匪浅，谨向这些文献的作者表示诚挚的感谢。

由于作者学识和时间有限，书中难免存在不足或疏漏之处，恳请广大读者批评指正。

作　者

2023 年 1 月

目　录

第1章　单电感多输出开关变换器

单电感多输出(SIMO)开关变换器是多条输出支路共用一个电感的电能变换电路，能实现以下功能[1, 2]：降低多路输出系统的体积、重量和成本；独立精确控制各条输出支路；完成输出电压/电流幅值和极性的变换。SIMO 开关变换器可应用于开关电源[3]、功率因数校正[4]、无线电能传输[5]等场合。

根据 SIMO 开关变换器输入端口的数量，可以将其分为单输入多输出结构和多输入多输出结构[6]；根据输入与输出是否存在隔离，可以将其分为非隔离型和隔离型[7]。SIMO 开关变换器在单位周期内的开关时序可分为共享时序和独立时序[1,2,7]；根据主开关管和输出支路开关管是否同步，又可分为同步时序和异步时序[8]。SIMO 开关变换器的电感电流工作模式可分为连续导电模式(continuous conduction mode，CCM)、断续导电模式(discontinuous conduction mode，DCM)、临界连续导电模式(boundary conduction mode，BCM)、伪连续导电模式(pseudo-continuous conduction mode，PCCM)和混合导电模式(hybrid conduction mode，HCM)[9]。

本章首先对 SIMO 开关变换器的拓扑结构进行简单的回顾，然后总结 SIMO 开关变换器的开关时序，并引入同步时序和非同步时序；进一步概述 SIMO 开关变换器的电感电流工作模式，最后讨论 SIMO 开关变换器的研究现状和应用前景。

1.1　单电感多输出开关变换器的拓扑结构

1.1.1　单输入多输出结构

1. 非隔离型

根据非隔离型单电感单输入多输出开关变换器的输出电压与输入电压幅值和极性的不同，可将其分为如图 1.1 所示的四种基本电路结构，分别为降压型(Buck 型)、升压型(Boost 型)、升降压型(Buck-Boost 型)和双极型(Bipolar 型)[1]。

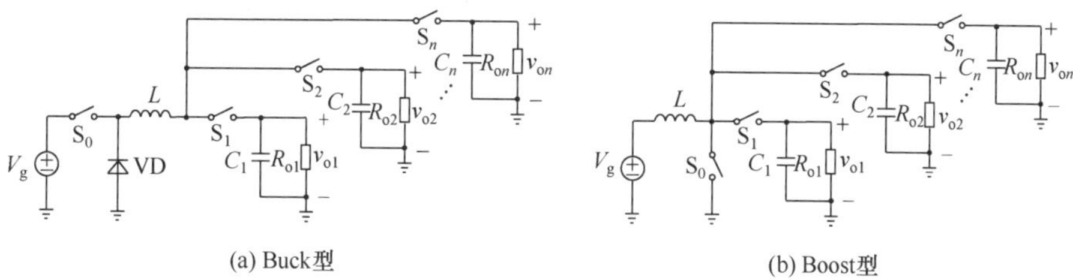

(a) Buck型　　(b) Boost型

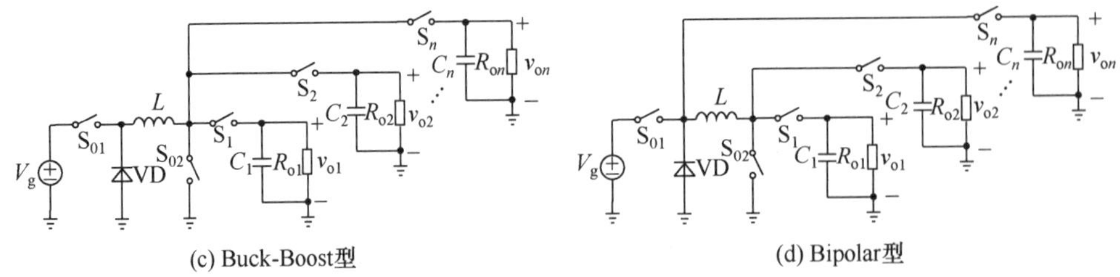

图 1.1　非隔离型单输入多输出开关变换器拓扑结构

2. 隔离型

隔离型单输入多输出开关变换器的所有输出支路共用一个变压器，图 1.2 为常用的反激隔离型单输入多输出开关变换器的拓扑结构[7]。

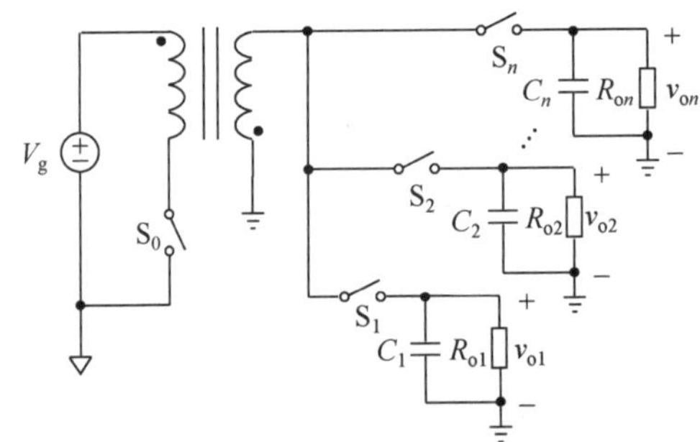

图 1.2　反激隔离型单输入多输出开关变换器拓扑结构

1.1.2　多输入多输出结构

根据单电感多输入多输出开关变换器输入输出端口间的连接方式，可将其分为如图 1.3 所示的四种基本结构，分别为输入串联输出串联型、输入串联输出并联型、输入并联输出串联型和输入并联输出并联型[6]。

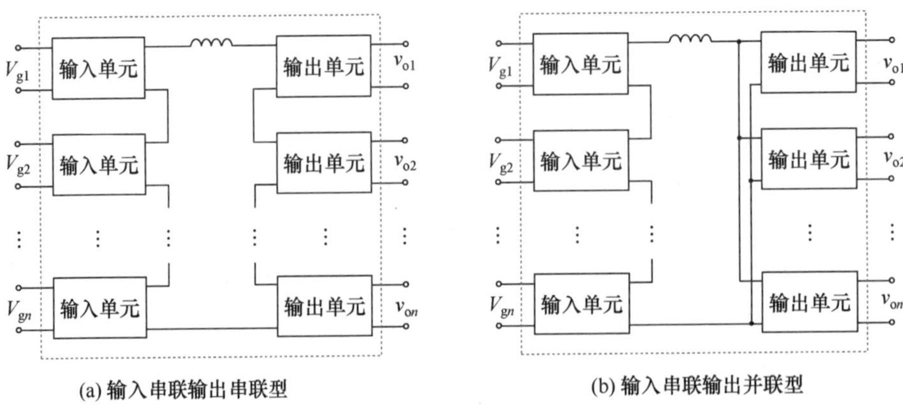

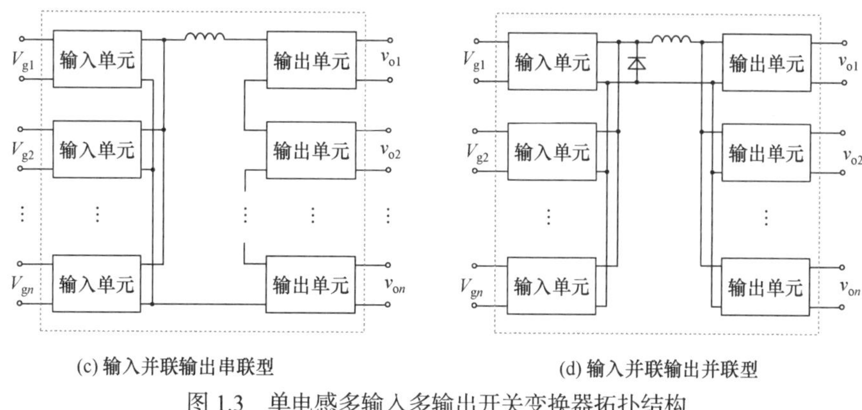

(c) 输入并联输出串联型　　　　(d) 输入并联输出并联型

图 1.3　单电感多输入多输出开关变换器拓扑结构

1.2　单电感多输出开关变换器的开关时序

SIMO 开关变换器的开关时序有共享时序、独立时序、同步时序和异步时序。下面以图 1.1(a)中的 SIMO Buck 变换器为例，分析 SIMO 开关变换器不同开关时序的工作过程。

1.2.1　共享时序

共享时序是指一个工作周期内，主开关管 S_0 只导通/关断一次，输出支路开关管 S_1～S_n 依次导通/关断。以三输出为例，图 1.4 为共享时序 SIMO Buck 变换器在一个工作周期内的等效电路。由图 1.4 可知，具有 3 条输出支路的共享时序 SIMO Buck 变换器，在一个工作周期内存在 4 个开关状态。同理，具有 n 条输出支路的共享时序 SIMO Buck 变换器，在一个工作周期内存在 $n+1$ 个开关状态。

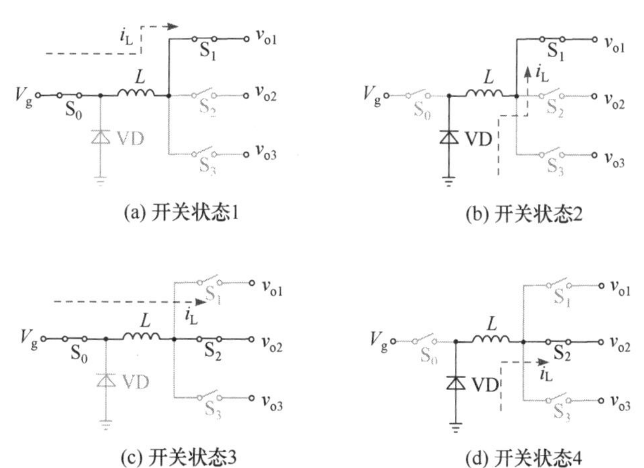

(a) 开关状态1　　(b) 开关状态2

(c) 开关状态3　　(d) 开关状态4

图 1.4　共享时序 SIMO Buck 变换器在一个工作周期内的等效电路

1.2.2　独立时序

独立时序是指把一个工作周期分成多个子周期，每条输出支路分配一个子周期，在各个子周期内主开关管均存在导通/关断动作。以三输出为例，图 1.5 为独立时序 SIMO

Buck 变换器在一个工作周期内的等效电路。由图 1.5 可知，具有 3 条输出支路的独立时序 SIMO Buck 变换器，在一个工作周期内主开关管 S_0 导通 3 次，变换器存在 6 个开关状态。同理，具有 n 条输出支路的独立时序 SIMO Buck 变换器，在一个工作周期内主开关管 S_0 导通 n 次，变换器存在 $2n$ 个开关状态。

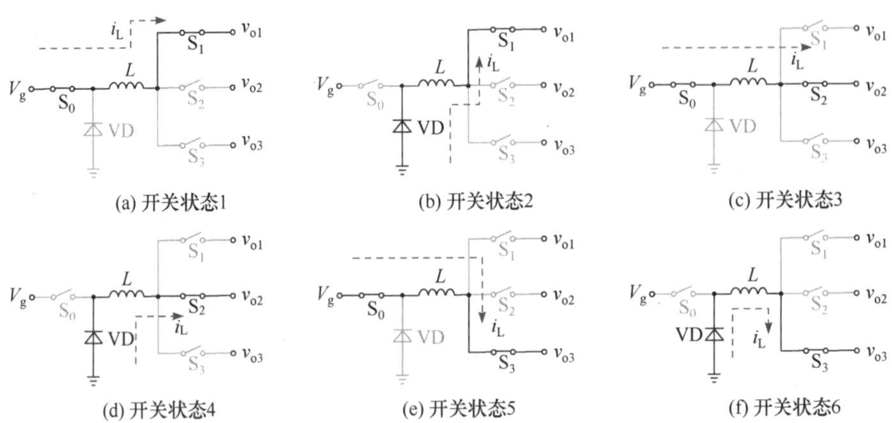

图 1.5　独立时序 SIMO Buck 变换器在一个工作周期内的等效电路

1.2.3　同步时序

同步时序是指一个工作周期内主开关管 S_0 和输出支路开关管 S_1～S_n 同时导通或关断。以 CCM 单电感双输出(single-inductor dual-output，SIDO) Buck 变换器为例，分析其同步时序电感电流和开关管的驱动波形，如图 1.6 所示。其中，主开关管 S_0 和输出支路开关管 S_1、S_2 的控制脉冲分别为 V_{gs0} 和 V_{gs1}、V_{gs2}，输出支路开关管 S_1 与 S_2 互补导通，即 V_{gs1} 和 V_{gs2} 的时序互补。

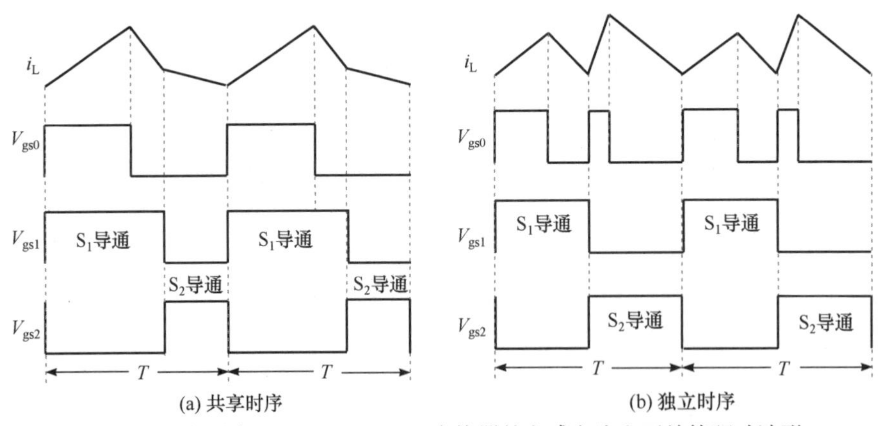

图 1.6　同步时序 CCM SIDO Buck 变换器的电感电流和开关管驱动波形

1.2.4　异步时序

异步时序是指一个工作周期内主开关管 S_0 和输出支路开关管 S_1～S_n 未同时导通或关断，驱动信号之间存在相移 φ。图 1.7 为异步时序 CCM SIDO Buck 变换器的电感电流和开关管驱动波形。

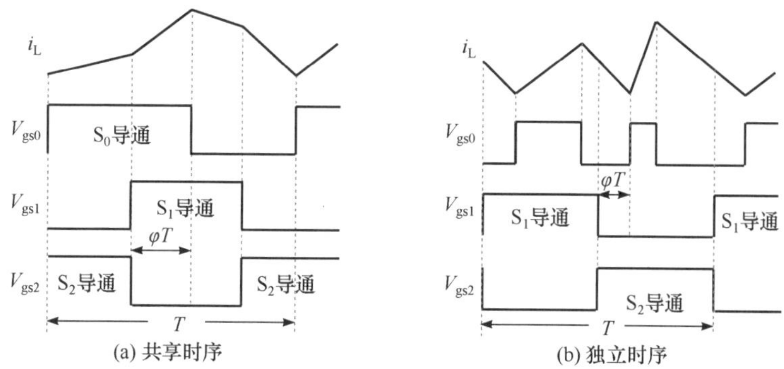

图 1.7　异步时序 CCM SIDO Buck 变换器的电感电流和开关管驱动波形

1.3　单电感多输出开关变换器的电感电流工作模式

1.3.1　连续导电模式

图 1.8(a)为共享时序 CCM SIDO 开关变换器的电感电流和开关管驱动波形。

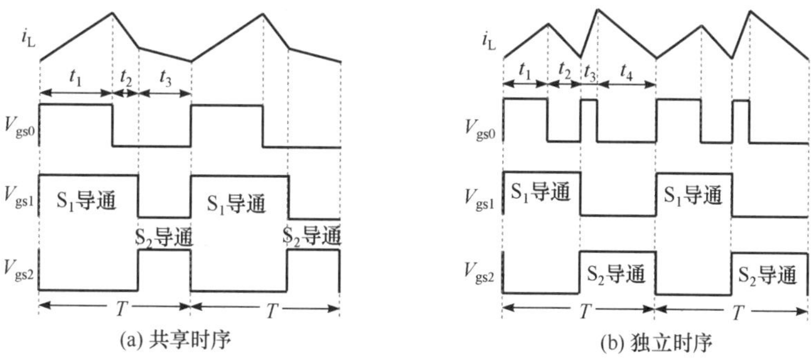

图 1.8　CCM SIDO 开关变换器的电感电流和开关管驱动波形

由图 1.8(a)可知，在一个工作周期内，共享时序 CCM SIDO 开关变换器存在 3 个工作阶段：

(1) t_1 阶段，开关管 S_0 和 S_1 同时导通，S_2 关断，电感电流 i_L 线性上升；

(2) t_2 阶段，开关管 S_0 和 S_2 关断，S_1 保持导通，电感向输出支路 1 放电，电感电流 i_L 线性下降；

(3) t_3 阶段，开关管 S_0 和 S_1 关断，S_2 导通，电感向输出支路 2 放电，电感电流 i_L 再次线性下降。

图 1.8(b)为独立时序 CCM SIDO 开关变换器的电感电流和开关管驱动波形。由图 1.8(b)可知，在一个工作周期内，独立时序 CCM SIDO 开关变换器存在 4 个工作阶段：

(1) t_1 阶段，开关管 S_0 和 S_1 同时导通，S_2 关断，电感电流 i_L 线性上升；

(2) t_2 阶段，开关管 S_0 关断，S_1 保持导通，S_2 仍关断，电感向输出支路 1 放电，电感电流 i_L 线性下降；

(3) t_3阶段，开关管 S_2导通，同时 S_0再次导通，S_1关断，电感电流 i_L线性上升；

(4) t_4阶段，开关管 S_2保持导通，S_0和 S_1关断，电感向输出支路 2 放电，电感电流 i_L线性下降。

1.3.2 断续导电模式

图 1.9(a)为共享时序 DCM SIDO 开关变换器的电感电流和开关管驱动波形。由图 1.9(a)可知，在一个工作周期内，共享时序 DCM SIDO 开关变换器存在 4 个工作阶段，相比于 CCM 共享时序，DCM 的前 3 个工作阶段与 CCM 的 t_1～t_3阶段均相同，但 DCM 增加了一个电感电流为零的阶段，即 t_4阶段，开关管 S_0和 S_1关断，虽然 S_2保持导通状态，但电感电流 i_L始终为零直到下一个周期开始。

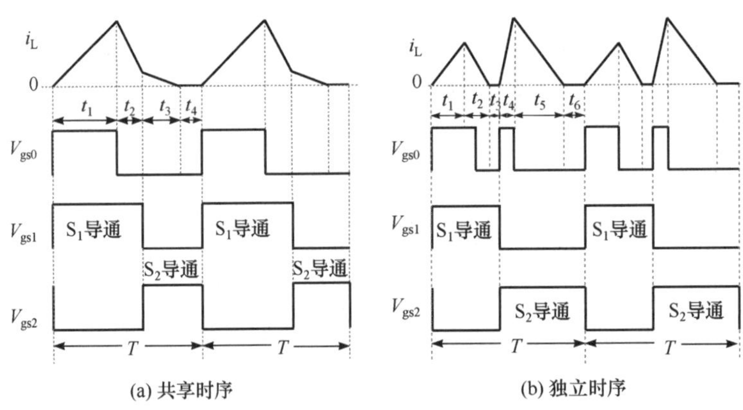

图 1.9　DCM SIDO 开关变换器的电感电流和开关管驱动波形

图 1.9(b)为独立时序 DCM SIDO 开关变换器的电感电流和开关管驱动波形。由图 1.9(b)可知，在一个工作周期内，独立时序 DCM SIDO 开关变换器存在 6 个工作阶段，相比于 CCM 独立时序，DCM 在每条输出支路放电阶段的电感电流均下降到零，随后进入零电感电流阶段，直到新的周期开始。

1.3.3 临界连续导电模式

图 1.10(a)为共享时序 BCM SIDO 开关变换器的电感电流和开关管驱动波形。由图 1.10(a)可知，在一个工作周期内，共享时序 BCM SIDO 开关变换器存在 3 个工作阶段，相比于 CCM 共享时序，BCM 的工作阶段与 CCM 相同，但 BCM 的电感电流在周期结束时恰好下降到零。

图 1.10(b)为独立时序 BCM SIDO 开关变换器的电感电流和开关管驱动波形。由图 1.10(b)可知，在一个工作周期内，独立时序 BCM SIDO 开关变换器存在 4 个工作阶段，相比于 CCM 独立时序，BCM 的工作阶段与 CCM 相同，但 BCM 的电感电流在每条输出支路导通结束时均下降到零。

1.3.4 伪连续导电模式

把一个续流开关管 S_f并联在 SIMO 开关变换器电感的两端，就构成了 PCCM SIMO

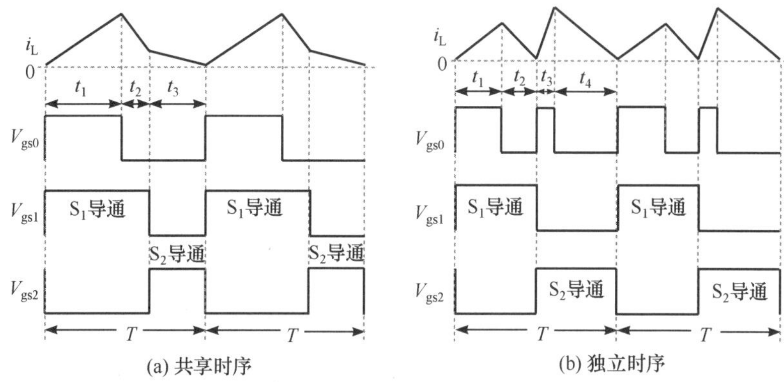

图 1.10　BCM SIDO 开关变换器的电感电流和开关管驱动波形

开关变换器。以 PCCM SIDO Buck 变换器为例进行说明，其电路拓扑结构如图 1.11 所示。与单输出变换器的 PCCM 相同，续流开关管 S_f的续流阶段代替了 DCM 中的零电感电流阶段，使电感电流保持在预设值处，不会下降到零。

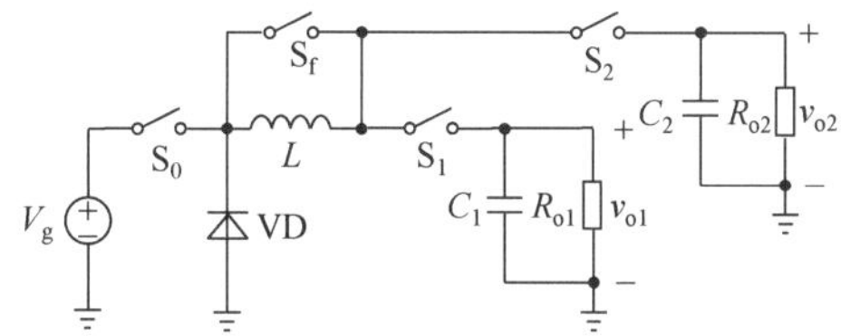

图 1.11　PCCM SIDO Buck 变换器拓扑结构

图 1.12 分别为共享时序和独立时序 PCCM SIDO 开关变换器的电感电流和开关管驱动波形。由图 1.12 可知，相比于 DCM，PCCM 的工作阶段与 DCM 基本相同，但 PCCM 的电感电流在每个工作周期内没有下降到零。

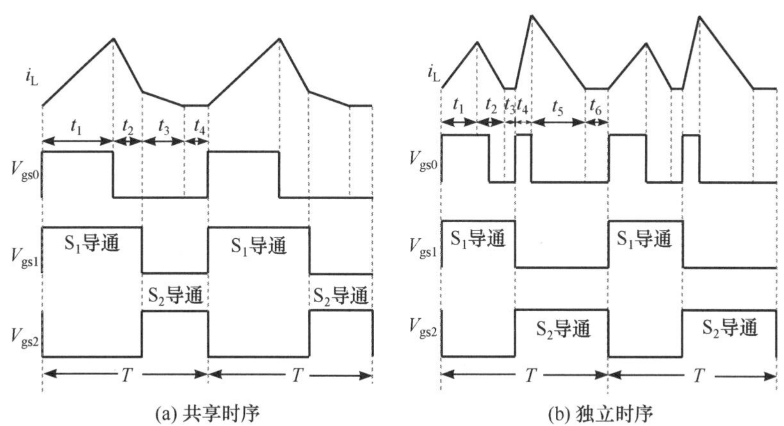

图 1.12　PCCM SIDO 开关变换器的电感电流和开关管驱动波形

1.3.5　混合导电模式

HCM 是指独立时序 SIMO 开关变换器每条输出支路电感电流的工作模式不同，一个工作周期内电感电流呈现多种导电模式的组合。图 1.13(a)为 CCM-PCCM SIDO 开关变换器的电感电流和开关管驱动波形，图 1.13(b)为 BCM-DCM SIDO 开关变换器的电感电流和开关管驱动波形。

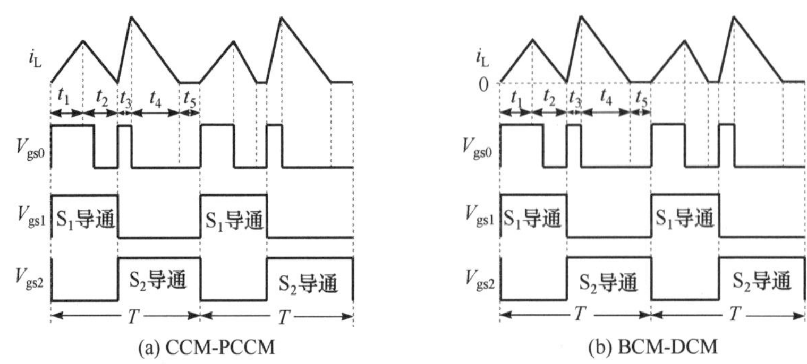

图 1.13 HCM SIDO 开关变换器的电感电流和开关管驱动波形

1.4 研究现状及应用前景

1.4.1 研究现状

1. 交叉影响

由于 SIMO 开关变换器的多条输出支路共用一个电感，存在电感电流共享或耦合现象，当一条输出支路负载变化时，会通过电感电流影响其他支路的输出，从而产生交叉影响。交叉影响较轻时会影响变换器的稳态性能，严重时会影响变换器的稳定性。目前，抑制输出支路的交叉影响已成为研究 SIMO 开关变换器的重要问题之一。

交叉影响分为瞬态交叉影响和稳态交叉影响。以双输出为例，图 1.14 为 SIDO 开关变换器输出支路 1 负载突变时对输出支路 2 的交叉影响示意图。由图 1.14 可知，当输出支路 1 的输出电流 i_{o1} 发生突变而输出支路 2 的输出电流 i_{o2} 保持不变时，输出支路 1 的输出电压 v_{o1} 会出现跌落或上升，同时输出支路 2 的输出电压 v_{o2} 也发生了变化，并在经过一个动态调节过程后再次回到稳态。由一条输出支路负载变化引起其他输出支路出现的动态调节，称为瞬态交叉影响。输出支路 1 负载突变后，除了会引起输出支路 2 的动态调节，还可能导致输出支路 2 的输出电压稳态特性也发生改变。由一条输出支路负载

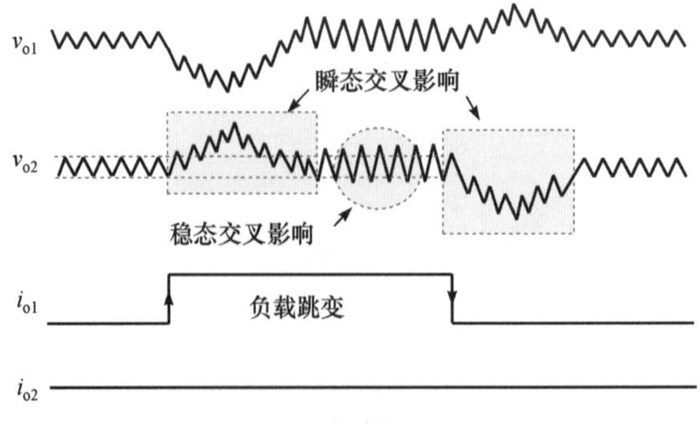

图 1.14 CCM SIDO 开关变换器的交叉影响示意图

变化引起其他输出支路稳态性能的改变，称为稳态交叉影响。

为了抑制输出支路的交叉影响，香港科技大学的 Ma 等于 2003 年提出了时分复用控制方法[10]，让各条输出支路依次导通，使输出支路的充、放电过程完全隔离，进而解决输出支路的交叉影响问题。但是，该方法主要用于 DCM 和 PCCM 的 SIMO 开关变换器，分别存在带载能力差、电流纹波大和能量损耗严重等缺点。CCM SIMO 开关变换器具有带载能力强、电感电流纹波小、效率高等优点，但其交叉影响严重。因此，SIMO 开关变换器交叉影响抑制技术的研究对象主要是 CCM SIMO 开关变换器。为了改善 CCM SIMO 开关变换器的交叉影响特性，学者提出了一系列抑制交叉影响的控制技术，主要有数字控制技术[11-14]、解耦补偿控制技术[15-18]和纹波控制技术[19-22]。

1) 数字控制技术

相比于模拟控制技术，数字控制技术电路结构简单、灵活性高、方便实现复杂算法；应用数字控制策略，能显著提高系统的稳定性和灵活性，实现更为优异的控制效果。因此，电源的数字化控制受到了工业界越来越多的关注。文献[11]提出了共模-差模电压型数字控制技术，采用两路输出电压的共模信号和差模信号作为控制环路的反馈信号，改善了变换器输出支路的交叉影响，但控制脉冲的产生依赖于外部锯齿波信号。文献[12]基于预测控制、功率共享和时分复用技术提出了一种新型数字控制算法，提高了变换器的稳态性能和瞬态性能。文献[13]通过引入预测电流控制方式以减小交叉影响，能够在上一个周期预测下一个周期各个开关管的导通占空比，进而能够在负载变化时快速调整输出电压，从而极大地减小交叉影响。文献[14]研究了一种数字单周控制方法，由两种不同的算法组成，针对不同的工作状态，采用零电流控制算法抑制交叉影响，控制序列调整算法提高变换器的瞬态响应速度。

2) 解耦补偿控制技术

相比于其他控制方法，解耦补偿控制技术理论上可以实现输出支路的完全解耦，彻底消除交叉影响。文献[15]通过计算不同输出支路的交叉影响传递函数，设计变换器的最佳补偿网络、优化电路参数来抑制交叉影响；但这种方式并不能完全消除交叉影响，并且随着输出支路数量的增加，交叉影响传递函数会变得很复杂。文献[16]采用多变量数字电压型控制方法，根据变换器的开环控制-输出传递函数矩阵，利用 z 域传递函数确定控制器的类型，最终通过优化方案来确定控制器参数，实现对输出电压的独立调节；这种方法减小了交叉影响，但过程较复杂。文献[17]基于变换器主电路小信号等效模型，引入输出电流补偿函数，从理论上抵消了交叉影响传递函数的作用，实现了输出支路的解耦。文献[18]提出了一种自适应电流补偿方法，根据负载的不同，选择两个不同的参考电流对变换器进行控制，减小了输出支路的交叉影响，改善了系统的瞬态性能和稳态性能。

3) 纹波控制技术

相比于解耦控制技术，纹波控制技术不但能有效减小交叉影响，而且无需复杂的理论推导过程，实现简单。文献[19]研究了适用于不同电感电流变化趋势和开关时序的电流型控制技术，通过优化控制环路补偿器参数，使得变换器的负载瞬态响应速度快、输出支路间的交叉影响小，但输入电压或输出电压的变化会影响变换器的稳定性。文献[20]研究了一种恒定谷值电流型变频纹波控制技术，根据变换器设计指标中的预设频率确定谷值电感电流参考值，在负载变化时能快速调节开关管的导通和关断，提高系统的瞬态响应速度并抑制交叉影响。针对电流型控制 SIDO 开关变换器的稳定性受输入输出电压范围限制的问题，文献[21]提出了一种电压型变频纹波控制技术，将输出电压纹波作为控制内环，提高响应速度、抑制交叉影响。文献[22]提出了电容电流纹波控制技术，采样输出电容电流作为控制信号，提高 CCM SIDO 开关变换器的负载瞬态响应速度，抑制输出支路的交叉影响，但是负载电流对变换器的稳定性影响较大。

2. 效率

PCCM SIMO 开关变换器在电感的两端并联一个续流开关管，在每条输出支路导通结束后增加一段电感电流大于零的续流阶段，增强了带载能力，同时实现输出支路间的隔离，消除交叉影响；但是增加的续流开关管引入了额外的开关损耗和通态损耗，降低了变换器的效率。

PCCM SIMO 开关变换器最早采用的是电压型恒定续流控制技术[7]，其主开关管采用电压型控制，续流开关管采用恒定续流控制技术，输出支路的续流参考值相同且为预设的固定值，因而具有实现简单、输出支路间无交叉影响的优点。但是，电压型恒定续流控制技术使得变换器的负载瞬态响应速度较慢；恒定续流控制技术虽然抑制了交叉影响，但当输出支路的负载不相等或者负载相等且均为轻载时，轻载支路的续流阶段延长，续流回路的损耗增加，使得变换器的效率降低。

文献[10]、[23]和[24]提出了 PCCM SIMO 开关变换器的自适应续流控制，当负载变化时，变换器自动调节续流参考值或时间，从而减小电感续流阶段的通态损耗。在文献[10]中，所有输出支路的续流值相同；当负载不相等时，轻载支路的损耗增加，变换器的效率仍然较低。在文献[23]中，续流值的更新速度较慢，使得变换器的瞬态响应速度变慢；且当负载差异较大时，变换器无法维持在 PCCM。文献[24]通过改进文献[23]中续流值的算法，提高了续流值的更新速度；但当负载差异较大时，变换器的负载瞬态响应仍然较差。

3. 非线性动力学行为

SIMO 开关变换器由于开关的高频切换作用而具有强非线性时变特性，存在各种类型的分岔、混沌等非线性动力学行为，极大地影响变换器的稳定性，特别是对电池供电的电子设备，随着电池的老化，电池输出电压会下降，这将导致 SIMO 开关变换器工作不稳定，限制了其在便携式电子产品中的应用。通过对电路参数和控制参数的调节，SIMO 开关变换器可在一定程度上减弱甚至脱离混沌状态。

目前已有文献采用平均模型和离散迭代模型，通过分岔图、李雅普诺夫(Lyapunov)指数谱、特征值轨迹、奈奎斯特(Nyquist)稳定性判据和劳斯-赫尔维茨(Routh-Hurwitz)稳定性判据等方法，对 SIMO 开关变换器中的次谐波振荡、低频振荡、多周期态、分岔和混沌等非线性动力学现象进行研究[25-32]，揭示工作状态的变化趋势，指导电路参数的设计。

文献[25]～[27]最早对 SIMO 开关变换器的动力学行为进行深入研究，基于状态空间平均模型，研究了电压型控制 SIDO Buck 开关变换器的分岔行为，揭示了 Hopf 分岔和鞍结分岔现象，分析了电路参数变化时变换器的稳定性问题[25]；文献[26]建立了平均模型和离散时间模型，采用 Routh-Hurwitz 稳定性判据获得参数空间中低频振荡的边界，采用离散时间方法获得更精确的结果并检测次谐波振荡；此外，采用分段线性连续映射模型，分析了交错控制 SIDO 开关变换器的非光滑分岔现象[27]。文献[28]和[29]根据不同的电感电流变化趋势，建立了适用于不同 SIDO 开关变换器拓扑结构的统一离散映射模型，推导了系统稳定性和工作模式转移的边界方程。文献[30]以电压型控制 CCM SIDO DC-DC 变换器为研究对象，建立了平均模型和离散模型，说明了基于离散模型能更全面地揭示变换器的动力学行为，通过分岔图和特征值轨迹，分析了控制参数变化和负载参数变化时变换器的动力学行为。文献[31]利用分岔图讨论了参考电流、初始电感电流和输入电压的不同对峰值电流控制稳定性的影响。文献[32]通过建立多次谐波模型，揭示了负载电阻变化时的多次谐波振荡行为，绘制了系统在电路参数空间中的谐波行为边界，来指导参数的优化设计。

4. 小信号模型

小信号模型可用于分析低频交流小信号分量在变换器中的传递过程，是分析变换器低频动态特性、设计变换器参数的有力数学工具。目前，已有文献采用状态空间平均法、时间平均等效法等交流小信号分析方法，建立 SIMO 开关变换器的小信号模型，对其控制环路的补偿器进行参数设计，并分析其瞬态性能和交叉影响。

文献[19]建立了完整的电流型控制 CCM SIDO Boost 变换器小信号模型，并通过 SIMPLIS 软件对理论模型进行了验证。文献[20]采用时间平均等效法建立了 CCM SIDO Buck 变换器小信号模型，推导出交叉影响传递函数和输出阻抗传递函数，对比分析采用不同控制方法时，变换器的负载瞬态性能。文献[33]对带寄生参数的 SIDO Buck 变换器主功率电路进行了小信号建模，得到环路增益和交叉影响传递函数，探究输出负载电流对变换器瞬态性能和稳定性的影响。

1.4.2 应用前景

SIMO 开关变换器采用单个电感即可实现多路独立直流输出，具有体积小、转换效率高等优点。目前，已有多家公司开发出基于 SIMO 开关变换器架构的电源管理芯片，例如，Texas Instruments 公司在 2008 年推出的有源矩阵有机发光二极管显示屏电源芯片 TPS65136，Maxim Integrated 公司在 2020 年推出的应用于锂离子电池的超低功耗电源管理芯片 MAX77654 等。由此可见，SIMO 开关变换器在便携式电子设备中具有广阔的应用前景，已成为学术界和工业界重要的研究对象。

1.5 本 章 小 结

本章首先介绍了基于单电感的非隔离型与隔离型单输入多输出拓扑结构，以及多输入多输出的输入输出端口连接方式。然后，介绍了单电感多输出开关变换器的开关时序，包括共享时序、独立时序、同步时序和异步时序四种，并对其工作过程进行了详细介绍。接下来，介绍了 CCM、DCM、BCM、PCCM 及 HCM 五种工作模式的工作原理，并给出了它们的电感电流和开关管驱动波形。最后，详细介绍了单电感多输出开关变换器在交叉影响、效率、非线性动力学行为、小信号建模等方向的研究现状，并对其拓扑结构的应用前景进行了展望。本章内容有利于正确地认识和了解 SIMO 开关变换器的特点。

参考文献

[1] 周述晗. 单电感双输出 Boost 变换器电流型控制技术. 成都: 西南交通大学, 2016.

[2] 冉祥. 单电感双输出开关变换器建模分析与控制技术研究. 成都: 西南交通大学, 2019.

[3] MAX77654. Ultra-low power PMIC featuring single inductor, 3-output Buck-Boost, 2-LDOs, power path charger for small Li^+, and ship mode. https://www.analog.com/en/products/max77654.html[2023-2-10].

[4] Liu X, Xu J, Chen Z, et al. Single-inductor dual-output buck-boost power factor correction converter. IEEE Transactions on Industrial Electronics, 2015, 62(2): 943-952.

[5] Jin W, Lee A T L, Tan S C, et al. A gallium nitride (GaN)-based single-inductor multiple-output (SIMO) inverter with multi-frequency AC outputs. IEEE Transactions on Power Electronics, 2019, 34(11): 10856-10873.

[6] Dong Z, Li Z, Li X L, et al. Single-inductor multiple-input multiple-output converter with common ground, high scalability, and no cross-regulation. IEEE Transactions on Power Electronics, 2021, 36(6): 6750-6760.

[7] 何莹莹. 伪连续导电模式单电感双输出反激变换器研究. 成都: 西南交通大学, 2014.

[8] 周述晗, 周国华, 贺明智, 等. 电压型变频纹波控制单电感三输出开关变换器. 中国电机工程学报, 2021, (17): 6003-6012.

[9] 叶馨. 混合导电模式单电感双输出 Buck 变换器控制技术研究. 成都: 西南交通大学, 2019.

[10] Ma D, Ki W H, Tsui C Y. A pseudo-CCM/DCM SIMO switching converter with freewheel switching. IEEE Journal of Solid-State Circuits, 2003, 38(6): 1007-1014.

[11] Trevisan D, Mattavelli P, Tenti P. Digital control of single-inductor multiple-output step-down DC-DC converters in CCM. IEEE Transactions on Industrial Electronics, 2008, 55(9): 3476-3483.

[12] Wang B, Xian L, Kanamarlapudi V R K, et al. A digital method of power-sharing and cross-regulation suppression for single-inductor multiple-input multiple-output DC-DC converter. IEEE Transactions on Industrial Electronics, 2017, 64(4): 2836-2847.

[13] Wang B, Kanamarlapudi V R K, Xian L, et al. Model predictive voltage control for single-inductor multiple-output DC-DC converter with reduced cross regulation. IEEE Transactions on Industrial Electronics, 2016, 63(7): 4187-4197.

[14] Sun D, Huang C, Wang C, et al. A digital single period control method for single-inductor dual-output DC-DC buck converter. IEEE Energy Conversion Congress and Exposition, Detroit, 2020: 6266-6270.

[15] Patra P, Ghosh J, Patra A. Control scheme for reduced cross-regulation in single-inductor multiple-output DC-DC converters. IEEE Transactions on Industrial Electronics, 2013, 60(11): 5095-5104.

[16] Dasika J D, Bahrani B, Saeedifard M, et al. Multivariable control of single-inductor dual-output buck converters. IEEE Transactions on Power Electronics, 2014, 29(4): 2061-2070.

[17] Wang Y, Xu J, Zhou G. A cross regulation analysis for single-inductor dual-output CCM buck converters. Journal of Power Electronics, 2016, 16(5): 1802-1812.

[18] Zhang Y, Ma D. A fast-response hybrid SIMO power converter with adaptive current compensation and minimized cross-regulation. IEEE Journal of Solid State Circuits, 2014, 49(5): 1242-1255.

[19] Zhou S, Zhou G, Liu G, et al. Small-signal modeling and cross-regulation suppressing for current-mode

controlled single-inductor dual-output DC-DC converters. IEEE Transactions on Industrial Electronics, 2021, 68(7): 5744-5755.

[20] 周国华, 冉祥, 周述晗, 等. 恒定谷值电流型变频控制 CCM 单电感双输出 Boost 变换器建模与分析. 中国电机工程学报, 2018, 38(23): 7015-7025.

[21] Zhou S, Zhou G, Xu D, et al. Voltage-mode variable frequency control for single-inductor dual-output buck converter with fast transient response. IEEE International Future Energy Electronics Conference, Kaohsiung, 2017: 1339-1344.

[22] Wang Y, Xu J, Yan G. Cross regulation suppression and stability analysis of capacitor current ripple controlled SIDO CCM buck converter. IEEE Transactions on Industrial Electronics, 2019, 66(3): 1770-1780.

[23] Zhang Y, Ma D. Digitally controlled integrated pseudo-CCM SIMO converter with adaptive freewheel current modulation. IEEE Applied Power Electronics Conference and Exposition, Palm Springs, 2010: 284-288.

[24] Zhang Y, Bondade R, Ma D, et al. An integrated SIDO boost converter with adaptive freewheel switching technique. IEEE Energy Conversion Congress and Exposition, Atlanta, 2010: 3516-3522.

[25] Benadero L, Giral R, Aroudi A E, et al. Stability analysis of a single inductor dual switching DC-DC converter. Mathematics and Computers in Simulation, 2006, 71(4): 256-269.

[26] Font V M, Aroudi A E, Calvente J, et al. Dynamics and stability issues of a single-inductor dual-switching DC-DC converter. IEEE Transactions on Circuits and Systems I: Regular Papers, 2010, 57(2): 415-426.

[27] Benadero L, Moreno-Font V, Aroudi A E. Unfolding non-smooth bifurcation patterns in a 1-D PWL map as a model of a single-inductor two-output DC-DC switching converter. International Journal of Bifurcation and Chaos, 2013, 23(3): 1330008-1-28.

[28] Zhou S, Zhou G, Wang Y, et al. Bifurcation analysis and operation region estimation of current-mode-controlled SIDO Boost converter. IET Power Electronics, 2017, 10(7): 846-853.

[29] Zhou S, Zhou G, Zeng S, et al. Unified discrete-mapping model and dynamical behavior analysis of current-mode controlled single-inductor dual-output DC-DC converter. IEEE Journal of Emerging and Selected Topics in Power Electronics, 2019, 7(1): 366-380.

[30] 王瑶. 基于状态空间平均模型的电压控制 SIDO Buck 变换器稳定性分析. 中国电机工程学报, 2018, 38(6): 1810-1817.

[31] Wang Y, Xu J, Xu D. Effect of circuit parameters on the stability and boundaries of peak current mode single-inductor dual-output buck converters. IEEE Transactions on Industrial Electronics, 2018, 65(7): 5445-5455.

[32] Zhang H, Jing M, Liu W, et al. Multiple-harmonic modeling and analysis of single-inductor dual-output buck DC-DC converters. IEEE Journal of Emerging and Selected Topics in Power Electronics, 2020, 8(4): 3260-3271.

[33] Sun W, Han C, Yang M, et al. A ripple control dual-mode single-inductor dual-output Buck converter with fast transient response. IEEE Transactions on Very Large Scale Integration (VLSI) Systems, 2015, 23(1): 107-117.

第 2 章 电流型纹波控制单电感多输出开关变换器动力学建模与分析

开关变换器由于开关的高频切换作用而具有强非线性特性和时变特性，是典型的非线性时变系统，存在丰富的非线性动力学行为，这些非线性动力学行为会造成次谐波振荡、周期跳跃、不规则电磁噪声等不稳定现象[1]。因此，在开关变换器的工作过程中，常常会出现刺耳的电磁噪声、控制系统的间歇振荡和临界运行的突然崩溃等不良状况。单电感多输出(SIMO)开关变换器为具有多路输出的开关变换器，同样属于非线性时变系统，存在各种类型的分岔、混沌等非线性动力学行为[2-4]。SIMO 开关变换器工作的不稳定，会极大地影响电子设备的可靠性。近年来，人们一直以工作在稳定状态下的 SIMO 开关变换器作为分析研究的对象，而不稳定状态被看成在设计过程中应设法避免的现象，对它的研究一直集中于区分稳定状态和不稳定状态。通过对元件参数的调节，SIMO 开关变换器可在一定程度上减弱甚至脱离振荡状态。因此，系统地研究 SIMO 开关变换器电路参数对工作状态的影响，确定工作状态域并估计各个区域之间的边界，对 SIMO 开关变换器的正常工作具有重要的理论意义和工程应用价值。

本章以电流型纹波控制共享时序 SIMO 开关变换器为研究对象，建立适用于 Buck 型、Boost 型和 Bipolar 型的 SIMO 开关变换器在不同电感电流变化趋势和开关时序下的统一离散迭代映射模型，对电流型纹波控制 SIMO 开关变换器的动力学行为进行深入分析；推导电流型纹波控制 SIMO 开关变换器从稳定状态到不稳定状态，以及从连续导电模式(CCM)到断续导电模式(DCM)转移的分界线方程，并对电路参数变化时的工作状态域进行估计。首先对电流型纹波控制 SIMO 开关变换器的动力学行为进行详细分析，然后研究归一化电流型纹波控制 SIMO 开关变换器的动力学行为，最后讨论斜坡补偿电流型纹波控制 SIMO 开关变换器的归一化模型及其动力学行为。

2.1 电流型纹波控制单电感多输出开关变换器的动力学行为

2.1.1 工作原理

以双输出为例，图 2.1(a)为电流型纹波控制共享时序 SIMO 开关变换器的原理图。它的控制电路由参考电流 I_{ref1}、I_{ref2}，比较器 CMP_1、CMP_2，触发器 RS_1、RS_2，时钟 clk、

异或门 XOR 和非门 NOT 组成；电感电流 i_L 与参考电流 I_{ref1} 进行比较后，通过与触发器 RS_1 构成的电路控制开关管 S_0 的导通与关断；电感电流 i_L 与参考电流 I_{ref2} 进行比较后，通过与触发器 RS_2 构成的电路控制开关管 S_1、S_2 的导通与关断；开关管 S_0～S_2 的控制脉冲分别为 V_{gs0}～V_{gs2}。

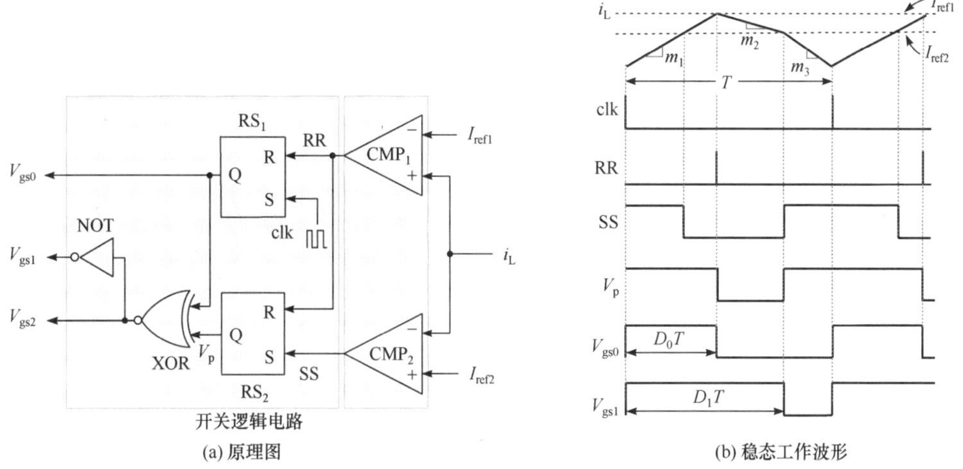

图 2.1　电流型纹波控制共享时序升—降—降趋势 SIMO 开关变换器原理及稳态工作波形

电流型纹波控制共享时序 SIMO 开关变换器的稳态工作波形如图 2.1(b)所示。由图可知，时钟脉冲 clk 开始时，触发器 RS_1 的 S 端输入高电平，根据 RS 触发器的工作原理：触发器 RS_1 的 Q 输出端信号 V_{gs0} 为高电平，开关管 S_0 导通，同时开关管 S_1 也导通，电感电流 i_L 以斜率 m_1 线性上升；当 i_L 上升到参考电流 I_{ref1} 时，比较器 CMP_1 输出信号 RR 为高电平，即触发器 RS_1 的 R 端输入高电平，Q 端输出信号 V_{gs0} 变为低电平，开关管 S_0 断开，电感电流 i_L 以斜率 m_2 下降；当电感电流 i_L 下降到参考电流 I_{ref2} 时，比较器 CMP_2 输出信号 SS 为高电平，即触发器 RS_2 的 S 端输入高电平，Q 端输出信号 V_p 为高电平，且 V_p 在信号 RR 的高电平来临之前保持不变；根据异或门 XOR 和非门 NOT 的工作原理，开关管 S_1 关断，S_2 导通，电感电流 i_L 以斜率 m_3 下降直至下一时钟脉冲的到来，S_2 关断，S_0、S_1 导通，变换器开始一个新的工作周期。CCM 时，电感电流始终为非零；而 DCM 时，开关管 S_2 关断期间，电感电流下降到零，并保持到下一个时钟脉冲开始。

下面以双输出为例，对电流型纹波控制共享时序 SIMO 开关变换器的动力学行为进行详细分析。

2.1.2　离散迭代映射建模

1. 电感电流边界

电流型纹波控制共享时序 SIDO 开关变换器存在三个电流边界，即 I_{b1}、I_{b2} 和 I_{b3}。定义边界 I_{b1} 为电感电流在时钟周期结束时刚好到达参考电流 I_{ref1}，时钟周期开始时的电感电流值，如图 2.2(a)所示；边界 I_{b2} 为电感电流在时钟周期结束时刚好到达参考电流 I_{ref2}，时钟周期开始时的电感电流值，如图 2.2(b)所示；边界 I_{b3} 为电感电流在时钟周期结束时刚好下降到零，时钟周期开始时的电感电流值，如图 2.2(c)所示。

根据边界 I_{b1}、I_{b2} 和 I_{b3} 的定义，有以下关系式：

$$I_{b1}=I_{ref1}-m_1T \tag{2.1}$$

$$I_{b2}=\frac{m_2-m_1}{m_2}I_{ref1}+\frac{m_1}{m_2}I_{ref2}-m_1T \tag{2.2}$$

$$I_{b3}=\frac{m_2-m_1}{m_2}I_{ref1}-\frac{m_1(m_2-m_3)}{m_2m_3}I_{ref2}-m_1T \tag{2.3}$$

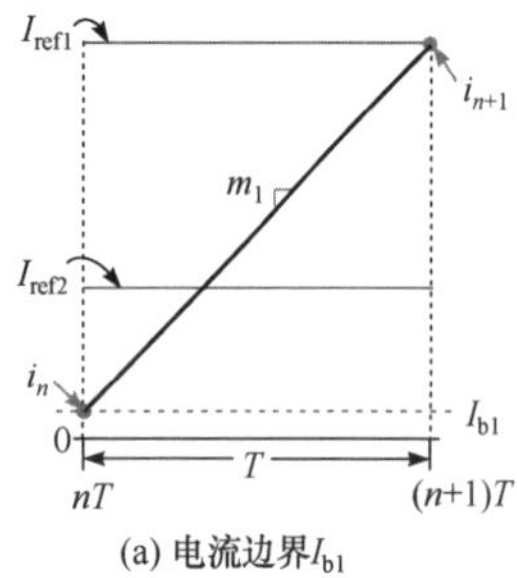

(a) 电流边界I_{b1}

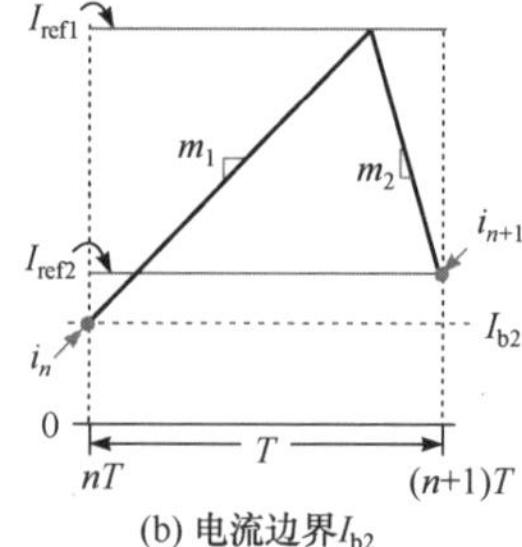

(b) 电流边界I_{b2}

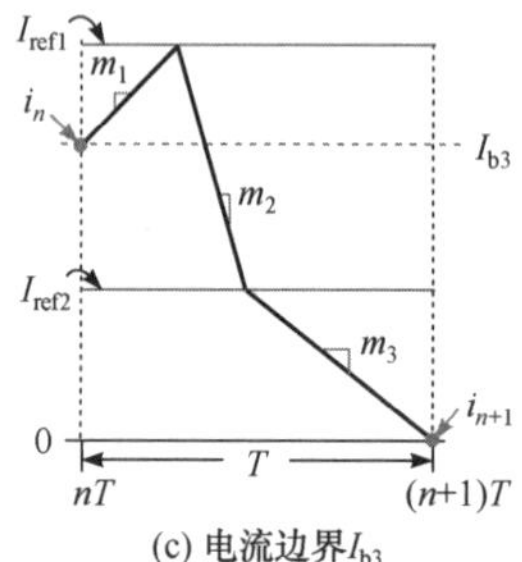

(c) 电流边界I_{b3}

图 2.2 电流型纹波控制共享时序 SIDO 开关变换器的三个电流边界示意图

2. 离散迭代映射模型

对于开关变换器电路，通常利用时钟周期同步采样获得离散迭代映射模型[5,6]。设 $i_n=i_L(nT)$是电感电流在时钟 nT 时刻的采样值；$i_{n+1}=i_L[(n+1)T]$是电感电流在下一个时钟$(n+1)T$ 时刻的采样值。在两个相邻时钟 nT 和$(n+1)T$ 时刻，系统存在四种类型的运动轨道：

(1) 当 $i_n\leqslant I_{b1}$ 时，在整个时钟周期内，开关管 S_0 保持在导通状态，电感电流以斜率 m_1 变化，此时变换器的映射方程式为

$$i_{n+1}=f_1(i_n)=i_n+m_1T \tag{2.4}$$

(2) 当 $I_{b1}<i_n\leqslant I_{b2}$ 时，电感电流到达参考电流 I_{ref1}，开关管 S_0 从导通状态进入关断状态，S_1 保持导通，输出支路 1 放电，电感电流以斜率 m_2 变化；在时钟周期结束时，电感电流没有到达参考电流 I_{ref2}，此时变换器的映射方程为

$$i_{n+1}=f_2(i_n)=\frac{m_2}{m_1}i_n+\frac{m_1-m_2}{m_1}I_{ref1}+m_2T \tag{2.5}$$

(3) 当 $I_{b2}<i_n\leqslant I_{b3}$ 时，电感电流先到达 I_{ref1}，再以斜率 m_2 变化；当电感电流到达参考电流 I_{ref2} 时，S_1 断开、S_2 导通，输出支路 2 放电，电感电流以斜率 m_3 变化，直到这个时钟周期结束，此时变换器的映射方程为

$$i_{n+1}=f_3(i_n)=\frac{m_3}{m_1}i_n+\frac{m_3(m_1-m_2)}{m_2m_1}I_{ref1}-\frac{m_3-m_2}{m_2}I_{ref2}+m_3T \tag{2.6}$$

(4) 当 $i_n>I_{b3}$ 时，在输出支路 2 放电期间，电感电流下降到零，即变换器由 CCM 进入 DCM。因此，在第 n 个时钟周期结束时，变换器的映射方程为

$$i_{n+1} = f_4(i_n) = 0 \tag{2.7}$$

由式(2.4)～式(2.7)，可得电流型纹波控制共享时序 SIDO 开关变换器的统一离散迭代映射模型为

$$i_{n+1} = \begin{cases} f_1(i_n), & i_n \leqslant I_{b1} \\ f_2(i_n), & I_{b1} < i_n \leqslant I_{b2} \\ f_3(i_n), & I_{b2} < i_n \leqslant I_{b3} \\ f_4(i_n), & i_n > I_{b3} \end{cases} \tag{2.8}$$

由上述包含三个电流边界的分段线性方程，得到了适用于不同 SIDO 功率电路拓扑结构的电流型纹波控制共享时序 SIDO 开关变换器的离散迭代映射模型。由式(2.8)可知，电流型纹波控制共享时序 SIDO 开关变换器的动力学行为仅仅取决于 m_1、m_2、m_3、I_{ref1}、I_{ref2}、T 六个电路参数，其中 m_1、m_2、m_3 为单位工作周期内电感电流的斜率。

2.1.3 分岔行为分析

以 SIDO Boost 变换器为例，选取电流型纹波控制共享时序 SIDO 开关变换器的额定电路参数：输入电压 $V_g = 5V$，输出电压 $v_{o1} = 3V$、$v_{o2} = 20V$，电感 $L = 85\mu H$，参考电流 $I_{ref1} = 2.5A$、$I_{ref2} = 2.7A$，开关周期 $T = 20\mu s$。为了研究输入电压和输出电压取值范围对变换器稳定性的影响，分别选择输入电压 V_g 和输出电压为分岔参数，其中以 v_{o2} 为例进行分析(当 v_{o1} 为分岔参数时，可以进行类似的分析)，得到如图 2.3 所示的电流型纹波控制共享时序 SIDO 开关变换器电感电流的分岔图。图 2.3 中，电感电流边界 I_{b1} 用虚线表示，电感电流边界 I_{b2} 用实线表示，电感电流边界 I_{b3} 用点划线表示。

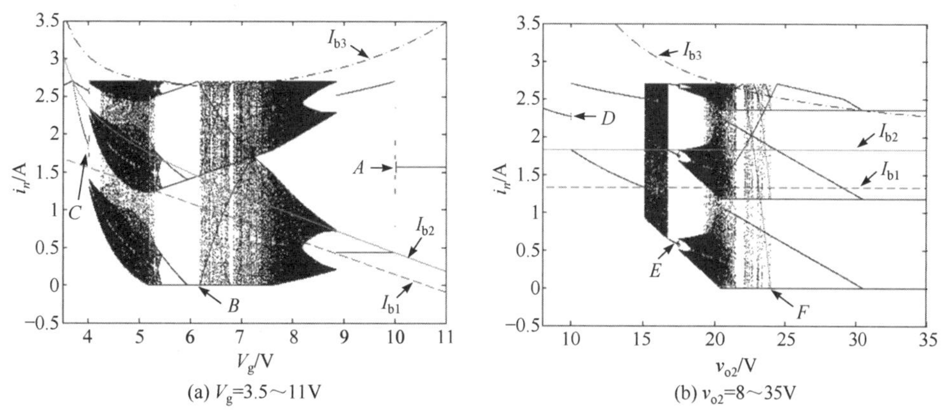

图 2.3 电流型纹波控制共享时序 SIDO 开关变换器电感电流分岔图

在图 2.3(a)中，分岔参数 $V_g = 3.5～11V$。随着输入电压的减小，在 $V_g = 10V$ 附近(对应于图 2.3(a)中的 A 点)，SIDO 开关变换器的工作状态失稳，其系统轨道发生倍周期分岔，由稳定的 CCM 周期 1 进入不稳定的 CCM 周期 2，在此参数值处，系统不稳定的周期 2 轨道与边界 I_{b2} 相遇引发了边界碰撞分岔；当 $V_g = 8.9V$ 时，SIDO 开关变换器电感电流的运行轨道与边界 I_{b1} 相遇，发生边界碰撞分岔，直接进入 CCM 混沌；当输入电压 V_g

减小到 7.65V 附近时，系统轨道与边界 I_{b3} 碰撞，发生工作模式转移，进入 DCM 混沌；SIDO 开关变换器进入 DCM 混沌后，系统轨道在 V_g=6.2V 处(对应于图 2.3(a)中的 B 点)，进入 DCM 周期 3，这种由混沌状态突然向多周期态转变的现象也是一种分岔，称为切分岔。随后，当 V_g=6.13V 时，变换器运行轨道与边界 I_{b2} 碰撞，发生轨道折叠现象，当 V_g=5.9V 时，变换器运行轨道再次与边界 I_{b3} 碰撞，进入 DCM 周期 6；随着输入电压 V_g 的进一步减小，当 V_g = 5.47V 时，系统轨道与边界 I_{b2} 再次相遇并发生轨道折叠，随后 SIDO 开关变换器进入 DCM 混沌；当 V_g 减小到 5.2V 附近时，变换器的运行轨道又与边界 I_{b3} 碰撞，再次发生模式转移，进入 CCM 混沌。变换器进入 CCM 混沌后，V_g 在 5.2～3.5V 时，系统轨道依次经历了 CCM 混沌、CCM 周期 2、与边界 I_{b2} 的边界碰撞分岔、CCM 周期 1 的分岔过程；其中，变换器运行轨道在 V_g = 4.01V 处(图 2.3(a)中的 C 点)发生切分岔，从 CCM 混沌进入 CCM 周期 2。

在图 2.3(b)中，分岔参数 v_{o2}=8～35V。随着 v_{o2} 的增大，当 v_{o2}=10V(对应于图 2.3(b)中的 D 点)时，SIDO 开关变换器的运行轨道发生了倍周期分岔，形成不稳定的 CCM 周期 2 轨道，并紧接着与边界 I_{b2} 发生了边界碰撞分岔；当 v_{o2}=15V 时，SIDO 开关变换器的运行轨道经与边界 I_{b1} 产生边界碰撞分岔后，直接进入 CCM 混沌。当 v_{o2} 增大到 16.74V 附近(对应于图 2.3(b)中的 E 点)时，系统轨道发生切分岔，进入 CCM 周期 3；随着 v_{o2} 的进一步增大，当 v_{o2}=17.5V 时，变换器进入 CCM 混沌；之后，在 v_{o2}=20.5V 附近，变换器运行轨道与边界 I_{b3} 碰撞，SIDO 开关变换器的工作模式发生了转移，进入 DCM 多周期窗和混沌轨道。变换器进入 DCM 多周期窗和混沌后，系统轨道在 v_{o2} = 24V(对应于图 2.3(b)中的 F 点)时，进入 DCM 周期 6；当 v_{o2} = 24.4V 时，变换器轨道又与边界 I_{b2} 相遇，发生轨道折叠；当 v_{o2} = 30.57V 附近时，变换器轨道与边界 I_{b3} 碰撞，发生边界碰撞分岔，进入 DCM 周期 3。

以上分析表明，在输入电压或输出电压发生变化时，SIDO 开关变换器的运行轨道与三个边界发生边界碰撞后有着不同的分岔路由。当 SIDO 开关变换器处于 CCM 多周期态时，其运行轨道与边界 I_{b1} 相遇后发生边界碰撞分岔，进入 CCM 混沌状态；当变换器处于 DCM 多周期态时，其运行轨道与边界 I_{b2} 发生边界碰撞分岔后出现周期轨道折叠现象；若变换器运行轨道与边界 I_{b3} 产生边界碰撞分岔，则会发生 CCM-DCM 或 DCM-CCM 的模式转移，或者出现 DCM 周期轨道的倍增或倍减，对应图 2.3 中电感电流运行轨道从 DCM 周期 3 到 DCM 周期 6，或从 DCM 周期 6 到 DCM 周期 3。

2.1.4 Lyapunov 指数

Lyapunov 指数可以表示系统轨道平均发散的快慢程度，它在某一参数值处取值的正负及大小，表示系统轨道沿该方向平均发散或者是收敛时的快慢[7]。电流型纹波控制共享时序 SIDO 开关变换器在 i_n 处的 Lyapunov 指数可表示为[5]

$$\lambda_{\mathrm{L}}(i_n)=\lim_{n\to+\infty}\frac{1}{n}\sum_{i=0}^{n-1}\lg\left(\left|f(i_i)\right|\right) \tag{2.9}$$

式中，$f(i_i)$为 i_i 处的特征值。由式(2.4)～式(2.7)可得

$$f(i_i) = \frac{\mathrm{d}i_{i+1}}{\mathrm{d}i_i} = \begin{cases} 1, & i_i \leqslant I_{\mathrm{b1}} \\ \dfrac{m_2}{m_1}, & I_{\mathrm{b1}} < i_i \leqslant I_{\mathrm{b2}} \\ \dfrac{m_3}{m_1}, & I_{\mathrm{b2}} < i_i \leqslant I_{\mathrm{b3}} \\ \varepsilon, & i_i > I_{\mathrm{b3}} \end{cases} \tag{2.10}$$

值得注意的是：当 $i_i > I_{\mathrm{b3}}$ 时，由式(2.7)可知此时的特征值为零；由于对数函数要求自变量大于零，此时的特征值可用一个很小的正常数 ε 代替(如 $\varepsilon = 10^{-3}$)。此外，由于离散迭代映射模型是一维的，相应的 Lyapunov 指数即最大 Lyapunov 指数。

基于式(2.10)，对应于图 2.3 的 Lyapunov 指数分别如图 2.4(a)和(b)所示。从图 2.4(a)中可以观察到：随着输入电压 V_{g} 的减小，Lyapunov 指数一开始从负值上升，并在 $V_{\mathrm{g}}=10\mathrm{V}$ 附近(对应于图 2.4(a)中的 A 点)上升到零值后又折回负值区域，刚好对应于图 2.3(a)中的倍周期分岔点；当 $V_{\mathrm{g}}=8.9\mathrm{V}$ 时，Lyapunov 指数从负值上升并穿过零值变成正值，说明 SIDO 开关变换器进入了混沌区域；当 V_{g} 在 6.2V(对应于图 2.4(a)中的 B 点)时，Lyapunov 指数从正值下降穿过零值变成负值，变换器进入周期态，对应于图 2.3(a)中的 DCM 多周期区域；当 V_{g} 在 5.44V 附近时，Lyapunov 指数从负值上升穿过零值变成正值，SIDO 开关变换器进入混沌区域；当 $V_{\mathrm{g}}=4.01\mathrm{V}$(图 2.4(a)中的 C 点)时，Lyapunov 指数从正值再次下降刚好穿过零值变成负值，对应于图 2.3(a)中的 CCM 多周期区域；当输入电压进一步减小时，Lyapunov 指数总是处于负值区域，SIDO 开关变换器运行轨道呈现 CCM 周期 1 状态。

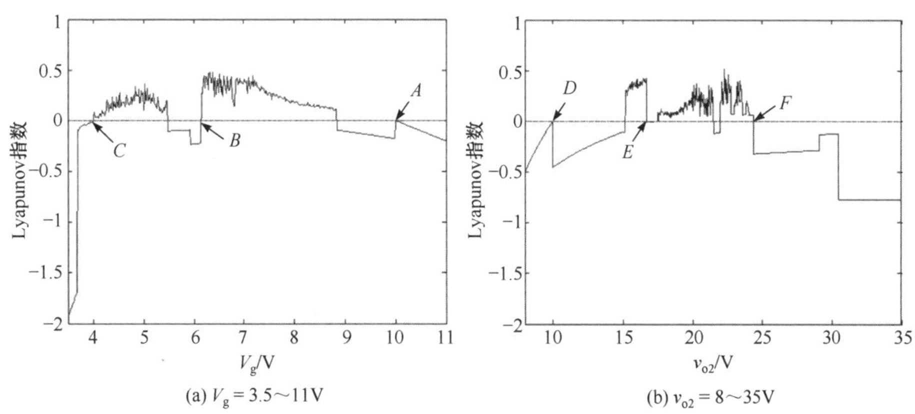

(a) $V_{\mathrm{g}} = 3.5 \sim 11\mathrm{V}$　　(b) $v_{\mathrm{o2}} = 8 \sim 35\mathrm{V}$

图 2.4　电路参数变化时的 Lyapunov 指数

类似地，由图 2.4(b)可以看出：随着输出电压 v_{o2} 增大，Lyapunov 指数一开始从负值上升，并在 $v_{\mathrm{o2}} = 10\mathrm{V}$ 附近(对应于图 2.4(b)中的 D 点)上升到零值后又折回负值区域，在此处发生了倍周期分岔行为；当 $v_{\mathrm{o2}}=15\mathrm{V}$ 时，Lyapunov 指数从负值上升并穿过零值变成正值，SIDO 开关变换器运行轨道进入了混沌区域；当 $v_{\mathrm{o2}}=16.74\mathrm{V}$(图 2.4(b)中的 E 点)时，Lyapunov 指数从正值下降刚好穿过零值变成负值，变换器运行轨道呈现周期轨道；当 $v_{\mathrm{o2}}=17.5\mathrm{V}$ 时，Lyapunov 指数穿过零值变成正值，SIDO 开关变换器运行轨道呈现混沌特性；

当 v_{o2} 在 21.5～22V 时，Lyapunov 指数为负值，对应于图 2.4(b)中的多周期窗口，SIDO 开关变换器进入周期窗中的周期区域；当 $v_{o2}=22\text{V}$ 时，Lyapunov 指数从负值上升到正值，系统轨道进入混沌区域；当 v_{o2} 在 24V 附近(对应于图 2.4(b)中的 F 点)时，Lyapunov 指数刚好从正值下降穿过零值变成负值，并随着 v_{o2} 进一步增大，Lyapunov 指数一直处于负值区域，对应于图 2.3(b)中的 DCM 周期 6 和 DCM 周期 3 区域。图 2.4(a)和(b)的 Lyapunov 指数分别与图 2.3(a)和(b)的分岔图相对应，验证了分岔图的正确性。

2.1.5 稳定工作域

在电路参数变化过程中，电流型纹波控制共享时序 SIDO 开关变换器既可能发生从稳定状态到不稳定状态的工作状态的转移，也可能发生从 DCM 到 CCM 的工作模式的转移。

基于 2.1.3 节和 2.1.4 节分析的分岔行为可知：只有当 $I_{b2}<i_n\leqslant I_{b3}$ 时，电流型纹波控制共享时序 SIDO 开关变换器才能工作在稳定的周期 1 状态。根据式(2.10)，可得电流型纹波控制共享时序 SIDO 开关变换器在 $I_{b2}<i_n\leqslant I_{b3}$ 时的特征值方程为

$$\lambda=\frac{m_3}{m_1} \tag{2.11}$$

当电流型纹波控制共享时序 SIDO 开关变换器工作于稳定的周期 1 状态时，必须满足$|\lambda|<1$。当 λ 从-1 穿出单位圆时，表明 SIDO 开关变换器发生了倍周期分岔。将 $\lambda=-1$ 和电感电流斜率表达式代入式(2.11)，可以得出稳定性分界线表达式，即稳定运行的周期 1 轨道发生倍周期分岔的分界线方程。以 SIDO Boost 变换器为例，由 $m_1=V_g/L$、$m_3=(V_g-v_{o2})/L$，得到电流型纹波控制共享时序 SIDO Boost 变换器的稳定性分界线方程为

$$\frac{m_3}{m_1}=\frac{V_g-v_{o2}}{V_g}=-1 \tag{2.12}$$

化简得

$$v_{o2}-2V_g=0 \tag{2.13}$$

式(2.13)表明：电流型纹波控制共享时序 SIDO Boost 变换器的稳定工作状态域只与输入电压 V_g 和输出电压 v_{o2} 两个电路参数有关。当选择的电路参数使得式 (2.13)等号左边的值大于 0 时，表明 SIDO 开关变换器工作在稳定的周期 1 状态，反之则工作在不稳定的工作状态。

CCM 到 DCM 的工作模式转移是由系统轨道与电流边界 I_{b3} 发生碰撞引起的。当工作模式转移时，混沌轨道与电感电流边界 I_{b3} 相遇，此时电感电流 i_{n+1} 处于最大值 $i_{n+1,\max}$，即满足：

$$I_{b3}=i_{n+1,\max} \tag{2.14}$$

式中，$i_{n+1,\max}=I_{ref2}$。

因此，由 SIDO Boost 变换器电感电流斜率表达式($m_1=V_g/L$、$m_2=(V_g-v_{o1})/L$、$m_3=(V_g-v_{o2})/L$)、式(2.3)和式(2.14)可以得到 CCM 到 DCM 转移的分界线方程为

$$AT - BI_{\text{ref1}} - CI_{\text{ref2}} = 0 \tag{2.15}$$

式中，$A=\dfrac{V_g\left(V_g-v_{o1}\right)\left(v_{o2}-V_g\right)}{L^3}$，$B=\dfrac{-v_{o1}\left(v_{o2}-V_g\right)}{L^2}$，$C=\dfrac{V_g\left(v_{o2}-v_{o1}\right)-\left(V_g-v_{o1}\right)\left(v_{o2}-V_g\right)}{L^2}$。

这里的参考电流 I_{ref1}、I_{ref2}，电感 L，时钟周期 T 均为常数。式(2.15)表明：电流型纹波控制共享时序 SIDO 开关变换器处于 CCM 还是 DCM，取决于所有电路参数的数学关系。当选择的电路参数使得式(2.15)等号左边的值小于 0 时，表明 SIDO 开关变换器工作在 CCM 状态，反之则工作在 DCM 状态。

式(2.13)和式(2.15)所描述的两个分界线方程可以划分 SIDO 开关变换器的工作状态域，并可以根据已知的电路参数估计变换器的工作状态。

不同参数区域所对应的电流型纹波控制共享时序 SIDO 开关变换器的工作状态区域可利用参数空间映射图来划分，即利用式(2.8)所描述的离散迭代映射模型，研究在 V_g-v_{o2} 的参数区间上的分岔模式。当电路参数的变化范围为 V_g = 3.5～11V、v_{o2} = 8～35V，其他电路参数与图 2.3 所选取的参数相同时，可以得到如图 2.5 所示的 SIDO 开关变换器的参数空间映射图。在图 2.5(a)中，白色区域代表低周期，灰色区域代表混沌，周期数越大则灰度越深。为了图示清晰，图中不同周期数轨道的分界线用灰线表示。图 2.5(b)为由式(2.13)和式(2.15)的分界线方程得到的以 V_g-v_{o2} 为参数空间的状态域。

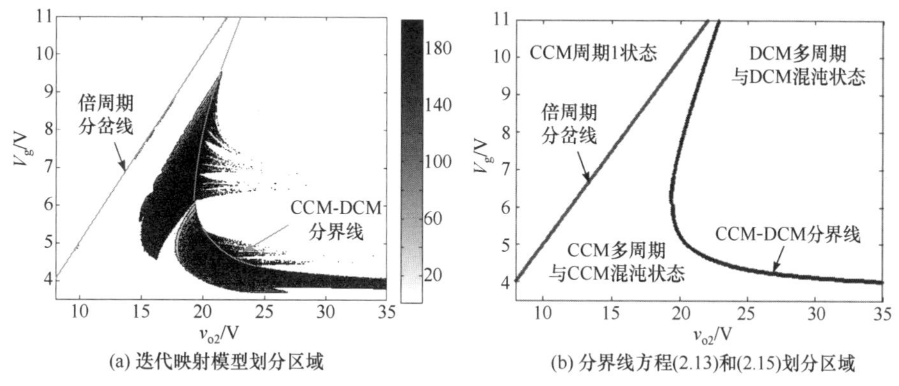

(a) 迭代映射模型划分区域

(b) 分界线方程(2.13)和(2.15)划分区域

图 2.5 电路参数 V_g 和 v_{o2} 变化时的工作状态域分布

从图 2.5(a)中可以看出，在 V_g-v_{o2} 参数空间中，SIDO 开关变换器主要存在三种工作状态区间，即 CCM 周期 1 区域、CCM 多周期与 CCM 混沌区域和 DCM 多周期与 DCM 混沌区域，其中 CCM 多周期区域和 DCM 多周期区域特指周期大于 1 的周期区域。三个不同的区域被两条曲线进行分割：第一条曲线为第一次倍周期分岔线，在此参数值处，变换器轨道发生倍周期分岔，由稳定的 CCM 周期 1 状态进入 CCM 多周期与 CCM 混沌状态；第二条曲线为 CCM-DCM 转移的分界线，在此参数值处，变换器轨道与边界 I_{b3} 碰撞，发生 DCM-CCM 转移。图 2.5(b)所示的 DCM 至 CCM 的工作模式转移分界线以及 CCM 周期 1 区域分界线与图 2.5(a)中的状态域相符。

在保持其他电路参数与图 2.3 所示的分岔图一致时，分别选取电路参数：①输出电压 v_{o1} = 0～3V、输入电压 V_g = 3.5～11V；②输出电压 v_{o1} = 0～3V、v_{o2} = 8～35V。由式(2.13)

和式(2.15)的分界线方程，得到 SIDO 开关变换器的工作状态域分布如图 2.6(a)和(b)所示。

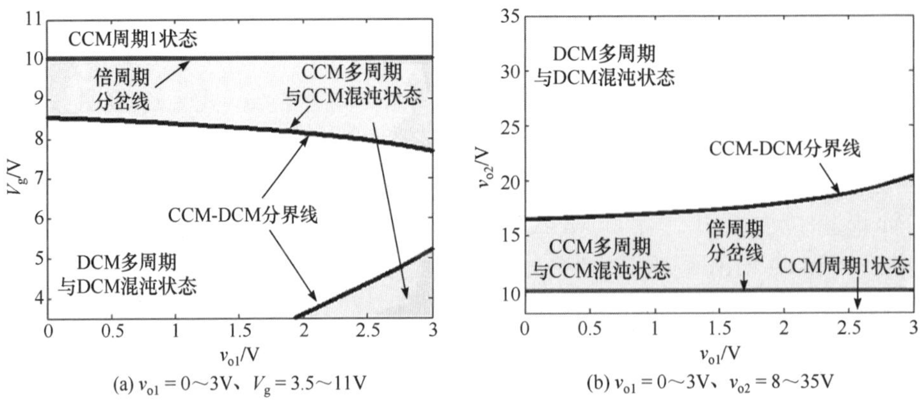

(a) $v_{o1}=0\sim3$V、$V_g=3.5\sim11$V (b) $v_{o1}=0\sim3$V、$v_{o2}=8\sim35$V

图 2.6 电路参数变化时的工作状态域分布

从图 2.5 和图 2.6 中可以观察到：通过选择合适的输入电压 V_g、输出电压 v_{o1} 和 v_{o2}，可以使得 SIDO 开关变换器的工作模式从 DCM 转移到 CCM，也可以把 SIDO 开关变换器的工作状态稳定在稳定的 CCM 周期 1 状态，为正确估计变换器稳定工作的参数范围提供了有益的指导。

2.1.6 实验结果

采用与图 2.3 所示分岔图相同的电路参数，搭建电流型纹波控制 SIDO 开关变换器实验电路并进行相应的实验研究。令 $V_g=5$V，当输出电压 v_{o2} 分别为 8V、10V、15V、21V、27V、35V 时，得到电感电流 i_L 和开关管驱动信号 V_{gs0}、V_{gs1} 的实验波形分别如图 2.7(a)～(f)所示。

从图 2.7(a)中可以看出：当 $v_{o2}=8$V 时，变换器电感电流的周期 T 为 20μs，且电感电流工作在 CCM 状态，即 SIDO 开关变换器工作于稳定的 CCM 周期 1 状态；图 2.7(b)中电感电流的周期 T 为 40μs，为时钟周期的 2 倍，表明变换器工作在 CCM 周期 2 的振荡状态；图 2.7(c)中电感电流工作在 CCM 混沌状态；图 2.7(d)中电感电流工作在 DCM 混沌状态；图 2.7(e)、(f)中电感电流的周期 T 分别为 120μs、60μs，表明变换器分别工作在

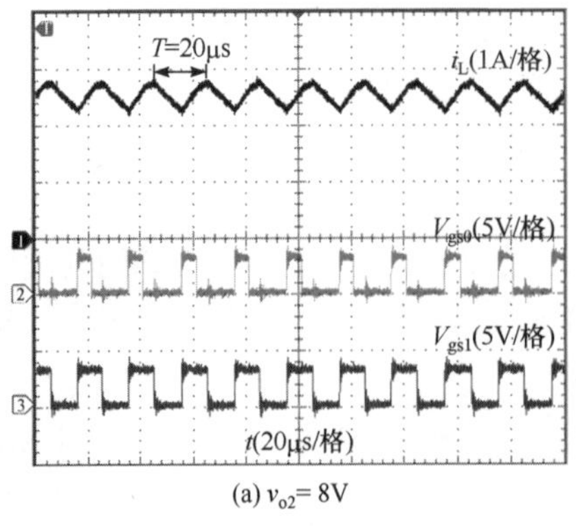

(a) $v_{o2}=8$V

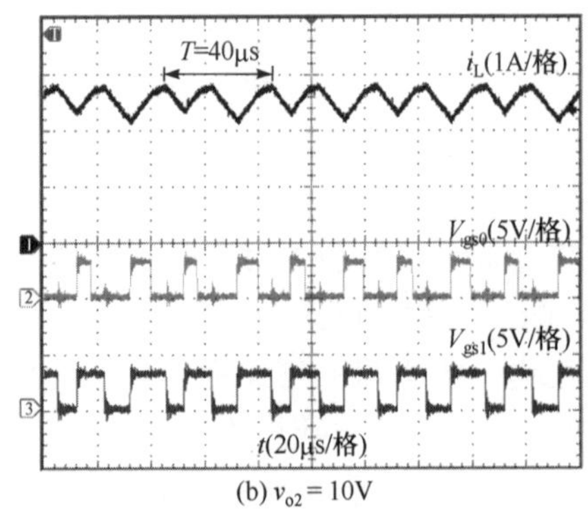

(b) $v_{o2}=10$V

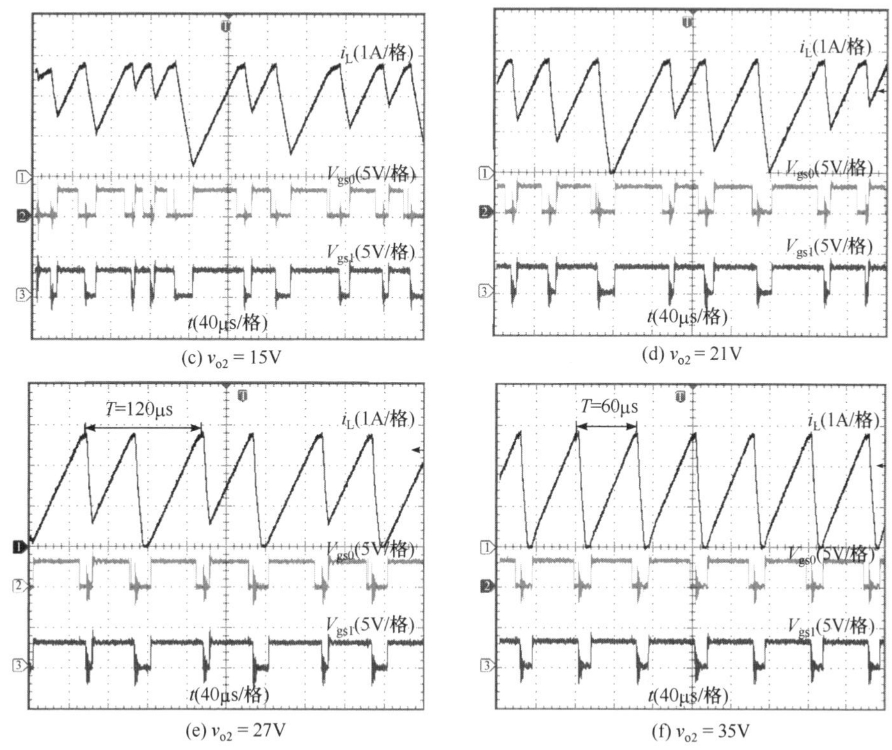

(c) v_{o2} = 15V　(d) v_{o2} = 21V　(e) v_{o2} = 27V　(f) v_{o2} = 35V

图 2.7　不同 v_{o2} 条件下 SIDO 开关变换器的电感电流和开关管驱动信号实验波形

DCM 周期 6、DCM 周期 3 的振荡状态。图 2.7 中的实验波形所反映的变换器工作状态与图 2.3(b)中不同输出电压 v_{o2} 所对应的 SIDO 开关变换器的运行状态一致，验证了图 2.3(b)的正确性。

2.2　归一化电流型纹波控制单电感多输出开关变换器的动力学行为

2.2.1　电感电流变化趋势

对于传统的 SIDO Buck 变换器，根据主开关管 S_0 的占空比 D_0 与输出支路开关管 S_1 的占空比 D_1 之间的关系，其开关时序可分为 $D_0 < D_1$、$D_0 = D_1$、$D_0 > D_1$，电感电流分别呈现升—降—降、升—降、升—升—降的变化趋势。而对于传统的 SIDO Boost 变换器，主开关管 S_0 的占空比 D_0 与输出支路开关管 S_1 的占空比 D_1 之间的关系只存在一种情况，即 $D_0 < D_1$，其电感电流波形呈升—降—降的变化趋势。对于传统的 SIDO Bipolar 变换器，虽然占空比 D_0 与占空比 D_1 之间存在三种关系，但是电感电流只呈现升—降—降、升—降两种变化趋势。

令开关管导通和关断期间的电感电流变化斜率分别表示为 m_1、m_2 和 m_3。对于 SIDO 开关变换器的三种基本拓扑结构，存在如下关系式。

对于 SIDO Buck 变换器：

$$\begin{cases} m_1 = \dfrac{V_g - v_{o1}}{L}, \quad m_2 = -\dfrac{v_{o1}}{L}, \quad m_3 = -\dfrac{v_{o2}}{L}, & D_0 < D_1 \\ m_1 = \dfrac{V_g - v_{o1}}{L}, \quad m_2 = -\dfrac{v_{o2}}{L}, & D_0 = D_1 \\ m_1 = \dfrac{V_g - v_{o1}}{L}, \quad m_2 = \dfrac{V_g - v_{o2}}{L}, \quad m_3 = -\dfrac{v_{o2}}{L}, & D_0 > D_1 \end{cases} \tag{2.16}$$

对于 SIDO Boost 变换器：

$$m_1 = \frac{V_g}{L}, \quad m_2 = \frac{V_g - v_{o1}}{L}, \quad m_3 = \frac{V_g - v_{o2}}{L} \tag{2.17}$$

对于 SIDO Bipolar 变换器：

$$\begin{cases} m_1 = \dfrac{V_g}{L}, \quad m_2 = -\dfrac{v_{ON}}{L}, \quad m_3 = -\dfrac{v_{OP} + v_{ON}}{L}, & D_0 < D_1 \\ m_1 = \dfrac{V_g}{L}, \quad m_2 = -\dfrac{v_{OP} + v_{ON}}{L}, & D_0 = D_1 \\ m_1 = \dfrac{V_g}{L}, \quad m_2 = -\dfrac{v_{OP} - V_g}{L}, \quad m_3 = -\dfrac{v_{OP} + v_{ON}}{L}, & D_0 > D_1 \end{cases} \tag{2.18}$$

式中，v_{ON}、v_{OP} 分别为负极性和正极性输出支路的输出电压。

文献[8]和[9]表明：SIDO Buck 变换器和 SIDO Boost 变换器可以实现混合电压输出，即通过选择不同的输入电压值，可以实现一路输出降压、另一路输出升压。

以 SIDO Boost 变换器为例，在两路输出均为升压和一路输出为降压、另一路输出为升压时，由式(2.17)可知，电感电流斜率 m_2、m_3 可大于 0，也可小于 0。在不同的参数条件下，电感电流可呈现出升—降—降、升—升—降和升—降—升三种变化趋势，电感电流和开关时序波形分别如图 2.8(a)所示。其中，升—降—降趋势是指 SIDO Boost 变换器实现两路输出均为升压，即传统的 SIDO Boost 变换器；升—升—降和升—降—升两种趋势均是指 SIDO Boost 变换器实现一路输出为降压、另一路输出为升压，区别在于一个开关周期内实现降压输出的支路开关时序不同。

对于 SIDO Buck 变换器，存在一路输出为升压的情况。由式(2.16)可知：当 $D_0 > D_1$ 时，若 SIDO Buck 变换器实现纯降压输出或者混合电压输出，则电感电流波形存在升—升—降、升—降—降和降—升—降三种变化趋势，电感电流和开关时序波形如图 2.8(b)所示；当 $D_0 \leqslant D_1$ 时，SIDO Buck 变换器实现纯降压输出或者混合电压输出，电感电流的变化趋势不发生改变。同样，对于 SIDO Bipolar 变换器，由式(2.18)可知：当 $D_0 > D_1$ 时，若 $V_{OP} > V_g$，则电感电流呈升—降—降的变化趋势；若 $V_{OP} < V_g$，则电感电流呈升—升—降的变化趋势。SIDO Bipolar 变换器实现混合电压输出时的电感电流和开关时序波形如图 2.8(c)所示。

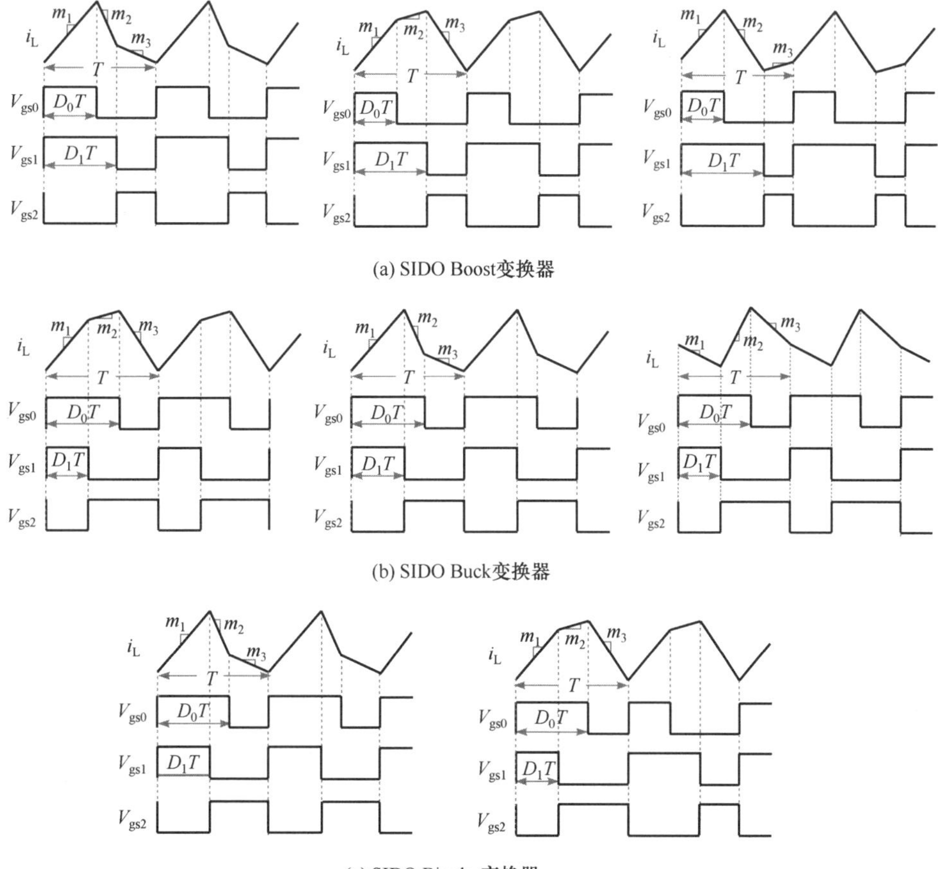

(a) SIDO Boost变换器

(b) SIDO Buck变换器

(c) SIDO Bipolar变换器

图 2.8　SIDO 开关变换器实现混合电压输出时的电感电流和开关时序波形

2.2.2　归一化离散迭代映射建模

1. 电感电流边界

由 2.1.2 节分析可知，当电感电流呈现升—降—降变化趋势时，电流型纹波控制共享时序 SIDO 开关变换器存在三个电流边界 I_{b1}、I_{b2} 和 I_{b3}。当电感电流呈升—升—降变化趋势时，同样也存在三个电感电流边界，它们的定义和表达式与升—降—降变化趋势时一致；在电感电流呈升—降—升和降—升—降两种变化趋势时，由于参考电流 I_{ref2} 或者 I_{ref1} 的作用，整个周期内电感电流的值始终大于零，只存在两个电感电流边界，其中边界 I_{b1} 和 I_{b2} 与升—降—降变化趋势时的定义一致，表达式也相同；当电感电流呈升—降的变化趋势时，只存在参考电流 I_{ref1}，此时电感电流具有两个边界，这两个边界的定义和表达式与电感电流呈升—降—降变化趋势时电流边界 I_{b1} 和 I_{b3} 的定义和表达式一致。

2. 统一离散迭代映射模型

在两个相邻时刻 nT 和$(n+1)T$，当电感电流呈升—降—降和升—升—降两种变化趋势时，系统存在四种类型的运动轨道，相应的映射方程与式(2.4)～式 (2.7)相同。当电感电流呈升—降—升和降—升—降变化趋势时，在两个相邻时刻 nT 和$(n+1)T$ 存在三种类型的运动轨道，相应的映射方程与式(2.4)～式(2.6)相同，不存在式(2.7)所示的情况。电感电流呈升—降变化趋势时的映射方程与式(2.4)、式(2.5)、式(2.7)相同，不存在式(2.6)所示的情况。

3. 归一化离散迭代映射模型

为了简化 SIDO 开关变换器的动力学分析，可以通过引入无量纲的状态变量和参数来减少离散迭代映射模型的控制参数数量。以双输出为例，归一化后的 SIDO 开关变换器的状态变量和参数分别为 $x_n = i_n/I_{\text{ref1}}$, $x_{n+1} = i_{n+1}/I_{\text{ref1}}$, $\alpha = m_1T/I_{\text{ref1}}$, $\beta = m_2T/I_{\text{ref1}}$, $\gamma = m_3T/I_{\text{ref1}}$, $k = I_{\text{ref2}}/I_{\text{ref1}}$ ，$B_1 = I_{\text{b1}}/I_{\text{ref1}}$ ，$B_2 = I_{\text{b2}}/I_{\text{ref1}}$ ，$B_3 = I_{\text{b3}}/I_{\text{ref1}}$。因此，电流型纹波控制共享时序 SIDO 开关变换器的离散迭代映射模型可以表示为

$$x_{n+1} = \begin{cases} x_n+\alpha, & x_n \leqslant B_1 \\ \dfrac{\beta}{\alpha}x_n+\dfrac{\alpha-\beta}{\alpha}+\beta, & B_1 < x_n \leqslant B_2 \\ \dfrac{\gamma}{\alpha}x_n+\dfrac{\gamma(\alpha-\beta)}{\beta\alpha}-\dfrac{\gamma-\beta}{\beta}k+\gamma, & B_2 < x_n \leqslant B_3 \\ 0, & x_n > B_3 \end{cases} \tag{2.19}$$

式中，$B_1 = 1-\alpha$ ，$B_2 = \dfrac{\beta-\alpha}{\beta}+\dfrac{\alpha}{\beta}k-\alpha$ ，$B_3 = \dfrac{\beta-\alpha}{\beta}-\dfrac{\alpha(\beta-\gamma)}{\beta\gamma}k-\alpha$ 。

值得注意的是，对上述含三个边界的四段式光滑离散迭代映射模型进行无量纲归一化处理后，电流型纹波控制共享时序 SIDO 开关变换器的动力学特性将只取决于参数α、β、γ和 k。电感电流变化趋势不同时的参数取值范围如表 2.1 所示。

表 2.1 电感电流变化趋势不同时参数α、β、γ和 k 的取值范围

电感电流变化趋势	参数取值范围			
	α	β	γ	k
升—降—降	>0	<0	<0	<1
升—升—降	>0	>0	<0	>1
升—降—升	>0	<0	>0	<1
降—升—降	<0	>0	<0	>1
升—降	>0	<0	—	—

2.2.3 分岔行为分析

为了研究归一化参数变化对电流型纹波控制共享时序 SIDO 开关变换器动力学行为的影响，基于式(2.19)所示归一化统一离散迭代映射模型，分别对不同电感电流变化趋势的 SIDO 开关变换器分岔行为进行详细分析。

1. 电感电流呈升—降—降变化趋势

当固定参数$\beta=-2.1$、$\gamma=-0.73$、$k=0.74$时，电流型纹波控制共享时序 SIDO 开关变换器随参数 α 变化的分岔图如图 2.9(a)所示。从图 2.9(a)中可以看到，随着 α 的减小，当 $\alpha=0.73$ 时，分岔图上出现了第一次倍周期分岔。在同一参数值处，SIDO 开关变换器经倍周期分岔形成的不稳定周期 2 轨道与边界 B_1 相遇发生了边界碰撞分岔，SIDO 开关变换器的运行轨道直接进入 CCM 混沌状态。

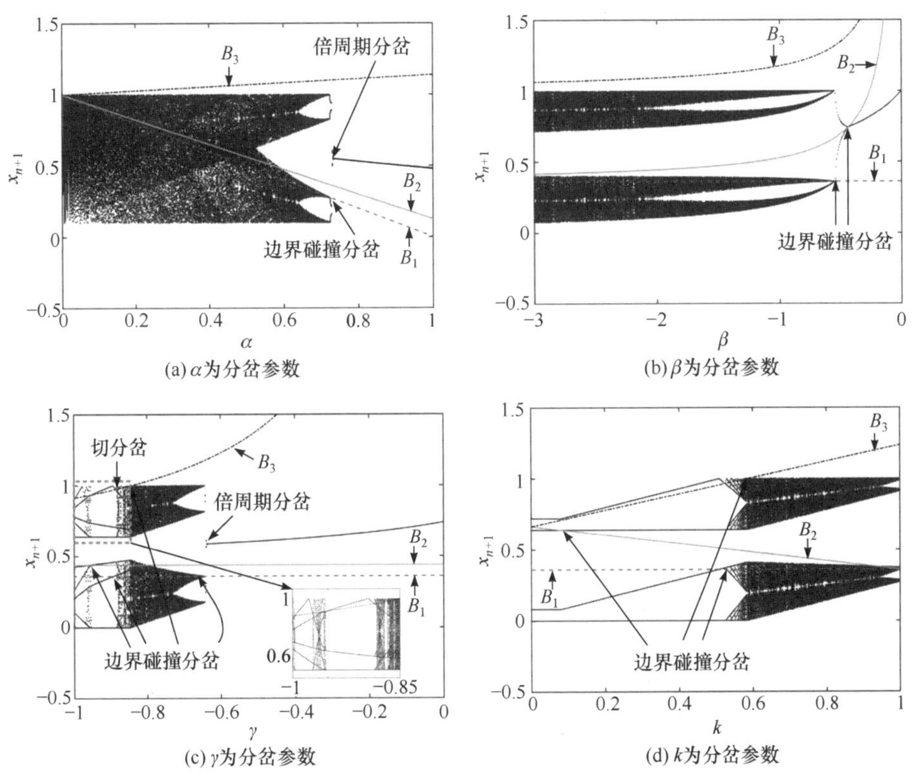

图 2.9　升—降—降变化趋势电流型纹波控制共享时序 SIDO 开关变换器归一化映射的分岔图

当 $\alpha=0.64$、$\gamma=-0.73$、$k=0.74$ 时，选择β为分岔参数，得到如图 2.9(b)所示的分岔图。由图 2.9(b)可知：随着β的减小，在$\beta=-0.44$附近，SIDO 开关变换器稳定的 CCM 周期 1 轨道与边界 B_2 发生碰撞分岔，并同时伴随着倍周期分岔；随后变换器运行轨道在$\beta=-0.55$处与边界 B_1 发生碰撞分岔，直接由 CCM 周期 2 状态进入 CCM 混沌状态。

当固定参数 $\alpha=0.64$、$\beta=-2.1$、$k=0.74$ 时，得到系统随 γ 变化的分岔图，如图 2.9(c)所示。从图 2.9(c)中可以看出，当 $\gamma>-0.6$ 时，SIDO 开关变换器工作于稳定的 CCM 周期 1 状态；随着 γ 减小，在 $\gamma=-0.64$ 附近，变换器的轨道发生了倍周期分岔；随后，不稳定的 CCM 周期 2 轨道与边界 B_1 发生了边界碰撞分岔，直接进入 CCM 混沌状态；当 γ 减小到-0.85附近时，变换器轨道与边界 B_3 发生边界碰撞分岔，此时变换器的工作模式发生转移，工作状态由 CCM 混沌状态进入 DCM 混沌状态；当 γ 进一步减小到-0.87附近时，变换器的运行轨道再次与边界 B_3 碰撞，发生切分岔，由 DCM 混沌状态进入 DCM 周期 6 状态；当 $\gamma = -0.89$ 时，变换器运行轨道与边界 B_1 碰撞，运行轨道发生折叠现象；在 $\gamma = -0.95$ 附近时，系统不稳定的 DCM 周期 6 轨道与边界 B_2 碰撞，变换器再次进入 DCM 混沌状态。

选择 k 为分岔参数，得到如图 2.9(d)所示的分岔图。随着 k 的增大，在 $k = 0.086$ 附近，SIDO 开关变换器的 DCM 周期 4 轨道与边界 B_2 碰撞，发生轨道折叠；当 k 增大到 0.52 时，变换器的运行轨道与边界 B_1 碰撞，系统进入 DCM 混沌状态；当参数 k 进一步增大到 0.59 时，变换器的 DCM 混沌运行轨道再次与边界 B_3 相遇并发生边界碰撞分岔，进入 CCM 混沌状态。

由上述分析可知：当归一化参数变化时，SIDO 开关变换器系统轨道与不同的电感电流边界发生碰撞将呈现不同的分岔路由。当系统轨道与边界 B_1 碰撞时，变换器由 CCM 多周期态进入 CCM 混沌状态；当系统轨道与边界 B_2 碰撞时，变换器由 CCM 周期 1 状态进入 CCM 周期 2 状态。然而，若当 DCM 时系统轨道与边界 B_1 或 B_2 碰撞，则变换器将发生轨道折叠现象。当系统轨道与边界 B_3 碰撞时，变换器将发生工作模式转移现象，由 CCM 转移到 DCM，或者由 DCM 转移到 CCM。

2. 电感电流呈升—升—降变化趋势

类似地，可以分析电感电流呈升—升—降变化趋势时电流型纹波控制共享时序 SIDO 开关变换器的动力学行为。固定参数 $\beta = 0.2$、$\gamma = -1.45$、$k = 1.08$，选择 α 为分岔参数，变化范围为 0～2，得到电感电流的分岔图如图 2.10(a)所示。

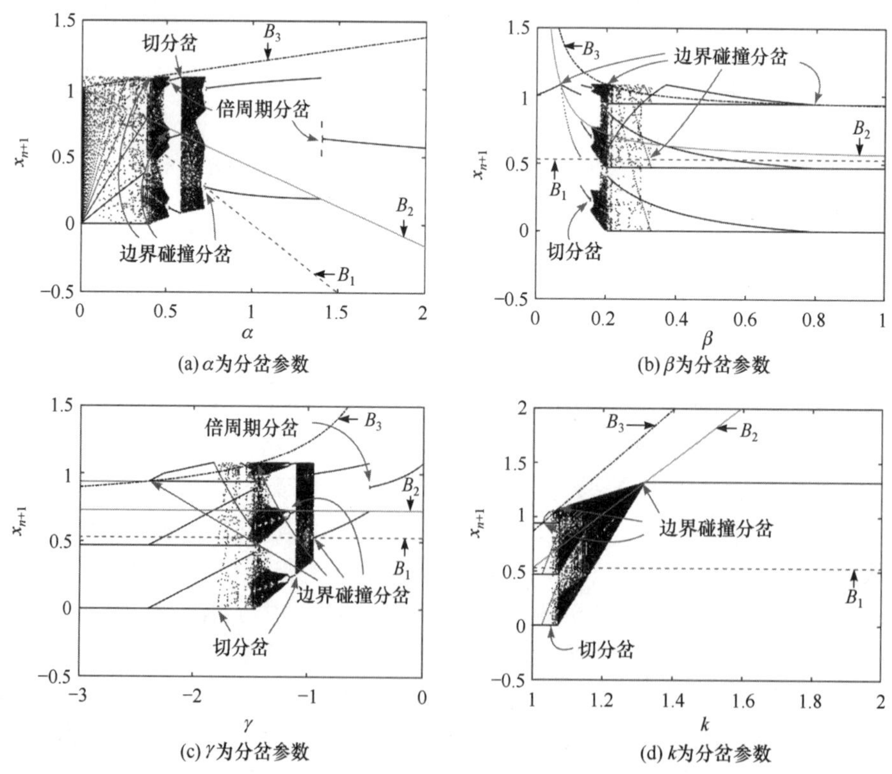

图 2.10 升—升—降变化趋势电流型纹波控制共享时序 SIDO 开关变换器归一化映射分岔图

从图 2.10(a)中可知：当 $\alpha=2$ 时，SIDO 开关变换器工作于稳定的 CCM 周期 1 状态；随着 α 减小，在 $\alpha=1.42$ 附近，变换器的轨道发生了倍周期分岔，进入 CCM 周期 2 状态；随后在 $\alpha=0.72$ 附近，不稳定的 CCM 周期 2 轨道与边界 B_1 发生了边界碰撞分岔，直接进入 CCM 混沌状态；当 α 减小到 0.58 附近时，变换器发生切分岔，由 CCM 混沌状态进入 CCM 周期 3 状态；在 $\alpha=0.52$ 附近时，系统不稳定的 CCM 周期 3 轨道发生倍周期分岔，同时再次与边界 B_2 碰撞，进入 CCM 混沌状态；之后，当 α 进一步减小到 0.41 附近时，变换器的运行轨道与边界 B_3 碰撞，此时变换器的工作模式发生转移，工作状态由 CCM 混沌状态进入 DCM 混沌状态。

综上所述，随着 α 的减小，电感电流呈升—升—降变化趋势的 SIDO 开关变换器系统出现了独特的 CCM 周期 1 状态、CCM 周期 2 状态、CCM 混沌状态、CCM 周期 3 状态、CCM 混沌状态、DCM 混沌状态的分岔路由。

当固定参数 $\alpha=0.47$ 时，分别选择β、γ 和 k 为分岔参数，得到电感电流的分岔图分别如图 2.10(b)～(d)所示。由图 2.10(b)、(c)和(d)可知：随着β的减小，变换器呈 DCM 周期 3 状态、DCM 周期 6 状态、DCM 混沌状态、CCM 混沌状态、CCM 周期 3 状态、CCM 周期 2 状态、CCM 周期 1 状态的分岔路由；随着 γ 的减小，变换器呈 CCM 周期 1 状态、CCM 周期 2 状态、CCM 混沌状态、CCM 周期 3 状态、CCM 周期 6 状态、CCM 混沌状态、DCM 混沌状态、DCM 周期 6 状态、DCM 周期 3 状态的分岔路由；随着 k 的减小，变换器呈 CCM 周期 1 状态、CCM 混沌状态、DCM 混沌状态、DCM 周期 6 状态、DCM 周期 3 状态的分岔路由。

由上述分岔分析可知，当电感电流呈升—升—降变化趋势时，系统轨道与边界 B_2 碰撞，变换器由 CCM 多周期态进入 CCM 混沌状态；系统轨道处于 DCM 多周期态与边界 B_3 发生碰撞时，变换器运行周期将呈现倍周期增加或者减小，例如，系统轨道由 DCM 周期 3 状态进入 DCM 周期 6 状态，或者由 DCM 周期 6 状态进入 DCM 周期 3 状态，如图 2.10(b)～(d)所示。

3. 电感电流呈升—降—升变化趋势

当$\beta=-0.92$、$\gamma=0.1$、$k=0.48$ 时，选择 α 为分岔参数，得到电感电流的分岔图如图 2.11(a)所示。由图 2.11(a)可以观察到：当 $\alpha=1$ 时，SIDO 开关变换器工作于稳定的 CCM 周期 1 状态；随着 α 减小，在 $\alpha=0.92$ 附近，变换器的运行轨道发生倍周期分岔，系统进入 CCM 周期 2 振荡状态；随后，在 $\alpha=0.56$ 附近，变换器的运行轨道与边界 B_2 发生了边界碰撞分岔，系统直接进入 CCM 混沌状态；当 α 减小到 0.5 附近时，变换器运行轨道发生切分岔，进入 CCM 周期 4 状态；之后，当 α 进一步减小到 0.43 附近时，变换器的运行轨道再次与边界 B_1 碰撞，此时变换器直接进入 CCM 混沌状态；当 $\alpha=0.37$ 时，系统再次发生切分岔，变换器运行轨道进入 CCM 周期 2 状态；在 $\alpha=0.332$ 附近，变换器的运行轨道与边界 B_2 发生了边界碰撞分岔，系统再次进入 CCM 混沌状态。

由上述分析可知，电感电流呈升—降—升变化趋势时的电流型控制 SIDO 开关变换器，随着 α 的减小，具有 CCM 周期 1 状态、CCM 周期 2 状态、CCM 混沌状态、CCM 周期 4 状态、CCM 混沌状态、CCM 周期 2 状态、CCM 混沌状态的分岔路由。

当固定参数 $\alpha=0.52$ 时，分别选择β、γ 和 k 为分岔参数，得到电感电流的分岔图分别如图 2.11(b)～(d)所示。由图 2.11(b)、(c)和(d)可知：随着β的减小，变换器呈 CCM 周期 1 状态、CCM 周期 2 状态、CCM 混沌状态、CCM 周期 3 状态、CCM 混沌状态的分岔路由；随着 γ 的增大，变换器呈 CCM 周期 2 状态、CCM 混沌状态的分岔路由；随着 k 的减小，变换器呈 CCM 周期 1 状态、CCM 混沌状态、CCM 周期 4 状态、CCM 周期 2 状态、CCM 混沌状态的分岔路由。

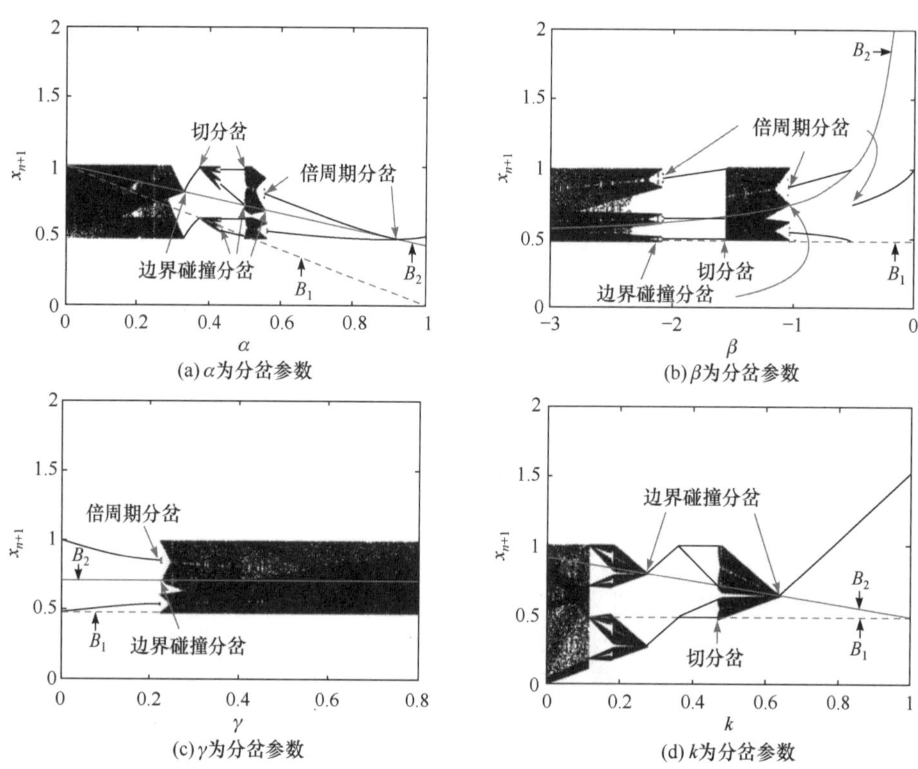

图 2.11　升—降—升变化趋势电流型纹波控制共享时序 SIDO 开关变换器归一化映射分岔图

4. 电感电流呈降—升—降变化趋势

当固定参数$\beta=2.26$、$\gamma=-1.5$、$k=2.86$ 时，选择 α 为分岔参数，得到电感电流的分岔图如图 2.12(a)所示。由图 2.12(a)可以观察到：随着 α 增大，在 $\alpha=-2.26$ 附近，变换器的运行轨道发生第一次倍周期分岔，系统由 CCM 周期 1 状态进入 CCM 周期 2 状态；随后，在 $\alpha=-1.85$ 附近，运行轨道发生第二次倍周期分岔，变换器由 CCM 周期 2 状态进入 CCM 周期 4 状态；当 α 增大到-1.6 附近时，变换器发生切分岔，进入 CCM 周期 2 状态；之后，当 α 进一步增大到-1.59 附近时，变换器的运行轨道与边界 B_2 碰撞，直接进入 CCM 混沌状态。由上述分析可知，电感电流呈降—升—降变化趋势，α 在参数范围内增大时，SIDO 开关变换器具有 CCM 周期 1 状态、CCM 周期 2 状态、CCM 周期 4 状态、CCM 周期 2 状态、CCM 混沌状态的分岔路由。

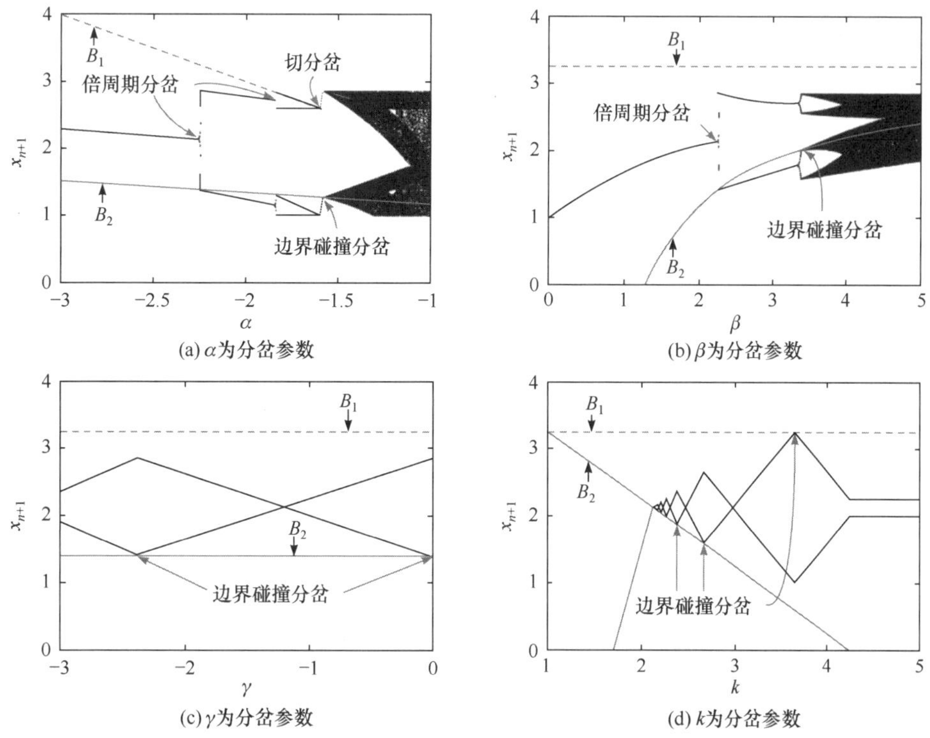

图 2.12　降—升—降变化趋势电流型纹波控制共享时序 SIDO 开关变换器归一化映射分岔图

类似地，分别选择β、γ和 k 为分岔参数，得到电感电流的分岔图分别如图 2.12(b)～(d)所示。由图 2.12(b)、(c)和(d)可知：随着β的增大，变换器呈 CCM 周期 1 状态、CCM 周期 2 状态、CCM 混沌状态的分岔路由；随着 γ 的变化，变换器在参数变化区间内呈现多次 CCM 周期 2 轨道的折叠现象；随着 k 的增大，变换器由 CCM 周期 1 轨道变化为 CCM 周期 2 轨道，并发生多次轨道折叠现象，最终维持在稳定的 CCM 周期 2 状态。

5. 电感电流呈升—降变化趋势

对于电感电流呈升—降变化趋势，固定参数$\beta=-1.92$，当 α 在 0～2 变化时，得到电感电流的分岔图如图 2.13(a)所示。由图 2.13(a)可以观察到：当 $\alpha=2$ 时，SIDO 开关变换器工作于稳定的 DCM 周期 1 状态；随着 α 减小，在 $\alpha=1.2$ 附近，变换器的轨道与边界 B_3 发生了边界碰撞分岔，系统进入 DCM 周期 2 状态；随后，当 $\alpha=1$ 时，变换器运行轨道与边界 B_1 碰撞，同时发生轨道折叠现象；当 α 减小到 0.85 附近时，不稳定的 DCM 周期 2 轨道再次与边界 B_3 发生了边界碰撞分岔，系统进入 DCM 周期 4 状态；之后，当 α 进一步减小到 0.67 附近时，变换器的运行轨道再次与边界 B_1 碰撞，此时变换器直接进入 DCM 混沌状态。电感电流呈升—降变化趋势时的 SIDO 开关变换器具有 DCM 周期 1 状态、经由倍周期分岔和边界碰撞分别进入 DCM 周期 2 状态和 DCM 周期 4 状态、最后经由边界碰撞进入 DCM 混沌状态的分岔过程。

当固定参数 $\alpha=0.47$ 时，选择β为分岔参数，得到电感电流的分岔图如图 2.13(b)所示。由图 2.13(b)可知：随着β的增大，变换器呈 DCM 周期 3 状态、DCM 周期 6 状态、

DCM 混沌状态、CCM 混沌状态、CCM 周期 1 状态的分岔路由。

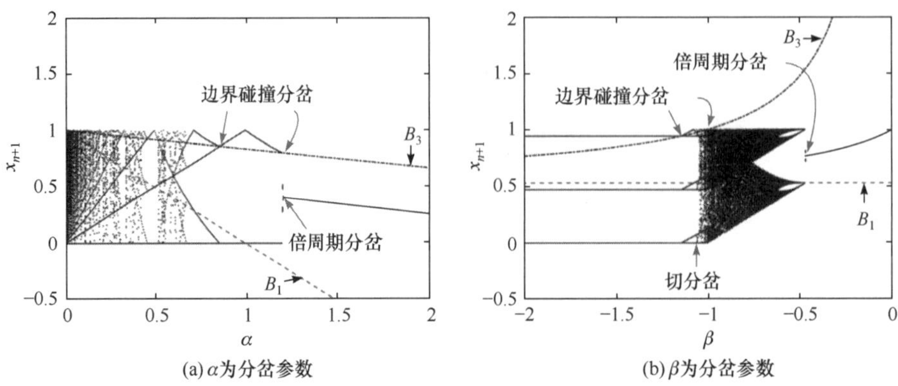

图 2.13 升—降变化趋势电流型纹波控制共享时序 SIDO 开关变换器归一化映射分岔图

由上述不同电感电流变化趋势的电流型纹波控制共享时序 SIDO 开关变换器的分岔行为分析可知：①电感电流变化趋势不同时，对于同一个电路参数的变化，变换器的分岔路由完全不同；②与不同的电感电流边界发生边界碰撞分岔时，变换器的分岔路由是不同的。因此，研究电流型纹波控制共享时序 SIDO 开关变换器在不同电感电流变化趋势时的分岔行为，对电路参数的选择具有重要的意义。

2.2.4 稳定工作域

由 2.2.1 节和 2.2.2 节的建模分析可知：对于电感电流呈升—降—降和升—升—降变化趋势，只有当 $B_2 \leqslant x_n \leqslant B_3$ 时，电流型纹波控制共享时序 SIDO 开关变换器才能工作在稳定的周期 1 状态，由式(2.19)得到电流型纹波控制共享时序 SIDO 开关变换器在 $B_2 \leqslant x_n \leqslant B_3$ 时的特征值方程为

$$\lambda = \frac{\mathrm{d}x_{n+1}}{\mathrm{d}x_n} = \frac{\gamma}{\alpha} \tag{2.20}$$

当电流型纹波控制共享时序 SIDO 开关变换器工作于稳定的周期 1 状态时，必须满足$|\lambda| < 1$。当 λ 从−1 穿出单位圆时，表明 SIDO 开关变换器发生了倍周期分岔。将 $\lambda = -1$ 代入式(2.20)，可以得出电感电流呈升—降—降和升—升—降变化趋势时，稳定运行的周期 1 轨道发生倍周期分岔的临界稳定边界为

$$\alpha + \gamma = 0 \tag{2.21}$$

对于电感电流呈升—降—升、降—升—降和升—降变化趋势，只有当 $B_1 \leqslant x_n \leqslant B_2$ 时，电流型纹波控制共享时序 SIDO 开关变换器才能工作在稳定的周期 1 状态，由式(2.19)得到电流型纹波控制共享时序 SIDO 开关变换器在 $B_1 \leqslant x_n \leqslant B_2$ 时的特征值方程为

$$\lambda = \frac{\mathrm{d}x_{n+1}}{\mathrm{d}x_n} = \frac{\beta}{\alpha} \tag{2.22}$$

经过计算，进一步得到电感电流呈升—降—升、降—升—降和升—降变化趋势时，稳定运行的周期 1 轨道发生倍周期分岔的临界稳定边界为

$$\alpha + \beta = 0 \tag{2.23}$$

电感电流呈升—降—降和升—升—降变化趋势时，图 2.9、图 2.10 分岔图中的倍周期分岔点满足式(2.21)；呈升—降—升、降—升—降和升—降变化趋势时，图 2.11～图 2.13 所示倍周期分岔所对应的参数条件满足式(2.23)。由此可知，上述倍周期分岔的理论分析是准确的。由于电流型纹波控制共享时序 SIDO 开关变换器倍周期分岔的分界线就是变换器的失稳边界，式(2.21)、式(2.23)为电流型纹波控制共享时序 SIDO 开关变换器的临界稳定边界表达式。

由图 2.9 可以看出，在第 $n+1$ 个时钟来临时刻，电感电流 i_{n+1} 的最大值为 I_{ref1}，表示为归一化形式为

$$x_{n+1,\max} = 1 \tag{2.24}$$

若 $x_{n+1,\max} > B_3$，则变换器工作在 DCM；若 $x_{n+1,\max} < B_3$，则变换器工作在 CCM；所以，$B_3 = x_{n+1,\max}$ 为变换器工作于 CCM 和 DCM 的临界状态。当变换器轨道与边界 B_3 碰撞、发生 CCM-DCM 转移时，满足 $B_3 = x_{n+1,\max}$，因此有如下关系式：

$$B_3 = x_{n+1,\max} = 1 \tag{2.25}$$

将式(2.19)代入式(2.25)，可以得到 CCM-DCM 转移时的边界表达式为

$$\text{CCM-DCM:}\ \frac{\beta-\alpha}{\beta} - \frac{\alpha(\beta-\gamma)}{\beta\gamma}k - \alpha - 1 \tag{2.26}$$

当式(2.26) > 0 时，变换器工作在 CCM，否则工作于 DCM。

电感电流呈升—降—降变化趋势时，选择与图 2.9 所示分岔图相同的电路参数，并考虑 $\alpha = 0 \sim 1$ 及 $\gamma = -1 \sim 0$ 时，根据周期数的大小使用不同的颜色将映射点在双参数平面中绘出，得到电流型纹波控制共享时序 SIDO 开关变换器的双参数动力学行为分布图，如图 2.14(a)所示，其中白色区域代表低周期，灰色区域代表混沌，周期数越大灰度越深。

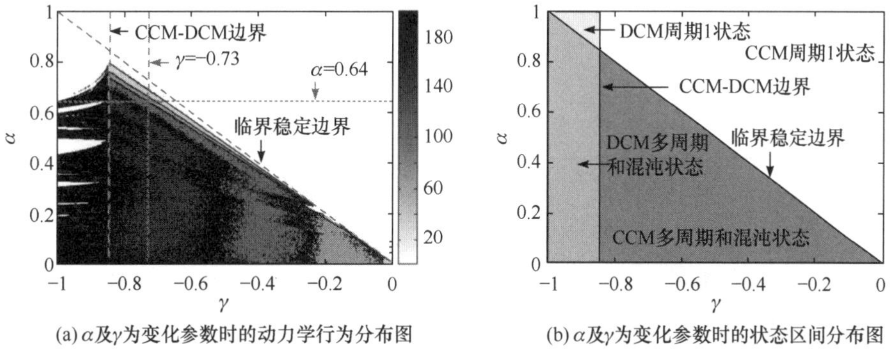

(a) α及γ为变化参数时的动力学行为分布图　　(b) α及γ为变化参数时的状态区间分布图

图 2.14　升—降—降变化趋势电路参数变化时电流型纹波控制共享时序 SIDO 开关变换器的工作状态域

图 2.14(b)是图 2.14(a)所对应的 SIDO 开关变换器运行轨道的状态区间分布图，其中稳定性边界线(或称 CCM 周期 1 状态与 CCM 混沌状态分界线)由式(2.21)绘出，CCM-DCM 边界线则由式(2.26)绘出。从图 2.14 中可以看出：由式(2.21)和式(2.26)绘出的两条

边界线，与由 SIDO 开关变换器的归一化离散迭代映射模型获得的动力学行为分布图中的边界基本一致。

与图 2.14(b)类似，电感电流呈升—升—降、升—降—升、降—升—降和升—降变化趋势时，选择与图 2.10～图 2.13 所示分岔图相同的电路参数，分别在 α 和 γ 或者 α 和 β 的参数空间上研究两者同时变化时的分岔行为。图 2.15(a)为电感电流呈升—升—降变化趋势、$\alpha=0$～2 及 $\gamma=-2$～0 时，根据式(2.21)和式(2.26)绘制的状态区间分布图。电感电流呈升—降—升、降—升—降和升—降变化趋势时，根据式(2.23)和式(2.26)绘制的状态区间分布图，分别如图 2.15(b)～(d)所示。

从图 2.15(a)和(d)中可以看出，电感电流呈升—升—降、升—降变化趋势时，电流型纹波控制共享时序 SIDO 开关变换器的工作状态主要分成了四个区域：①稳定的 CCM 周期 1 区域；②稳定的 DCM 周期 1 区域；③CCM 多周期和混沌区域；④DCM 多周期和混沌区域。在图 2.15(b)和(c)中，电感电流呈升—降—升和降—升—降变化趋势时，变换器的工作状态主要分成了两个区域：①稳定的 CCM 周期 1 区域；②CCM 多周期和混沌区域。

图 2.15 中的区域可以清晰地显示出电流型纹波控制共享时序 SIDO 开关变换器的稳定工作区域，只有选取在该区域内的电路参数，才能确保变换器在电感电流变化趋势不同时能够正常工作。

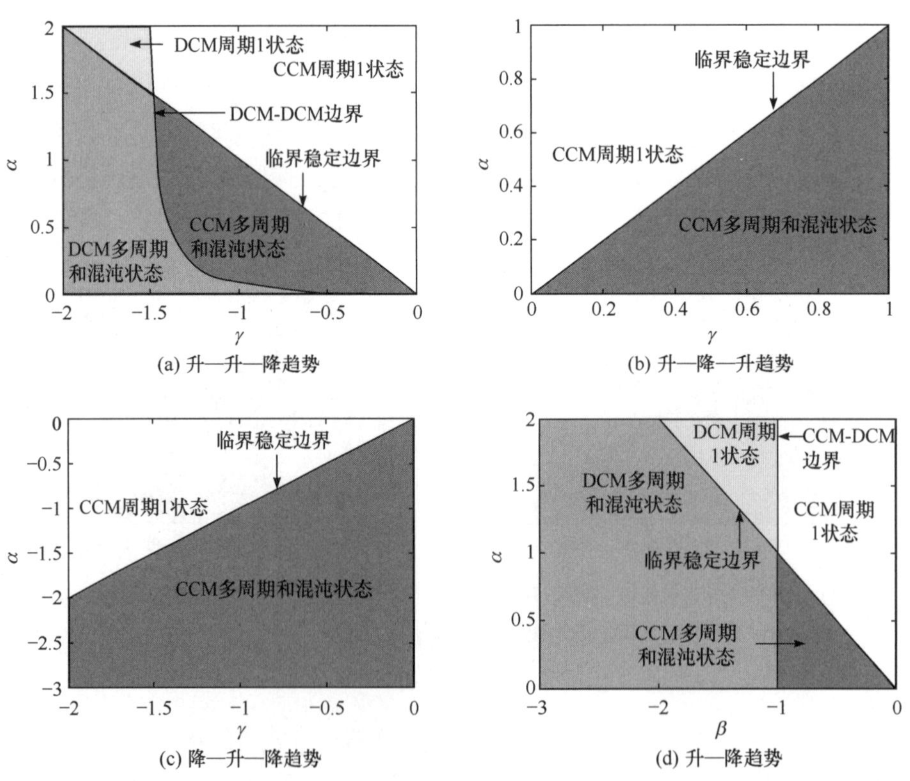

图 2.15　双参数状态区间分布图

2.2.5 实验结果

为了验证上述理论分析的正确性，下面采用与理论分析相同的电路参数，以电流型纹波控制共享时序 SIDO Boost 变换器为例搭建实验电路，说明不同的电路参数可以使得变换器工作在不同的工作状态。

1. 电感电流呈升—降—降变化趋势

电感电流呈升—降—降变化趋势时，固定电流型纹波控制共享时序 SIDO Boost 变换器的实验电路参数为 $V_g = 2.8\text{V}$、$v_{o1} = 12\text{V}$、$I_{ref1} = 2.3\text{A}$、$I_{ref2} = 1.7\text{A}$、$L = 38\mu\text{H}$ 和 $T = 20\mu\text{s}$。分别选择 $v_{o2} = 5\text{V}$、5.6V、6V 和 6.5V，得到 SIDO Boost 变换器电感电流 i_L、开关管驱动信号 V_{gs0} 和 V_{gs1}、时钟 clk 的实验波形分别如图 2.16(a)～(d)所示，不同电路参数对应的归一化参数值和工作状态如表 2.2 所示。

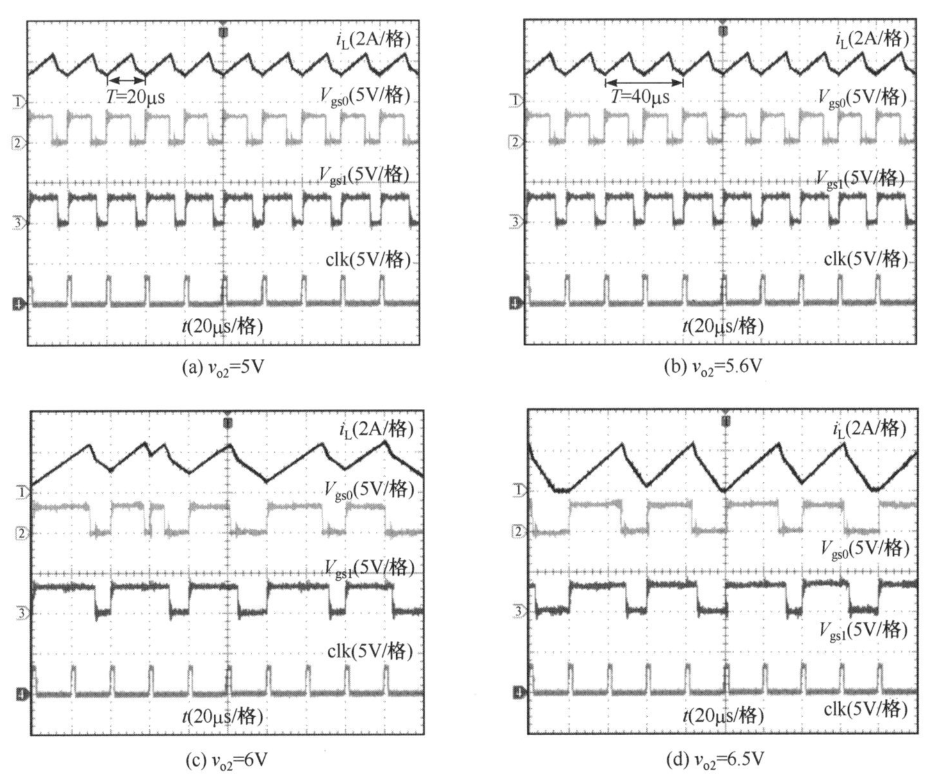

(a) v_{o2}=5V　(b) v_{o2}=5.6V　(c) v_{o2}=6V　(d) v_{o2}=6.5V

图 2.16　电感电流呈升—降—降变化趋势时电流型纹波控制共享时序 SIDO Boost 变换器实验波形

由图 2.16(a)可知，当输出电压 $v_{o2} = 5\text{V}$ 时，电感电流的稳定周期为 20μs，SIDO Boost 变换器工作于稳定的 CCM 周期 1 状态。当 $v_{o2} = 5.6\text{V}$ 时，电感电流的稳定周期为 40μs，是时钟周期的 2 倍，变换器工作于 CCM 周期 2 状态，如图 2.16(b)所示。当 $v_{o2} = 6\text{V}$ 时，变换器工作在 CCM 混沌状态，如图 2.16(c)所示。进一步增大 v_{o2}，SIDO Boost 变换器的工作模式从 CCM 转移到 DCM，当 $v_{o2} = 6.5\text{V}$ 时，变换器进入 DCM 混沌状态，如图 2.16(d)所示。上述实验结果与图 2.9(c)所示分岔图的运行状态是完全一致的，验证了式(2.19)所示归一化离散迭代映射模型的正确性。

表 2.2　电感电流呈升—降—降变化趋势时归一化电路实验参数和对应工作状态

编号	α	β	γ	k	式(2.26)	式(2.21)	工作状态
图 2.16(a)	0.5	−2.1	−0.49	0.74	> 0	> 0	CCM 周期 1
图 2.16(b)	0.5	−2.1	−0.64	0.74	> 0	< 0	CCM 周期 2
图 2.16(c)	0.5	−2.1	−0.732	0.74	> 0	< 0	CCM 混沌
图 2.16(d)	0.5	−2.1	−0.84	0.74	< 0	< 0	DCM 混沌

2. 电感电流呈升—升—降变化趋势

当电感电流呈升—升—降变化趋势时，固定电流型纹波控制共享时序 SIDO Boost 变换器的实验电路参数为 $I_{\text{ref1}} = 2.5\text{A}$、$I_{\text{ref2}} = 2.7\text{A}$、$L = 85\mu\text{H}$ 和 $T = 20\mu\text{s}$。分别选择 4 组电路参数：(I) $V_{\text{g}} = 21.25\text{V}$、$v_{\text{o1}} = 19.13\text{V}$、$v_{\text{o2}} = 36.13\text{V}$；(II) $V_{\text{g}} = 10.63\text{V}$、$v_{\text{o1}} = 8.5\text{V}$、$v_{\text{o2}} = 25.5\text{V}$；(III) $V_{\text{g}} = 5.84\text{V}$、$v_{\text{o1}} = 3.72\text{V}$、$v_{\text{o2}} = 20.72\text{V}$；(IV) $V_{\text{g}} = 3.19\text{V}$、$v_{\text{o1}} = 1.06\text{V}$、$v_{\text{o2}} = 18.06\text{V}$，得到 SIDO Boost 变换器电感电流 i_{L}、开关管驱动信号 V_{gs0} 和 V_{gs1}、时钟 clk 的实验波形分别如图 2.17(a)～(d)所示。不同实验电路参数对应的归一化参数值和工作状态如表 2.3 所示。

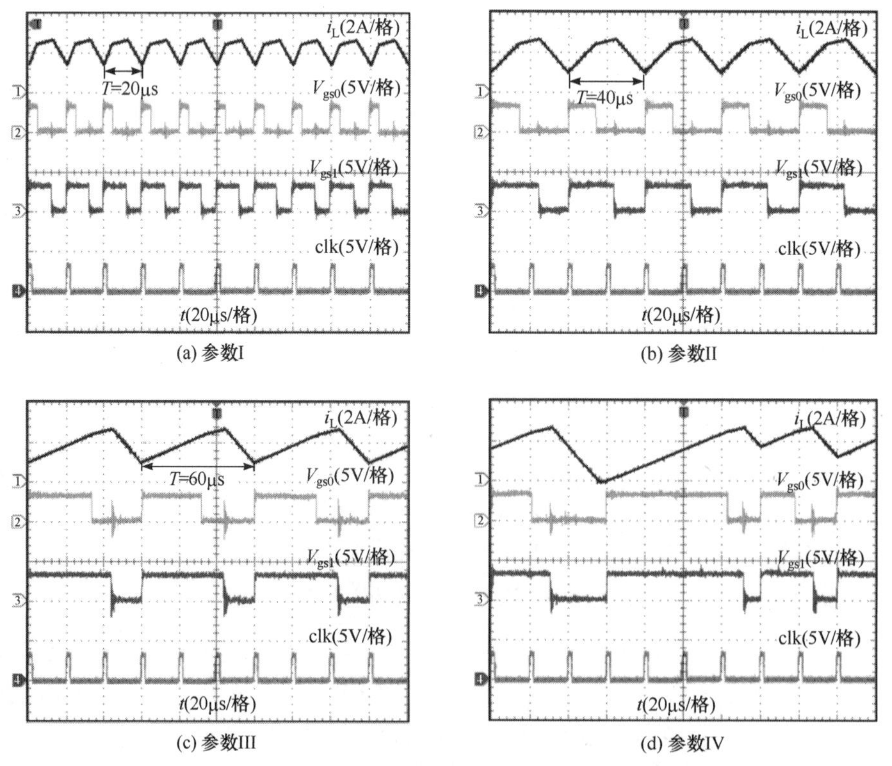

图 2.17　电感电流呈升—升—降变化趋势时固定电流型纹波控制共享时序 SIDO Boost 变换器实验波形

表 2.3　电感电流呈升—升—降变化趋势时归一化电路实验参数和对应工作状态

编号	电路参数	归一化参数		式(2.26)	式(2.21)	工作状态
(I)	$V_g = 21.25V$、$v_{o1} = 19.13V$、$v_{o2} = 36.13V$	$\beta = 0.2$ $\gamma = -1.4$ $k = 1.08$	$\alpha = 2$	> 0	> 0	CCM 周期 1
(II)	$V_g = 10.63V$、$v_{o1} = 8.5V$、$v_{o2} = 25.5V$		$\alpha = 1$	> 0	< 0	CCM 周期 2
(III)	$V_g = 5.84V$、$v_{o1} = 3.72V$、$v_{o2} = 20.72V$		$\alpha = 0.55$	> 0	< 0	CCM 周期 3
(IV)	$V_g = 3.19V$、$v_{o1} = 1.06V$、$v_{o2} = 18.06V$		$\alpha = 0.3$	< 0	< 0	DCM 混沌

从图 2.17(a)中可以看出，当电路工作在参数 I 所述条件时，SIDO Boost 变换器工作于稳定的 CCM 周期 1 状态；图 2.17(b)中电感电流的周期为 40μs，为时钟周期的 2 倍，表明变换器工作在 CCM 周期 2 振荡状态；图 2.17(c)中电感电流的周期为 60μs，为时钟周期的 3 倍，表明变换器工作在 CCM 周期 3 振荡状态；图 2.17(d)中电感电流工作在 DCM 混沌状态。图 2.17 的实验波形所反映的变换器工作状态与图 2.10 分岔图所描述的运行状态是完全一致的，并且电感电流呈现升—升—降的变化趋势，验证了图 2.10 的正确性。

3. 电感电流呈升—降—升变化趋势

电感电流呈升—降—升变化趋势时，固定电流型纹波控制共享时序 SIDO Boost 变换器的实验电路参数为 $I_{ref1} = 2.7A$、$I_{ref2} = 1.3A$、$L = 85\mu H$ 和 $T = 20\mu s$。分别选择 2 组电路参数：(V) $V_g = 11.48V$、$v_{o1} = 22.03V$、$v_{o2} = 10.33V$；(VI) $V_g = 4.02V$、$v_{o1} = 14.57V$、$v_{o2} = 2.87V$，得到 SIDO Boost 变换器电感电流 i_L、开关管驱动信号 V_{gs0} 和 V_{gs1}、时钟 clk 的实验波形分别如图 2.18(a)和(b)所示。不同实验电路参数对应的归一化参数值和工作状态如表 2.4 所示。

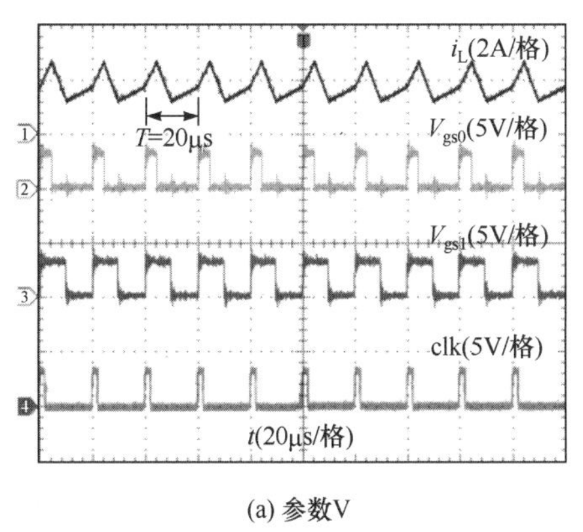

(a) 参数V

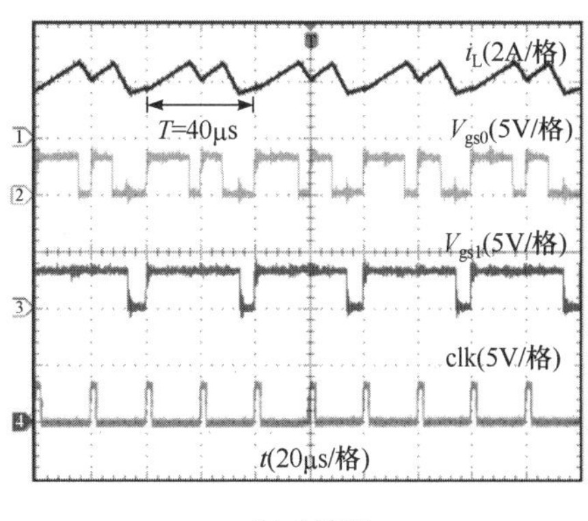

(b) 参数VI

图 2.18　电感电流呈升—降—升变化趋势时固定电流型纹波控制共享时序 SIDO Boost 变换器的实验波形

表 2.4 电感电流呈升—降—升变化趋势时归一化电路实验参数和对应工作状态

编号	电路参数	归一化参数		式(2.26)	式(2.23)	工作状态
(V)	$V_g = 11.48V$、$v_{o1} = 22.03V$、$v_{o2} = 10.33V$	$\beta = -0.92$ $\gamma = 0.1$ $k = 0.48$	$\alpha = 1$	> 0	> 0	CCM 周期 1
(VI)	$V_g = 4.02V$、$v_{o1} = 14.57V$、$v_{o2} = 2.87V$		$\alpha = 0.35$	> 0	< 0	CCM 周期 2

从图 2.18(a)中可以看出，当电路工作在参数 V 所述条件时，SIDO Boost 变换器工作于稳定的 CCM 周期 1 状态，这与图 2.11 所示分岔图中 $\alpha = 1$ 对应的工作状态一致。图 2.18(b)中电感电流的周期为时钟周期的 2 倍，变换器工作在 CCM 周期 2 状态。

由上述分析可知，图 2.18 的实验波形所对应的变换器工作状态与图 2.11 所示分岔图描述的变换器运行状态是完全一致的，且电感电流呈升—降—升变化趋势，验证了理论分析的正确性。

2.3 斜坡补偿电流型纹波控制单电感多输出开关变换器的动力学行为

2.3.1 斜坡补偿原理

为了解决电流型纹波控制开关变换器不稳定工作的问题，可以采用斜坡补偿技术[10-12]。通过在开关变换器的反馈控制电路中引入合适的斜坡补偿电流或电压，使得电感电流与补偿后的参考电流进行比较，进而使得变换器稳定工作。斜坡补偿技术在电流型控制单输入单输出开关变换器中已得到广泛应用，大量研究结果表明：斜坡补偿可以有效拓宽开关变换器的稳定工作区域，也可以使开关变换器的工作模式从 DCM 向 CCM 转移。由于电流型纹波控制共享时序 SIDO 开关变换器存在两个参考电流，斜坡补偿存在多种组合形式[13]，因此其斜坡补偿参数对系统动力学行为的影响比电流型控制单输入单输出开关变换器复杂。系统地研究斜坡补偿参数对 SIDO 开关变换器工作状态的影响，确定工作状态域并估计各个区域之间的边界，对电流型纹波控制共享时序 SIDO 开关变换器的设计、运行及控制都有着重要的实际指导意义。

本节以电感电流呈升—降—降变化趋势为例，详细分析斜坡补偿参数对电流型纹波控制共享时序 SIDO 开关变换器动力学行为的影响。图 2.19 为含斜坡补偿的电流型纹波控制共享时序 SIDO 开关变换器的控制框图，其中 I_{ref1}、I_{ref2} 为未补偿的参考电流，i_{ref1}、i_{ref2} 为斜坡补偿后的参考电流。I_{ref1} 与 i_{ref1}、I_{ref2} 与 i_{ref2} 分别满足关系式：

$$i_{ref1} = I_{ref1} + m_{c1}\,\mathrm{mod}(t,T),\quad i_{ref2} = I_{ref2} + m_{c2}\,\mathrm{mod}(t,T) \tag{2.27}$$

式中，T 为开关周期；m_{c1}、m_{c2} 为斜坡补偿电流的斜率；$\mathrm{mod}(t, T)$为 t 对 T 取模运算。

2.3.2 离散迭代映射模型

与 2.1.2 节相同，含斜坡补偿的电流型纹波控制共享时序 SIDO 开关变换器也存在三个电流边界 I_{b1}、I_{b2}、I_{b3}，如图 2.20 所示。根据电感电流下降斜率 m_2、m_3 的相对大小关

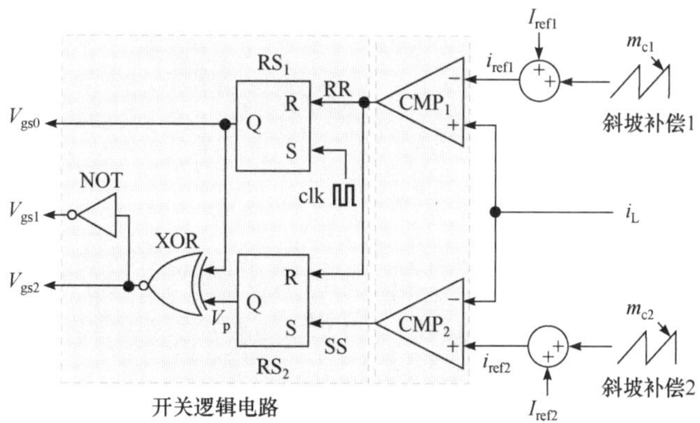

图 2.19　含斜坡补偿的电流型纹波控制共享时序 SIDO 开关变换器的控制框图

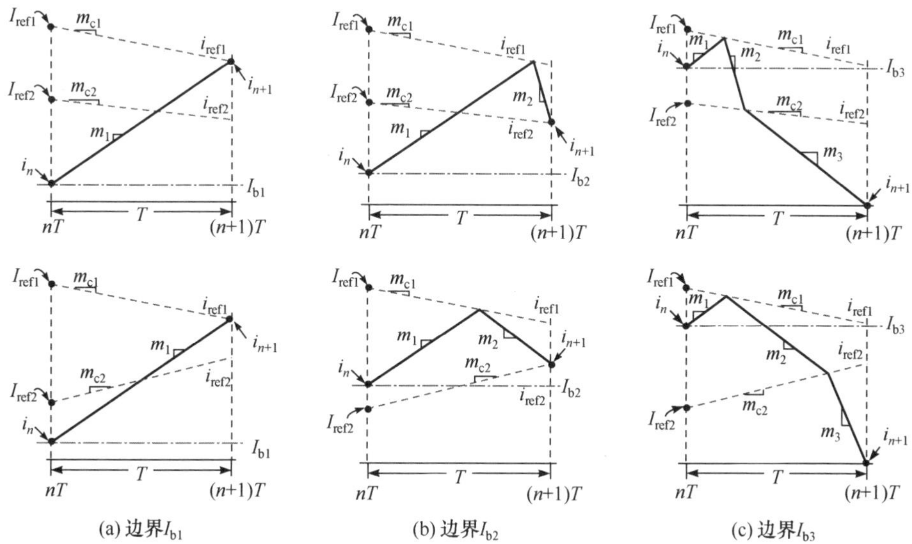

图 2.20　含斜坡补偿的电流型纹波控制共享时序 SIDO 开关变换器的三个电流边界示意图

系，可将参考电流 I_{ref2} 的斜坡补偿分为两种：①当 $m_2 < m_3$ 时，I_{ref2} 对应的斜坡补偿斜率 $m_{c2} < 0$；②当 $m_2 > m_3$ 时，I_{ref2} 对应的斜坡补偿斜率 $m_{c2} > 0$。用补偿后的参考电流 i_{ref1}、i_{ref2} 分别替换 I_{ref1}、I_{ref2}，则电流边界可分别表示为

$$I_{b1} = I_{ref1} - (m_1 - m_{c1})T \tag{2.28}$$

$$I_{b2} = \frac{m_1 - m_2}{m_{c1} - m_2} I_{ref1} - \frac{m_1 - m_{c1}}{m_{c1} - m_2} I_{ref2} + \frac{(m_1 - m_{c1})(m_{c2} - m_2)}{m_{c1} - m_2} T \tag{2.29}$$

$$I_{b3} = \frac{m_1 - m_2}{m_{c1} - m_2} I_{ref1} + \frac{(m_1 - m_{c1})(m_3 - m_2)}{(m_{c1} - m_2)(m_{c2} - m_3)} I_{ref2} + \frac{(m_1 - m_{c1})(m_2 + m_{c2})}{(m_{c1} - m_2)(m_{c2} - m_3)} m_3 T \tag{2.30}$$

含斜坡补偿的电流型纹波控制共享时序 SIDO 开关变换器的统一离散迭代映射模型可表示为

$$
i_{n+1}=\begin{cases} i_n+m_1T, & i_n\leqslant I_{b1} \\ \dfrac{m_2-m_{c1}}{m_1-m_{c1}}i_n+\dfrac{m_1-m_2}{m_1-m_{c1}}I_{ref1}+m_2T, & I_{b1}<i_n\leqslant I_{b2} \\ -\dfrac{(m_2+m_{c1})(m_3-m_{c2})}{(m_1-m_{c1})(m_{c2}-m_2)}i_n+\dfrac{(m_1-m_2)(m_{c2}-m_3)}{(m_1-m_{c1})(m_{c2}-m_2)}I_{ref1}+\dfrac{m_3-m_2}{m_{c2}-m_2}I_{ref2}-m_3T, & I_{b2}<i_n\leqslant I_{b3} \\ 0, & i_n>I_{b3} \end{cases} \tag{2.31}
$$

引入两个与斜坡补偿斜率 m_{c1}、m_{c2} 相关的归一化参数：$\varepsilon_1=m_{c1}T/I_{ref1}$、$\varepsilon_2=m_{c2}T/I_{ref1}$，可得采用斜坡补偿的电流型纹波控制共享时序 SIDO 开关变换器的归一化统一离散迭代映射模型为

$$
x_{n+1}=\begin{cases} x_n+\alpha, & x_n\leqslant B_1 \\ -\dfrac{\varepsilon_1+\beta}{\alpha-\varepsilon_1}x_n+\dfrac{\alpha-\beta}{\alpha-\varepsilon_1}+\beta, & B_1<x_n\leqslant B_2 \\ -\dfrac{(\beta+\varepsilon_1)(\gamma-\varepsilon_2)}{(\alpha-\varepsilon_1)(\varepsilon_2-\beta)}x_n+\dfrac{(\alpha-\beta)(\varepsilon_2-\gamma)}{(\alpha-\varepsilon_1)(\varepsilon_2-\beta)}+\dfrac{\gamma-\beta}{\varepsilon_2-\beta}k+\gamma, & B_2<x_n\leqslant B_3 \\ 0, & x_n>B_3 \end{cases} \tag{2.32}
$$

式中，$B_1=1-(\alpha-\varepsilon_1)$，$B_2=\dfrac{\alpha-\beta}{\varepsilon_1-\beta}-\dfrac{\alpha-\varepsilon_1}{\varepsilon_1-\beta}k+\dfrac{(\alpha-\varepsilon_1)(\varepsilon_2-\beta)}{\varepsilon_1-\beta}$，$B_3=\dfrac{\alpha-\beta}{\varepsilon_1-\beta}-\dfrac{(\alpha-\varepsilon_1)(\gamma-\beta)}{(\beta+\varepsilon_1)(\gamma+\varepsilon_2)}k+\dfrac{(\alpha-\varepsilon_1)(\beta+\varepsilon_2)}{(\varepsilon_1-\gamma)(\varepsilon_2-\gamma)}\gamma$。

引入 ε_1、ε_2 后，采用斜坡补偿的电流型纹波控制共享时序 SIDO 开关变换器稳定运行的周期 1 轨道发生倍周期分岔的临界稳定边界可表示为

$$
(\beta+\varepsilon_1)(\gamma-\varepsilon_2)-(\alpha-\varepsilon_1)(\varepsilon_2-\beta) \tag{2.33}
$$

CCM-DCM 转移时的边界表达式为

$$
\frac{\alpha-\beta}{\varepsilon_1-\beta}-\frac{(\alpha-\varepsilon_1)(\gamma-\beta)}{(\beta+\varepsilon_1)(\gamma+\varepsilon_2)}k+\frac{(\alpha-\varepsilon_1)(\beta+\varepsilon_2)}{(\varepsilon_1-\gamma)(\varepsilon_2-\gamma)}\gamma-1 \tag{2.34}
$$

2.3.3 分岔行为分析

为了研究斜坡补偿归一化斜率参数 ε_1、ε_2 对电流型纹波控制共享时序 SIDO 开关变换器的影响，分别令 $\varepsilon_1=-0.1$、$\varepsilon_2=0$，$\varepsilon_1=0$、$\varepsilon_2=-0.1$，$\varepsilon_1=\varepsilon_2=-0.1$，保持其他参数与图 2.9(c)相同，仍然以 γ 为分岔参数。当 γ 在−1～−0.1 变化时，得到如图 2.21(a)～(c)所示的分岔图。

比较图 2.9(c)和图 2.21 可以看出：引入斜坡补偿 ε_1 或 ε_2 后，变换器工作在 DCM 的区间变小，即部分参数区间由 DCM 向 CCM 发生了转移；同时，其稳定工作的 CCM 周期 1 的区间变宽，表明斜坡补偿 ε_1 或 ε_2 可以有效地拓宽系统的稳定范围。对比图 2.21(a)、(b)和(c)可知，当归一化参数 $\varepsilon_1=\varepsilon_2=-0.1$ 时，变换器的稳定范围大于图 2.21(a)所示 $\varepsilon_1=-0.1$ 或者图 2.21(b)所示 $\varepsilon_2=-0.1$ 时变换器的稳定范围，即斜坡补偿参数相同，引入双补

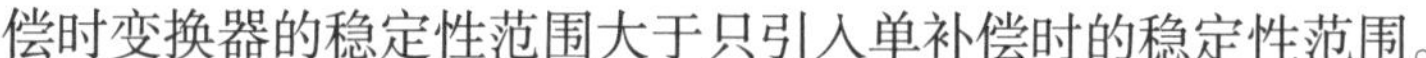

偿时变换器的稳定性范围大于只引入单补偿时的稳定性范围。

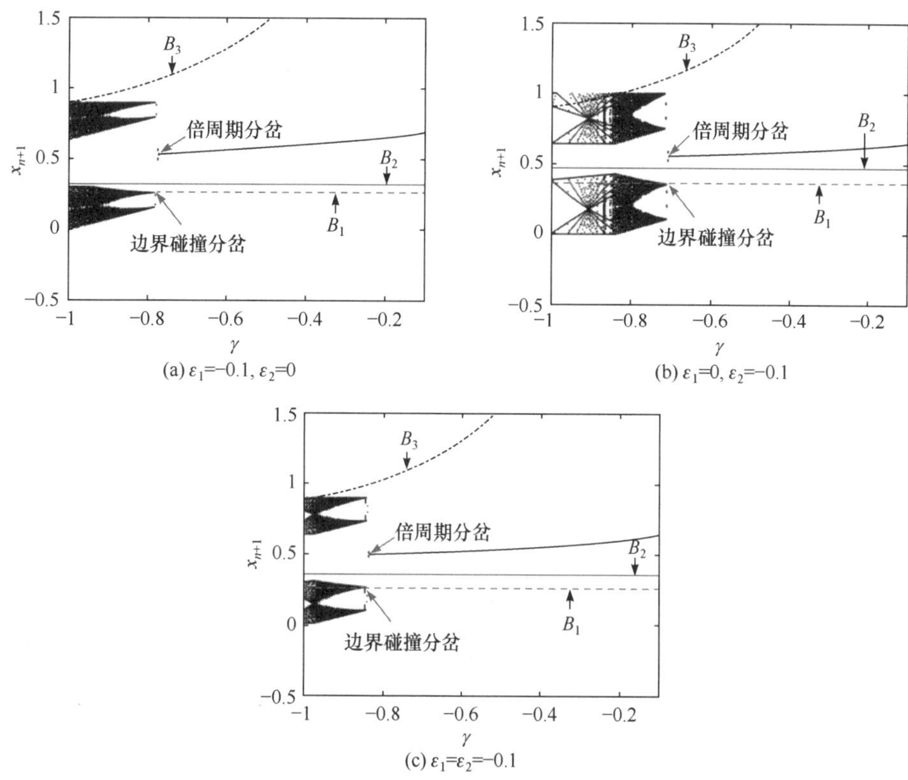

(a) ε_1=−0.1, ε_2=0

(b) ε_1=0, ε_2=−0.1

(c) ε_1=ε_2=−0.1

图 2.21　γ 为分岔参数的电流型纹波控制共享时序 SIDO 开关变换器归一化映射分岔图

固定参数 $\alpha=0.64$、$\beta=-2.1$、$\gamma=-0.73$、$k=0.74$，当 ε_1 和 ε_2 分别在 0～−0.2、−0.7～0.7 变化时，得到的分岔图分别如图 2.22(a)和(b)所示。

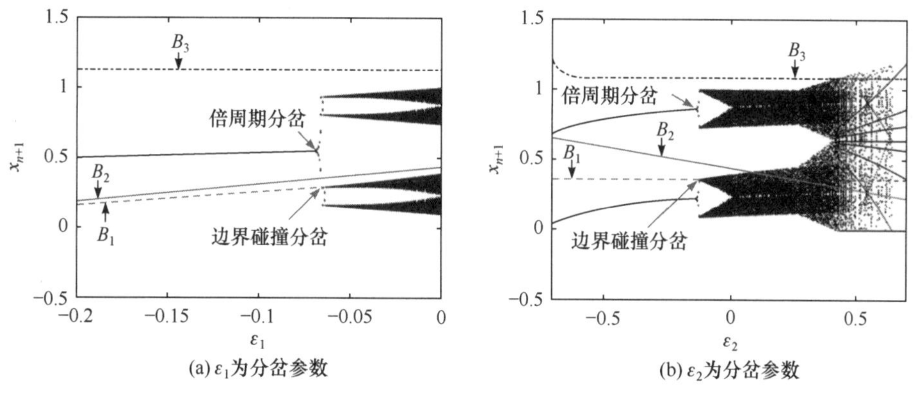

(a) ε_1为分岔参数

(b) ε_2为分岔参数

图 2.22　斜坡补偿归一化斜率为分岔参数时的分岔图

由图 2.22(a)可以观察到：当 $\varepsilon_1=0$ 时，变换器工作于 CCM 混沌状态；减小 ε_1，系统轨道与边界 B_1 碰撞发生切分岔，变换器进入 CCM 周期 2 状态；当 $\varepsilon_1=-0.07$ 时，变换器发生倍周期逆分岔，进入稳定的 CCM 周期 1 状态。从图 2.22(b)可以看出：参数 ε_2 在整个正参数空间宽范围变化时，系统始终表现为混沌状态；当参数 ε_2 在整个负参数空间逐渐增大时，系统将由不稳定状态进入 CCM 周期 2 状态。图 2.22 分岔图所示结果与图 2.20 的理论分析一致，即当 $m_2 < m_3$ 时，I_{ref2} 对应的斜坡补偿斜率 $m_{c2} < 0$，也就是归一化电感电流斜率参数 $\beta < \gamma$ 时，斜坡补偿斜率归一化参数 $\varepsilon_2 < 0$。

由上述分析可知：引入斜坡补偿归一化参数 ε_1 和 ε_2 后，均可以有效拓宽变换器的稳定工作范围，并使 CCM 工作区间增大；在补偿参数相同的情况下，引入双补偿时的稳定区间大于只引入单补偿时的稳定区间；对于斜坡补偿归一化参数 ε_2，当 $\beta < \gamma$ 时，引入负补偿可以拓宽变换器稳定工作的范围，若引入正补偿则变换器的混沌区间增大。

2.3.4 实验结果

固定 $v_{o2} = 6.5\text{V}$，引入双斜坡补偿，选择斜坡补偿斜率 $m_{c1} = m_{c2} = -5750$(对应的归一化参数为 $\varepsilon_1 = \varepsilon_2 = -0.05$)，得到电流型纹波控制共享时序 SIDO Boost 变换器电感电流 i_L、开关管驱动信号 V_{gs0} 和 V_{gs1}、时钟 clk 的实验波形如图 2.23(a)所示，从图中可以看出变换器工作于 CCM 混沌状态。

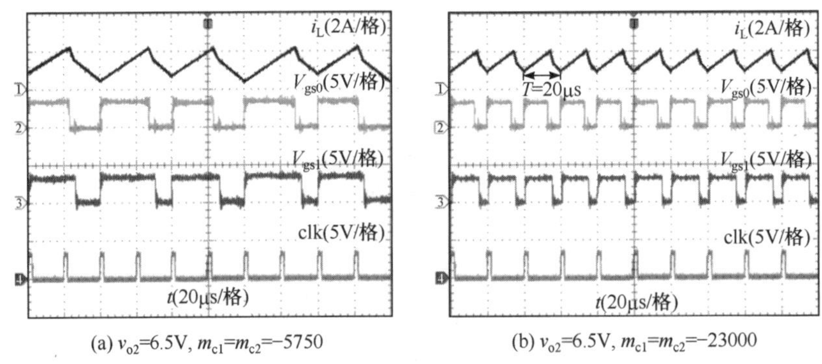

(a) v_{o2}=6.5V, m_{c1}=m_{c2}=−5750 (b) v_{o2}=6.5V, m_{c1}=m_{c2}=−23000

图 2.23 斜坡补偿电流型纹波控制共享时序 SIDO Boost 变换器实验波形

增大斜坡补偿斜率的值，令 $m_{c1} = m_{c2} = -23000$(对应的归一化参数为 $\varepsilon_1 = \varepsilon_2 = -0.2$)，相应的实验波形如图 2.23(b)所示，此时变换器工作于 CCM 周期 1 状态。由上述实验结果可知：斜坡补偿可以使电流型纹波控制共享时序 SIDO Boost 变换器从 DCM 转移到 CCM，也可以使变换器工作于稳定的周期 1 状态。图 2.23 对应的归一化参数值和工作状态如表 2.5 所示。

表 2.5 电感电流呈升—降—降变化趋势时归一化电路实验参数和对应工作状态

编号	α	β	γ	k	$\varepsilon_1=\varepsilon_2$	式(2.34)	式(2.33)	工作状态
图 2.23(a)	0.5	−2.1	−0.84	0.74	−0.05	>0	<0	CCM 混沌
图 2.23(b)	0.5	−2.1	−0.84	0.74	−0.2	>0	>0	CCM 周期 1

2.4 本章小结

本章揭示了电路参数在宽范围内变化时，电流型纹波控制共享时序 SIMO 开关变换器的动力学行为。以双输出为例，首先建立和推导了具有三个电感电流边界的离散迭代映射模型，深入研究了电流型纹波控制共享时序 SIDO Boost 变换器的动力学行为，重点分析了输入电压、输出电压变化时的动力学特性和工作状态域，包括分岔行为分析、Lyapunov 指数和稳定工作域等。研究结果表明：在电路参数变化时，电流型纹波控制共享时序 SIDO Boost 变换器历经倍周期分岔、边界碰撞分岔和切分岔三种分岔类型，存在稳定的 CCM 周期 1 状态、CCM 多周期和混沌状态、DCM 多周期和混沌状态三种工作状态；SIDO Boost 变换器的运行轨道与三个边界发生边界碰撞后存在不同的分岔路由。

基于 SIDO 开关变换器的三种常用拓扑，建立了电流型纹波控制共享时序 SIDO 开关变换器在不同电感电流变化趋势时的归一化统一离散迭代映射模型。该模型只有四个参数，简单直观，可有效地展示 CCM 和 DCM SIDO 开关变换器的动力学特性。详细分析了当电感电流呈升—降—降、升—升—降、升—降—升、降—升—降和升—降变化趋势时，电流型纹波控制共享时序 SIDO 开关变换器的分岔行为。此外，基于离散映射稳定性理论和边界碰撞分岔机理，得到了电流型纹波控制共享时序 SIDO 开关变换器工作状态发生转移时的两个归一化分界线方程，由此确定了变换器在不同电路参数时的工作状态。研究结果表明，对于不同的电感电流变化趋势，当相同电路参数变化时，电流型纹波控制共享时序 SIDO 开关变换器具有不同的分岔路由。

以电感电流呈升—降—降变化趋势为例，详细分析了斜坡补偿参数对电流型纹波控制共享时序 SIDO 开关变换器动力学行为的影响。研究结果表明：引入斜坡补偿可以有效拓宽变换器的稳定工作范围，并使 CCM 工作区间增大；在补偿参数相同的情况下，引入双补偿时的稳定区间大于只引入单补偿时的稳定区间。

本章所述动力学理论分析，对于电流型纹波控制共享时序 SIDO 开关变换器电路参数的合理选择，以及混沌的稳定控制具有实际的指导意义。

参考文献

[1] Zhou G, Xu J, Bao B, et al. Symmetrical dynamics of peak current-mode and valley current-mode controlled switching DC-DC converters with ramp compensation. Chinese Physics B, 2010, 19(6)：060508-1-8.

[2] Zhou S, Zhou G, Wang Y, et al. Bifurcation analysis and operation region estimation of current-mode-controlled SIDO Boost converter. IET Power Electronics, 2017, 10(7): 846-853.

[3] Zhou S, Lin R, Liu G, et al. Stability analysis for hybrid conduction mode single-inductor dual-output DC-DC converter with dynamic-freewheeling control and dynamic ramp-compensation. IEEE Transactions on Transportation Electrification, doi: 10.1109/TTE.2023.3237555.

[4] Zhou S, Zhou G, Zeng S, et al. Unified discrete-mapping model and dynamical behavior analysis of current-mode controlled single-inductor dual-output DC-DC converter. IEEE Journal of Emerging and Selected Topics in Power Electronics, 2019, 7(1): 366-380.

[5] Hmaill D C, Jonatan H B, Jefferies D J. Modeling of chaotic DC-DC converters by iterated nonlinear

mapping. IEEE Transactions on Power Electronics, 1992, 7(1): 25-36.

[6] Wang F Q, Ma X K. Effects of switching frequency and leakage inductance on slow-scale stability in a voltage-controlled flyback converter. Chinese Physics B, 2013, 22(12): 120504-1-8.

[7] Wang J, Xu J, Zhou G, et al. Dynamical effects of equivalent series resistance of output capacitor in constant on-time controlled Buck converter. IEEE Transactions on Industrial Electronics, 2013, 60(5): 1759-1768.

[8] Huang C S, Chen D, Chen C J, et al. Mix-voltage conversion for single-inductor dual-output Buck converter. IEEE Transactions on Power Electronics, 2010, 25(8): 2106-2114.

[9] 周述晗. 单电感双输出 Boost 变换器电流型控制技术. 成都: 西南交通大学, 2016.

[10] Middlebrook R D. Topics in multiple-loop regulators and current-mode programming. IEEE Transactions on Power Electronics, 1987, 2(2): 109-124.

[11] Aroudi A E. A new approach for accurate prediction of subharmonic oscillation in switching regulators—Part I: Mathematical derivations. IEEE Transactions on Power Electronics, 2017, 32(7): 5651-5665.

[12] Aroudi A E. A new approach for accurate prediction of subharmonic oscillation in switching regulators—Part II: Case studies. IEEE Transactions on Power Electronics, 2017, 32(7): 5835-5849.

[13] Zhou S, Zhou G, Zeng S, et al. Unified modelling and dynamical analysis of current-mode controlled single-inductor dual-output switching converter with ramp compensation. IET Power Electronics, 2018, 11(7): 1297-1305.

第 3 章　电压型纹波控制单电感多输出开关变换器动力学建模与分析

第 2 章讨论了电流型纹波控制共享时序单电感多输出(SIMO)开关变换器的丰富动力学现象，这些动力学现象对变换器的稳定性造成了影响。本章以电压型纹波控制混合导电模式(HCM) SIMO 开关变换器为研究对象，对其开关模态进行完整的描述，建立电压型纹波控制 HCM SIMO 开关变换器的离散迭代映射模型，以此分析典型电路参数变化时系统的分岔现象，从而确定不同电路参数对系统稳定性的影响。在此基础上，提出斜坡补偿电压型纹波控制 HCM SIMO 开关变换器技术，并分析其稳定性。

本章首先对电压型纹波控制 HCM SIMO 开关变换器的动力学行为进行详细分析，然后研究斜坡补偿电压型纹波控制 HCM SIMO 开关变换器的动力学行为。

3.1　电压型纹波控制单电感多输出开关变换器的动力学行为

3.1.1　工作原理

以双输出为例，图 3.1(a)为电压型纹波控制 HCM SIDO Buck 变换器的控制框图。主开关管 S_0 的控制电路由比较器 CMP_1 和 CMP_2、触发器 RS_1 和 RS_2 以及选择器 S 组成，输出电压 v_{o1}、v_{o2} 为 S_0 控制电路的反馈量。续流开关管 S_f 的控制电路包括定时器 2、或门 OR 和触发器 RS_3，电感电流 i_L 为 S_f 控制电路的反馈量。输出支路开关管 S_1、S_2 的控制电路包括采样保持器 S/H、比较器 CMP_3、定时器 1 和触发器 RS_4，电感电流 i_L 为 S_1 和 S_2 控制电路的反馈量。开关管 S_0、S_f、S_1 和 S_2 所对应的控制脉冲分别为 V_{gs0}、V_{gsf}、V_{gs1} 和 V_{gs2}。

电压型纹波控制 HCM SIDO Buck 变换器的工作时序波形如图 3.1(b)所示。输出支路开关管 S_1 和 S_2 采用分时复用控制技术，使得 S_1、S_2 分时交替工作。当定时器 1 定时结束、$V_{ton1} = 1$ 时，触发器 RS_4 复位，使得 $V_{gs1} = 1$、$V_{gs2} = 0$，输出支路 1 开始工作(工作时间为 T_1)。在输出支路 1 工作期间，比较电感电流 i_L 与续流参考值 I_{dc}，当 i_L 下降至 I_{dc} 时，$SS_1 = 1$，触发器 RS_4 置位，使得 $V_{gs1} = 0$、$V_{gs2} = 1$，输出支路 2 开始工作(工作时间为 T_2)，定时器 1 重新开始计时。

主开关管 S_0 采用电压型纹波控制技术，以输出支路 1 为例，分析每条输出支路工作时主开关管 S_0 的控制逻辑：采样输出电压 v_{o1}，当 v_{o1} 上升至 V_{ref1} 时，触发器 RS_1 复位，

得到控制信号 Q_1。同理可得输出支路 2 工作时对应的控制信号 Q_2。当时分复用信号 $V_{gs1}=1$ 时，$V_{gs1}=Q_1$，调节输出电压 v_{o1}；反之，$V_{gs1}=Q_2$，调节输出电压 v_{o2}。

续流开关管 S_f 采用恒定下降时间控制技术。在输出支路 2 工作期间($V_{gs2}=1$)，当主开关管 S_1 关断时，定时器 2 开始定时；当定时器 2 定时结束、$V_{ton2}=1$ 时，触发器 RS_3 置位，使得 S_f 导通，电感开始续流。此时，采样电感电流 i_L，更新续流参考值 I_{dc}。当定时器 1 定时结束，即 $V_{ton1}=1$ 时，S_f 关断。

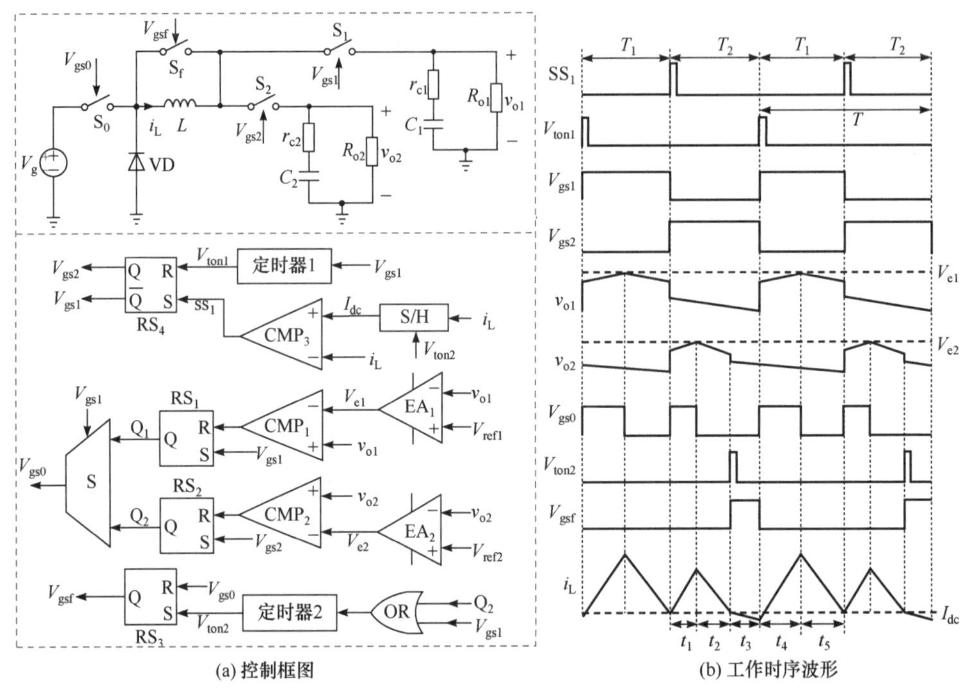

(a) 控制框图　　(b) 工作时序波形

图 3.1　电压型纹波控制 HCM SIDO Buck 变换器控制框图及工作时序波形

3.1.2　模态方程

1. 工作模态方程

在相邻两个开关周期的开始时刻，即 nT 时刻和$(n+1)T$ 时刻，令电感电流，电容 C_1、C_2 的电压分别为 $i_{L(n)}$、$v_{c1(n)}$、$v_{c2(n)}$和 $i_{L(n+1)}$、$v_{c1(n+1)}$、$v_{c2(n+1)}$。在一个开关周期内，HCM SIDO Buck 变换器存在 5 种工作模态，工作模态 $i(i=1, 2,\cdots, 5)$结束时刻，令电感电流，电容 C_1、C_2 的电压分别为 $i_{Li(n)}$、$v_{c1i(n)}$和 $v_{c2i(n)}$。

1) 工作模态 1

充电阶段 t_1，S_0、S_2 导通，S_f、S_1 关断；V_g 对 L、C_2 和 R_{o2} 提供能量，i_L 线性上升；C_1 放电，为 R_{o1} 提供能量。工作模态 1 结束时刻，$i_{L1(n)}$、$v_{c11(n)}$和 $v_{c21(n)}$可表示为

$$\begin{cases} i_{L1(n)} = e^{\alpha t_1} k_{11} \sin(\omega t_1) + e^{\alpha t_1} k_{12} \cos(\omega t_1) + V_g / R_{o2} \\ v_{c11(n)} = v_{c1(n)} e^{-at_1} \\ v_{c21(n)} = e^{\alpha t_1} k_{13} \sin(\omega t_1) + e^{\alpha t_1} k_{14} \cos(\omega t_1) + V_g \end{cases} \tag{3.1}$$

式中，$\alpha=\left(-C_2r_{c2}R_{o2}-L\right)/\left(2L\tau_2\right)$，$\omega=\sqrt{-\alpha^2+R_{o2}/\left(L\tau_2\right)}$，$a=1/\tau_1$，$k_{11}=\tau_2(k_{14}\omega+\alpha k_{13})/R_{o2}+k_{13}/R_{o2}$，$k_{12}=\tau_2\left(\alpha k_{14}-k_{13}\omega\right)/R_{o2}+k_{14}/R_{o2}$，$k_{13}=v_{c2(n)}-V_g$，$k_{14}=(i_{L(n)}R_{o2}-v_{c2(n)})/(\omega\tau_2)-k_{13}\alpha/\omega$，$\tau_1=C_1\left(r_{c1}+R_{o1}\right)$，$\tau_2=C_2\left(r_{c2}+R_{o2}\right)$。

2) 工作模态 2

放电阶段 t_2，S_2 导通，S_f、S_0、S_1 关断；C_2 放电，为 R_{o2} 提供能量，i_L 线性下降；C_1 放电，为 R_{o1} 提供能量。工作模态 2 结束时刻，$i_{L2(n)}$、$v_{c12(n)}$ 和 $v_{c22(n)}$ 可表示为

$$\begin{cases}i_{L2(n)}=e^{\alpha t_2}k_{21}\sin\left(\omega t_2\right)+e^{\alpha t_2}k_{22}\cos\left(\omega t_2\right)\\ v_{c12(n)}=v_{c11(n)}e^{-at_2}\\ v_{c22(n)}=e^{\alpha t_2}k_{23}\cos\left(\omega t_2\right)+e^{\alpha t_2}k_{24}\sin\left(\omega t_2\right)\end{cases}\tag{3.2}$$

式中，$k_{21}=\tau_2\left(\alpha k_{23}-k_{24}\omega\right)/R_{o2}+k_{23}/R_{o2}$，$k_{22}=\tau_2\left(k_{23}\omega+\alpha k_{24}\right)/R_{o2}+k_{24}/R_{o2}$，$k_{23}=\left(R_{o2}i_{L1(n)}-v_{c21(n)}-\tau_2\alpha k_{24}\right)/\left(\omega\tau_2\right)$，$k_{24}=v_{c21(n)}$。

3) 工作模态 3

续流阶段 t_3，S_2、S_f 导通，S_0、S_1 关断；i_L 在 L 和 S_f 构成的回路中续流，维持在续流参考值 I_{dc} 不变；C_1、C_2 放电，分别为 R_{o1}、R_{o2} 提供能量。工作模态 3 结束时刻，$i_{L3(n)}$、$v_{c13(n)}$ 和 $v_{c23(n)}$ 可表示为

$$\begin{cases}i_{L3(n)}=i_{L2(n)}\\ v_{c13(n)}=v_{c12(n)}e^{-\frac{1}{C_1\left(R_1+r_{c1}\right)}t_3}\\ v_{c23(n)}=v_{c22(n)}e^{-\frac{1}{C_2\left(R_2+r_{c2}\right)}t_3}\end{cases}\tag{3.3}$$

4) 工作模态 4

充电阶段 t_4，S_1、S_0 导通，S_f、S_2 关断；V_g 对 L、C_1 和 R_{o1} 提供能量，i_L 线性上升；C_2 放电，为 R_{o2} 提供能量。工作模态 4 结束时刻，$i_{L4(n)}$、$v_{c14(n)}$ 和 $v_{c24(n)}$ 可表示为

$$\begin{cases}i_{L4(n)}=e^{\beta t_4}k_{41}\sin\left(\omega_1t_4\right)+e^{\beta t_4}k_{42}\cos\left(\omega_1t_4\right)+V_g/R_{o1}\\ v_{c14(n)}=e^{\beta t_4}k_{43}\sin\left(\omega_1t_4\right)+e^{\beta t_4}k_{44}\cos\left(\omega_1t_4\right)+V_g\\ v_{c24(n)}=v_{c21(n)}e^{-bt_4}\end{cases}\tag{3.4}$$

式中，$\beta=\left(-C_1r_{c1}R_{o1}-L\right)/\left(2L\tau_1\right)$，$\omega_1=\sqrt{-\beta^2+R_{o1}/\left(L\tau_1\right)}$，$b=1/\tau_2$，$k_{41}=\tau_1(\beta k_{43}-k_{44}\omega_1)/R_{o1}+k_{43}/R_{o1}$，$k_{42}=\tau_1\left(k_{43}\omega_1+\beta k_{44}\right)/R_{o1}+k_{44}/R_{o1}$，$k_{43}=(i_{L3(n)}R_{o1}-v_{c13(n)})/(\tau_1\omega_1)-\beta k_{44}/\omega_1$，$k_{44}=v_{c13(n)}-V_g$。

5) 工作模态 5

放电阶段 t_5，S_1 导通，S_0、S_f、S_2 关断；C_1 放电，为 R_{o1} 提供能量，i_L 线性下降；C_2 放电，为 R_{o2} 提供能量。工作模态 5 结束时刻即 $n+1$ 周期开始时刻，$i_{L(n+1)}$、$v_{c1(n+1)}$ 和 $v_{c2(n+1)}$ 可表示为

$$\begin{cases} i_{\mathrm{L}(n+1)} = \mathrm{e}^{\beta t_5} k_{51} \sin(\omega_1 t_5) + \mathrm{e}^{\beta t_5} k_{52} \cos(\omega_1 t_5) \\ v_{\mathrm{c1}(n+1)} = \mathrm{e}^{\beta t_5} k_{53} \sin(\omega_1 t_5) + \mathrm{e}^{\beta t_5} k_{54} \cos(\omega_1 t_5) \\ v_{\mathrm{c2}(n+1)} = v_{\mathrm{c24}(n)} \mathrm{e}^{-bt_5} \end{cases} \tag{3.5}$$

式中，$k_{51} = \tau_1(\beta k_{25} - k_{15}\omega_1)/R_{\mathrm{o1}} + k_{53}/R_{\mathrm{o1}}$，$k_{52} = \tau_1(k_{25}\omega_1 + \beta k_{15})/R_{\mathrm{o1}} + k_{54}/R_{\mathrm{o1}}$，$k_{54} = v_{\mathrm{c14}(n)}$，$k_{53} = (R_{\mathrm{o1}} i_{\mathrm{L4}(n)} - v_{\mathrm{c14}(n)} - \tau_1 \beta k_{15})/(\omega_1 \tau_1)$。

2. 开关切换方程

由电压型纹波控制 HCM SIDO Buck 变换器的工作原理可知，当输出电压与参考电压相等时，主开关管由导通切换至关断，因此定义主开关管 $\mathrm{S_0}$ 的开关切换方程如下。

1) $S_{01}(t_1) = v_{21(n)} - V_{\mathrm{e2}}$

当 $S_{01}(t_1) = 0$ 时，求得第 n 个开关周期内输出支路 2 工作时主开关管 $\mathrm{S_0}$ 的导通时间 t_1(工作模态 1 的维持时间)，$v_{21(n)}$为第 n 个开关周期内工作模态 1 结束时刻输出支路 2 的输出电压，并且满足 $v_{21(n)} = i_{\mathrm{L1}(n)} R_{\mathrm{o2}} r_{\mathrm{c2}}/(R_{\mathrm{o2}} + r_{\mathrm{c2}}) + v_{\mathrm{c21}(n)} R_{\mathrm{o2}}/(R_{\mathrm{o2}} + r_{\mathrm{c2}})$。

2) $S_{02}(t_4) = v_{14(n)} - V_{\mathrm{e1}}$

当 $S_{02}(t_4) = 0$ 时，求得第 n 个开关周期内输出支路 1 工作时主开关管 $\mathrm{S_0}$ 的导通时间 t_4(工作模态 4 的维持时间)，$v_{14(n)}$为第 n 个开关周期内工作模态 4 结束时刻输出支路 1 的输出电压，并且满足 $v_{14(n)} = i_{\mathrm{L4}(n)} R_{\mathrm{o1}} r_{\mathrm{c1}}/(R_{\mathrm{o1}} + r_{\mathrm{c1}}) + v_{\mathrm{c14}(n)} R_{\mathrm{o1}}/(R_{\mathrm{o1}} + r_{\mathrm{c1}})$。

由 HCM 的工作原理可知，定时器 1 定时结束时，工作支路由输出支路 2 自动切换至输出支路 1。而工作支路由输出支路 1 切换至输出支路 2 时，需要满足一定的电流条件。将此电流条件定义为输出支路 1 切换至输出支路 2 时的开关切换方程。

3) $S_{12}(t_5) = i_{\mathrm{L}(n+1)} - I_{\mathrm{dc}}$

当 $S_{12}(t_5) = 0$ 时，得到第 n 个开关周期内输出支路 1 工作时主开关管 $\mathrm{S_0}$ 的关断时间 t_5。

3.1.3 离散迭代映射模型

由电压型纹波控制 HCM SIDO Buck 变换器的工作原理可知，在一个开关周期内，变换器存在如下所述的 8 种工作状态。

工作状态 1：在一个开关周期内，存在所有的工作模态

该工作状态下的电感电流波形如图 3.2 所示，输出支路 2 工作于 PCCM、输出支路 1 工作于 CCM。当主开关管 $\mathrm{S_0}$ 的关断时间 t_2 等于定时器 2 的设置时间 t_{off} 时，续流开关管 $\mathrm{S_f}$ 导通，并更新续流参考值，即 $I_{\mathrm{dc}(n)} = i_{\mathrm{L2}(n)}$。此时，求解出不同工作模态的持续时间，结合式(3.1)～式(3.5)，即可得变换器的离散迭代映射模型。

工作模态 1 的持续时间 t_1 可根据开关函数 $S_{01}(t_1) = 0$ 求解，即

$$\begin{aligned} &\frac{R_{\mathrm{o2}} r_{\mathrm{c2}}}{R_{\mathrm{o2}} + r_{\mathrm{c2}}} \Big[\left(\mathrm{e}^{\beta t_4} k_{41} \sin(\omega_1 t_4) + \mathrm{e}^{\beta t_4} k_{42} \cos(\omega_1 t_4) + V_{\mathrm{g}}/R_{\mathrm{o2}} \right) \\ &+ \left(\mathrm{e}^{\beta t_4} k_{43} \sin(\omega_1 t_4) + \mathrm{e}^{\beta t_4} k_{44} \cos(\omega_1 t_4) + V_{\mathrm{g}} \right) \Big] = V_{\mathrm{e2}} \end{aligned} \tag{3.6}$$

式(3.6)为超越方程，无法得到解析解，求得 t_1 的数值解后代入式(3.1)中，得到工作模态 1 结束时刻的电感电流和输出电容电压值 $i_{L1(n)}$、$v_{c11(n)}$和 $v_{c21(n)}$。

主开关管 S_0 的关断时间等于定时器 2 的设置时间 t_{off}，即式(3.2)中：$t_2 = t_{off}$；根据工作模态 1～3 的关系，可得式(3.3)中 $t_3 = T_2-t_1-t_2$。

当开关函数 $S_{02}(t_4) = 0$ 时，工作模态 4 的持续时间 t_4，可由式(3.7)求解得到：

$$\begin{aligned}&\frac{R_{o1}r_{c1}}{R_{o1}+r_{c1}}\left(e^{\alpha t_1}k_{11}\sin(\omega t_1)+e^{\alpha t_1}k_{12}\cos(\omega t_1)+\frac{V_g}{R_{o1}}\right)\\&+\frac{R_{o1}}{R_{o1}+r_{c1}}\left(e^{\alpha t_1}k_{13}\sin(\omega t_1)+e^{\alpha t_1}k_{14}\cos(\omega t_1)+V_g\right)=V_{e1}\end{aligned} \tag{3.7}$$

式(3.7)为超越方程，可由迭代算法求其数值解 t_4，代入式(3.4)，得到工作模态 4 结束时刻的电感电流和输出电容电压值 $i_{L4(n)}$、$v_{c14(n)}$和 $v_{c24(n)}$。

工作模态 5 中，t_5 可根据开关函数 $S_{12}(t_5) = 0$ 求解，即

$$e^{\beta t_5}k_{51}\sin(\omega_1 t_5)+e^{\beta t_5}k_{52}\cos(\omega_1 t_5)=I_{dc} \tag{3.8}$$

式中，$I_{dc} = i_{L2(n)}$。同样，式(3.8)为超越方程，可由迭代算法求其数值解 t_5，代入式 (3.5)求得 $i_{L(n+1)}$、$v_{c1(n+1)}$和 $v_{c2(n+1)}$。

工作状态 2：在一个开关周期内，存在所有的工作模态，且工作模态 2 的持续时间 t_2 小于定时器 2 的设置时间 t_{off}

该工作状态下的电感电流波形如图 3.3 所示。在输出支路 2 工作期间，开关管 S_0 关断阶段的持续时间 t_2 小于定时器 2 的设置时间 t_{off}，电感电流在定时器 2 定时结束前下降至零。当定时器 2 定时结束时，续流开关管 S_f 导通，$I_{dc(n)} = 0$。输出支路 2 工作于 DCM，输出支路 1 工作于 BCM。此时，变换器的离散迭代映射模型与工作状态 1 相同，不同之处在于工作模态 2 的持续时间 t_2 的计算表达式，令式(3.2)中电感电流表达式 $i_{L2(n)} = 0$，求得 t_2 的数值解。

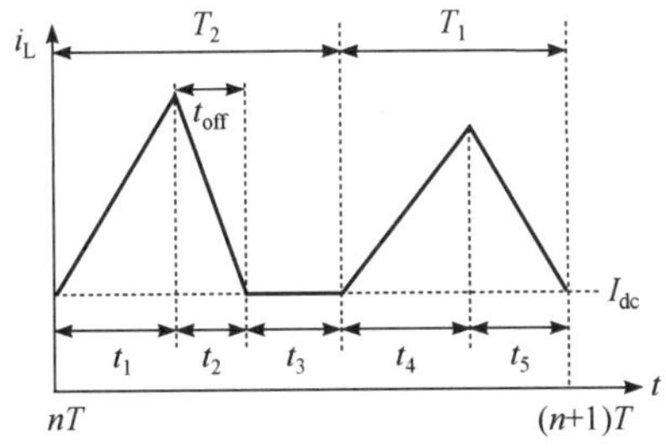

图 3.2　工作状态 1 的电感电流波形

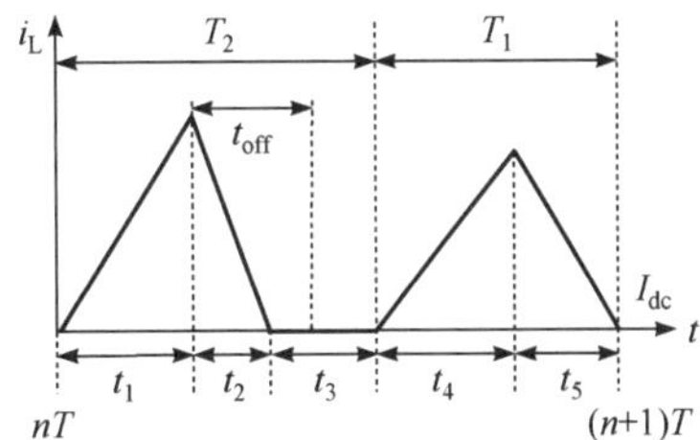

图 3.3　工作状态 2 的电感电流波形

工作状态 3：在一个开关周期内，存在工作模态 2～5

该工作状态下的电感电流波形如图 3.4 所示。当输出支路 2 工作时，主开关管 S_0 一直关断。当定时器 2 定时达到 t_{off} 时，续流开关管 S_f 导通，并更新续流参考值 $I_{dc(n)} = i_{L2(n)}$。

当输出支路 1 工作时，主开关管 S_0 正常通断，电感电流下降至 $I_{dc(n)}$，本开关周期结束。

在工作状态 3 中，由于不存在工作模态 1，有 $t_3 = T_2 - t_{off}$。再以 $i_{L(n)}$、$v_{c1(n)}$和 $v_{c2(n)}$分别代替工作状态 1 中的 $i_{L1(n)}$、$v_{c11(n)}$和 $v_{c21(n)}$，即可求解各个阶段的状态变量。

工作状态 4：在一个开关周期内，存在工作模态 2～5，且工作模态 2 的持续时间 t_2 小于定时器 2 的设置时间 t_{off}

该工作状态下的电感电流波形如图 3.5 所示。当输出支路 2 工作时，主开关管 S_0 一直关断。在定时器 2 定时结束之前，电感电流已经下降至零。当定时器 2 定时至 t_{off} 时，续流开关管 S_f 导通，并更新续流参考值 $I_{dc(n)} = 0$。当输出支路 1 工作时，主开关管 S_0 正常通断，电感电流下降至 $I_{dc(n)}$，本开关周期结束。

在工作状态 4 中，以 $i_{L(n)}$、$v_{c1(n)}$和 $v_{c2(n)}$分别代替工作状态 2 中的 $i_{L1(n)}$、$v_{c11(n)}$和 $v_{c21(n)}$，并且 $t_3 = T_2 - t_2$。再按照工作状态 2 的求解过程，可得到状态变量的表达式。

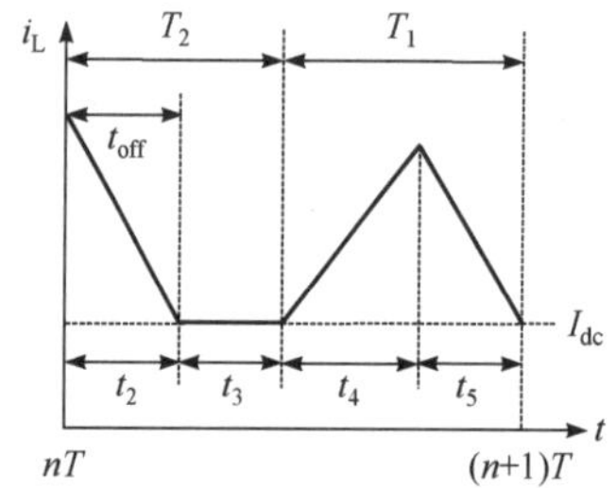

图 3.4 工作状态 3 的电感电流波形

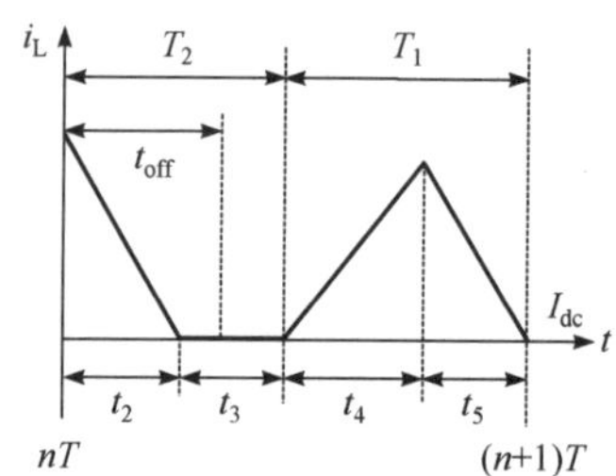

图 3.5 工作状态 4 的电感电流波形

工作状态 5：在一个开关周期内，存在工作模态 1、工作模态 2、工作模态 4 和工作模态 5

该工作状态下的电感电流波形如图 3.6 所示。当输出支路 2 工作时，主开关管 S_0 关断阶段的持续时间 t_2 小于定时器 2 的设置时间 t_{off}，续流开关管 S_f 一直关断，故续流参考值 $I_{dc(n)}$未得到更新，即 $I_{dc(n)} = i_{L(n)}$。当输出支路 1 工作时，主开关管 S_0 正常通断，当电感电流下降至 $I_{dc(n)}$后，本开关周期结束。

在工作状态 5 中，由于不存在工作模态 3，有 $t_2 = T_2 - t_1$。此时，将 t_2 阶段结束时刻的状态变量设置为 t_4 阶段状态变量的初始值，即可按照工作状态 1 的求解过程进行计算。

工作状态 6：在一个开关周期内，存在工作模态 1、工作模态 2 和工作模态 5

该工作状态下的电感电流波形如图 3.7 所示。当输出支路 2 工作时，主开关管 S_0 关断阶段的持续时间 t_2 小于定时器 2 的设置时间 t_{off}，续流开关管 S_f 一直关断，故续流参考值 $I_{dc(n)}$未得到更新，即 $I_{dc(n)} = i_{L(n)}$。当输出支路 1 工作时，主开关管 S_0 一直关断，电感电流下降至 $I_{dc(n)}$，本开关周期结束。在工作状态 6 中，状态变量的求解过程与工作状态 5 大致相同，只需将 t_5 阶段状态变量的初始值设置为 t_2 阶段结束时刻的状态变量即可。

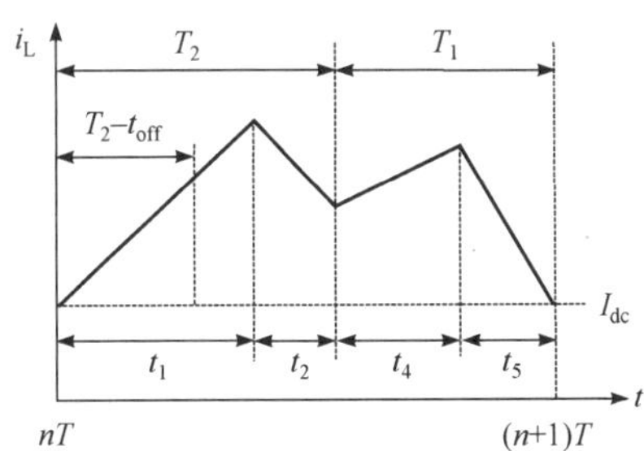

图 3.6　工作状态 5 的电感电流波形

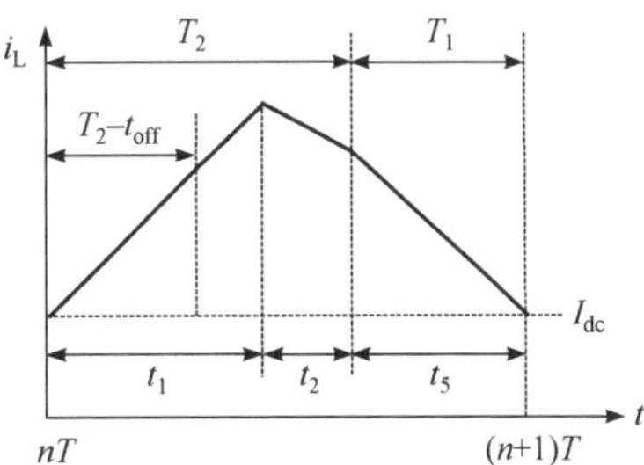

图 3.7　工作状态 6 的电感电流波形

工作状态 7：在一个开关周期内，存在工作模态 1、工作模态 4 和工作模态 5

该工作状态下的电感电流波形如图 3.8 所示。当输出支路 2 工作时，主开关管 S_0 保持导通，续流开关管 S_f 保持关断，续流参考值 $I_{dc(n)}$ 未得到更新，即 $I_{dc(n)} = i_{L(n)}$。当输出支路 1 工作时，主开关管 S_0 正常通断，电感电流下降到 $I_{dc(n)}$，本开关周期结束。

在工作状态 7 中，T_2 期间只存在工作模态 1，因此 $t_1 = T_2$。此时，将工作模态 1 结束时刻的状态变量作为工作模态 4 开始时刻的状态变量，再按照工作状态 1 的求解过程进行求解即可。输出支路 1 工作周期结束时刻的电感电流 $i_{L2(n)} = i_{L1(n)}$、电容 C_1 的电压 $v_{c12(n)} = v_{c11(n)}$、电容 C_2 的电压 $v_{c22(n)} = v_{c21(n)}$。

工作状态 8：在一个开关周期内，存在工作模态 1 和工作模态 5

该工作状态下的电感电流波形如图 3.9 所示。当输出支路 2 工作时，主开关管 S_0 一直导通，续流开关管 S_f 一直关断，故续流参考值 $I_{dc(n)}$ 未得到更新，即 $I_{dc(n)} = i_{L(n)}$。当输出支路 1 工作时，主开关管 S_0 一直关断，电感电流下降到 $I_{dc(n)}$，本开关周期结束。

在工作状态 8 中，状态变量的求解过程与工作状态 7 大致相同，只需将工作模态 1 结束时刻的状态变量设置为工作模态 5 开始时刻的状态变量即可。

在开关周期结束时刻，上述 8 种工作状态具有相同的状态变量表达式。对于输出支路 2 工作周期结束时刻的状态变量表达式，工作状态 1～4 的表达式相同，工作状态 5 和工作状态 6 的表达式相同，工作状态 7 和工作状态 8 的表达式相同。

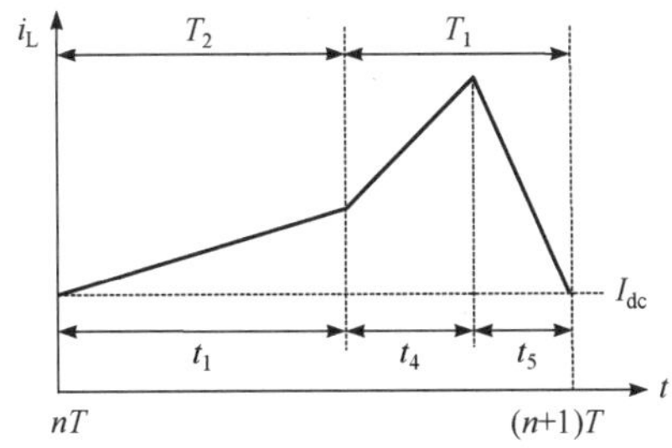

图 3.8　工作状态 7 的电感电流波形

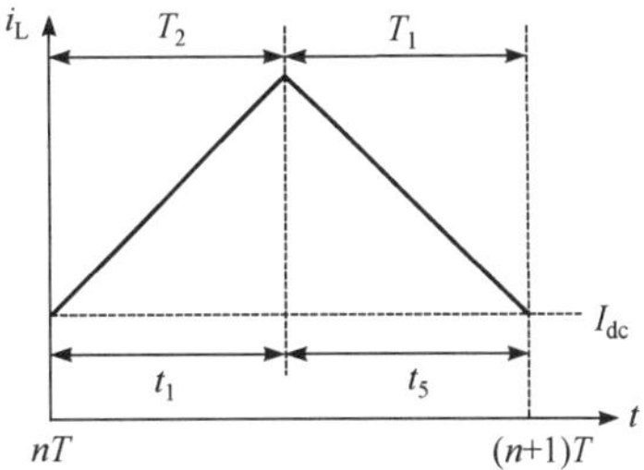

图 3.9　工作状态 8 的电感电流波形

3.1.4 分岔行为分析

选择参数 $V_g = 20\text{V}$，$V_{\text{ref1}} = 5\text{V}$，$V_{\text{ref2}} = 12\text{V}$，$L = 100\mu\text{H}$，$C_1 = C_2 = 470\mu\text{F}$，$T_2 = 20\mu\text{s}$，$t_{\text{off}} = 10\mu\text{s}$，对不同参数条件下电压型纹波控制 HCM SIDO Buck 变换器的动力学现象进行分析。

1. 输出电容及其等效串联电阻对变换器稳定性的影响

分别以输出电容及其等效串联电阻(equivalent series resistance，ESR)为分岔参数，得到如图 3.10 和图 3.11 所示的电感电流分岔图。在图 3.10(a)中，输出电容 C_1 的变化范围为 100～600μF，其余电路参数固定不变。随着输出电容 C_1 的减小，在 $C_1 = 400\mu\text{F}$ 附近，电压型纹波控制 HCM SIDO Buck 变换器由稳定的工作状态 1 转向不稳定的工作状态 5。在图 3.10(b)中，当输出电容 C_2 在 100～600μF 变化时，随着输出电容 C_2 的减小，在 $C_2 = 420\mu\text{F}$ 附近，变换器由稳定的工作状态 1 转向不稳定的工作状态 5。在 $C_2 = 190\mu\text{F}$ 附近，变换器进入混沌状态，其不稳定性进一步增强。对比图 3.10(a)和(b)可知，相较于输出电容 C_1，输出电容 C_2 对电压型纹波控制 HCM SIDO Buck 变换器的稳定性影响更强，并且变换器的不稳定性随着两输出支路输出电容的减小而增强。

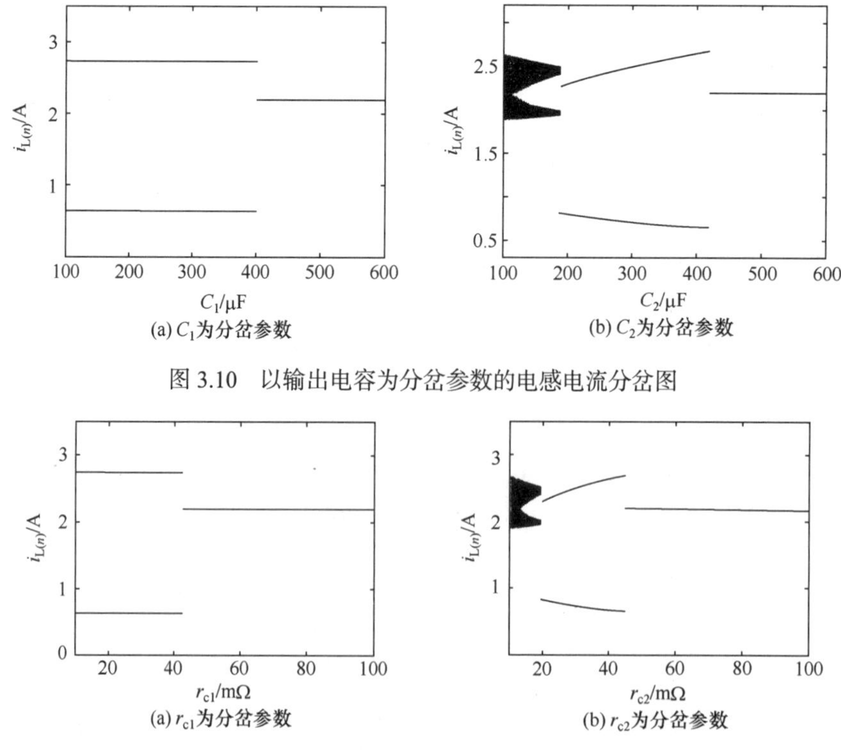

(a) C_1为分岔参数　(b) C_2为分岔参数

图 3.10　以输出电容为分岔参数的电感电流分岔图

(a) r_{c1}为分岔参数　(b) r_{c2}为分岔参数

图 3.11　以输出电容 ESR 为分岔参数的电感电流分岔图

在图 3.11(a)中，输出电容 ESR r_{c1} 的变化范围为 10～100mΩ。随着 r_{c1} 的减小，在 $r_{c1} = 43\text{m}\Omega$ 附近，变换器由稳定的工作状态 1 转向不稳定的工作状态 5。在图 3.11(b)中，输出电容 ESR r_{c2} 的变化范围为 10～100mΩ。随着 r_{c2} 的减小，在 $r_{c2} = 45\text{m}\Omega$ 附近，变换器由

稳定的工作状态 1 转向不稳定的工作状态 5。在 r_{c2} = 20.3mΩ 附近，变换器进入混沌状态，其不稳定性进一步增强。对比图 3.11(a)和(b)可知，相较于 r_{c1}，r_{c2} 对电压型纹波控制 HCM SIDO Buck 变换器的稳定性影响更强。并且变换器的不稳定性随着 ESR 的减小而增强，这和输出电容对变换器稳定性的影响相似。

2. 负载电阻对变换器稳定性的影响

保持其他电路参数不变，当负载电阻 R_{o1} 在 6～18Ω 变化时，电压型纹波控制 HCM SIDO Buck 变换器的电感电流分岔图如图 3.12(a)所示；当负载电阻 R_{o2} 在 4～9Ω 变化时，对应的电感电流分岔图如图 3.12(b)所示。

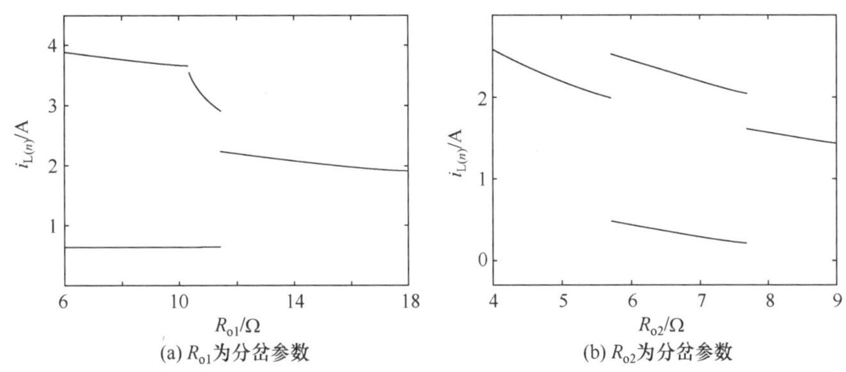

(a) R_{o1}为分岔参数　(b) R_{o2}为分岔参数

图 3.12　以负载电阻为分岔参数的电感电流分岔图

在图 3.12(a)中，随着负载电阻 R_{o1} 的减小，在 R_{o1} = 11.5Ω 附近，电压型纹波控制 HCM SIDO Buck 变换器由稳定的工作状态 1 转向不稳定的工作状态 5。在 R_{o1} = 10.3Ω 附近，变换器的工作状态迁移至不稳定的工作状态 7。在图 3.12(b)中，随着负载电阻 R_{o2} 的减小，在 R_{o2} =7.7Ω 附近，变换器由稳定的工作状态 1 转向不稳定的工作状态 5。随着 R_{o2} 的进一步减小，在 R_{o2} = 5.7Ω 附近，变换器再次进入稳定的工作状态 1。

因此，对于电压型纹波控制 HCM SIDO Buck 变换器，不同支路的负载对其稳定性的影响不同。对于输出支路 1，负载电阻越大，电压型纹波控制 HCM SIDO Buck 变换器越易工作于稳定状态。对于输出支路 2，变换器的稳定性随着负载的变化而不断变化，在负载电阻较大或者负载电阻较小时，变换器更易工作于稳定状态。

3. 恒定下降时间对变换器稳定性的影响

保持其他电路参数不变，当恒定下降时间 t_{off} 在 6～11.5μs 变化时，电压型纹波控制 HCM SIDO Buck 变换器的电感电流分岔图如图 3.13 所示。在图 3.13 中，随着恒定下降时间 t_{off} 的增加，在 t_{off} = 10.3μs 附近，电压型纹波控制 HCM SIDO Buck 变换器由稳定的工作状态 1 转向不稳定的工作状态 5。由上述分析可知，在其他电路参数固定时，恒定下降时间 t_{off} 越小，变换器越易处于稳定工作状态。

4. 输入电压及输出电压对变换器稳定性的影响

在图 3.14 中，当输入电压 V_g 在 17～30V 变化时，随着输入电压 V_g 的减小，在 V_g =

19.5V 附近，电压型纹波控制 HCM SIDO Buck 变换器由稳定的工作状态 1 转移至不稳定的工作状态 5。当输入电压 V_g 进一步减小，在 $V_g = 18.5$V 附近时，变换器的工作状态转移至工作状态 7，并且仍然处于不稳定的工作状态。

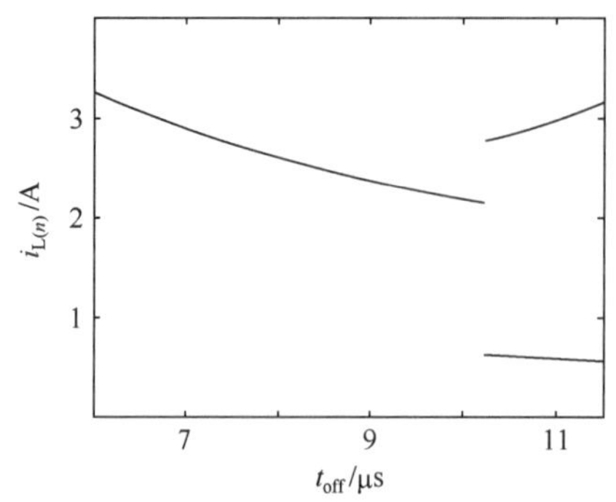

图 3.13 以恒定下降时间 t_{off} 为分岔参数的电感电流分岔图

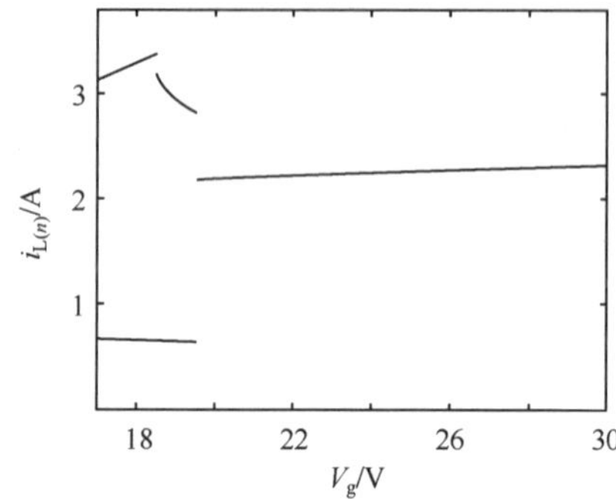

图 3.14 以输入电压 V_g 为分岔参数的电感电流分岔图

在图 3.15(a)中，当 CCM 支路的参考电压 V_{ref1} 在 9～17V 变化时，随着 V_{ref1} 的增加，在 $V_{ref1} = 12.5$V 附近，电压型纹波控制 HCM SIDO Buck 变换器由稳定的工作状态 1 转移至不稳定的工作状态 5。在图 3.15(b)中，当 PCCM 支路的参考电压 V_{ref2} 在 2.5～5.5V 变化时，电压型纹波控制 HCM SIDO Buck 变换器始终维持在稳定的工作状态。

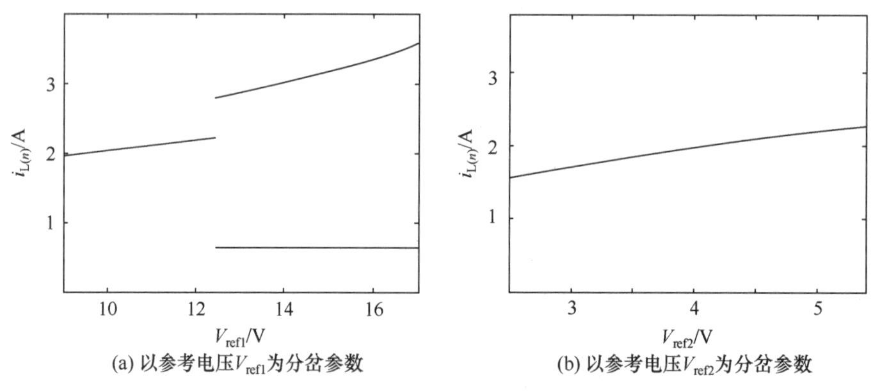

(a) 以参考电压 V_{ref1} 为分岔参数　(b) 以参考电压 V_{ref2} 为分岔参数

图 3.15 以参考电压为分岔参数的电感电流分岔图

由上述分析可知，对于电压型纹波控制 HCM SIDO Buck 变换器，在上述参数范围内，输入电压减小或者 CCM 支路参考电压增大容易导致变换器不稳定现象的发生，而 PCCM 支路参考电压对变换器的稳定性影响较小。

3.1.5 实验结果

为了验证电压型纹波控制 HCM SIDO Buck 变换器稳定性分析的正确性，采用与理论分析相同的电路参数搭建实验平台，在此基础上进行实验验证。

负载电阻 R_{o1} 变化时的实验波形如图 3.16 所示，其中 $v_{o1(AC)}$ 和 $v_{o2(AC)}$ 分别为输出电压

v_{o1} 和 v_{o2} 的纹波波形。在图 3.16(a)中，当 R_{o1} = 8Ω 时，输出支路 2 工作期间，电感一直处于充电状态，电感电流一直上升，续流参考值 $I_{dc(n)}$未得到更新，$I_{dc(n)}$为输出支路 2 工作周期开始时的电感电流值，变换器此时并未工作于 PCCM。输出支路 1 工作期间，电感电流先上升后下降，当电感电流下降至 I_{dc} 时，结束本次开关周期。此时，输出支路 2 工作周期结束时刻的电感电流值，不等于输出支路 1 工作周期结束时刻的电感电流值，且输出支路 2 未工作于 PCCM，因此电压型纹波控制 HCM SIDO Buck 变换器处于不稳定的工作状态 7。

在图 3.16(b)中，当 R_{o1} = 11Ω 时，输出支路 2 工作期间，电感只存在充电和放电阶段，不存在电感续流阶段，续流参考值 $I_{dc(n)}$未得到更新，$I_{dc(n)}$为输出支路 2 工作周期开始时刻的电感电流值，此时变换器并未工作于 PCCM。输出支路 1 工作期间，电感电流先上升后下降，当电感电流下降至 $I_{dc(n)}$时，结束本次开关周期。相较于图 3.16(a)，变换器的工作状态再次发生变化，但是输出支路 2 工作周期结束时刻的电感电流值，仍然不等于输出支路 1 工作周期结束时刻的电感电流值，且输出支路 2 并未工作于 PCCM，因此电压型纹波控制 HCM SIDO Buck 变换器处于不稳定的工作状态 5。

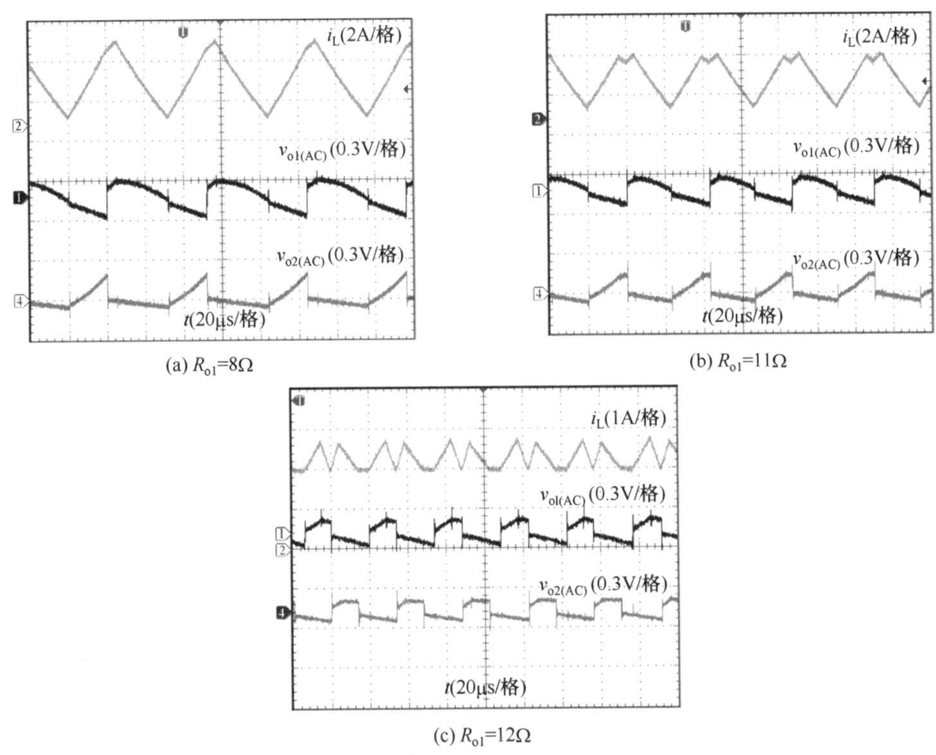

(a) R_{o1}=8Ω　(b) R_{o1}=11Ω

(c) R_{o1}=12Ω

图 3.16　R_{o1}变化时电压型纹波控制 HCM SIDO Buck 变换器的实验波形

图 3.16(c)中，输出支路 2 工作期间，电感存在充电、放电和续流阶段，电感续流参考值 $I_{dc(n)}$为电感续流阶段开始时刻的电感电流值，变换器工作于 PCCM。当工作支路由输出支路 2 切换至输出支路 1 后，电感存在充电和放电两个阶段，当电感电流下降至 $I_{dc(n)}$时，结束本次开关周期，变换器工作于 CCM。此时，输出支路 2 工作周期结束时刻的电

感电流值等于输出支路 1 工作周期结束时刻的电感电流值，且输出支路 2 工作于 PCCM，输出支路 1 工作于 CCM，变换器处于稳定的工作状态 1，电感电流的工作模式为 HCM。

因此，由图 3.16 可知，随着输出支路 1 负载的减小，电压型纹波控制 HCM SIDO Buck 变换器的工作状态由稳定的工作状态 1 向不稳定的工作状态 5 转变，且随着输出支路 1 负载的不断减小，变换器的工作状态转移至工作状态 7。上述实验结果验证了电压型纹波控制 HCM SIDO Buck 变换器的离散迭代映射模型及稳定性分析的正确性。

3.2 斜坡补偿电压型纹波控制单电感双输出开关变换器的动力学行为

3.2.1 斜坡补偿原理

含有斜坡补偿的电压型纹波控制 HCM SIDO Buck 变换器的控制框图和关键波形如图 3.17 所示，变换器主电路的具体组成与图 3.1(a)相同。为简化分析，暂不考虑误差放大器的作用，直接采用参考电压 V_{ref1} 和 V_{ref2} 替代图 3.1 中误差放大器的输出信号 V_{e1} 和 V_{e2}。由图 3.1 和图 3.17 可知，输出支路开关管 S_1 和 S_2、续流开关管 S_f 控制电路的组成和工作原理与无斜坡补偿的电压型纹波控制 HCM SIDO Buck 变换器相同，此处不再赘述。对于主开关管 S_0 的控制，图 3.17 中虚线框为斜坡补偿部分。

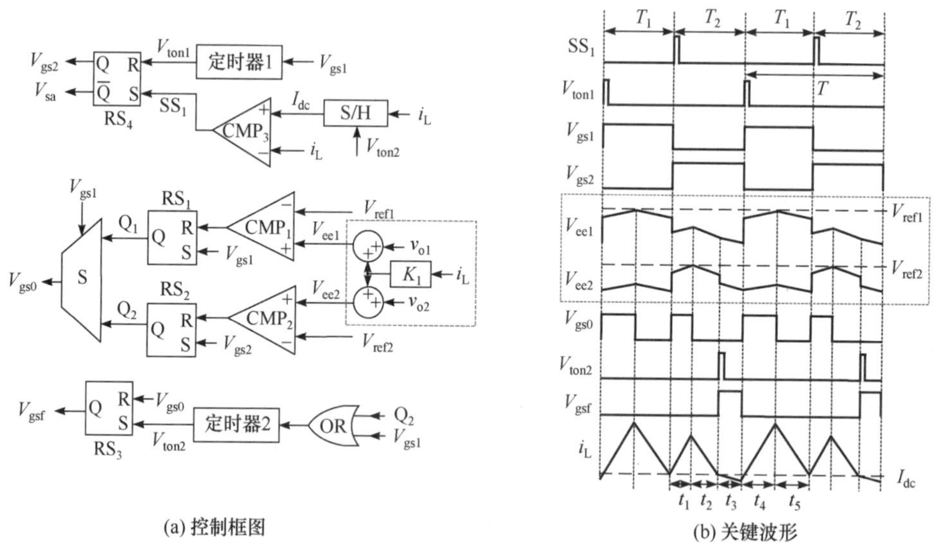

(a) 控制框图 (b) 关键波形

图 3.17 含斜坡补偿的电压型纹波控制 HCM SIDO Buck 变换器

在含斜坡补偿的电压型纹波控制 HCM SIDO Buck 变换器中，仍然采用电压型纹波控制策略控制主开关管 S_0 的通断，从而调节输出电压。以输出支路 1 为例，分析各条输出支路工作时，开关管 S_0 的控制逻辑。将采样的电感电流 i_L 经过一定的比例系数 K_1 后，作为变换器的斜坡补偿信号与采样输出电压 v_{o1} 相叠加，将二者叠加的结果 V_{ee1} 与参考

电压 V_{ref1} 相比较。当 V_{ee1} 上升至 V_{ref1} 时，触发器 RS_1 复位，得到控制信号 Q_1。同理可得输出支路 2 对应的控制信号 Q_2。当时分复用信号 $V_{gs1}=1$ 时，$V_{gs0}=Q_1$，调节输出电压 v_{o1}；反之，$V_{gs0}=Q_2$，调节输出电压 v_{o2}。

以图 3.18 中的情况为例，说明斜坡补偿对电压型纹波控制 HCM SIDO Buck 变换器稳定性的影响。如图 3.18(a)所示，在无斜坡补偿的电压型纹波控制 HCM SIDO Buck 变换器中，如果电路参数选择不合适，当输出支路 2 工作时，在恒定的工作周期 T_2 内，输出电压 v_{o2} 无法上升至参考电压 V_{ref2}。因此，在输出支路 2 工作周期内，主开关管 S_0 一直导通，电感电流持续上升，续流开关管 S_f 一直关断，电感电流的续流参考值 $I_{dc(n)}$ 未得到更新。当定时器 1 定时结束，变换器由输出支路 2 切换至输出支路 1 时，由于此时电感电流值较大，电感将向输出支路 1 提供过多的能量，使得输出电压 v_{o1} 较快上升至输出支路 1 的参考电压 V_{ref1}，主开关管 S_0 关断，电感电流下降至 I_{dc} 后，变换器的工作支路再次由输出支路 1 切换至输出支路 2。此时，输出支路 2 工作周期结束时刻的电感电流值，不等于输出支路 1 工作周期结束时刻的电感电流值。并且输出支路 2 未工作于 PCCM，此时变换器并未工作于 HCM，故认为变换器处于不稳定的工作状态。

在图 3.18(a)的基础上，将经过一定比例系数 K_1 的电感电流，分别叠加至输出电压 v_{o1} 和 v_{o2} 上，将叠加后的结果 V_{ee1} 和 V_{ee2} 分别与 V_{ref1} 和 V_{ref2} 做比较，相关波形如图 3.18(b)所示。相同的电路参数下，当输出支路 2 工作时，相较于输出电压 v_{o2}，由于 V_{ee2} 叠加了电感电流分量，数量值增加，更容易达到输出支路 2 的参考电压 V_{ref2}。当 V_{ee2} 上升至 V_{ref2} 时，主开关管 S_0 关断，电感电流开始下降，当下降时间达到定时器 2 的设定时，续流开关管 S_f 开始导通，电感电流开始续流；同时，采样此时的电感电流值作为新的电感续流参考值。当变换器的工作支路由输出支路 2 切换至输出支路 1 后，由于输出支路 2 工作周期末的电感储能较为合适，输出支路 1 也将正常工作。最终，变换器稳定工作于 HCM。

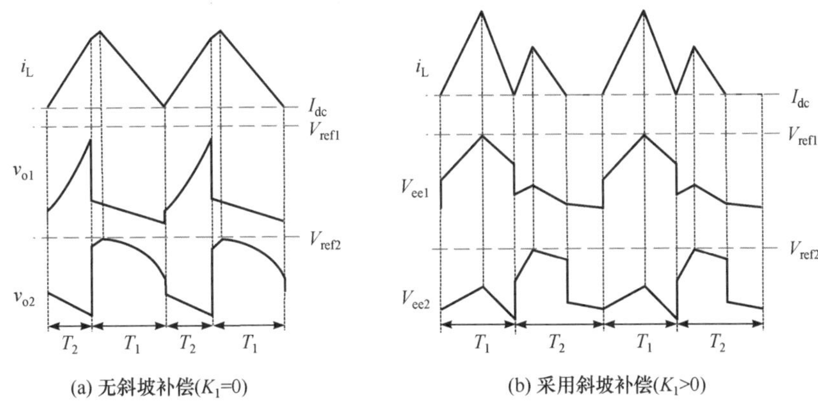

(a) 无斜坡补偿(K_1=0)　　(b) 采用斜坡补偿(K_1>0)

图 3.18　电压型纹波控制 HCM SIDO Buck 变换器的斜坡补偿分析

由上述分析可知，以电感电流作为斜坡补偿时，在电感电流比例系数 K_1 取值合适的情况下，斜坡补偿可以改变电压型纹波控制 HCM SIDO Buck 变换器的不稳定工作状态，有利于变换器的稳定工作。

3.2.2 离散迭代映射模型

主开关管 S_0 采用含有斜坡补偿的电压型纹波控制，当补偿后的输出电压与参考电压相等时，S_0 由导通切换至关断。因此，下面重新定义 S_0 的开关函数。

1) $S_{01r}(t_1) = v_{22\text{-}1(n)} - V_{ref2}$

当 $S_{01r}(t_1) = 0$ 时，得到第 n 个开关周期内输出支路 2 工作期间主开关管 S_0 的导通时间 t_1(工作模态 1 的持续时间)，$v_{22\text{-}1(n)}$为第 n 个开关周期内工作模态 2 结束时刻的 v_{22}，并且满足 $v_{22\text{-}1(n)} = \left[R_{o2}r_{c2}/(R_{o2}+r_{c2})+K_1\right]i_{L1(n)} + v_{c21(n)}R_{o2}/(R_{o2}+r_{c2})$。

2) $S_{02r}(t_4) = v_{11\text{-}4(n)} - V_{ref1}$

当 $S_{02r}(t_4) = 0$ 时，得到第 n 个开关周期内输出支路 1 工作期间主开关管 S_0 的导通时间 t_4(工作模态 4 的持续时间)，$v_{11\text{-}4(n)}$为第 n 个开关周期内工作模态 4 结束时刻的 v_{11}，并且满足 $v_{11\text{-}4(n)} = \left[R_{o1}r_{c1}/(R_{o1}+r_{c1})+K_1\right]i_{L1(n)} + v_{c14(n)}R_{o1}/(R_{o1}+r_{c1})$。

由含有斜坡补偿的电压型纹波控制 HCM SIDO Buck 变换器的工作原理可知，其离散迭代映射模型仅在主开关管 S_0 的控制上与 3.1 节不同，即只需将 3.1 节中的开关函数 $S_{01}(t_1)$和 $S_{02}(t_4)$分别用 $S_{01r}(t_1)$和 $S_{02r}(t_4)$替代。离散迭代映射模型的具体求解过程与 3.1.3 节相同，此处不再赘述。

3.2.3 分岔行为分析

选择斜坡补偿系数 $K_1 = 0.05$，其他电路参数的设置与 3.1.4 节相同。以负载电阻为分岔参数，得到含斜坡补偿的电压型纹波控制 HCM SIDO Buck 变换器的电感电流分岔图如图 3.19 所示。

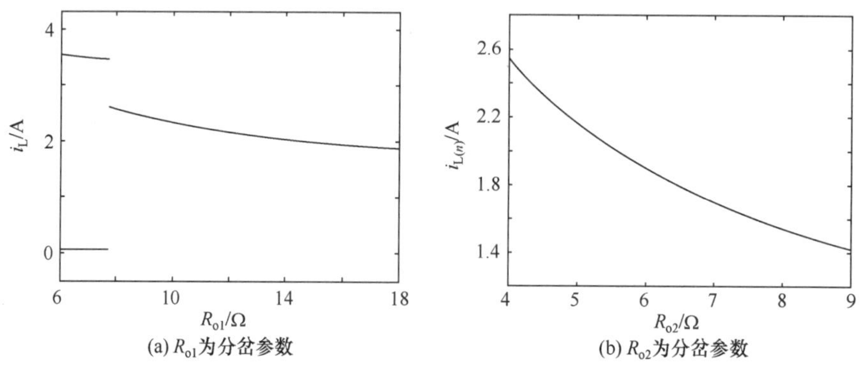

图 3.19 以负载电阻为分岔参数的电感电流分岔图($K_1 = 0.05$)

在图 3.19(a)中，当 $R_{o2} = 5\Omega$ 时，R_{o1} 在 6～18Ω 变化时，当 R_{o1} 减小至 7.8Ω 附近时，含有斜坡补偿的电压型纹波控制 HCM SIDO Buck 变换器由稳定的工作状态 1 转为不稳定的工作状态 7。图 3.19(b)中，当 $R_{o1} = 12\Omega$，R_{o2} 在 4～9Ω 变化时，变换器始终处于稳定的工作状态。图 3.19(a)相比于图 3.12(a)，斜坡补偿拓宽了负载电阻 R_{o1} 的稳定运行范围，增强了系统的稳定性。图 3.19(b)相比于图 3.12(b)，变换器由稳定状态转向不稳定状态的负载电阻点左移，即斜坡补偿拓宽了负载电阻 R_{o2} 的稳定运行范围，增强了系统的稳定性。

为了观察斜坡补偿系数对系统稳定性的影响，当 $R_{o1}=8\Omega$、$R_{o2}=5\Omega$ 时，以斜坡补偿系数 K_1 为分岔参数，得到的电感电流分岔图如图 3.20 所示。当斜坡补偿系数 K_1 的范围为 0～0.1 时，随着斜坡补偿系数 K_1 的减小，在 $K_1=0.047$ 附近，含有斜坡补偿的电压型纹波控制 HCM SIDO Buck 变换器逐渐由稳定的工作状态 1 向不稳定的工作状态 7 转变。并且在 $K_1=0$ 时，变换器的分岔现象与图 3.12(b)中 $R_{o1}=8\Omega$ 时的分岔现象相同。因此，斜坡补偿系数 K_1 越大，变换器越容易工作于稳定状态。

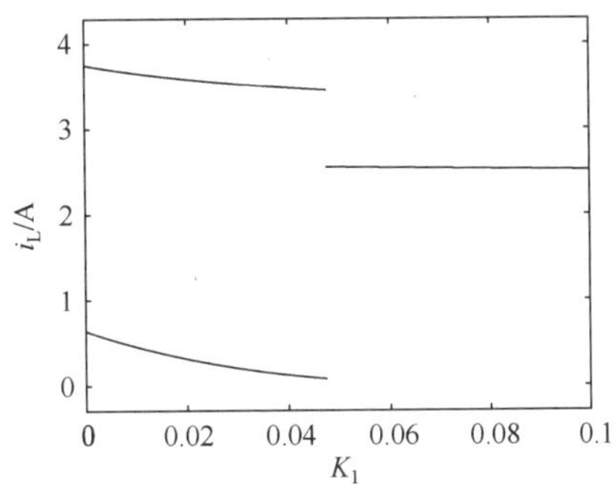

图 3.20　以斜坡补偿系数 K_1 为分岔参数的电感电流分岔图

3.2.4　实验结果

为了验证斜坡补偿对电压型纹波控制 HCM SIDO Buck 变换器稳定性的影响，当斜坡补偿系数 $K_1=0.05$ 且负载电阻 $R_{o1}=8\Omega$ 时，其他电路参数与图 3.16 相同，得到的实验波形如图 3.21 所示。

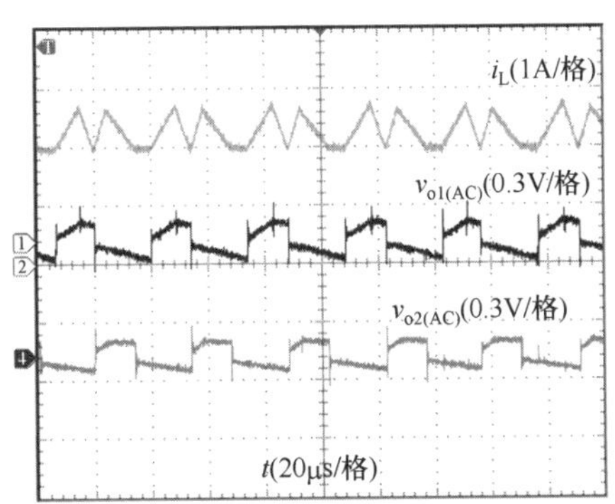

图 3.21　斜坡补偿电压型纹波控制 HCM SIDO Buck 变换器的实验波形($K_1=0.05$，$R_{o1}=8\Omega$)

在图 3.21 中，当斜坡补偿系数 $K_1=0.05$ 时，输出支路 2 工作期间，电感存在充电、放电和续流三个阶段，变换器工作于 PCCM；输出支路 1 工作期间，电感存在充电和放电两个阶段，变换器工作于 CCM。并且输出支路 2 工作周期结束时刻的电感电流值等于输出支路 1 工作周期结束时刻的电感电流值。因此，电压型纹波控制 HCM SIDO Buck 变换器整体工作于 HCM 状态，处于稳定的工作状态 1。对比图 3.21 和图 3.16 可知，在相同的电路参数下，当增加斜坡补偿后，电压型纹波控制 HCM SIDO Buck 变换器的工作状态由不稳定状态转变为稳定状态，即斜坡补偿增强了变换器的稳定性，实验结果验证了理论分析的正确性。

3.3 本章小结

本章以电压型纹波控制 HCM SIDO Buck 变换器为研究对象，对变换器的开关模态进行了完整的介绍，建立了精确的离散迭代映射模型。考虑到变换器的实际应用及变换器控制方法的特点，分别以输出电容和输出电容 ESR、负载电阻、恒定下降时间、输入电压和输出电压为分岔参数，分析了变换器对应的分岔现象，揭示了上述电路参数对变换器稳定性的影响。为了提高变换器的稳定性，提出了以电感电流作为斜坡补偿的电压型纹波控制 HCM SIDO Buck 变换器，并对该变换器的工作原理和稳定性进行了详细分析。研究结果表明：

(1) 随着输出电容及其 ESR 的增加、CCM 支路负载的减轻、CCM 支路输出电压的减小、输入电压的增加和恒定下降时间的减小，以及斜坡补偿系数的增大，电压型纹波控制 HCM SIDO Buck 变换器的工作状态逐渐由不稳定状态转变为稳定状态；

(2) 相对于两条输出支路的输出电容、输出电容 ESR 和输出电压，PCCM 支路的输出电容、PCCM 支路的输出电容 ESR 和 CCM 支路的输出电压对电压型纹波控制 HCM SIDO Buck 变换器的稳定性影响更强；

(3) 斜坡补偿增强了电压型纹波控制 HCM SIDO Buck 变换器的稳定性，有利于变换器处于稳定的工作状态。

本章所述电压型纹波控制 HCM SIDO Buck 变换器的动力学行为分析，对于电路参数的合理选择，以及混沌的稳定控制具有实际的指导意义。

第 4 章　连续导电模式单电感多输出开关变换器电流型恒频纹波控制技术

电流型恒频纹波控制是一种应用最广泛、研究最多的开关变换器控制技术，可分为峰值电流控制、谷值电流控制和平均电流控制。1978 年 Deisch 提出的峰值电流控制同时引入输出电压和电感电流两个状态变量作为反馈控制变量[1]，提高了变换器对输入电压变化的瞬态响应速度[2-5]。1985 年文献[4]提出的谷值电流控制解决了传统峰值电流控制不能稳定工作于占空比大于 0.5 的情况。文献[6]提出的平均电流控制提高了电流的控制精度，且抗干扰性强，但是负载瞬态响应速度比峰值电流控制慢。

本章以工作在共享时序的电感电流连续导电模式(CCM)单电感多输出(SIMO)开关变换器为研究对象，根据电流型恒频纹波控制技术的工作原理，针对不同的电感电流变化趋势和开关时序，提出可行的 SIMO 开关变换器电流型恒频纹波控制技术及其实现方案。以电流型恒频纹波控制 CCM SIDO Boost 变换器为例，建立其 s 域小信号模型，对其交叉影响和负载瞬态性能进行分析；采用 Routh-Hurwitz 稳定性判据对系统的稳定性进行分析，推导电流型恒频纹波控制 CCM SIDO Boost 变换器稳定工作的条件。

4.1　连续导电模式单电感多输出开关变换器的电感电流变化趋势

以双输出为例，对 SIMO 开关变换器不同拓扑结构和工作时序的电感电流变化趋势进行详细分析。图 4.1(a)为 SIDO Buck 变换器的电路结构，主开关管 S_0 和输出支路开关管 S_1、S_2 的控制脉冲分别为 V_{gs0} 和 V_{gs1}、V_{gs2}，相应的开关管导通占空比分别为 D_0 和 D_1、D_2，其中 $D_1 + D_2 = 1$，即输出支路 1 和输出支路 2 的控制脉冲互补。根据 D_0 和 D_1 的相对大小，SIDO Buck 变换器的开关时序可分为三种，即 $D_0 < D_1$、$D_0 = D_1$、$D_0 > D_1$，相应的电感电流 i_L 和开关管控制脉冲 V_{gs0}、V_{gs1} 的时序波形如图 4.1(b)～(d)所示。

图 4.2 为 SIDO Boost 变换器的电路结构及其开关时序波形。分析图 4.2(a)所示的 SIDO Boost 变换器拓扑结构可知，当 $D_0 \geqslant D_1$ 时，输出支路 1 没有工作，变换器不能实现两路输出，相当于单输出 Boost 电路，故 SIDO Boost 变换器仅存在 $D_0 < D_1$ 的开关时序，如图 4.2(b)所示。

图 4.3 为 SIDO Bipolar 变换器的电路结构及其开关时序波形。

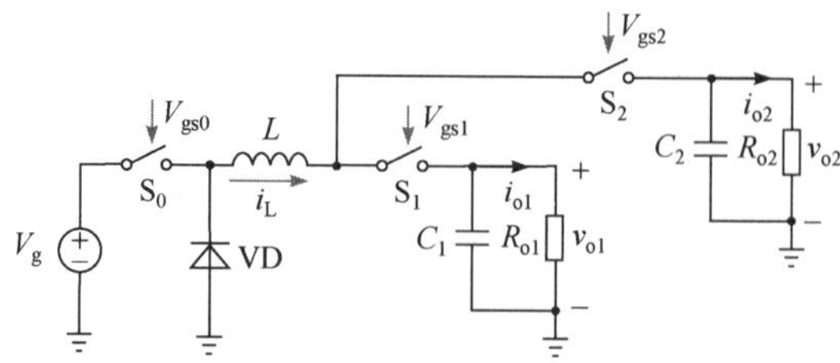

(a) SIDO Buck变换器电路结构

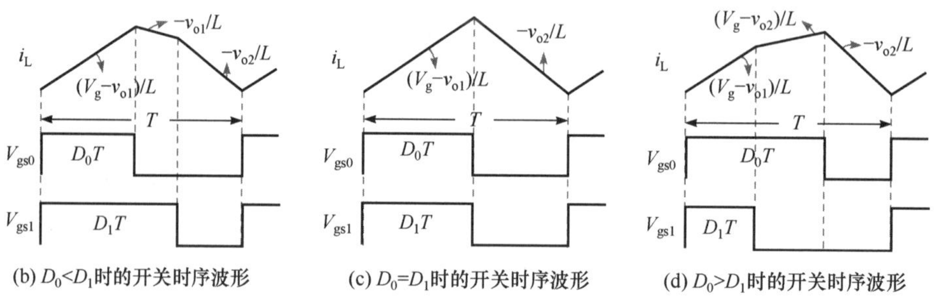

(b) $D_0<D_1$时的开关时序波形　(c) $D_0=D_1$时的开关时序波形　(d) $D_0>D_1$时的开关时序波形

图 4.1　SIDO Buck 变换器电路结构及其开关时序波形

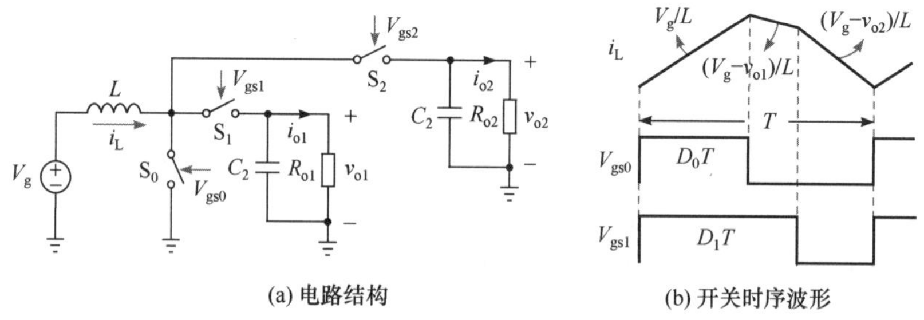

(a) 电路结构　(b) 开关时序波形

图 4.2　SIDO Boost 变换器电路结构及其开关时序波形

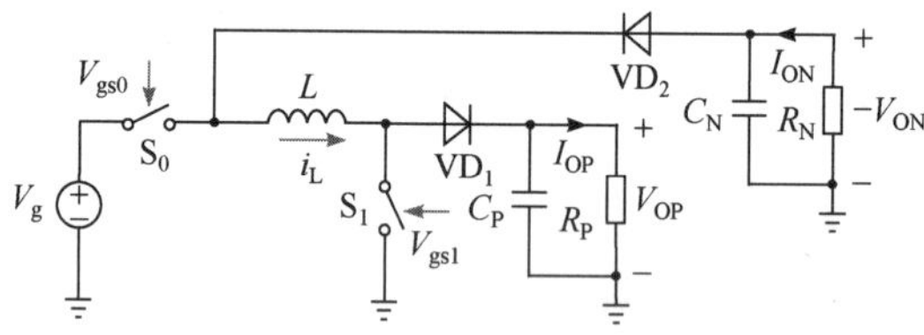

(a) SIDO Bipolar变换器电路结构

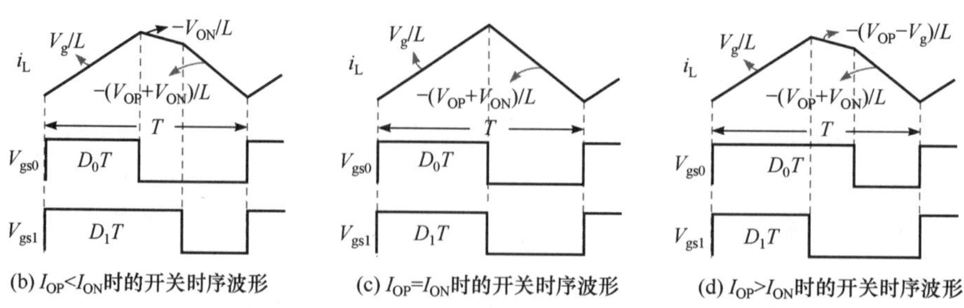

(b) $I_{OP}<I_{ON}$时的开关时序波形　(c) $I_{OP}=I_{ON}$时的开关时序波形　(d) $I_{OP}>I_{ON}$时的开关时序波形

图 4.3　SIDO Bipolar 变换器电路结构及其开关时序波形

根据输出电流 I_{OP} 和 I_{ON} 的相对大小关系，图 4.3 的开关时序同样可以分为三种，即 $I_{OP} < I_{ON}$、$I_{OP} = I_{ON}$ 和 $I_{OP} > I_{ON}$，相应的开关时序波形如图 4.3(b)～(d)所示。

由上述分析可知，根据不同的电感电流变化趋势和开关时序，可将三种基本的 SIDO 开关变换器分为以下四类。

(1) 电感电流呈升—降—降($D_0 < D_1$)变化趋势：SIDO Buck 变换器($D_0 < D_1$)、SIDO Boost 变换器和 SIDO Bipolar 变换器($I_{OP} < I_{ON}$)。

(2) 电感电流呈升—降($D_0 = D_1$)变化趋势：SIDO Buck 变换器($D_0 = D_1$)和 SIDO Bipolar 变换器($I_{OP} = I_{ON}$)；

(3) 电感电流呈升—升—降($D_0 > D_1$)变化趋势：SIDO Buck 变换器($D_0 > D_1$)；

(4) 电感电流呈升—降—降($D_0 > D_1$)变化趋势：SIDO Bipolar 变换器($I_{OP} > I_{ON}$)。

4.2　电流型恒频纹波控制单电感双输出开关变换器的工作原理

4.2.1　电感电流呈升—降—降变化趋势

当电感电流呈升—降—降($D_0 < D_1$)变化趋势时，电流型恒频纹波控制 SIDO 开关变换器的控制框图如图 4.4(a)所示，主开关管 S_0 的控制电路包括误差放大器 EA_1、比较器 CMP_1、时钟 clk、触发器 RS_1。电感电流 i_L 和输出电压 v_{o1} 作为开关管 S_1 控制回路的反馈量；输出电压 v_{o1} 和参考电压 V_{ref1} 经过误差放大器 EA_1 产生控制信号 i_{c1}，作为比较器 CMP_1 负极性端的输入信号；CMP_1 正极性端接入电感电流信号 i_L，CMP_1 的输出端与触发器 RS_1 的 R 端相连；时钟 clk 与触发器 RS_1 的 S 端相连；触发器 RS_1 通过置位、复位动作产生脉冲信号 V_{gs0}，控制主开关管 S_0 的导通和关断。

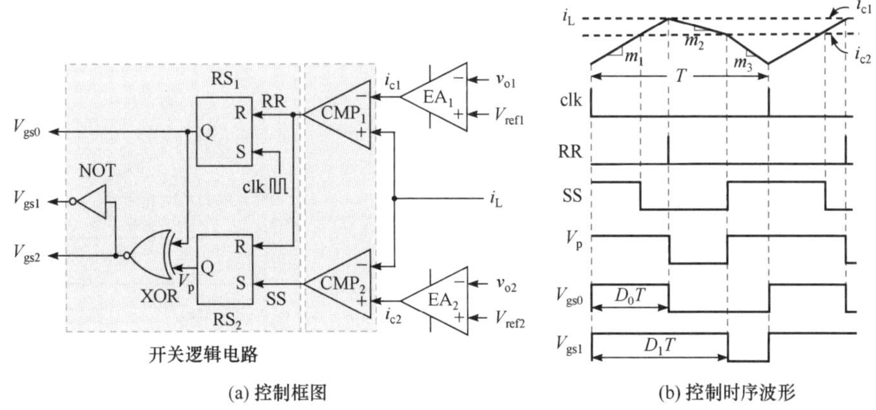

(a) 控制框图　　(b) 控制时序波形

图 4.4　电感电流呈升—降—降($D_0 < D_1$)变化趋势的电流型恒频纹波控制 SIDO 开关变换器的控制框图及控制时序波形

输出支路开关管 S_1、S_2 的控制电路包括误差放大器 EA_2、比较器 CMP_2、触发器 RS_2、异或门 XOR、非门 NOT。输出电压 v_{o2} 和电感电流 i_L 作为开关管 S_1、S_2 控制电路的反馈量；输出电压 v_{o2} 和参考电压 V_{ref2} 经过误差放大器 EA_2 产生控制信号 i_{c2}，作为比较器 CMP_2 正极性端的输入信号；CMP_2 负极性端接入电感电流信号 i_L；CMP_2 的输出端与触发器 RS_2 的 S 端相连，同时比较器 CMP_1 的输出端与触发器 RS_2 的 R 端相连；触发器 RS_2 的 Q 输出端和触发器 RS_1 的 Q 输出端均与异或门 XOR 的输入端相连；异或门的输出信号 V_{gs2} 控制输出支路开关管 S_2 的导通和关断。V_{gs2} 经过非门 NOT 后生成信号 V_{gs1}，控制输出支路开关管 S_1 的导通和关断。

当电感电流呈升—降—降($D_0 < D_1$)变化趋势时，电流型恒频纹波控制 CCM SIDO 开关变换器的控制时序如图 4.4(b)所示。由图 4.4(b)可知，时钟脉冲 clk 开始时，触发器 RS_1 的 S 端输入高电平，根据 RS 触发器的工作原理可知，触发器 RS_1 的 Q 输出端信号 V_{gs0} 为高电平，开关管 S_0 导通，同时开关管 S_1 也导通，电感电流 i_L 以斜率 m_1 线性上升；当 i_L 上升到控制信号 i_{c1} 时，比较器 CMP_1 输出信号 RR 为高电平，即触发器 RS_1 的 R 端输入高电平，Q 端输出信号 V_{gs0} 变为低电平，开关管 S_0 断开，电感电流 i_L 下降；当电感电流 i_L 下降到控制信号 i_{c2} 时，比较器 CMP_2 输出信号 SS 为高电平，即触发器 RS_2 的 S 端输入高电平，Q 端输出信号 V_p 为高电平，且 V_p 在信号 RR 高电平来临之前保持不变；根据异或门 XOR 和非门 NOT 的工作原理，开关管 S_1 关断、S_2 导通，电感电流 i_L 下降直至下一次时钟脉冲的到来，S_2 关断，S_0、S_1 导通，变换器开始一个新的工作周期。

根据图 4.4(b)中电感电流的波形易知，当电感电流呈升—降—降($D_0 < D_1$)变化趋势时，电流型恒频纹波控制 SIDO 开关变换器通过控制第一段电感电流上升的峰值和第二段电感电流下降的谷值，实现对变换器的控制。

4.2.2 电感电流呈升—降变化趋势

当电感电流呈升—降变化趋势时，电流型恒频纹波控制 SIDO 开关变换器的控制框图和控制时序波形如图 4.5 所示。由图 4.5 可知，变换器的主开关管 S_0 和输出支路开关管 S_1 的占空比相等(即 $D_0 = D_1$)，电感电流的变化趋势及开关时序与传统的单输入单输出开关变换器一致，因此控制框图和传统的峰值电流控制单输入单输出开关变换器相同，由误差放大器 EA、比较器 CMP、时钟 clk 和触发器 RS 组成。

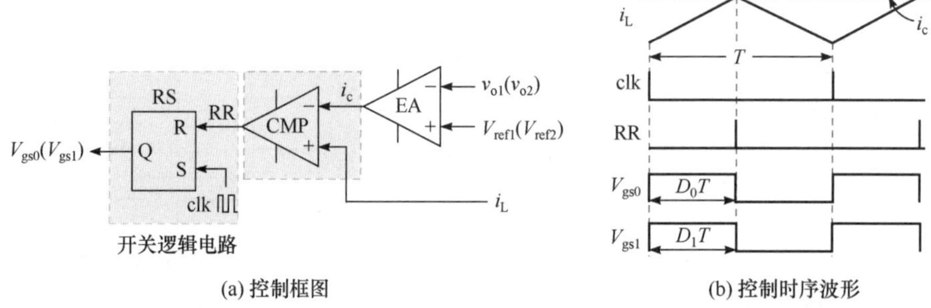

(a) 控制框图 (b) 控制时序波形

图 4.5 电感电流呈升—降变化趋势的电流型恒频纹波控制 SIDO 开关变换器的控制框图及控制时序波形

4.2.3　电感电流呈升—升—降变化趋势

当电感电流呈升—升—降变化趋势时，电流型恒频纹波控制 SIDO 开关变换器的控制框图如图 4.6(a)所示，对比电感电流呈升—降—降($D_0 < D_1$)变化趋势时的控制框图可知：主开关管 S_0 的控制电路相同；输出支路开关管 S_1 的控制电路更简单，由误差放大器 EA_2、比较器 CMP_2、RS 触发器 RS_2 和时钟 clk 组成。由图 4.6(a)可知，EA_2 的输出信号 i_{c2} 与比较器 CMP_2 的负极性端相连，电感电流 i_L 与 CMP_2 的正极性端相连，比较器 CMP_2 的输出端与触发器 RS_2 的 R 端相连，同时时钟 clk 与触发器 RS_2 的 S 端相连，触发器 RS_2 通过置位、复位产生脉冲信号 V_{gs1}，控制输出支路开关管 S_1 的导通和关断。

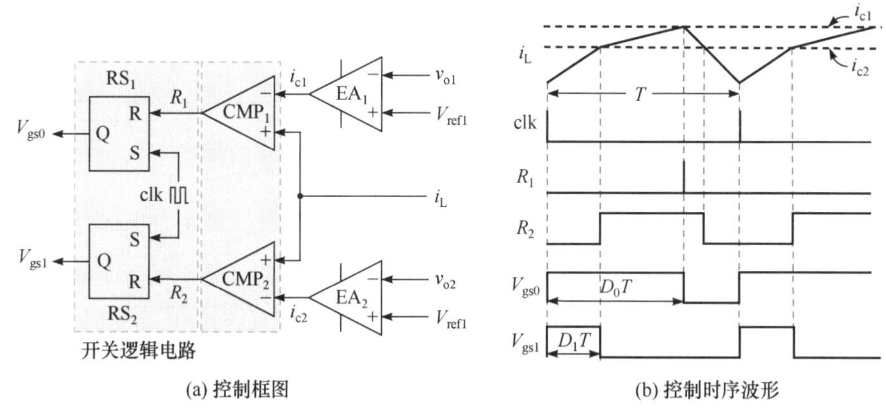

(a) 控制框图　　(b) 控制时序波形

图 4.6　电感电流呈升—升—降变化趋势的电流型恒频纹波控制 SIDO 开关变换器的控制框图及控制时序波形

当电感电流呈升—升—降变化趋势时，电流型恒频纹波控制 SIDO 开关变换器的控制时序波形如图 4.6(b)所示。由图 4.6(b)可知，时钟脉冲开始时，触发器 RS_1、RS_2 的 S 端输入高电平，根据 RS 触发器的工作原理可知：触发器 RS_1、RS_2 的 Q 输出端信号 V_{gs0}、V_{gs1} 均为高电平，开关管 S_0、S_1 同时导通，电感电流 i_L 增加；当 i_L 上升到控制信号 i_{c1} 时，比较器 CMP_1 输出信号 R_1 为高电平，即触发器 RS_1 的 R 端输入高电平，Q 端输出信号 V_{gs0} 变为低电平，开关管 S_0 断开，开关管 S_1 仍然导通，电感电流 i_L 继续上升；当 i_L 上升到控制信号 i_{c2} 时，比较器 CMP_2 输出信号 R_2 为高电平，即触发器 RS_2 的 R 端输入高电平，Q 端输出信号 V_{gs1} 为低电平，开关管 S_1 关断，S_2 导通，电感电流 i_L 下降直至下一次时钟脉冲的到来，S_2 关断，S_0、S_1 导通，变换器开始一个新的工作周期。

根据图 4.6(b)中电感电流的波形易知，当电感电流呈升—升—降变化趋势时，电流型恒频纹波控制 SIDO 开关变换器通过控制第一段电感电流上升的峰值和第二段电感电流上升的峰值，实现对变换器的控制。

4.2.4　电感电流呈升—降—降变化趋势

类似地，当电感电流呈升—降—降($D_0 > D_1$)变化趋势时，电流型恒频纹波控制 SIDO 开关变换器的控制框图和控制时序波形如图 4.7 所示。对比电感电流呈升—降—降

($D_0 < D_1$)变化趋势时的开关时序波形可知，虽然电感电流的变化趋势相同，但是主开关管 S_0 和输出支路开关管 S_1 的关断时序不同，因此控制框图存在不同。当电感电流 i_L 上升到控制信号 i_{c2} 时，输出支路开关管 S_1 关断，电感电流 i_L 下降；当 i_L 下降到控制信号 i_{c1} 时，主开关管 S_0 关断，电感电流 i_L 继续下降。控制信号 i_{c1} 由输出支路 1 的输出电压 v_{o1} 和参考电压 V_{ref1} 经过误差放大器 EA_1 产生，用以控制主开关管 S_0 的关断；控制信号 i_{c2} 由输出支路 2 的输出电压 v_{o2} 和参考电压 V_{ref2} 经过误差放大器 EA_2 产生，用以控制输出支路开关管 S_1 的关断。

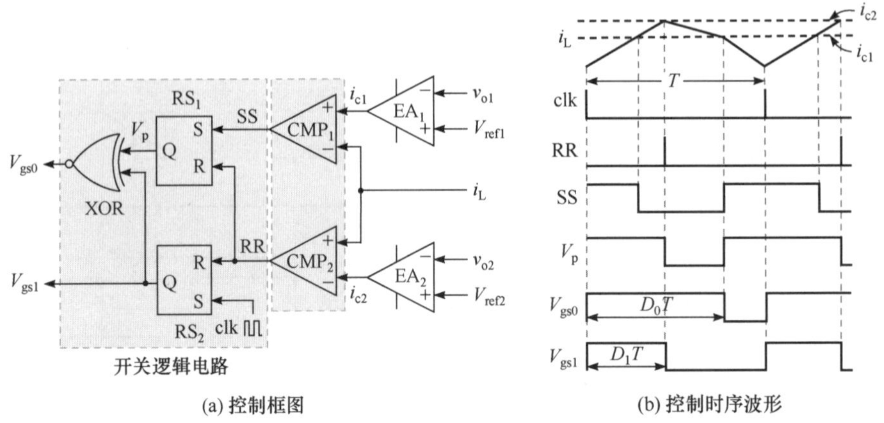

(a) 控制框图　　(b) 控制时序波形

图 4.7 电感电流呈升—降—降($D_0 > D_1$)变化趋势的电流型恒频纹波控制 SIDO 开关变换器的控制框图及控制时序波形

对比图 4.4～图 4.7 所示的控制框图可知，电流型恒频纹波控制 SIDO 开关变换器的控制框图可分为补偿、比较和开关逻辑三部分。对于不同电感电流变化趋势和开关时序，其控制框图只有比较和逻辑两部分存在微小差别。

4.3 电流型恒频纹波控制单电感双输出开关变换器的小信号建模

对于不同电感电流变化趋势及开关时序的电流型恒频纹波控制 SIDO 开关变换器，小信号建模及理论分析方法是相同的，由于 CCM SIDO Boost 变换器只存在一种电感电流变化趋势和开关时序，本节以 CCM SIDO Boost 开关变换器为例，建立其完整的小信号模型，从理论上对其交叉影响和负载瞬态性能进行分析。

4.3.1 主功率电路小信号建模

为了简化分析，假设 CCM SIDO Boost 变换器所有元件均为理想元件。当变换器的工作频率远大于自身的特征频率时，在一个工作周期内，可以认为电路状态变量保持不变，即电容电压及电感电流保持不变。根据时间平均等效电路方法[7]，采用受控电流源 $\bar{i}_{s0}$ 替代主开关管 S_0，受控电流源 $\bar{i}_{s1}$ 和受控电压源 $\bar{v}_{s2}$ 分别替代支路开关管 S_1 和 S_2，可以得到 CCM

SIDO Boost 变换器的时间平均等效电路，如图 4.8 所示，其中：

$$\bar{i}_{s0}=\frac{1}{T}\int_{t_0}^{t_0+T_s} i_{s0}(t)\mathrm{d}t=\frac{1}{T}\int_{t_0}^{t_0+d_0T_s} i_L(t)\mathrm{d}t=d_0\bar{i}_L \tag{4.1}$$

$$\bar{i}_{s1}=\frac{1}{T}\int_{t_0}^{t_0+T_s} i_{s1}(t)\mathrm{d}t=\frac{1}{T}\int_{t_0+d_0T_s}^{t_0+d_1T_s} i_L(t)\mathrm{d}t=(d_1-d_0)\bar{i}_L \tag{4.2}$$

$$\bar{v}_{s2}=\frac{1}{T}\int_{t_0}^{t_0+T_s} v_{s2}(t)\mathrm{d}t=\frac{1}{T}\int_{t_0}^{t_0+d_1T_s} v_{s2}(t)\mathrm{d}t=\bar{v}_{c2}d_1-(d_1-d_0)\bar{v}_{c1} \tag{4.3}$$

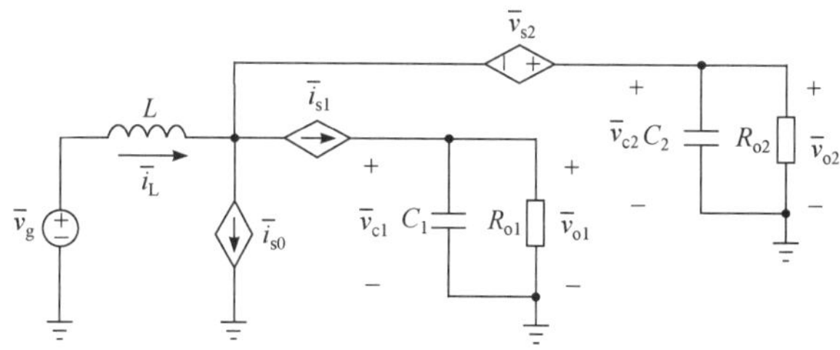

图 4.8　CCM SIDO Boost 变换器的时间平均等效电路

假定电路工作在直流稳态，不存在小信号扰动。当 CCM SIDO Boost 变换器的输入变量 $\bar{v}_g$ 与控制变量 d_0 和 d_1 存在小信号扰动时，即

$$\bar{v}_g=V_g+\hat{v}_g,\quad d_0=D_0+\hat{d}_0,\quad d_1=D_1+\hat{d}_1 \tag{4.4}$$

将会引起 CCM SIDO Boost 变换器中的其他各个状态变量及等效受控源的小信号扰动，即

$$\bar{i}_L=I_L+\hat{i}_L,\quad \bar{v}_{c1}=V_{c1}+\hat{v}_{c1},\quad \bar{v}_{c2}=V_{c2}+\hat{v}_{c2} \tag{4.5}$$

$$\bar{i}_{s0}=I_{s0}+\hat{i}_{s0},\quad \bar{i}_{s1}=I_{s1}+\hat{i}_{s1},\quad \bar{v}_{s2}=V_{s2}+\hat{v}_{s2} \tag{4.6}$$

式中，$\bar{v}_g$、$\bar{v}_{c1}$、$\bar{v}_{c2}$、$\bar{i}_L$、d_0、d_1 和 $\bar{i}_{s0}$、$\bar{i}_{s1}$、$\bar{v}_{s2}$ 为等效电路的时间平均量；V_g、V_{c1}、V_{c2}、I_L、D_0、D_1 和 I_{s0}、I_{s1}、V_{s2} 为直流分量；$\hat{v}_g$、$\hat{v}_{c1}$、$\hat{v}_{c2}$、$\hat{i}_L$、$\hat{d}_0$、$\hat{d}_1$ 和 $\hat{i}_{s0}$、$\hat{i}_{s1}$、$\hat{v}_{s2}$ 为小信号分量。将式(4.4)～式(4.6)代入式(4.1)～式(4.3)中，忽略二次及以上的小信号扰动项，可以得到

$$I_{s0}+\hat{i}_{s0}=D_0I_L+D_0\hat{i}_L+I_L\hat{d}_0 \tag{4.7}$$

$$I_{s1}+\hat{i}_{s1}=(D_1-D_0)I_L+(D_1-D_0)\hat{i}_L+I_L(\hat{d}_1-\hat{d}_0) \tag{4.8}$$

$$V_{s2}+\hat{v}_{s2}=V_{c2}D_1-(D_1-D_0)V_{c1}+V_{c1}\hat{d}_0-(V_{c1}-V_{c2})\hat{d}_1-(D_1-D_0)\hat{v}_{c1}+D_1\hat{v}_{c2} \tag{4.9}$$

分离式(4.7)～式(4.9)中的直流稳态量和交流小信号分量，可以分别得到 CCM SIDO Boost 变换器的直流稳态等效电路和交流小信号等效电路。

1. 直流增益

令式(4.7)～式(4.9)中的小信号扰动量为零，即 $\hat{i}_L=\hat{d}_0=\hat{d}_1=\hat{v}_{c1}=\hat{v}_{c2}=0$，可以得到 CCM SIDO Boost 变换器的直流稳态电路，如图 4.9 所示，其中：

$$I_{s0} = D_0 I_L \tag{4.10}$$

$$I_{s1} = (D_1 - D_0) I_L \tag{4.11}$$

$$V_{s2} = V_{c2} D_1 - (D_1 - D_0) V_{c1} \tag{4.12}$$

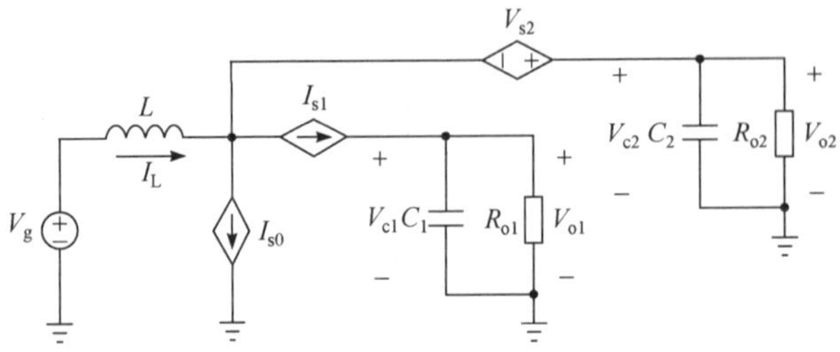

图 4.9　CCM SIDO Boost 变换器的直流稳态电路

分析变换器直流稳态特性时，可以将电容看成开路，将电感看成短路，则由基尔霍夫电流定律(KCL)和基尔霍夫电压定律(KVL)有

$$I_L = I_{s0} + I_{o1} + I_{o2} = I_{s0} + V_{o1}/R_{o1} + V_{o2}/R_{o2} \tag{4.13}$$

$$V_g = -V_{s2} + V_{o2} \tag{4.14}$$

将式(4.10)代入式(4.13)可得

$$I_L = \frac{V_{o1}}{(1-D_0)R_{o1}} + \frac{V_{o2}}{(1-D_0)R_{o2}} \tag{4.15}$$

由图 4.9 可知，流过受控电流源 I_{s1} 的直流量等于输出支路 1 的输出电流直流量 I_{o1}，即 $I_{o1} = I_{s1} = (D_1 - D_0)I_L$，由此可以得到

$$I_L = \frac{I_{o1}}{D_1 - D_0} = \frac{V_{o1}}{(D_1 - D_0)R_{o1}} \tag{4.16}$$

由式(4.15)与式(4.16)联立消去电感电流 I_L 得到

$$M_{o2} = \frac{(1-D_1)R_{o2}}{(D_1 - D_0)R_{o1}} M_{o1} \tag{4.17}$$

式中，$M_{o1} = V_{o1}/V_g$，$M_{o2} = V_{o2}/V_g$。

将式(4.12)、式(4.14)及式(4.17)联立可以求得输出支路 1 和输出支路 2 的直流电压增益为

$$M_{o1} = \frac{(D_1 - D_0)R_{o1}}{(1-D_1)^2 R_{o2} + (D_1 - D_0)^2 R_{o1}} \tag{4.18}$$

$$M_{o2} = \frac{(1-D_1)R_{o2}}{(1-D_1)^2 R_{o2} + (D_1 - D_0)^2 R_{o1}} \tag{4.19}$$

由式(4.18)和式(4.19)可知，CCM SIDO Boost 变换器中输出支路的直流电压增益不仅与占空比 D_0、D_1 有关，还受两条输出支路负载 R_{o1}、R_{o2} 的影响。在一条输出支路负载发生变化时，将会影响到另一条支路的输出电压，输出支路间存在交叉影响。

2. 交流小信号模型

当式(4.7)～式(4.9)中只考虑小信号扰动量时，可得如图 4.10 所示的 CCM SIDO Boost 变换器的交流小信号等效电路，图中受控电流源和受控电压源的值分别为

$$\hat{i}_{s0}(s)=D_0\hat{i}_L(s)+I_L\hat{d}_0(s) \tag{4.20}$$

$$\hat{i}_{s1}(s)=(D_1-D_0)\hat{i}_L(s)+I_L\left(\hat{d}_1(s)-\hat{d}_0(s)\right) \tag{4.21}$$

$$\hat{v}_{s2}(s)=V_{o1}\hat{d}_0(s)-(V_{o1}-V_{o2})\hat{d}_1(s)-(D_1-D_2)\hat{v}_{o1}(s)+D_1\hat{v}_{o2}(s) \tag{4.22}$$

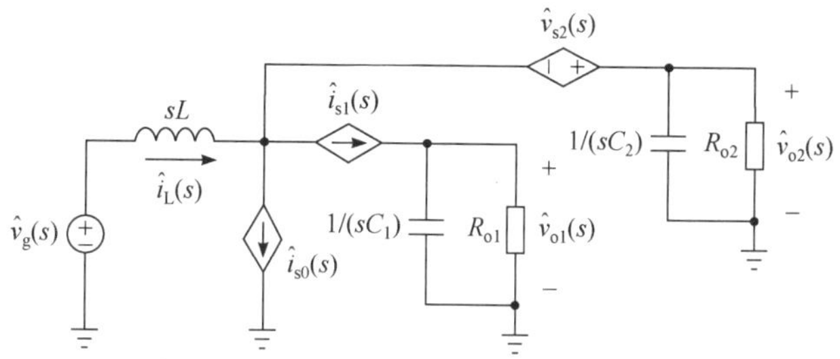

图 4.10　CCM SIDO Boost 变换器的交流小信号等效电路

根据 KCL 和 KVL，由图 4.10 可得

$$\hat{i}_L(s)=\hat{i}_{s0}(s)+\hat{i}_{s1}(s)+\hat{v}_{o2}(s)/R_{eq2}(s) \tag{4.23}$$

$$\hat{v}_g(s)=sL\hat{i}_L(s)-\hat{v}_{s2}(s)+\hat{v}_{o2}(s) \tag{4.24}$$

式中，$R_{eq2}(s)=R_{o2}/(sC_{o2}R_{o2}+1)$。

将式(4.20)～式(4.22)代入式(4.23)和式(4.24)可得

$$\hat{i}_L(s)=\frac{I_L}{1-D_0}\hat{d}_0(s)+\frac{\hat{v}_{o1}(s)}{(1-D_0)R_{eq1}(s)}+\frac{\hat{v}_{o2}(s)}{(1-D_0)R_{eq2}(s)} \tag{4.25}$$

$$\hat{v}_g(s)=sL\hat{i}_L(s)-\left[V_{o1}\hat{d}_0(s)-(V_{o1}-V_{o2})\hat{d}_1(s)-(D_1-D_0)\hat{v}_{o1}(s)+D_1\hat{v}_{o2}(s)\right]+\hat{v}_{o2}(s) \tag{4.26}$$

式中，$R_{eq1}(s)=R_{o1}/(sC_{o1}R_{o1}+1)$。

由图 4.10 可知 $\hat{i}_{s1}(s)=\hat{v}_{o1}(s)/R_{eq1}(s)$，代入式(4.21)可得

$$\frac{\hat{v}_{o1}(s)}{R_{eq1}(s)}=(D_1-D_0)\hat{i}_L(s)+I_L\left(\hat{d}_1(s)-\hat{d}_0(s)\right) \tag{4.27}$$

令 $\hat{v}_g(s)=0$、$\hat{d}_1(s)=0$，将式(4.25)代入式(4.27)可得

$$\hat{v}_{o2}(s)=\frac{1-D_1}{D_1-D_0}I_LR_{eq2}(s)d_0(s)+\frac{(1-D_1)R_{eq2}(s)}{(D_1-D_0)R_{eq1}(s)}\hat{v}_{o1}(s) \tag{4.28}$$

$$\hat{v}_{o1}(s)=-I_LR_{eq1}(s)d_0(s)+\frac{(D_1-D_0)R_{eq1}(s)}{(1-D_1)R_{eq2}(s)}\hat{v}_{o2}(s) \tag{4.29}$$

将式(4.25)、式(4.28)代入式(4.26)可得输出支路 1 的控制-输出传递函数 $G_{11}(s)$为

$$G_{11}(s)=\frac{\hat{v}_{o1}(s)}{\hat{d}_0(s)}=\frac{\left[-sLI_L+\left(D_1-D_0\right)V_{o1}-\left(1-D_1\right)^2 I_L R_{eq2}(s)\right]R_{eq1}(s)}{sL+\left(D_1-D_0\right)^2 R_{eq1}(s)+\left(1-D_1\right)^2 R_{eq2}(s)} \tag{4.30}$$

将式(4.25)、式(4.29)代入式(4.26)可得输出支路 1 的耦合传递函数 $G_{12}(s)$为

$$G_{12}(s)=\frac{\hat{v}_{o2}(s)}{\hat{d}_1(s)}=\frac{\left[V_{o1}+\left(D_1-D_0\right)I_L R_{eq1}(s)\right]\left(1-D_1\right)R_{eq2}(s)}{sL+\left(D_1-D_0\right)^2 R_{eq1}(s)+\left(1-D_1\right)^2 R_{eq2}(s)} \tag{4.31}$$

将式(4.28)、式(4.29)代入式(4.25)分别表示出 $\hat{v}_{o1}(s)$ 、$\hat{v}_{o2}(s)$ ，再代入式(4.26)，可得到输出支路 1 的控制-电感电流传递函数 $G_{id0}(s)$为

$$G_{id0}(s)=\frac{\hat{i}_L(s)}{\hat{d}_0(s)}=\frac{V_{o1}+\left(D_1-D_0\right)I_L R_{eq1}(s)}{sL+\left(D_1-D_0\right)^2 R_{eq1}(s)+\left(1-D_1\right)^2 R_{eq2}(s)} \tag{4.32}$$

令 $\hat{v}_g(s)=0$ 、$\hat{d}_0(s)=0$ ，将式(4.25)代入式(4.27)可得

$$\hat{v}_{o1}(s)=\frac{\left(1-D_0\right)I_L R_{eq1}(s)}{1-D_1}\hat{d}_1(s)+\frac{\left(D_1-D_0\right)R_{eq1}(s)}{\left(1-D_1\right)R_{eq2}(s)}\hat{v}_{o2}(s) \tag{4.33}$$

$$\hat{v}_{o2}(s)=-\frac{\left(1-D_0\right)I_L R_{eq2}(s)}{D_1-D_0}\hat{d}_1(s)+\frac{\left(1-D_1\right)R_{eq2}(s)}{\left(D_2-D_0\right)R_{eq1}(s)}\hat{v}_{o1}(s) \tag{4.34}$$

同理，将式(4.25)、式(4.33)代入式(4.26)可得输出支路 2 的控制-输出传递函数 $G_{22}(s)$为

$$G_{22}(s)=\frac{\hat{v}_{o2}(s)}{\hat{d}_1(s)}=-\frac{\left[sLI_L+\left(V_{o1}-V_{o2}\right)\left(1-D_1\right)+\left(D_1-D_0\right)\left(1-D_0\right)I_L R_{eq1}(s)\right]R_{eq2}(s)}{sL+\left(D_1-D_0\right)^2 R_{eq1}(s)+\left(1-D_1\right)^2 R_{eq2}(s)} \tag{4.35}$$

将式(4.25)、式(4.34)代入式(4.26)可得输出支路 2 的耦合传递函数 $G_{21}(s)$为

$$G_{21}(s)=\frac{\hat{v}_{o1}(s)}{\hat{d}_1(s)}=\frac{\left[sLI_L-\left(V_{o1}-V_{o2}\right)\left(D_1-D_0\right)+\left(D_1-D_0\right)\left(1-D_0\right)I_L R_{eq2}(s)\right]R_{eq1}(s)}{sL+\left(D_1-D_0\right)^2 R_{eq1}(s)+\left(1-D_1\right)^2 R_{eq2}(s)} \tag{4.36}$$

将式(4.33)、式(4.34)代入式(4.25)分别表示出 I_L 、$\hat{v}_{o1}(s)$ ，再代入式(4.26)，可得到输出支路 2 的控制-电感电流传递函数 $G_{id1}(s)$为

$$G_{id1}(s)=\frac{\hat{i}_L(s)}{\hat{d}_1(s)}=\frac{\left(1-D_1\right)I_L R_{eq2}(s)-\left(D_1-D_0\right)I_L R_{eq1}(s)-\left(V_{o1}-V_{o2}\right)}{sL+\left(D_1-D_0\right)^2 R_{eq1}(s)+\left(1-D_1\right)^2 R_{eq2}(s)} \tag{4.37}$$

令 $\hat{d}_0(s)=0$ 、$\hat{d}_1(s)=0$ ，将式(4.25)代入式(4.27)可得

$$\hat{v}_{o2}(s)=\frac{\left(1-D_1\right)R_{eq2}(s)}{\left(D_1-D_0\right)R_{eq1}(s)}\hat{v}_{o1}(s) \tag{4.38}$$

$$\hat{v}_{o1}(s)=\frac{(D_1-D_0)R_{eq1}(s)}{(1-D_1)R_{eq2}(s)}\hat{v}_{o2}(s) \tag{4.39}$$

将式(4.25)、式(4.38)代入式(4.26)可得输出支路 1 的输入-输出传递函数 $G_{v1g}(s)$为

$$G_{v1g}(s)=\frac{\hat{v}_{o1}(s)}{\hat{v}_g(s)}=\frac{(D_1-D_0)R_{eq1}(s)}{sL+(D_1-D_0)^2R_{eq1}(s)+(1-D_1)^2R_{eq2}(s)} \tag{4.40}$$

将式(4.25)、式(4.39)代入式(4.26)可得输出支路 2 的输入-输出传递函数 $G_{v2g}(s)$为

$$G_{v2g}(s)=\frac{\hat{v}_{o2}(s)}{\hat{v}_g(s)}=\frac{(1-D_1)R_{eq2}(s)}{sL+(D_1-D_0)^2R_{eq1}(s)+(1-D_1)^2R_{eq2}(s)} \tag{4.41}$$

将式(4.38)、式(4.39)代入式(4.25)分别表示出 $\hat{v}_{o1}(s)$ 、$\hat{v}_{o2}(s)$，再代入式(4.26)，可得到输入-电感电流传递函数 $G_{ig}(s)$为

$$G_{ig}(s)=\frac{\hat{i}_L(s)}{\hat{v}_g(s)}=\frac{1}{sL+(D_1-D_0)^2R_{eq1}(s)+(1-D_1)^2R_{eq2}(s)} \tag{4.42}$$

令 $\hat{v}_g(s)=0$ 、$\hat{d}_0(s)=0$ 、$\hat{d}_1(s)=0$，可得 CCM SIDO Boost 变换器的开环输出阻抗的等效电路，如图 4.11 所示。

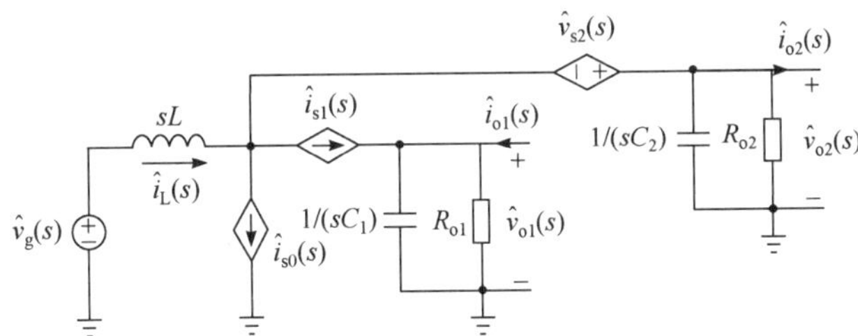

图 4.11　CCM SIDO Boost 变换器的开环输出阻抗等效电路

当求解输出支路 1 的开环输出阻抗时，将电路等效成图 4.12。

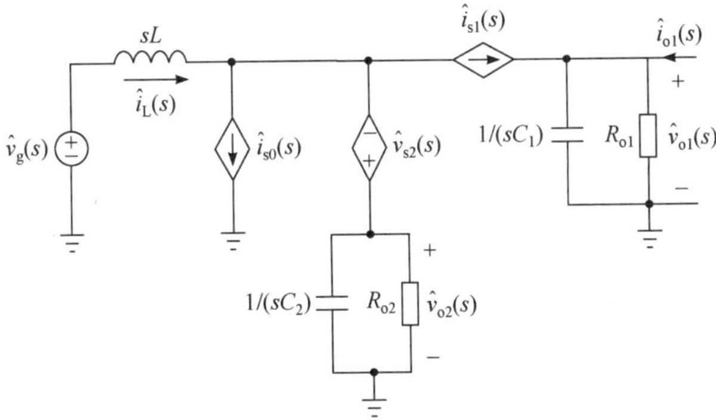

图 4.12　CCM SIDO Boost 变换器输出支路 1 的开环输出阻抗等效电路

根据图 4.12，由 KCL 可得

$$\hat{i}_{s1}(s)+\hat{i}_{o1}(s)=\hat{v}_{o1}(s)/R_{eq1}(s) \tag{4.43}$$

$$\hat{i}_L(s)=\hat{i}_{s0}(s)+\hat{i}_{s1}(s)+\hat{v}_{o2}(s)/R_{eq2}(s) \tag{4.44}$$

将式(4.20)、式(4.21)代入式(4.44)可得

$$\hat{v}_{o2}(s)=\left(1-D_1\right)R_{eq2}(s)\hat{i}_L(s) \tag{4.45}$$

将式(4.45)代入式(4.26)可得

$$\hat{i}_L(s)=-\frac{D_1-D_0}{sL+\left(1-D_1\right)^2 R_{eq2}(s)}\hat{v}_{o1}(s) \tag{4.46}$$

将式(4.21)、式(4.46)代入式(4.43)可得输出支路 1 的开环输出阻抗 $Z_{11}(s)$为

$$Z_{11}(s)=\frac{\hat{v}_{o1}(s)}{\hat{i}_{o1}(s)}=\frac{\left[sL+\left(1-D_1\right)^2 R_{eq2}(s)\right]R_{eq1}(s)}{sL+\left(D_1-D_0\right)^2 R_{eq1}(s)+\left(1-D_1\right)^2 R_{eq2}(s)} \tag{4.47}$$

输出支路 1 的输出电流-电感电流传递函数 $G_{i1z}(s)$为

$$G_{i1z}(s)=\frac{\hat{i}_L(s)}{\hat{i}_{o1}(s)}=\frac{-\left(D_1-D_0\right)R_{eq1}(s)}{sL+\left(D_1-D_0\right)^2 R_{eq1}(s)+\left(1-D_1\right)^2 R_{eq2}(s)} \tag{4.48}$$

将式(4.20)、式(4.21)和式(4.26)代入式(4.43)、式(4.44)可得输出支路 1 对输出支路 2 的交叉影响阻抗 $Z_{12}(s)$为

$$Z_{12}(s)=\frac{\hat{v}_{o2}(s)}{\hat{i}_{o1}(s)}=-\frac{\left(1-D_1\right)\left(D_1-D_0\right)R_{eq1}(s)R_{eq2}(s)}{sL+\left(D_1-D_0\right)^2 R_{eq1}(s)+\left(1-D_1\right)^2 R_{eq2}(s)} \tag{4.49}$$

同理，当求解输出支路 2 的开环输出阻抗时，将电路等效成图 4.13。

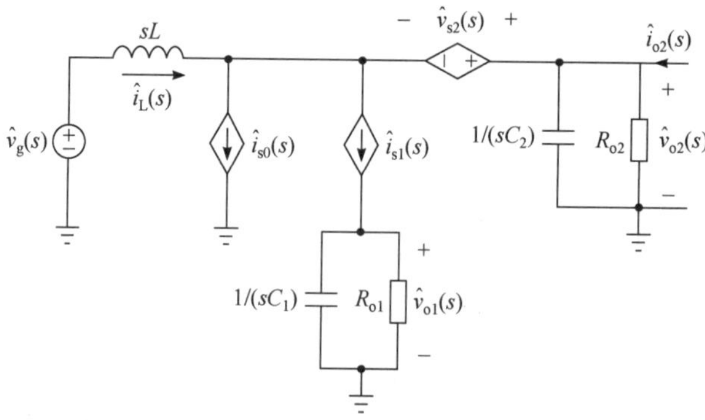

图 4.13 CCM SIDO Boost 变换器输出支路 2 的开环输出阻抗等效电路

根据图 4.13，由 KCL 可得

$$\hat{i}_L(s)+\hat{i}_{o2}(s)=\hat{i}_{s0}(s)+\hat{i}_{s1}(s)+\frac{\hat{v}_{o2}(s)}{R_{eq2}(s)} \tag{4.50}$$

将式(4.39)、式(4.45)代入式(4.26)可得

$$\hat{i}_{\mathrm{L}}(s)=\frac{-\left(1-D_1\right)}{sL+\left(D_1-D_0\right)^2 R_{\mathrm{eq1}}(s)}\hat{v}_{\mathrm{o2}}(s) \tag{4.51}$$

将式(4.20)、式(4.21)和式(4.51)代入式(4.50)可得输出支路 2 的开环输出阻抗 $Z_{22}(s)$为

$$Z_{22}(s)=\frac{\hat{v}_{\mathrm{o2}}(s)}{\hat{i}_{\mathrm{o2}}(s)}=\frac{\left[sL+\left(D_1-D_0\right)^2 R_{\mathrm{eq1}}(s)\right]R_{\mathrm{eq2}}(s)}{sL+\left(D_1-D_0\right)^2 R_{\mathrm{eq1}}(s)+\left(1-D_1\right)^2 R_{\mathrm{eq2}}(s)} \tag{4.52}$$

输出支路 2 的输出电流-电感电流传递函数 $G_{\mathrm{i2z}}(s)$为

$$G_{\mathrm{i2z}}(s)=\frac{\hat{i}_{\mathrm{L}}(s)}{\hat{i}_{\mathrm{o2}}(s)}=\frac{-\left(1-D_1\right)R_{\mathrm{eq2}}(s)}{sL+\left(D_1-D_0\right)^2 R_{\mathrm{eq1}}(s)+\left(1-D_1\right)^2 R_{\mathrm{eq2}}(s)} \tag{4.53}$$

由 $\hat{i}_{\mathrm{s1}}(s)=\hat{v}_{\mathrm{o1}}(s)/R_{\mathrm{eq1}}(s)$，结合式(4.26)、式(4.50)和式(4.51)可得输出支路 2 对输出支路 1 的交叉影响阻抗 $Z_{21}(s)$为

$$Z_{21}(s)=\frac{\hat{v}_{\mathrm{o1}}(s)}{\hat{i}_{\mathrm{o2}}(s)}=-\frac{\left(1-D_1\right)\left(D_1-D_0\right)R_{\mathrm{eq1}}(s)R_{\mathrm{eq2}}(s)}{sL+\left(D_1-D_0\right)^2 R_{\mathrm{eq1}}(s)+\left(1-D_1\right)^2 R_{\mathrm{eq2}}(s)} \tag{4.54}$$

由式(4.49)、式(4.54)可知，输出支路 1 对输出支路 2 的交叉影响阻抗 $Z_{12}(s)$与输出支路 2 对输出支路 1 的交叉影响阻抗 $Z_{21}(s)$相等。因此，对于 CCM SIDO Boost 变换器的拓扑结构，在某一路负载变化时，是通过同一个回路相互交叉影响另一条输出支路的。

通过上述分析，可以得到 CCM SIDO Boost 变换器的完整功率级小信号模型，输出支路 1 和输出支路 2 通过耦合传递函数 $G_{21}(s)$、$G_{12}(s)$以及交叉影响阻抗 $Z_{21}(s)$、$Z_{12}(s)$相互影响输出电压；通过控制电感-电流传递函数 $G_{\mathrm{id0}}(s)$、$G_{\mathrm{id1}}(s)$以及输出电流-电感电流传递函数 $G_{\mathrm{i1z}}(s)$、$G_{\mathrm{i2z}}(s)$共同影响电感电流，这也是 CCM SIDO Boost 变换器输出支路间存在交叉影响的根本原因。

4.3.2　控制电路小信号建模

根据图 4.4(b)所示的电流型恒频纹波控制 CCM SIDO 开关变换器的控制时序波形，得到电感电流 $i_{\mathrm{L}}(t)$与控制电流 $i_{\mathrm{c1}}(t)$、$i_{\mathrm{c2}}(t)$的相互关系，如图 4.14 所示，图中 $D_1'=1-D_1$，$\Delta D_{10}=D_1-D_0$。

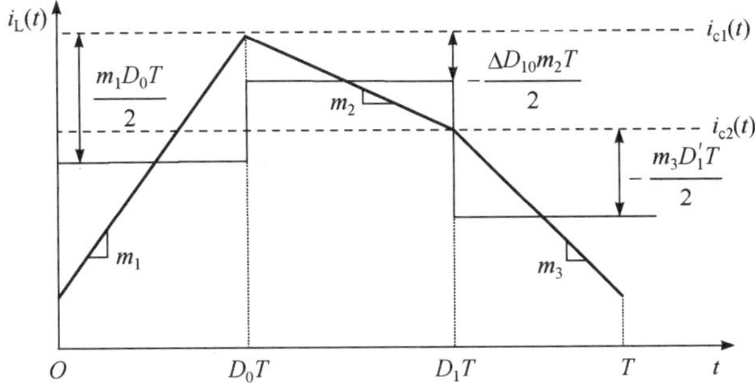

图 4.14　电感电流 $i_{\mathrm{L}}(t)$与控制电流 $i_{\mathrm{c1}}(t)$、$i_{\mathrm{c2}}(t)$的关系图

由图 4.14 可知，在一个工作周期内电感电流 $i_L(t)$的平均值$\overline{i}_L(t)$为

$$\overline{i}_L(t)=\frac{D_0+D_1}{2}\overline{i}_{c1}(t)+\left(1-\frac{D_0+D_1}{2}\right)\overline{i}_{c2}(t)-\frac{m_1D_0^2}{2f_s}+\frac{m_3(1-D_1)^2}{2f_s} \tag{4.55}$$

式中，$\overline{i}_{c1}(t)$、$\overline{i}_{c2}(t)$为电流环控制信号 $i_{c1}(t)$、$i_{c2}(t)$的平均值，其关系为

$$\overline{i}_{c1}(t)=\overline{i}_{c2}(t)-m_2(D_1-D_0)/f_s \tag{4.56}$$

且 $m_1=V_g/L$，$m_2=(V_g-V_{o1})/L$，$m_3=(V_g-V_{o2})/L$。

在式(4.55)、式(4.56)中引入小信号扰动，忽略直流量和高阶小信号量，可得到占空比扰动与控制信号、电感电流、输入电压以及输出电压扰动之间的关系为

$$\hat{d}_0(t)=F_{m0}\left[\hat{i}_{c1}(t)-H_c\hat{i}_L(t)-F_1\hat{d}_1(t)+F_{g1}\hat{v}_g(t)+F_{v11}\hat{v}_{o1}(t)-F_{v21}\hat{v}_{o2}(t)\right] \tag{4.57}$$

$$\hat{d}_1(t)=F_{m1}\left[\hat{i}_{c2}(t)-H_c\hat{i}_L(t)-F_0\hat{d}_0(t)+F_{g2}\hat{v}_g(t)+F_{v12}\hat{v}_{o1}(t)-F_{v22}\hat{v}_{o2}(t)\right] \tag{4.58}$$

式中，F_0、F_1为占空比扰动量相互影响系数；F_{g1}、F_{g2}、F_{v11}、F_{v12}、F_{v21}、F_{v22}分别为输入电压以及输出电压 1、输出电压 2 的扰动量对占空比的影响系数，其相应的表达式为

$$F_{m0}=\frac{2f_s}{2m_1D_0-(I_{c1}-I_{c2})f_s+\left[2-(D_0+D_1)\right]m_2},\quad F_{m1}=\frac{2f_s}{(I_{c2}-I_{c1})f_s+2m_3D_1+(D_0+D_1)m_2}$$

$$F_0=\frac{I_{c2}-I_{c1}}{2}+\frac{m_1D_0}{f_s}-\frac{(D_0+D_1)m_2}{2f_s},\quad F_1=\frac{I_{c2}-I_{c1}}{2}+\frac{m_3D_1}{f_s}-\frac{\left[2-(D_0+D_1)\right]m_2}{2f_s}$$

$$F_{g1}=\frac{(1-D_1)^2-D_0{}^2+\left[2-(D_0+D_1)\right](D_1-D_0)}{2Lf_s},\quad F_{g2}=-\frac{(1-D_1)^2-D_0{}^2+(D_0+D_1)(D_1-D_0)}{2Lf_s}$$

$$F_{v11}=\frac{\left[(D_0+D_1)-2\right](D_1-D_0)}{2Lf_s},\quad F_{v21}=\frac{(1-D_1)^2}{2Lf_s},\quad F_{v12}=\frac{(D_0+D_1)(D_1-D_0)}{2Lf_s},\quad F_{v22}=\frac{(1-D_1)^2}{2Lf_s}$$

根据式(4.38)和式(4.39)，考虑电感电流和输出电压的采样环节，建立电流型恒频纹波控制 CCM SIDO Boost 变换器的小信号模型，如图 4.15 所示。在图 4.15 中，$H_c(s)$为电感电流采样系数，$H_{v1}(s)$、$H_{v2}(s)$分别为输出电压 1 和输出电压 2 的采样系数，$G_{c1}(s)$、$G_{c2}(s)$分别为输出支路 1 和输出支路 2 的补偿网络传递函数。

根据图 4.15 所示的电流型恒频纹波控制 CCM SIDO Boost 变换器小信号模型框图，可得等效功率级电路传递函数，即闭环控制-输出传递函数 $G_{v1c1}(s)$和 $G_{v2c2}(s)$、闭环耦合传递函数 $G_{v1c2}(s)$和 $G_{v2c1}(s)$分别为

$$\begin{cases} G_{v1c1}(s)=\dfrac{\hat{v}_{o1}(s)}{\hat{i}_{c1}(s)}=\dfrac{a_1(s)}{1-a_1(s)b_1(s)-c_1(s)} \\ G_{v2c2}(s)=\dfrac{\hat{v}_{o2}(s)}{\hat{i}_{c2}(s)}=\dfrac{a_2(s)}{1-a_2(s)b_2(s)-c_2(s)} \\ G_{v1c2}(s)=\dfrac{\hat{v}_{o1}(s)}{\hat{i}_{c2}(s)}=\dfrac{a_3(s)}{1-a_3(s)b_3(s)-c_3(s)} \\ G_{v2c1}(s)=\dfrac{\hat{v}_{o2}(s)}{\hat{i}_{c1}(s)}=\dfrac{a_4(s)}{1-a_4(s)b_4(s)-c_4(s)} \end{cases} \tag{4.59}$$

式中

$$a_1(s)=\frac{F_{m0}\left(G_{11}(s)+G_{21}(s)P_1(s)\right)}{Q_1(s)+F_{m0}\left(F_1+F_{v21}G_{22}(s)+H_cG_{id1}(s)\right)P_1(s)},\quad c_1(s)=\frac{F_{m1}G_{21}(s)F_{v12}}{Y_1(s)}$$

$$b_1(s)=F_{v11}-\frac{F_{m1}\left(F_1+F_{v21}G_{22}(s)+H_cG_{id1}(s)\right)F_{v12}}{Y_1(s)},\quad P_1(s)=\frac{F_{m1}\left(F_0-H_cG_{id1}(s)-F_{v22}G_{12}(s)\right)}{Y_1(s)}$$

$$Q_1(s)=1+F_{m0}\left(F_{v21}G_{12}(s)+H_cG_{id0}(s)\right),\quad Y_1(s)=1+F_{m1}\left(H_cG_{id1}(s)+F_{v22}G_{22}(s)\right)$$

其余参数 $a_2(s)\sim a_4(s)$、$b_2(s)\sim b_4(s)$、$c_2(s)\sim c_4(s)$、$P_2(s)\sim P_4(s)$、$Q_2(s)\sim Q_4(s)$、$Y_2(s)\sim Y_4(s)$的表达式与 $a_1(s)$、$b_1(s)$、$c_1(s)$、$P_1(s)$、$Q_1(s)$、$Y_1(s)$参数的形式相似，这里不再赘述。

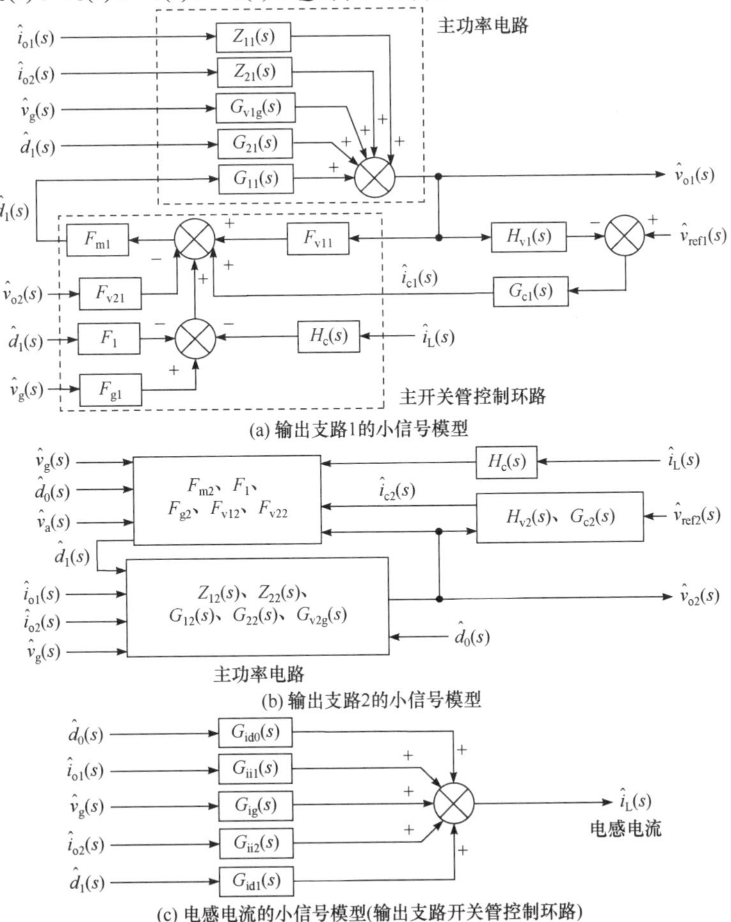

图 4.15　电流型恒频纹波控制 CCM SIDO Boost 变换器的小信号模型框图

求出等效功率级电路的传递函数后，进一步可得电流型恒频纹波控制 CCM SIDO Boost 变换器的等效小信号模型框图，如图 4.16 所示。由图 4.16 可得电流型恒频纹波控制 CCM SIDO Boost 变换器的闭环环路增益 $LG_1(s)$和 $LG_2(s)$分别为

$$LG_1(s)=H_{v1}(s)G_{c1}(s)\left(\frac{G_{v2c1}(s)G_{v1c2}(s)H_{v2}(s)G_{c2}(s)}{1+G_{v2c2}(s)H_{v2}(s)G_{c2}(s)}-G_{v1c1}(s)\right)\tag{4.60}$$

$$LG_2(s)=H_{v2}(s)G_{c2}(s)\left(\frac{G_{v1c2}(s)G_{v2c1}(s)H_{v1}(s)G_{c1}(s)}{1+G_{v1c1}(s)H_{v1}(s)G_{c1}(s)}-G_{v2c2}(s)\right) \tag{4.61}$$

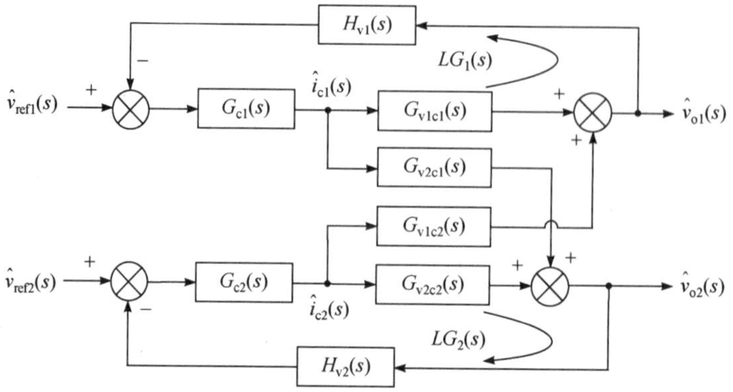

图 4.16　电流型恒频纹波控制 CCM SIDO Boost 变换器的等效小信号模型框图

电流型恒频纹波控制 CCM SIDO Boost 变换器的输出支路 1 和输出支路 2 的闭环输出阻抗分别为

$$Z'_{11}(s)=\frac{\hat{v}_{o1}(s)}{\hat{i}_{o1}(s)}=\frac{A_1(s)+B_1(s)C_1(s)}{1-B_1(s)E_1(s)-F_1(s)} \tag{4.62}$$

$$Z'_{22}(s)=\frac{\hat{v}_{o2}(s)}{\hat{i}_{o2}(s)}=\frac{A_2(s)+B_2(s)C_2(s)}{1-B_2(s)E_2(s)-F_2(s)} \tag{4.63}$$

闭环交叉影响阻抗分别为

$$Z'_{21}(s)=\frac{\hat{v}_{o1}(s)}{\hat{i}_{o2}(s)}=\frac{A_3(s)+B_3(s)C_3(s)}{1-B_3(s)E_3(s)-F_3(s)} \tag{4.64}$$

$$Z'_{12}(s)=\frac{\hat{v}_{o2}(s)}{\hat{i}_{o1}(s)}=\frac{A_4(s)+B_4(s)C_4(s)}{1-B_4(s)E_4(s)-F_4(s)} \tag{4.65}$$

式中

$$A_1(s)=Z_{11}(s)-\frac{F_{m1}G_{21}(s)K_1(s)}{1+F_{m1}G_1(s)}$$

$$B_1(s)=\frac{F_{m1}\left[1+F_{m2}G_1(s)\right]H_1(s)\left\{\left[1+F_{m2}G_1(s)\right]G_{11}(s)+F_{m2}G_{21}(s)I_1(s)\right\}}{H_1(s)\left[1+F_{m2}G_1(s)\right]\left\{\left[1+F_{m2}G_1(s)\right]H_1(s)+F_{m1}F_{m2}J_1(s)I_1(s)\right\}}$$

$$C_1(s)=\frac{F_{m2}J_1(s)K_1(s)}{1+F_{m2}G_1(s)}-\left[H_c(s)G_{i1z}(s)+F_{v21}Z_{12}(s)\right]$$

$$E_1(s)=\left[F_{v11}-H_{v1}(s)G_{c1}(s)\right]-\frac{F_{m2}F_{v12}J_1(s)}{1+F_{m2}G_1(s)}$$

$$F_1(s)=\frac{F_{m2}F_{v12}G_{21}(s)}{1+F_{m2}G_1(s)}，K_1(s)=H_c(s)G_{i1z}(s)+\left[F_{v22}+H_{v2}(s)G_{c2}(s)\right]Z_{12}(s)$$

$$G_1(s)=H_c(s)G_{id1}(s)+\left[F_{v22}+H_{v2}(s)G_{c2}(s)\right]G_{22}(s)$$
$$H_1(s)=1+F_{m1}\left[H_c(s)G_{id0}(s)+F_{v21}G_{12}(s)\right]$$
$$I_1(s)=F_1-H_c(s)G_{id0}(s)-\left[F_{v22}+H_{v2}(s)G_{c2}(s)\right]G_{12}(s)$$
$$J_1(s)=F_1+H_c(s)G_{id1}(s)+F_{v21}G_{22}(s)$$

其余参数 $A_2(s)$～$A_4(s)$、$B_2(s)$～$B_4(s)$、$C_2(s)$～$C_4(s)$、$E_2(s)$～$E_4(s)$、$F_2(s)$～$F_4(s)$、$K_2(s)$～$K_4(s)$、$G_2(s)$～$G_4(s)$、$H_2(s)$～$H_4(s)$、$I_2(s)$～$I_4(s)$、$J_2(s)$～$J_4(s)$的表达式与 $A_1(s)$、$B_1(s)$、$C_1(s)$、$E_1(s)$、$F_1(s)$、$K_1(s)$、$G_1(s)$、$H_1(s)$、$I_1(s)$、$J_1(s)$参数的形式相似，这里不再赘述。

4.4　电流型恒频纹波控制的补偿环路设计

要确保控制环路稳定，主开关管控制环路和输出支路开关管控制环路均要满足巴克豪森(Barkhausen)条件[8]：①环路增益在穿越频率处的相移应该大于 60°且小于 360°；②穿越频率处的增益应该以−20dB/dec 的速度下降，以抑制高频噪声并确保相移不会过大。因此，一般将补偿后的环路增益穿越频率设置在 1/20～1/5 开关频率处。

由于 $G_{v2c2}(s)H_{v2}(s)G_{c2}(s)\gg 1$、$G_{v1c1}(s)H_{v1}(s)G_{c1}(s)\gg 1$，式(4.60)、式(4.61)所示的环路增益 $LG_1(s)$、$LG_2(s)$可以近似为

$$LG_1(s)=H_{v1}(s)G_{c1}(s)\left(\frac{G_{v2c1}(s)G_{v1c2}(s)}{G_{v2c2}(s)}-G_{v1c1}(s)\right) \tag{4.66}$$

$$LG_2(s)=H_{v2}(s)G_{c2}(s)\left(\frac{G_{v1c2}(s)G_{v2c1}(s)}{G_{v1c1}(s)}-G_{v2c2}(s)\right) \tag{4.67}$$

由式(4.66)、式(4.67)可知，补偿函数 $G_{c1}(s)$只影响环路增益 $LG_1(s)$，补偿函数 $G_{c2}(s)$只影响环路增益 $LG_2(s)$。采用表 4.1 所示的变换器电路参数，不考虑补偿网络的影响，即假设 $G_{c1}(s)=1$、$G_{c2}(s)=1$，利用 Mathcad，得到近似和非近似环路增益 $LG_1(s)$、$LG_2(s)$的伯德(Bode)图如图 4.17 所示，图中实线为式(4.60)、式(4.61)的计算结果，虚线为式(4.66)、式(4.67)的计算结果。

表 4.1　CCM SIDO Boost 变换器的电路参数

变量	描述	数值	变量	描述	数值
L	电感	100μH	C_1、C_2	输出电容	100μF
V_g	输入电压	12V	R_1	输出支路 1 的负载电阻	24Ω
V_{ref1}	输出支路 1 的输出电压参考值	24V	R_2	输出支路 2 的负载电阻	10Ω
V_{ref2}	输出支路 2 的输出电压参考值	15V	f_s	开关频率	50kHz

由图 4.17 可以看出，近似和非近似环路增益 Bode 图在低频段和中频段基本吻合，因此可以基于式(4.66)和式(4.67)设计补偿网络 $G_{c1}(s)$、$G_{c2}(s)$。本节设计的穿越频率 f_c 在

$f_s/10$ 处，即 $f_c=f_s/10=5\text{kHz}$。由图 4.17 所示未补偿的环路增益 Bode 图可知：①$LG_1(s)$和 $LG_2(s)$的低频增益小；②穿越频率 5kHz 处的增益以−20dB/dec 的速度下降；③穿越频率 5kHz 处的相位裕量为 90°。

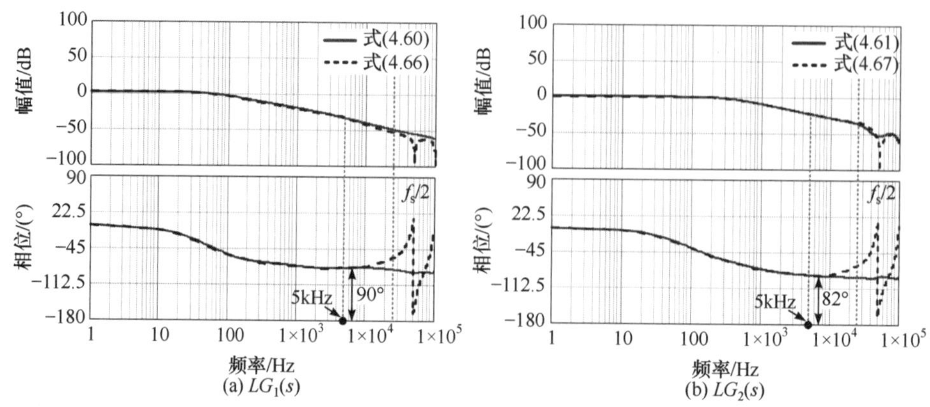

图 4.17 近似和非近似环路增益 $LG_1(s)$、$LG_2(s)$的 Bode 图

为了使控制系统稳定且输出电压的稳态误差小，设计补偿网络时需要提高低频增益。本章选择比例-积分(proportional integral, PI)补偿网络来提高系统的低频增益，结合图 4.17 所示未补偿的环路增益 Bode 图结果，设计得到补偿网络的传递函数 $G_{c1}(s)$和 $G_{c2}(s)$分别为

$$G_{c1}(s)=13\times\left(1+\frac{1}{0.001s}\right),\quad G_{c2}(s)=12\times\left(1+\frac{1}{0.001s}\right)$$

根据式(4.60)和式(4.61)，可得补偿前和补偿后的环路增益 Bode 图如图 4.18 所示，图中实线代表 SIMPLIS 电路仿真结果，虚线代表理论 s 域模型结果。通过对比可知，SIMPLIS 电路仿真结果与理论推导 s 域传递函数的频率响应结果基本一致，仿真结果验证了式(4.60)和式(4.61)的正确性，说明本章所建立的电流型恒频纹波控制 CCM SIDO Boost 变换器的小信号模型是准确的。

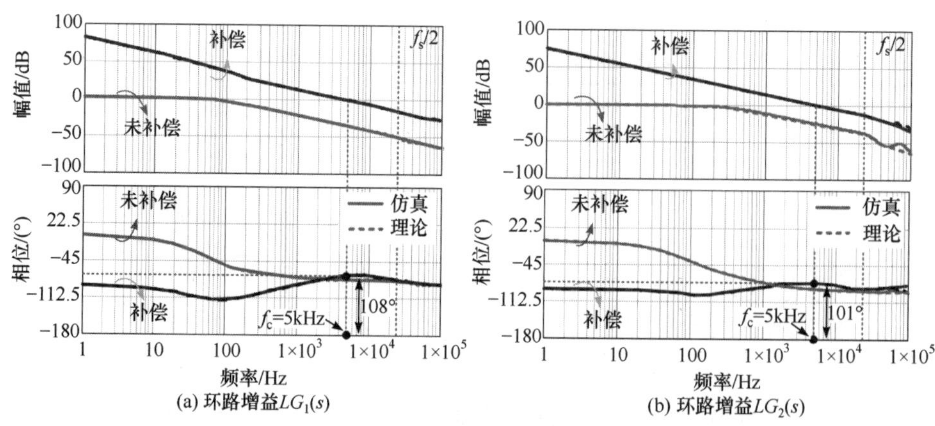

图 4.18 补偿前和补偿后的环路增益 $LG_1(s)$和 $LG_2(s)$的 Bode 图

由图 4.18 可以看出，本章设计的补偿器使得环路增益 $LG_1(s)$和 $LG_2(s)$的穿越频率为 5kHz；补偿后环路增益 $LG_1(s)$和 $LG_2(s)$的相位裕量分别为 108°和 101°，满足 Barkhausen 条件，主开关管控制环路和输出支路开关管控制环路均拥有较大的工作带宽和充足的相位裕量，系统稳定且动态特性好。

4.5　交叉影响及负载瞬态性能分析

闭环输出阻抗可以体现负载变化时变换器的瞬态响应速度；在低频范围内，输出阻抗越低，负载瞬态响应速度越快[9-11]。

图 4.19 为电流型恒频纹波控制 CCM SIDO Boost 变换器的闭环输出阻抗 $Z'_{11}(s)$、$Z'_{22}(s)$ 和闭环交叉影响阻抗 $Z'_{12}(s)$、$Z'_{21}(s)$ 的 Bode 图，图中实线代表 SIMPLIS 电路仿真结果，虚线代表理论 s 域模型结果。通过对比可知，SIMPLIS 电路仿真结果与理论推导的闭环输出阻抗、闭环交叉影响阻抗的频率响应结果基本一致，验证了式(4.62)～式(4.65)的正确性。

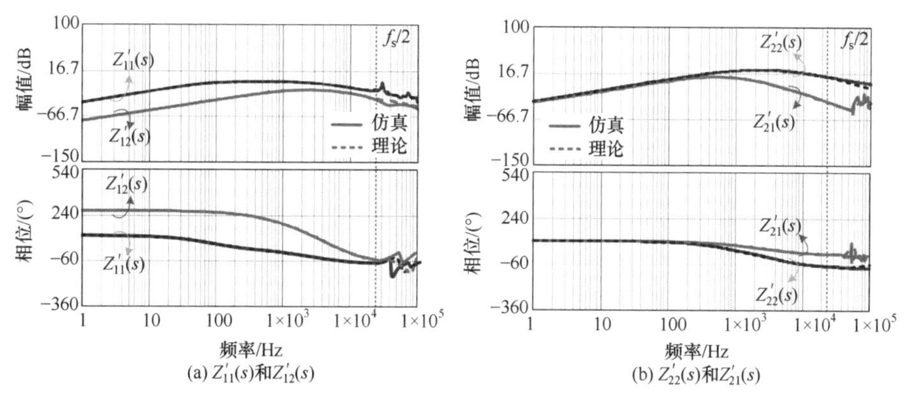

图 4.19　闭环输出阻抗和闭环交叉影响阻抗的 Bode 图

由图 4.19 可知，在整个低频范围内，$Z'_{12}(s)$ 的低频增益低于 $Z'_{11}(s)$，$Z'_{21}(s)$ 的低频增益略低于 $Z'_{22}(s)$。因此，在输出支路 1 负载电流跳变时，输出支路 2 的输出电压受负载电流扰动的影响小于输出支路 1，具有更快的瞬态响应速度；在输出支路 2 负载电流跳变时，输出支路 1 的输出电压受负载电流扰动的影响略小于输出支路 2，两条输出支路的瞬态响应速度相同。对比图 4.19(a)和(b)可知，$Z'_{12}(s)$ 的低频增益低于 $Z'_{21}(s)$，即输出支路 2 对输出支路 1 的交叉影响大于输出支路 1 对输出支路 2 的交叉影响。

4.6　电流型恒频纹波控制单电感双输出开关变换器的稳定性分析

式(4.59)求出了闭环控制-输出传递函数 $G_{v1c1}(s)$、$G_{v2c2}(s)$和耦合传递函数 $G_{v1c2}(s)$、$G_{v2c1}(s)$。通过 Routh-Hurwitz 稳定性判据对其特征方程进行讨论，得到电流型恒频纹波控制 CCM SIDO

Boost 变换器的稳定性边界。根据式(4.59)求出特征方程为

$$\begin{cases} \Delta_{\mathrm{a}}(s) = e_{3\mathrm{a}}s^3 + e_{2\mathrm{a}}s^2 + e_{1\mathrm{a}}s + e_{0\mathrm{a}} = 0 \\ \Delta_{\mathrm{b}}(s) = e_{3\mathrm{b}}s^3 + e_{2\mathrm{b}}s^2 + e_{1\mathrm{b}}s + e_{0\mathrm{b}} = 0 \\ \Delta_{\mathrm{c}}(s) = e_{3\mathrm{c}}s^3 + e_{2\mathrm{c}}s^2 + e_{1\mathrm{c}}s + e_{0\mathrm{c}} = 0 \\ \Delta_{\mathrm{d}}(s) = e_{3\mathrm{d}}s^3 + e_{2\mathrm{d}}s^2 + e_{1\mathrm{d}}s + e_{0\mathrm{d}} = 0 \end{cases} \tag{4.68}$$

式中，$e_{ij}(i=0\sim3,\ j=\mathrm{a, b, c})$无法直接给出解析表达式，但当电路参数确定时，可以计算出其数值。

由 Routh-Hurwitz 稳定性判据[12]可知，三阶系统稳定的充分必要条件是全部系数同号，且 $e_2e_1 > e_0e_3$。对于电流型恒频纹波控制，占空比是影响其稳定性的关键因素，因此常常考查输入输出电压对其稳定性的影响。选取表 4.1 中的电路参数，分别以输入电压 V_{g} 和输出电压 v_{o1}、v_{o2} 为变量，通过 MATLAB 进行计算得到电流型恒频纹波控制 CCM SIDO Boost 变换器的稳定性边界，如图 4.20 所示。

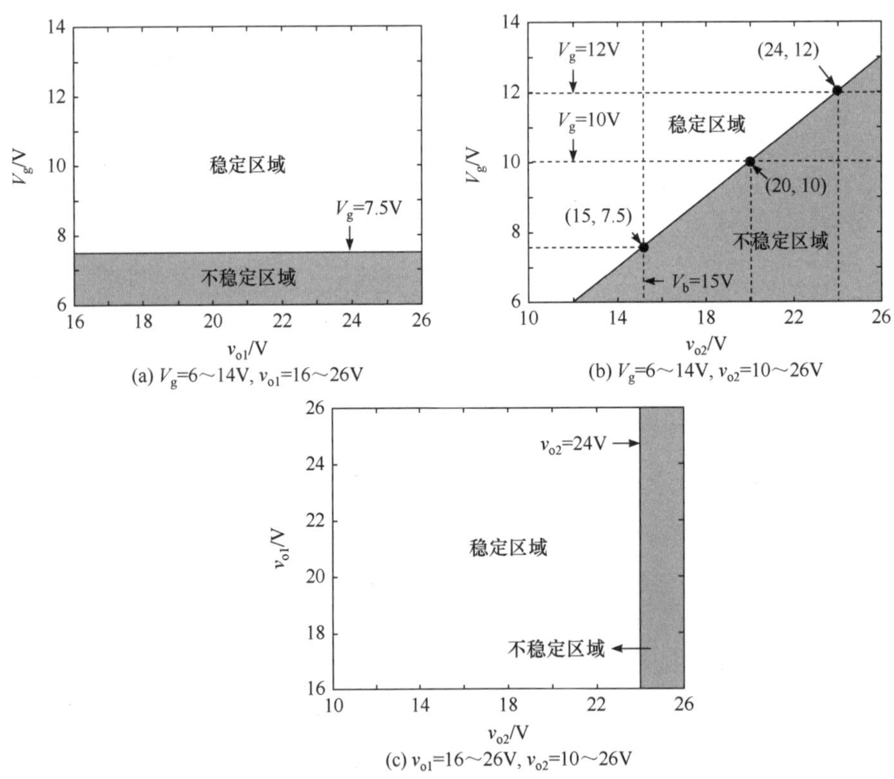

图 4.20 电路参数变化时电流型恒频纹波控制 CCM SIDO Boost 变换器的状态区域分布图

由图 4.20(a)可知，当输出电压 v_{o2} = 15V、输出电压 v_{o1} 在 16～26V 变化时，输入电压 V_{g} 大于 7.5V，系统才能稳定。当 v_{o1} = 24V、V_{g} = 6～14V、v_{o2} = 10～26V 时，相应的稳定性状态区域分布如图 4.20(b)所示。由图 4.20(b)可知：当 V_{g} 分别为 10V、12V 时，对应的输出电压 v_{o2} 临界稳定值分别为 20V、24V；当 v_{o2} = 15V 时，输入电压 V_{g} 的临界稳

定值为 7.5V。当 V_g 固定为 12V，v_{o1} 在 16～26V 变化时，相应的稳定性状态区域分布如图 4.20(c)所示；当 v_{o2} 小于 24V 时，系统工作在稳定状态。上述分析结果表明，电流型恒频纹波控制 CCM SIDO Boost 变换器的稳定性仅与 V_g、v_{o2} 有关，v_{o1} 的大小不会影响系统的稳定性。

4.7　电流型恒频纹波控制单电感双输出开关变换器的实验结果

为了验证理论分析的正确性，采用表 4.1 所示的电路参数搭建电流型恒频纹波控制 CCM SIDO Boost 变换器的实验样机，从稳态性能、交叉影响和负载瞬态性能、稳定性、效率等方面进行实验研究。

4.7.1　稳态性能

图 4.21(a)为电感电流 i_L、输入电压 V_g、输出电压 v_{o1} 和 v_{o2} 的稳态实验波形，图 4.21(b)为电感电流和输出电压纹波波形。从图 4.21 中可以看出当输入电压为 12V 时，电流型恒频纹波控制 CCM SIDO Boost 变换器可以实现输出电压为 24V 和 15V，验证了该控制方案的可行性。

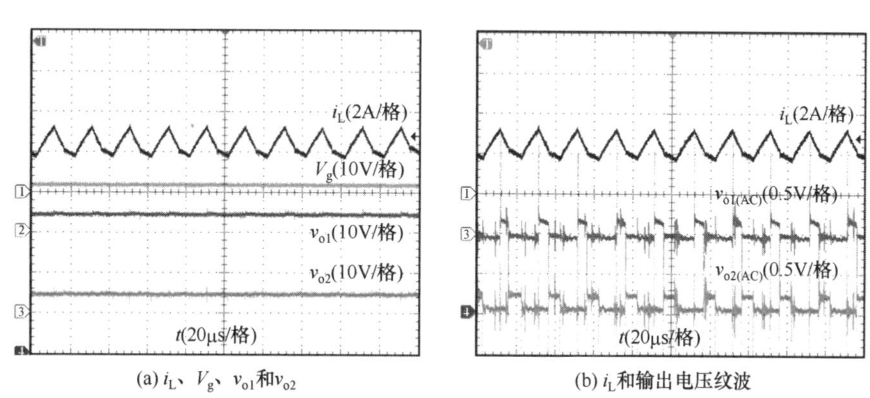

(a) i_L、V_g、v_{o1}和v_{o2}　　(b) i_L和输出电压纹波

图 4.21　电流型恒频纹波控制 CCM SIDO Boost 变换器的稳态实验波形

4.7.2　交叉影响和负载瞬态性能

图 4.22 和图 4.23 为电流型恒频纹波控制 CCM SIDO Boost 变换器输出支路 1 负载跳变时的实验波形。由图 4.22 可知，当 i_{o1} 从 0.5A 加载至 1A 时，输出支路 1 的输出电压 v_{o1} 经过约 0.14ms 的调整过程重新进入稳态；输出支路 2 的输出电压 v_{o2} 几乎没有调整过程，只有输出电压纹波发生微小变化就直接进入稳态，输出支路 1 对输出支路 2 的交叉影响为 50mV。由图 4.23 可知，当 i_{o1} 从 1A 减载至 0.5A 时，v_{o1} 经过约 0.195ms 的调节时间重新进入稳态；v_{o2} 无明显调节过程，仅输出电压纹波变小，输出支路 1 对输出支路 2 的交叉影响为 40mV。

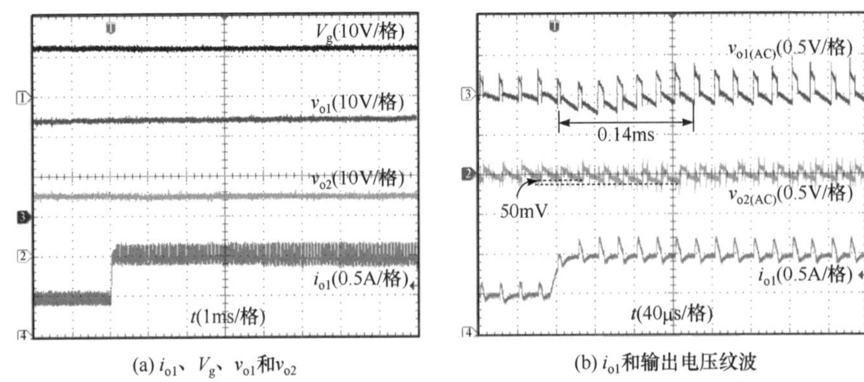

(a) i_{o1}、V_g、v_{o1}和v_{o2}　(b) i_{o1}和输出电压纹波

图 4.22　输出支路 1 负载加载时电流型恒频纹波控制 CCM SIDO Boost 变换器的瞬态实验波形

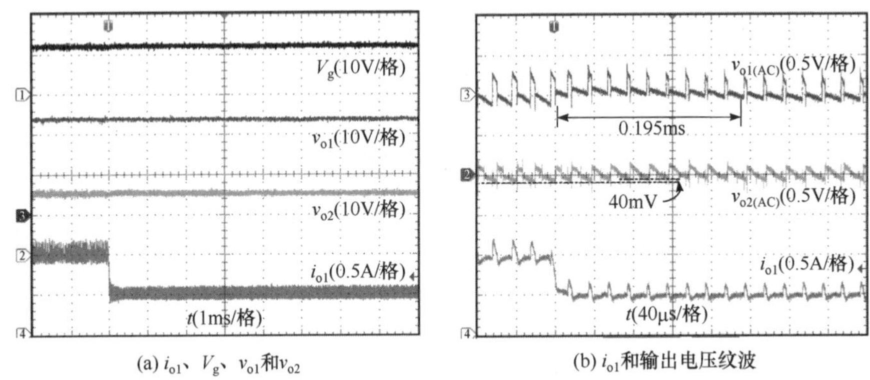

(a) i_{o1}、V_g、v_{o1}和v_{o2}　(b) i_{o1}和输出电压纹波

图 4.23　输出支路 1 负载减载时电流型恒频纹波控制 CCM SIDO Boost 变换器的瞬态实验波形

当输出电流 i_{o2} 从 0.5A 加载至 1A 再减载至 0.5A 时，电流型恒频纹波控制 CCM SIDO Boost 变换器的输入电压、输出电压和负载电流的实验波形分别如图 4.24 和图 4.25 所示。由图 4.24 可知，负载加载时，输出电压 v_{o1}、v_{o2} 经过约 0.152ms 的调节时间重新进入稳态，v_{o1} 在调整过程中超调量为 60mV；由图 4.25 可知当负载减载时，输出电压 v_{o1}、v_{o2} 经过约 0.18ms 的调节时间重新进入稳态，v_{o1} 在调整过程中超调量为 80mV。

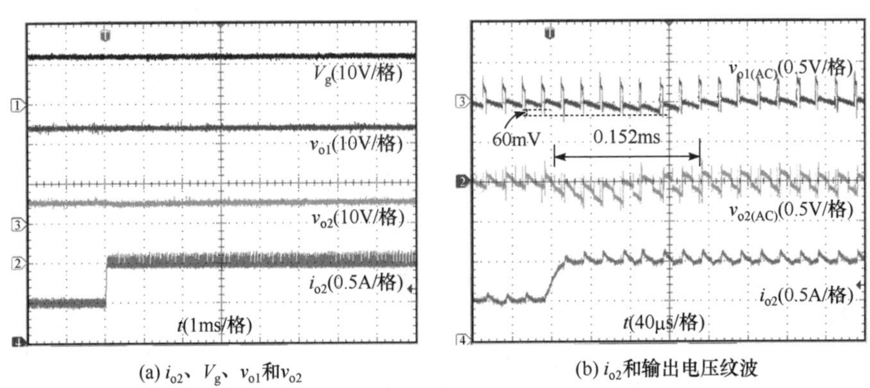

(a) i_{o2}、V_g、v_{o1}和v_{o2}　(b) i_{o2}和输出电压纹波

图 4.24　输出支路 2 负载加载时电流型恒频纹波控制 CCM SIDO Boost 变换器的瞬态实验波形

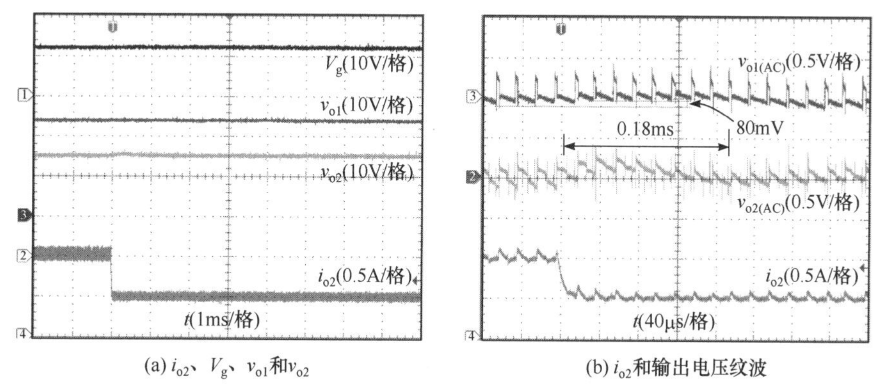

(a) i_{o2}、V_g、v_{o1}和v_{o2}　　(b) i_{o2}和输出电压纹波

图 4.25　输出支路 2 负载减载时电流型恒频纹波控制 CCM SIDO Boost 变换器的瞬态实验波形

表 4.2 总结了电流型恒频纹波控制 CCM SIDO Boost 变换器在负载变化时的瞬态性能。

表 4.2　电流型恒频纹波控制 CCM SIDO Boost 变换器在负载变化时的瞬态性能

负载跳变	输出支路 1		输出支路 2	
	调节时间	超调量	调节时间	超调量
输出支路 1 加载（0.5A→1A）	0.14ms	200mV	0	50mV
输出支路 1 减载（1A→0.5A）	0.195ms	100mV	0	40mV
输出支路 2 加载（0.5A→1A）	0.152ms	60mV	0.152ms	280mV
输出支路 2 减载（1A→0.5A）	0.18ms	80mV	0.18ms	160mV

由上述分析可知，输出支路 1 负载跳变时，输出支路 2 的瞬态响应速度远远快于输出支路 1；输出支路 2 负载跳变时，输出支路 1 和输出支路 2 的瞬态响应速度相同。这与图 4.19 所示 Bode 图的理论分析结果一致，验证了理论分析的正确性。

4.7.3　稳定性

图 4.26 为不同输入电压 V_g 和输出电压参考 V_{ref1}、V_{ref2} 条件下，电流型恒频纹波控制 CCM SIDO Boost 变换器的实验波形。

图 4.26(a)和(b)为当 $V_g = 10V$、$V_{ref2} = 15V$，V_{ref1} 分别为 26V、16V 时，电感电流 i_L、输入电压 V_g、输出电压 v_{o1} 和 v_{o2} 的实验波形。从图 4.26(a)和(b)中可以看出，当 $V_{ref1} = 26V$、16V 时，变换器均工作在稳定的周期 1 状态。

图 4.26(c)和(d)为当 $V_{ref1} = 24V$、$V_{ref2} = 15V$，V_g 分别为 12V、7V 时的稳态实验波形。从图 4.26(c)和(d)中可以看出，当 $V_g = 12V$ 时，变换器工作在稳定的周期 1 状态；当 $V_g = 7V$ 时，变换器虽然可以实现电压输出 24V 和 15V，但电感电流 i_L 在每个开关周期结束时没有回到周期开始时的值，变换器工作在不稳定状态。

固定参数 $V_g = 12V$、$V_{ref1} = 15V$，当 V_{ref2} 从 24V 减小到 15V 时的稳态实验波形分别

如图 4.26(e)和(f)所示。从图 4.26(e)中可以看出，当 $V_g = 12V$、$V_{ref1} = 15V$、$V_{ref2} = 24V$ 时，变换器输出电压分别为 $v_{o1} = 15V$、$v_{o2} = 15V$，输出支路 2 无法实现 24V 输出，电感电流 i_L 在每个开关周期结束时没有回到周期开始时的值，变换器处于不稳定工作状态。当 V_{ref2} 减小到 15V 时，变换器工作在稳定的周期 1 状态，如图 4.26(f)所示。

上述实验结果与图 4.20 所示的状态区域分布图相符，验证了本章对电流型恒频纹波控制 SIDO 开关变换器稳定工作条件分析的正确性。

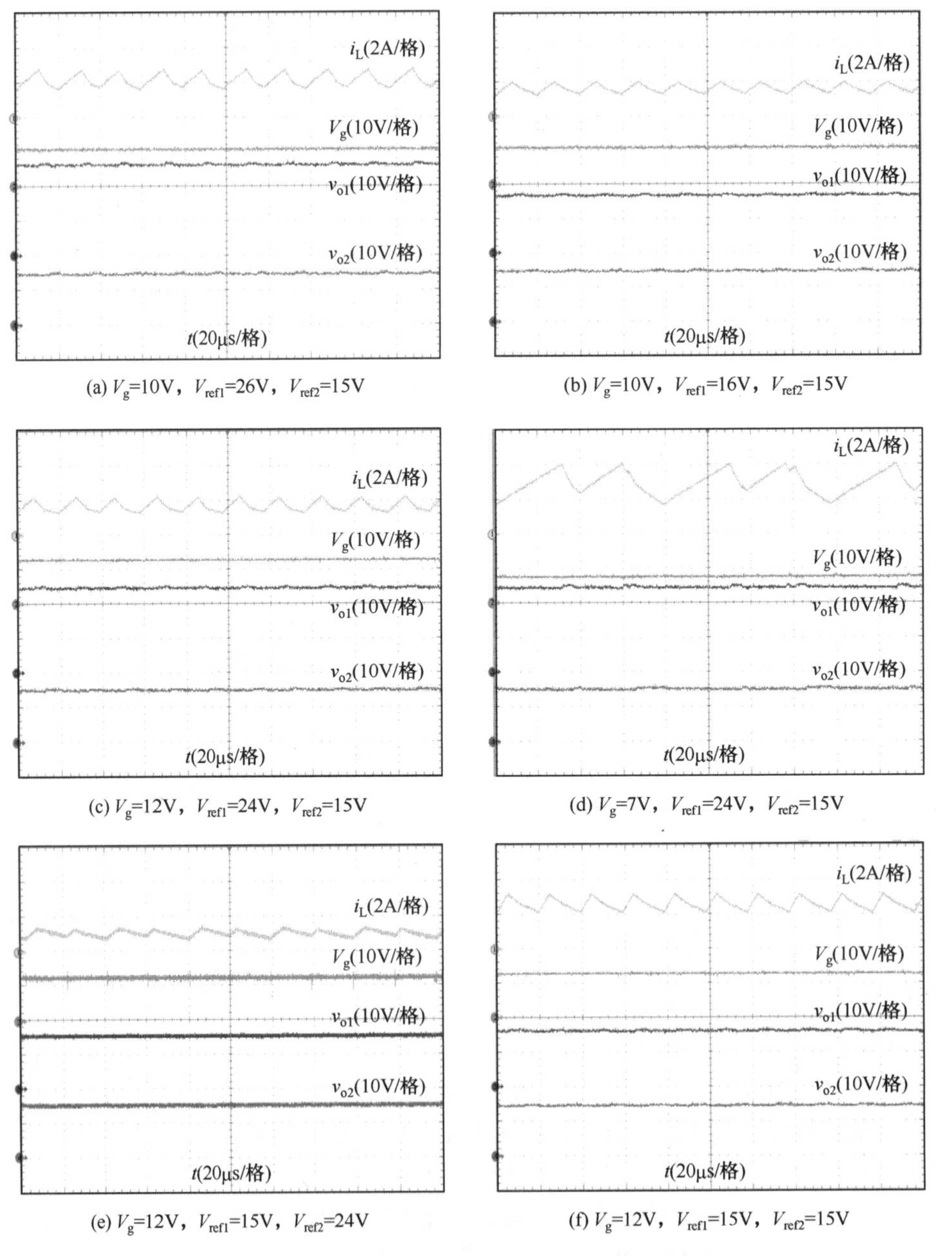

(a) V_g=10V，V_{ref1}=26V，V_{ref2}=15V

(b) V_g=10V，V_{ref1}=16V，V_{ref2}=15V

(c) V_g=12V，V_{ref1}=24V，V_{ref2}=15V

(d) V_g=7V，V_{ref1}=24V，V_{ref2}=15V

(e) V_g=12V，V_{ref1}=15V，V_{ref2}=24V

(f) V_g=12V，V_{ref1}=15V，V_{ref2}=15V

图 4.26 电流型恒频纹波控制 CCM SIDO Boost 变换器的实验波形

4.7.4 效率

图 4.27 为不同负载条件下电流型恒频纹波控制 CCM SIDO Boost 变换器的实验效率曲线。由图 4.27 可知，当 $i_{o1} = 0.5\text{A}$、$i_{o2} = 0.9\text{A}$ 时，系统效率最高，达到 94.3%。

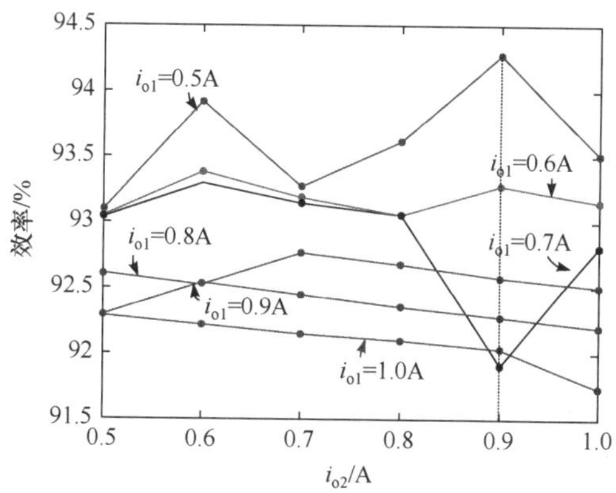

图 4.27 电流型恒频纹波控制 CCM SIDO Boost 变换器的实验效率曲线

4.7.5 与现有文献的性能对比

通过定义交叉影响系数 FOM(cross)来直观地刻画交叉影响的大小，基于文献[9]、[13]、[14]，FOM(cross)的表达式为

$$\text{FOM(cross)}_1 = \frac{\Delta v_{o2} / V_{o2}}{\Delta i_{o1} / I_{o1}}, \quad \text{FOM(cross)}_2 = \frac{\Delta v_{o1} / V_{o1}}{\Delta i_{o2} / I_{o2}} \tag{4.69}$$

式中，Δv_{o2}、Δv_{o1} 分别为输出支路 1 对输出支路 2 和输出支路 2 对输出支路 1 的交叉影响；V_{o1}、V_{o2} 分别为输出支路 1 和输出支路 2 的稳态直流输出电压值；Δi_{o1}、Δi_{o2} 分别为负载电流 i_{o1} 和 i_{o2} 的变化量；I_{o1}、I_{o2} 分别为输出支路 1 和输出支路 2 的稳态直流输出电流值。

与本章文献中 CCM SIDO 开关变换器的性能对比结果如表 4.3 所示，由表 4.3 结果可知：本章提出的电流型恒频纹波控制 CCM SIDO 开关变换器的交叉影响系数 FOM(cross)最小，抑制输出支路间交叉影响的效果最好。

表 4.3 与现有 CCM SIDO 开关变换器文献的性能对比

文献	[9]	[13]	[14]	本章[15]
输入电压	10V	20V	4.8V	12V
输出电压	3.3V、5 V	12V、8～12 V	3.3V、1.2 V	24V、15 V
输出电流	1.1A、2.5A	1.2～2.4A、0.8～2A	0.2A、0.1 A	0.5A、0.5 A
开关频率	50kHz	20～100kHz	100kHz	50kHz
电感	100μH	100μH	10μH	100μH
输出电容	470μF	100μF	10μF	100μF
FOM(cross)$_1$	0.02	0.014	0.03	0.003
FOM(cross)$_2$	0.006	0.019	0.008	0.0025
效率	—	83.1%	80%	94.3%

4.8 本章小结

为了解决传统共享时序 CCM SIDO 开关变换器输出支路存在交叉影响的问题，本章研究了 SIDO 开关变换器电流型恒频纹波控制技术。基于 SIDO 开关变换器的三种常用拓扑结构，根据不同的电感电流变化趋势和开关时序，提出了相应的电流型恒频纹波控制技术实现方案，并对其工作原理进行了详细分析。

以电流型恒频纹波控制 CCM SIDO Boost 变换器为例，建立了完整的主功率电路小信号模型，推导出完整的 s 域传递函数，从理论上揭示了 CCM SIDO Boost 变换器存在交叉影响的根本原因，为分析输出支路的交叉影响提供了理论依据；建立了电流型恒频纹波控制 CCM SIDO Boost 变换器的小信号模型，推导出其闭环环路增益、闭环输出阻抗和交叉影响阻抗；根据得到的闭环环路增益对控制环路的补偿器进行设计，从频域的角度通过 Bode 图对交叉影响特性和负载瞬态性能进行了分析。通过 SIMPLIS 仿真，验证了小信号理论模型的正确性。根据 Routh-Hurwitz 稳定性判据，分析了电流型恒频纹波控制 SIDO 开关变换器的稳定性，刻画了其稳定状态区域。实验结果验证了本章理论分析的正确性。研究结果表明：电流型恒频纹波控制技术提高了 SIDO 开关变换器的负载瞬态响应速度，一定程度上抑制了输出支路的交叉影响；输入电压和反馈到输出支路开关管控制环路中的输出电压会影响电流型恒频纹波控制 SIDO 开关变换器的稳定性。

本章为了简化分析，以两输出支路为例进行了研究，但提出的电流型恒频纹波控制技术仍适用于两路以上的 SIMO 开关变换器拓扑结构。其中，主开关管的控制电路基本不变，只需根据输出支路的数量将输出支路开关管控制电路中的补偿电路和比较电路进行叠加，同时通过开关管逻辑电路实现其开关时序即可。

参考文献

[1] Deisch C W. Simple switching control method changes power converter into a current source. IEEE Power Electronics Specialists Conference, Syracuse, 1978: 300-306.

[2] Mitchell D M. An analytical investigation of current injected control for constant-frequency switching regulators. IEEE Transactions on Power Electronics, 1986, 1(3): 167-174.

[3] Li J, Lee F C. New modeling approach and equivalent circuit representation for current-mode control. IEEE Transactions on Power Electronics, 2010, 25(5): 1218-1230.

[4] 周国华, 许建平. 开关变换器调制与控制技术综述. 中国电机工程学报, 2014, 34(6): 815-831.

[5] Redl R, Sokal N O. Current-mode control, five different types, used with the three basic classes of power converters: Small-signal AC and large-signal DC characterization, stability requirements, and implementation of practical circuits. IEEE Power Electronics Specialists Conference, Toulouse, 1985: 771-785.

[6] Dixon L. Average current-mode control of switching power supplies. Unitrode Power Supply Design Seminar, 1990.

[7] Lee T L, Sin J K O, Chan P C H. Scalability of quasi-hysteretic FSM-based digitally controlled single-inductor dual-string buck LED driver to multiple strings. IEEE Transactions on Power Electronics, 2014, 29(1): 501-513.

[8] Sun W, Han C, Yang M, et al. A ripple control dual-mode single-inductor dual-output Buck converter with fast transient response. IEEE Transactions on Very Large Scale Integration Systems, 2015, 23(1): 107-117.

[9] Wang Y, Xu J P, Ying G. Cross regulation suppression and stability analysis of capacitor current ripple controlled SIDO CCM Buck converter. IEEE Transactions on Industrial Electronics, 2019, 66(3): 1770-1780.

[10] 王瑶, 许建平, 钟曙, 等. 单电感双输出 CCM Buck 变换器输出交叉影响分析. 中国电机工程学报, 2014, 34(15): 2371-2378.

[11] 何圣仲. V^2控制开关 DC-DC 变换器及其非线性动力学研究. 成都: 西南交通大学, 2014.

[12] Dorf R C, Robert H B. Modern Control Systems. New York: Pearson, 2011.

[13] Wang B, Kanamarlapudi V R K, Xian L, et al. Model predictive voltage control for single-inductor multiple-output DC-DC converter with reduced cross regulation. IEEE Transactions on Industrial Electronics, 2016, 63(7): 4187-4197.

[14] Patra P, Ghosh J, Patra A. Control scheme for reduced cross-regulation in single-inductor multiple-output DC-DC converters. IEEE Transactions on Industrial Electronics, 2013, 60(11): 5095-5104.

[15] Zhou S, Zhou G, Liu G, et al. Small-signal modeling and cross-regulation suppressing for current-mode controlled single-inductor dual-output DC-DC converters. IEEE Transactions on Industrial Electronics, 2021, 68(7): 5744-5755.

第 5 章　连续导电模式单电感多输出开关变换器变频纹波控制技术

第 4 章研究的单电感多输出(SIMO)开关变换器电流型恒频纹波控制技术虽然具有负载瞬态响应快、交叉影响小的优点，但是该控制技术的稳定性受输入输出电压的影响，仅在输入输出电压满足一定条件时变换器才能稳定工作。由第 2 章电流型纹波控制技术的动力学建模与分析可知，在控制环路中加入斜坡补偿可以提高变换器的稳定性。但有文献表明：斜坡补偿会降低变换器的负载瞬态响应速度[1, 2]。

不同于恒频纹波控制技术，变频纹波控制技术的稳定性不受占空比变化范围的限制。本章提出并研究工作于电感电流连续导电模式(CCM)的 SIMO 开关变换器电压型变频纹波控制技术，以 CCM SIMO Buck 变换器为例，详细分析其在不同开关时序、不同输出电容等效串联电阻(ESR)条件下的工作原理；推导不同开关时序的切换条件，以及不同电感电流变化趋势所对应的临界 ESR；通过实验对电压型变频纹波控制 CCM SIMO Buck 变换器的稳态性能、交叉影响和负载瞬态性能、效率进行详细分析。

本章提出电流型变频纹波控制技术及其实现方案。以 CCM SIMO Boost 变换器为例，在分析其工作原理的基础上，计算开关频率与主电路以及控制电路参数之间的关系式；建立电流型变频纹波控制 CCM SIDO Boost 变换器的小信号模型，推导闭环输出阻抗和交叉影响阻抗，从负载瞬态响应和交叉影响特性两方面与传统的电压型恒频控制技术进行对比分析。

5.1　电压型变频纹波控制技术

5.1.1　开关时序

1. 工作模态和开关时序

以三输出为例，单电感三输出(single-inductor triple-output，SITO) Buck 变换器的主功率电路如图 5.1 所示，由输入电压 V_g，电感 L，主开关管 S_0，输出支路开关管 S_1、S_2 和 S_3，二极管 VD，输出电容 C_1、C_2 和 C_3，输出电容 ESR r_{c1}、r_{c2} 和 r_{c3}，以及负载电阻 R_{o1}、R_{o2} 和 R_{o3} 组成；V_{gs0}～V_{gs3} 分别为开关管 S_0～S_3 的驱动信号。

根据主开关管和输出支路开关管的导通时序可知，CCM SITO Buck 变换器存在六种工作模态，分别如图 5.2 所示。

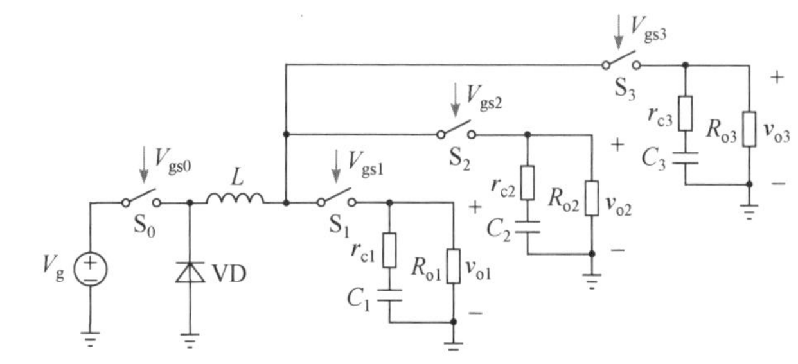

图 5.1　SITO Buck 变换器主功率电路

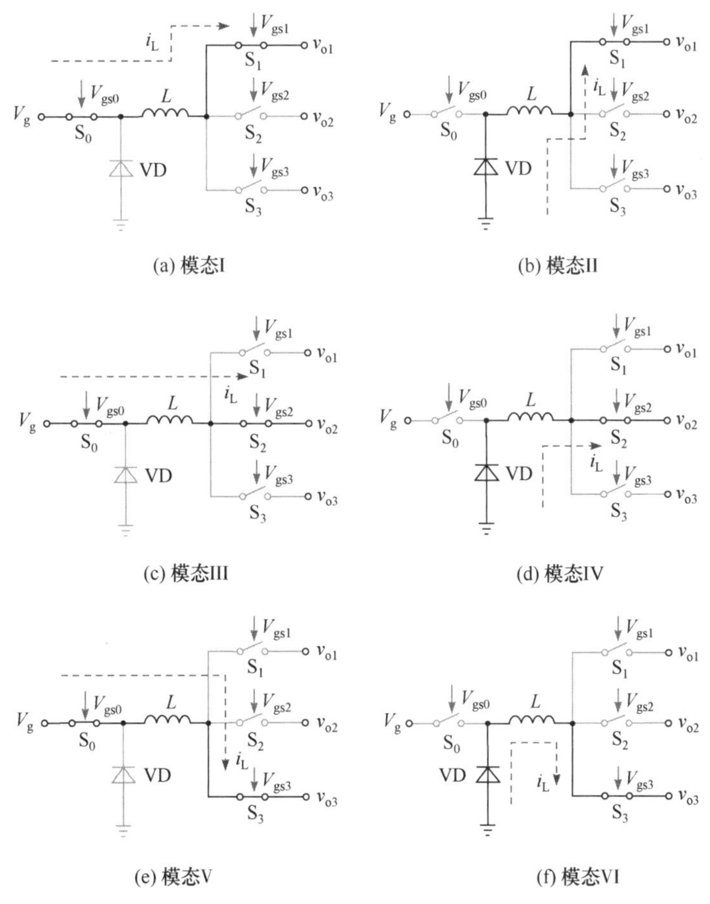

图 5.2　CCM SITO Buck 变换器的六种工作模态

由图 5.2 可知，模态 I：开关管 S_0 和 S_1 导通，S_2、S_3 关断，二极管 VD 关断；电感电流 i_L 以斜率 $m_1 = (V_g - V_{o1})/L$ 线性上升。模态 II：开关管 S_1 导通，S_0、S_2、S_3 关断，二极管 VD 导通；电感电流 i_L 以斜率$-m_2 = -V_{o1}/L$ 线性下降。模态 III：开关管 S_0 和 S_2 导通，S_1、S_3 关断，二极管 VD 关断；电感电流 i_L 以斜率 $m_3 = (V_g - V_{o2})/L$ 线性上升。模态 IV：开关管 S_2 导通，S_0、S_1、S_3 关断，二极管 VD 导通；电感电流 i_L 以斜率$-m_4 = -V_{o2}/L$ 线性下降。模态 V：开关管 S_0 和 S_3 导通，S_1、S_2 关断，二极管 VD 关断；电感电流 i_L 以斜率 $m_5 = (V_g - V_{o3})/L$ 线性上升。模态 VI：开关管 S_3 导通，S_0、S_1、S_2 关断，二极管 VD

导通；电感电流 i_L 以斜率$-m_6 = -V_{o3}/L$ 线性下降。

主开关管 S_0 和输出支路开关管 S_1、S_2、S_3 的导通占空比分别为 D_0 和 D_1、D_2、D_3。当 SITO Buck 变换器工作于 CCM 时，$D_1 + D_2 + D_3 = 1$，即输出支路开关管的控制脉冲互补。根据主开关管和输出支路开关管占空比的相对大小，CCM SITO Buck 变换器的开关时序可分为 5 种：①$D_0 < D_3$；②$D_0 = D_3$；③$D_3 < D_0 < D_3 + D_2$；④$D_0 = D_3 + D_2$；⑤$D_3 + D_2 < D_0$。

在一个开关周期内，当 CCM SITO Buck 变换器工作在 $D_0 < D_3$ 时序时，其工作过程为模态 V→模态 II→模态 IV→模态 VI，电感存在一个充电阶段和三个放电阶段，电感电流呈升—降—降—降变化趋势，电感电流和开关时序波形如图 5.3(a)所示。

当 CCM SITO Buck 变换器工作在 $D_0 = D_3$ 时序时，其工作过程为模态 V→模态 II→模态 IV，电感存在一个充电阶段和两个放电阶段，电感电流呈升—降—降变化趋势，时序波形如图 5.3(b)所示。

当 CCM SITO Buck 变换器工作在 $D_3 < D_0 < D_3 + D_2$ 时序时，其工作过程为模态 III→模态 V→模态 II→模态 IV，电感存在两个充电阶段和两个放电阶段，电感电流呈升—升—降—降变化趋势，电感电流和开关时序波形如图 5.3(c)所示。

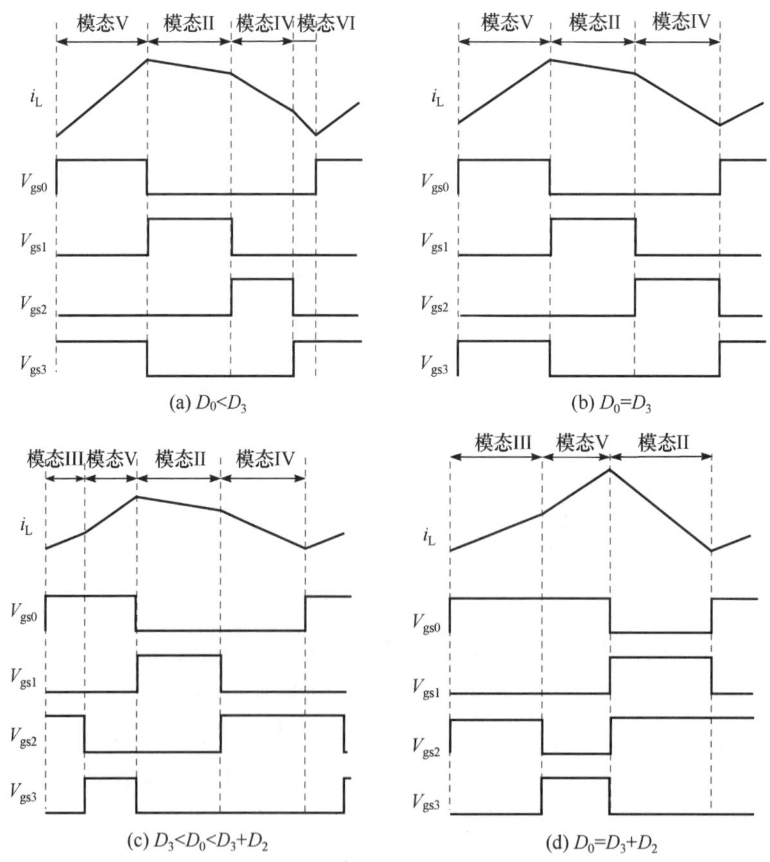

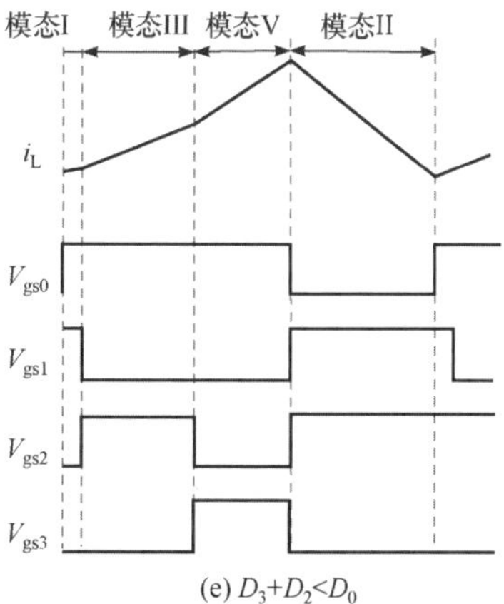

(e) $D_3+D_2<D_0$

图 5.3　CCM SITO Buck 变换器的 5 种开关时序波形

当 CCM SITO Buck 变换器工作在 $D_0=D_3+D_2$ 时序时，其工作过程为模态 III→模态 V→模态 II，电感存在两个充电阶段和一个放电阶段，电感电流呈升—升—降变化趋势，时序波形如图 5.3(d)所示。

当 CCM SIDO Buck 变换器工作在 $D_3+D_2<D_0$ 时序时，其工作过程为模态 I→模态 III→模态 V→模态 II，电感存在三个充电阶段和一个放电阶段，电感电流呈升—升—升—降变化趋势，电感电流和开关时序波形如图 5.3(e)所示。

2. 不同开关时序切换条件

由上述分析可知，对于 CCM SITO Buck 变换器，不同的开关时序所对应的控制电路逻辑不同，因此分析 CCM SITO Buck 变换器不同开关时序的切换条件有利于控制电路的设计和主功率电路参数的合理选择。

对于 CCM SITO Buck 变换器，在一个开关周期内，根据电感的伏秒平衡原理，可得

$$V_g D_0 = V_{o1}D_1 + V_{o2}D_2 + V_{o3}D_3 \tag{5.1}$$

稳态时，电感电流平均值 I_L 和负载电流平均值 I_{o1}、I_{o2}、I_{o3} 满足如下关系式：

$$I_L = I_{o1}/D_1 = I_{o2}/D_2 = I_{o3}/D_3 \tag{5.2}$$

式中，$I_{o1}=V_{o1}/R_{o1}$、$I_{o2}=V_{o2}/R_{o2}$、$I_{o3}=V_{o3}/R_{o3}$。

联立式(5.1)和式(5.2)可求得输出支路的直流电压增益表达式为

$$\begin{cases} M_{o1}=V_{o1}/V_g=R_{o1}D_0D_1\Big/\left(R_{o1}D_1^2+R_{o2}D_2^2+R_{o3}D_3^2\right) \\ M_{o2}=V_{o2}/V_g=R_{o2}D_0D_2\Big/\left(R_{o1}D_1^2+R_{o2}D_2^2+R_{o3}D_3^2\right) \\ M_{o3}=V_{o3}/V_g=R_{o3}D_0D_3\Big/\left(R_{o1}D_1^2+R_{o2}D_2^2+R_{o3}D_3^2\right) \end{cases} \tag{5.3}$$

类似地，计算得到占空比 D_0～D_3 的表达式为

$$D_0=\frac{1}{V_g}\frac{V_{o1}^2R_{o2}R_{o3}+V_{o2}^2R_{o1}R_{o3}+V_{o3}^2R_{o1}R_{o2}}{V_{o1}R_{o2}R_{o3}+V_{o2}R_{o1}R_{o3}+V_{o3}R_{o1}R_{o2}} \tag{5.4a}$$

$$D_1 = \frac{V_{o1}R_{o2}R_{o3}}{V_{o1}R_{o2}R_{o3} + V_{o2}R_{o1}R_{o3} + V_{o3}R_{o1}R_{o2}} \tag{5.4b}$$

$$D_2 = \frac{V_{o2}R_{o1}R_{o3}}{V_{o1}R_{o2}R_{o3} + V_{o2}R_{o1}R_{o3} + V_{o3}R_{o1}R_{o2}} \tag{5.4c}$$

$$D_3 = \frac{V_{o3}R_{o1}R_{o2}}{V_{o1}R_{o2}R_{o3} + V_{o2}R_{o1}R_{o3} + V_{o3}R_{o1}R_{o2}} \tag{5.4d}$$

当 $D_0 < D_3$ 时，根据式(5.3)和式(5.4)可得

$$A = \left(M_{o1}I_{o1} + M_{o2}I_{o2}\right)/\left(1 - M_{o3}\right) < I_{o3} \tag{5.5}$$

当负载电流 I_{o3} 满足式(5.5)时，CCM SITO Buck 变换器的开关时序如图 5.2(a)所示。当负载电流 I_{o3} 满足 $I_{o3} = A$ 时，CCM SITO Buck 变换器主开关管 S_0 的占空比 D_0 等于输出支路开关管 S_3 的占空比 D_3，即 $D_0 = D_3$，变换器的开关时序如图 5.2(b)所示。当负载电流 I_{o3} 满足 $I_{o3} < A$ 时，CCM SITO Buck 变换器主开关管 S_0 的占空比 D_0 大于输出支路开关管 S_3 的占空比 D_3，即 $D_0 > D_3$，此时需要进一步分析输出支路开关管占空比的大小。

当 $D_3 < D_0 < D_3 + D_2$ 时，根据式(5.4)所示占空比的表达式，可得

$$B = \frac{M_{o1}I_{o1} + \left(M_{o2} - 1\right)I_{o2}}{1 - M_{o3}} < I_{o3} < \frac{M_{o1}I_{o1} + M_{o2}I_{o2}}{1 - M_{o3}} = A \tag{5.6}$$

当负载电流 I_{o3} 满足式(5.6)时，CCM SITO Buck 变换器的开关时序如图 5.2(c)所示。当负载电流 I_{o3} 满足 $I_{o3} = B$ 时，CCM SITO Buck 变换器主开关管和输出支路开关管的占空比满足 $D_0 = D_3 + D_2$，变换器的开关时序如图 5.2(d)所示。当负载电流 I_{o3} 满足 $I_{o3} < B$ 时，CCM SITO Buck 变换器主开关管和输出支路开关管的占空比满足 $D_3 + D_2 < D_0$，变换器的开关时序如图 5.2(e)所示。

由上述分析可知，式(5.5)、式(5.6)为 CCM SITO Buck 变换器不同开关时序的切换条件，CCM SITO Buck 变换器的开关时序与输出电流 I_{o1}、I_{o2}、I_{o3} 和输出电压直流增益 M_{o1}、M_{o2}、M_{o3} 有关，可根据式(5.5)、式(5.6)直观判断其开关时序。

5.1.2 工作原理

1. 控制框图

电压型变频纹波控制 CCM SITO Buck 变换器的控制框图如图 5.4 所示。主开关管 S_0 的控制电路由比较器 CMP_1 构成。输出电压 v_{o1} 作为主开关管 S_0 控制回路的反馈量，与比较器 CMP_1 的负极性端相连，CMP_1 的正极性端接入参考电压 V_{ref1}，v_{o1} 与 V_{ref1} 比较产生脉冲信号 V_{gs0} 控制主开关管 S_0 的导通和关断。

输出支路开关管 S_1 的控制电路由减法器 SUB_1、比较器 CMP_2、触发器 RS_1 和定时器 CT 组成。输出电压 v_{o1} 和 v_{o3} 的差模信号 v_{dif1} ($v_{dif1} = v_{o1} - v_{o3}$)作为开关管 S_1 控制电路的反馈量，与比较器 CMP_2 的负极性端相连，CMP_2 的正极性端接入参考电压 V_{ref2}，同时比较器 CMP_2 的输出端与触发器 RS_1 的 S 端相连，定时器 CT 与 RS_1 的 R 端相连，RS_1 的输出信号 V_{gs1} 控制支路开关管 S_1 的导通和关断。

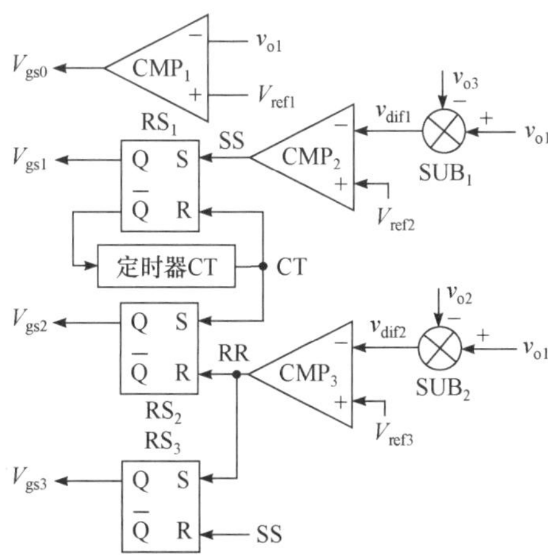

图 5.4　电压型变频纹波控制 CCM SITO Buck 变换器的控制框图

输出支路开关管 S_2 的控制电路与输出支路开关管 S_1 的控制电路组成类似，由减法器 SUB_2、比较器 CMP_3、触发器 RS_2 和定时器 CT 组成。不同之处在于：差模信号 v_{dif2} 为输出电压 v_{o1} 和 v_{o2} 的差，即 $v_{dif2} = v_{o1} - v_{o2}$；比较器 CMP_3 的输出端与触发器 RS_2 的 R 端相连，定时器 CT 与触发器 RS_2 的 S 端相连，触发器 RS_2 的输出信号 V_{gs2} 控制支路开关管 S_2 的导通和关断。

输出支路开关管 S_3 的控制电路由触发器 RS_3 组成。比较器 CMP_3 的输出信号 RR 与触发器 RS_3 的 S 端相连，比较器 CMP_2 的输出信号 SS 与 RS_3 的 R 端相连，触发器 RS_3 的输出信号 V_{gs3} 控制支路开关管 S_3 的导通和关断。

2. 工作原理

图 5.5 为电压型变频纹波控制 CCM SITO Buck 变换器在 $D_3 < D_0 < D_3 + D_2$ 开关时序下的控制时序波形。由图 5.5 可知，当输出电压 v_{o1} 小于参考电压 V_{ref1} 时，比较器 CMP_1 的输出信号 V_{gs0} 为高电平，开关管 S_1 导通，二极管 VD 反向截止，电感电流 i_L 以斜率 m_3 线性上升，差模电压 v_{dif1}、v_{dif2} 减小。当 v_{dif2} 减小到参考电压 V_{ref3} 时，比较器 CMP_3 的输出信号 RR 为高电平，由 RS 触发器的工作原理可知，RS_2 的 Q 输出端信号 V_{gs2} 为低电平，开关管 S_2 关断；RS_3 的 Q 端输出信号 V_{gs3} 为高电平，开关管 S_3 导通。电感电流 i_L 以斜率 m_5 线性上升，输出电压 v_{o2} 阶跃下降，v_{o3} 阶跃上升，差模电压 v_{dif1} 阶跃减小但仍然大于参考电压 V_{ref2}，而 v_{dif2} 阶跃增加到大于 V_{ref3}。当 v_{dif1} 减小到 V_{ref2} 时，比较器 CMP_2 的输出信号 SS 为高电平，由 RS 触发器的工作原理可知，RS_1 的 Q 端输出信号 V_{gs1} 为高电平，输出支路开关管 S_1 导通，输出电压 v_{o1} 阶跃增加到大于参考电压 V_{ref1}，开关管 S_0、S_3 关断，电感电流 i_L 以斜率 $-m_2$ 线性下降。同时定时器 CT 开始计时，经过固定的时间间隔 T_{on}，定时器 CT 输出一个高电平，使得触发器 RS_1 的 Q 端输出信号 V_{gs1} 为低电平，触发器 RS_2 的 Q 端输出信号 V_{gs2} 为高电平，开关管 S_1 关断、S_2 导通，i_L 以斜率 $-m_4$ 继续线性下降。在这期间输出电压 v_{o1} 和差模电压 v_{dif1}、v_{dif2} 均减小。当 v_{o1} 减小到参考电压 V_{ref1} 时，开关管 S_0 再次导通，变换器开始一个新的开关周期。

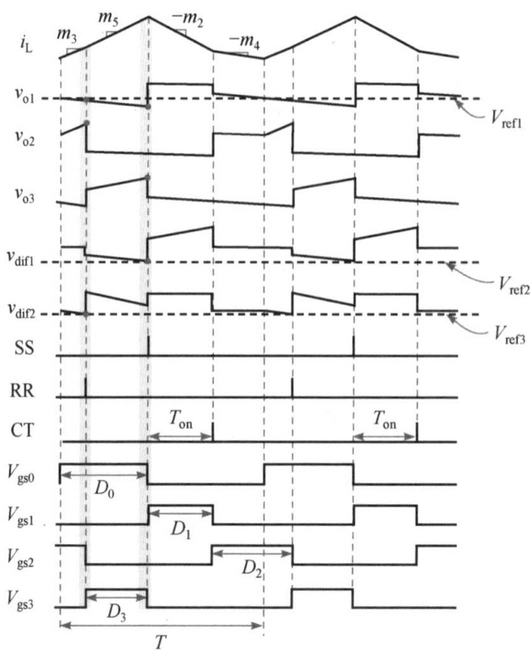

图 5.5 电压型变频纹波控制 CCM SITO Buck 变换器的控制时序波形

3. 开关频率

在一个工作周期内，由图 5.5 可知 CCM SITO Buck 变换器恒定时间间隔 T_{on} 和占空比 D_1、开关周期 T 的关系为

$$T_{on} = D_1 T \tag{5.7}$$

将式(5.4b)中 D_1 的表达式代入式(5.7)，求得开关周期 T 与主电路参数以及恒定导通时间 T_{on} 的关系式为

$$T = \left(V_{o1}R_{o2}R_{o3} + V_{o2}R_{o1}R_{o3} + V_{o3}R_{o1}R_{o2}\right)T_{on} \big/ \left(V_{o1}R_{o2}R_{o3}\right) \tag{5.8}$$

由此可得开关频率 f_s 的表达式为

$$f_s = \frac{1}{T} = \frac{1}{T_{on}} \frac{V_{o1}R_{o2}R_{o3}}{V_{o1}R_{o2}R_{o3} + V_{o2}R_{o1}R_{o3} + V_{o3}R_{o1}R_{o2}} \tag{5.9}$$

由式(5.9)可知，电压型变频纹波控制 CCM SITO Buck 变换器的开关频率 f_s 与主功率电路的输出电压、负载电阻及恒定导通时间有关。当主功率电路确定时，可通过选择合适的 T_{on} 值，设计得到所需的额定开关频率。

5.1.3 小信号建模

1. 主功率电路小信号建模

采用状态空间平均法[3-5]建立 CCM SITO Buck 变换器的 s 域小信号模型为

$$\hat{i}_{\mathrm{L}}(s)=\frac{1}{sL}\Big(\hat{v}_{\mathrm{g}}(s)D_0+V_{\mathrm{g}}\hat{d}_0(s)-\hat{v}_{\mathrm{o1}}(s)D_1-V_{\mathrm{o1}}\hat{d}_1(s)-\hat{v}_{\mathrm{o2}}(s)D_2 -V_{\mathrm{o2}}\hat{d}_2(s)-\hat{v}_{\mathrm{o3}}(s)D_3-V_{\mathrm{o3}}\hat{d}_3(s)\Big) \tag{5.10a}$$

$$\hat{v}_{\mathrm{c1}}(s)=\frac{1}{sC_1}\left[\frac{V_{\mathrm{c1}}I_{\mathrm{L}}\hat{d}_1(s)+D_1\hat{i}_{\mathrm{L}}(s)V_{\mathrm{c1}}+I_{\mathrm{L}}D_1\hat{v}_{\mathrm{c1}}(s)}{R_{\mathrm{o1}}+r_{\mathrm{c1}}} -\frac{\hat{v}_{\mathrm{c1}}(s)\left(D_1+D_2+D_3\right)+V_{\mathrm{c1}}\left(\hat{d}_1(s)+\hat{d}_2(s)+\hat{d}_3(s)\right)}{R_{\mathrm{o1}}+r_{\mathrm{c1}}}\right] \tag{5.10b}$$

$$\hat{v}_{\mathrm{c2}}(s)=\frac{1}{sC_2}\left[\frac{V_{\mathrm{c2}}I_{\mathrm{L}}\hat{d}_2(s)+D_2\hat{i}_{\mathrm{L}}(s)V_{\mathrm{c1}}+I_{\mathrm{L}}D_2\hat{v}_{\mathrm{c2}}(s)}{R_{\mathrm{o2}}+r_{\mathrm{c2}}} -\frac{\hat{v}_{\mathrm{c2}}(s)\left(D_1+D_2+D_3\right)+V_{\mathrm{c2}}\left(\hat{d}_1(s)+\hat{d}_2(s)+\hat{d}_3(s)\right)}{R_{\mathrm{o2}}+r_{\mathrm{c2}}}\right] \tag{5.10c}$$

$$\hat{v}_{\mathrm{c3}}(s)=\frac{1}{sC_3}\left[\frac{V_{\mathrm{c3}}I_{\mathrm{L}}\hat{d}_3(s)+D_3\hat{i}_{\mathrm{L}}(s)V_{\mathrm{c3}}+I_{\mathrm{L}}D_3\hat{v}_{\mathrm{c3}}(s)}{R_{\mathrm{o3}}+r_{\mathrm{c3}}} -\frac{\hat{v}_{\mathrm{c3}}(s)\left(D_1+D_2+D_3\right)+V_{\mathrm{c3}}\left(\hat{d}_1(s)+\hat{d}_2(s)+\hat{d}_3(s)\right)}{R_{\mathrm{o3}}+r_{\mathrm{c3}}}\right] \tag{5.10d}$$

式中，D_0～D_3、V_{g}、I_{L}、V_{c1}～V_{c3}、V_{o1}～V_{o3}分别为占空比、输入电压、电感电流、输出电容电压和输出电压的稳态平均值；$\hat{d}_0(s)$～$\hat{d}_3(s)$、$\hat{v}_{\mathrm{g}}(s)$、$\hat{i}_{\mathrm{L}}(s)$、$\hat{v}_{\mathrm{c1}}(s)$～$\hat{v}_{\mathrm{c3}}(s)$、$\hat{v}_{\mathrm{o1}}(s)$～$\hat{v}_{\mathrm{o3}}(s)$分别为其小信号扰动量。

根据式(5.10)所示的小信号模型表达式，得到 CCM SITO Buck 变换器的小信号等效电路，如图 5.6 所示。

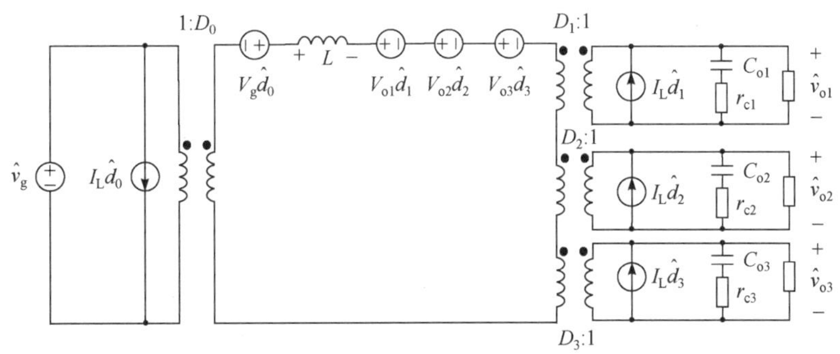

图 5.6　CCM SITO Buck 变换器的小信号等效电路

2. 控制电路小信号建模

根据电压型变频纹波控制 CCM SITO Buck 变换器的工作原理以及图 5.5 所示的开关时序波形，可以得到各个开关管切换的控制方程表达式分别如下。

开关管 S_0：

$$V_{\text{ref1}}-\frac{i_{\text{o1}}}{C_1}D_0T-v_{\text{c3}n}+\frac{i_{\text{o3}}}{C_3}(D_0-D_3)T-\frac{i_{\text{L}n}-i_{\text{o3}}}{C_3}D_3T \\ -\frac{V_{\text{g}}-V_{\text{o3}}}{2LC_1}(D_3T)^2+\left(\frac{V_{\text{g}}-V_{\text{o3}}}{L}D_3T-i_{\text{o3}}\right)r_{\text{c3}}=V_{\text{ref2}} \tag{5.11}$$

开关管 S_1：

$$D_1T=T_{\text{on}} \tag{5.12}$$

开关管 S_2：

$$V_{\text{ref1}}-\frac{i_{\text{o1}}}{C_1}(D_0-D_3)T-v_{\text{c2}n}-\frac{i_{\text{L}n}-i_{\text{o2}}}{C_2}(D_0-D_3)T-\frac{V_{\text{g}}-V_{\text{o2}}}{2LC_2}\left[(D_0-D_3)T\right]^2+\frac{i_{\text{o2}}}{C_2}D_3T \\ +\left[\frac{V_{\text{g}}-V_{\text{o2}}}{L}(D_0-D_3)T-i_{\text{o2}}\right]r_{\text{c2}}=V_{\text{ref3}} \tag{5.13}$$

开关管 S_3：

$$D_3=1-D_1-D_2 \tag{5.14}$$

式(5.11)～式(5.14)中，$i_{\text{L}n}$、$v_{\text{c2}n}$和$v_{\text{c3}n}$分别为稳态电感电流和输出电容电压在每个周期开始时刻的值，可以通过图 5.5 所示控制时序的几何关系计算得到。

对切换方程中的变量引入小信号扰动，忽略直流量和高阶扰动量，得到占空比的小信号表达式。结合式(5.10)，计算出电压型变频纹波控制 CCM SITO Buck 变换器的交叉影响阻抗$\hat{v}_{\text{o1}}/\hat{i}_{\text{o2}}$、$\hat{v}_{\text{o1}}/\hat{i}_{\text{o3}}$、$\hat{v}_{\text{o2}}/\hat{i}_{\text{o1}}$、$\hat{v}_{\text{o2}}/\hat{i}_{\text{o3}}$、$\hat{v}_{\text{o3}}/\hat{i}_{\text{o1}}$和$\hat{v}_{\text{o3}}/\hat{i}_{\text{o2}}$，可对变换器的交叉影响进行详细分析。

5.1.4 交叉影响性能分析

采用表 5.1 所示的电路参数，得到交叉影响阻抗的 Bode 图，如图 5.7 所示。Bode 图中低频幅值的值越小说明交叉影响越小[6, 7]。

表 5.1 电压型变频纹波控制 CCM SITO Buck 变换器电路参数

变量	描述	数值	变量	描述	数值
L	电感	100μH	C_1、C_2、C_3	输出电容	550μF
V_{g}	输入电压	20V	r_{c1}、r_{c2}、r_{c3}	输出电容 ESR	50mΩ
V_{ref1}	输出支路 1 的输出电压参考值	12V	R_1	输出支路 1 的负载电阻	24Ω
V_{ref2}	输出支路 2 的输出电压参考值	7V	R_2	输出支路 2 的负载电阻	18Ω
V_{ref3}	输出支路 3 的输出电压参考值	3V	R_3	输出支路 3 的负载电阻	10Ω
T_{on}	恒定时间间隔	8μs	—	—	—

将表 5.1 中的电路参数代入式(5.6)，不等式成立，说明当 CCM SITO Buck 变换器工作于 $D_3 < D_0 < D_3 + D_2$ 时序时，电感电流呈升—升—降—降的变化趋势。

由图 5.7 可知，$\hat{v}_{\text{o3}}/\hat{i}_{\text{o1}}$ 的低频幅值低于$\hat{v}_{\text{o2}}/\hat{i}_{\text{o1}}$ 的低频幅值，说明输出支路 1 对输出支路 3 的交叉影响小于输出支路 1 对输出支路 2 的交叉影响；$\hat{v}_{\text{o3}}/\hat{i}_{\text{o2}}$ 的低频幅值略低于

$\hat{v}_{o1}/\hat{i}_{o2}$ 的低频幅值，说明输出支路 2 对输出支路 3 的交叉影响小于对输出支路 1 的交叉影响；$\hat{v}_{o1}/\hat{i}_{o3}$ 的低频幅值等于 $\hat{v}_{o2}/\hat{i}_{o3}$ 的低频幅值，说明输出支路 3 对输出支路 1 的交叉影响与对输出支路 2 的相同。

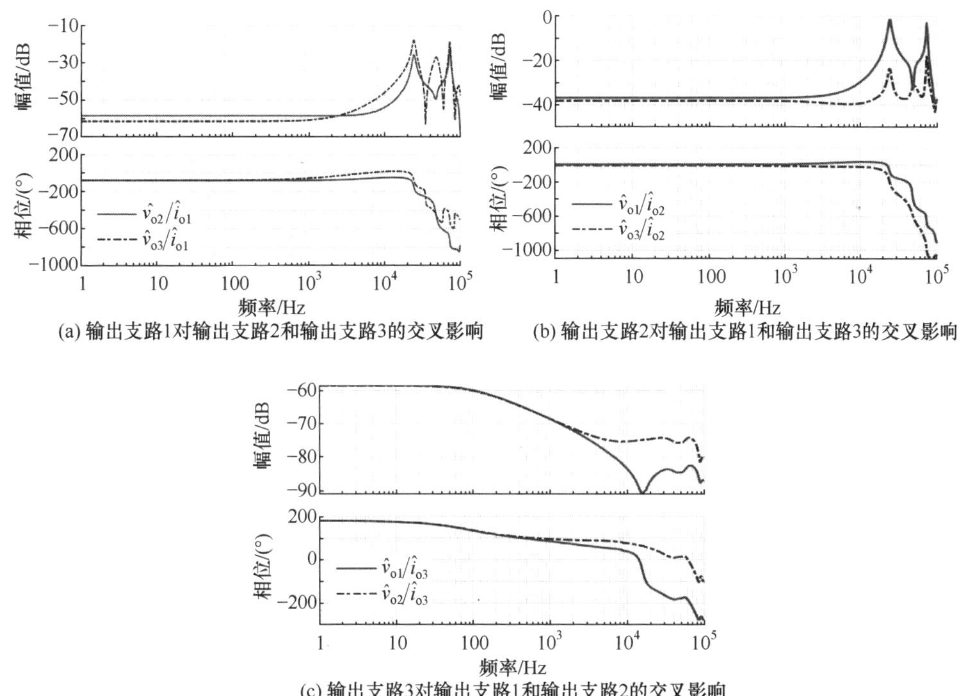

(a) 输出支路1对输出支路2和输出支路3的交叉影响　(b) 输出支路2对输出支路1和输出支路3的交叉影响

(c) 输出支路3对输出支路1和输出支路2的交叉影响

图 5.7　电压型变频纹波控制 CCM SITO Buck 变换器交叉影响阻抗的 Bode 图

5.1.5　实验结果

为了验证理论分析的正确性，采用表 5.1 所示的电路参数，搭建电压型变频纹波控制 CCM SITO Buck 变换器的实验样机，从稳态性能、交叉影响和负载瞬态性能等方面进行实验研究。

1. 稳态性能

图 5.8 为电压型变频纹波控制 CCM SITO Buck 变换器的稳态实验波形。由图 5.8 可知，当输入电压为 20V 时，可以实现稳定输出 12V、9V 和 5V，电感电流呈升—升—降—降的变化趋势，开关周期 $T=25\mu s$，验证了控制方案的可行性，以及式(5.6)和式(5.9)的正确性。

2. 交叉影响与和负载瞬态性能

图 5.9 为输出支路 1 负载跳变时，输出电压 v_{o1}、v_{o2}、v_{o3} 和负载电流 i_{o1} 的实验波形。由图可知，当 i_{o1} 从 0.5A 加载至 1A 时，输出电压 v_{o1}、v_{o2} 和 v_{o3} 经过约 2 个开关周期的调整过程重新进入稳态，输出支路 1 对其他输出支路的交叉影响体现为输出电压纹波的变

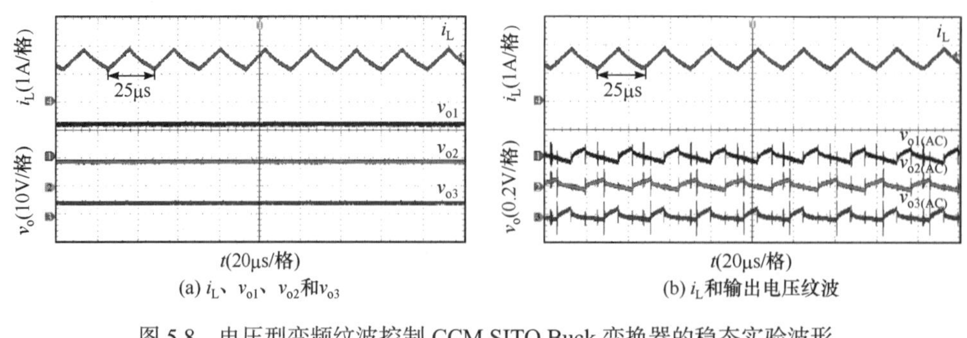

图 5.8　电压型变频纹波控制 CCM SITO Buck 变换器的稳态实验波形

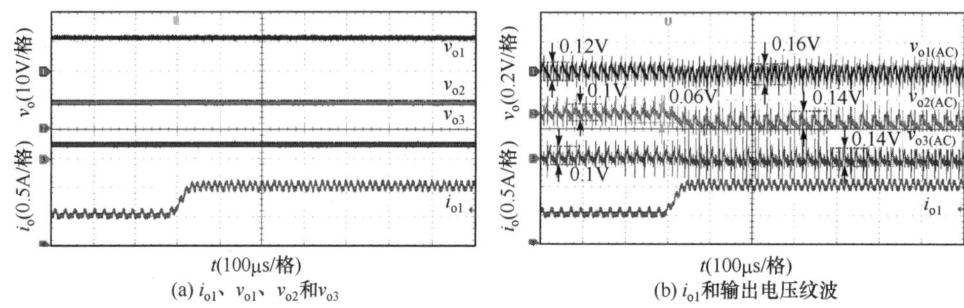

图 5.9　输出支路 1 负载跳变时电压型变频纹波控制 CCM SITO Buck 变换器的瞬态实验波形

化，输出支路 2 和输出支路 3 的输出电压纹波均由 0.1V 变为 0.14V。同时，输出支路 2 存在 0.06V 的稳态误差。由上述分析可知，输出支路 1 对输出支路 2 的交叉影响大于输出支路 1 对输出支路 3 的交叉影响；负载电流增加，会导致输出电压纹波变大。

图 5.10 为输出支路 2 负载跳变时，输出电压 v_{o1}、v_{o2}、v_{o3} 和负载电流 i_{o2} 的实验波形。当输出支路 2 的输出电流 i_{o2} 从 0.5A 加载至 1A 时，电压型变频纹波控制 CCM SITO Buck 变换器的输出电压经过 2 个开关周期的调整过程重新进入稳态；输出支路 1 的输出电压纹波由 0.12V 变为 0.18V，输出支路 3 的输出电压纹波由 0.1V 变为 0.14V。同时，输出支路 2 存在 0.06V 的稳态误差，输出支路 3 存在 0.03V 的稳态误差。由此可知，输出支路 2 对输出支路 1 的交叉影响略大于输出支路 2 对输出支路 3 的交叉影响。

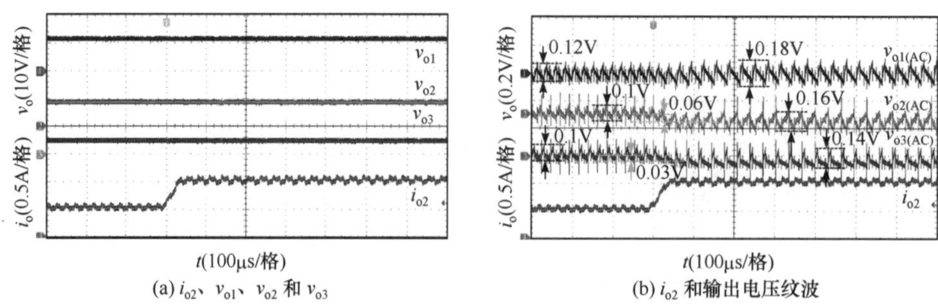

图 5.10　输出支路 2 负载跳变时电压型变频纹波控制 CCM SITO Buck 变换器的瞬态实验波形

图 5.11 为输出支路 3 负载跳变时，输出电压 v_{o1}、v_{o2}、v_{o3} 和负载电流 i_{o3} 的实验波形。当输出支路 3 的输出电流 i_{o3} 从 0.5A 加载至 1A 时，电压型变频纹波控制 CCM SITO Buck

变换器的输出电压经过 3 个开关周期的调整过程重新进入稳态；同样，输出支路 3 对其他输出支路的交叉影响体现为输出电压纹波的变化，输出支路 1 的输出电压纹波由 0.12V 变为 0.18V，输出支路 2 的输出电压纹波由 0.1V 变为 0.16V，输出支路 3 对输出支路 1 和输出支路 2 的交叉影响一致。

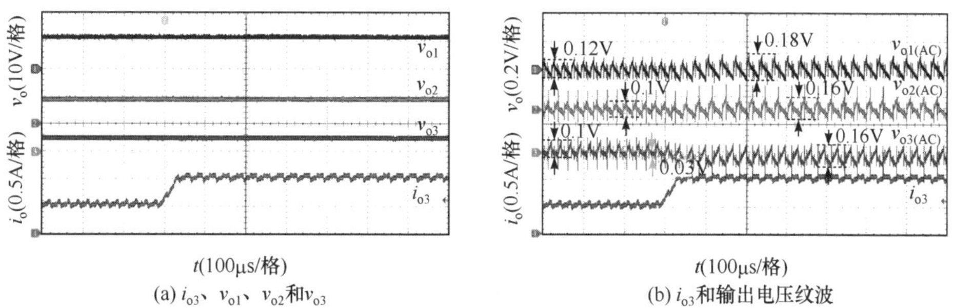

(a) i_{o3}、v_{o1}、v_{o2}和v_{o3}　　(b) i_{o3}和输出电压纹波

图 5.11　输出支路 3 负载跳变时电压型变频纹波控制 CCM SITO Buck 变换器的瞬态实验波形

3. 与现有文献的性能对比

通过定义交叉影响系数 FOM(cross)来直观地刻画交叉影响的大小，基于文献[8]～[10]，FOM(cross)的表达式为

$$\begin{cases} \text{FOM(cross)}_{12} = \dfrac{\delta v_{o2} / V_{o2}}{\delta i_{o1} / I_{o1}}, & \text{FOM(cross)}_{13} = \dfrac{\delta v_{o3} / V_{o3}}{\delta i_{o1} / I_{o1}} \\ \text{FOM(cross)}_{21} = \dfrac{\delta v_{o1} / V_{o1}}{\delta i_{o2} / I_{o2}}, & \text{FOM(cross)}_{23} = \dfrac{\delta v_{o3} / V_{o3}}{\delta i_{o2} / I_{o2}} \\ \text{FOM(cross)}_{31} = \dfrac{\delta v_{o1} / V_{o1}}{\delta i_{o3} / I_{o3}}, & \text{FOM(cross)}_{32} = \dfrac{\delta v_{o2} / V_{o2}}{\delta i_{o3} / I_{o3}} \end{cases} \tag{5.15}$$

式中，$\delta v_{oj}(j=1,2,3)$为输出电压的变化量；$V_{oj}(j=1,2,3)$为输出电压的直流稳态值；$\delta i_{oj}(j=1,2,3)$为负载电流的变化量；$I_{oj}(j=1,2,3)$为输出电流的直流稳态值。

根据图 5.9～图 5.11 所示负载跳变时的瞬态实验波形，结合式(5.15)，可得电压型变频纹波控制 CCM SITO Buck 变换器的负载瞬态性能，如表 5.2 所示。与现有 CCM SIMO 开关变换器文献的性能对比结果如表 5.3 所示，从表 5.3 中结果可知，本章提出的电压型变频纹波控制 CCM SIMO Buck 变换器交叉影响系数的最大值 FOM(cross)$_{max}$是最小的，抑制输出支路间交叉影响的效果最好。

表 5.2　电压型变频纹波控制 CCM SITO Buck 变换器的负载瞬态性能

负载跳变(0.5A→1A)	$\delta v_{o1}/V_{o1}$	$\delta v_{o2}/V_{o2}$	$\delta v_{o3}/V_{o3}$
$\delta i_{o1}/I_{o1}$(0.5A/0.5A)	0.04V/12V	0.04V/12V	0.03V/12V
FOM(cross)$_1$	—	0.0033	0.0025
$\delta i_{o2}/I_{o2}$(0.5A/0.5A)	0.07V/9V	0.06V/9V	0.06V/9V
FOM(cross)$_2$	0.0078	—	0.0067
$\delta i_{o3}/I_{o3}$(0.5A/0.5A)	0.04/5V	0.04V/5V	0.06V/5V
FOM(cross)$_3$	0.008	0.008	—

表 5.3 与现有 CCM SIMO 开关变换器文献的性能对比

文献	[9]	[10]	本节
输入电压	24V、20V	18V、22V	20V
输出电压	12V、8～10V	12V、8V	12V、7V、3V
开关频率	20～100kHz	80kHz	40～62Hz、5kHz
电感	100μH	100μH	100μH
输出电容	220μF	220μF	100μF
$FOM(cross)_{max}$	0.025	0.021	0.008

5.2 电流型变频纹波控制技术

5.2.1 工作原理

图 5.12(a)和(b)给出了电流型变频纹波控制 CCM SIDO Boost 变换器的原理图，包括主功率电路和控制电路两个部分[11]。主功率电路由输入电压 V_g，电感 L，主开关管 S_0，输出支路开关管 S_1、S_2，负载 R_{o1}、R_{o2} 及输出电容 C_1、C_2 组成。主开关管 S_0 控制变换器总能量的输入，支路开关管 S_1、S_2 互补导通，控制两条输出支路能量的分配。控制电路主要由误差放大器 EA_1、EA_2，比较器 CMP_1、CMP_2、CMP_3，RS 触发器 RS_1、RS_2，异或门 XOR 及反相器 NOT 组成。

图 5.12(c)给出了电流型变频纹波控制 CCM SIDO Boost 变换器的工作时序波形。其控制原理为：当电感电流 i_L 降低到谷值参考电流 I_v 时，比较器 CMP_3 的输出信号 SS 为高电平，触发器 RS_1 置位，主开关管 S_0 导通。由于此时 i_L 也小于 i_{c2}，触发器 RS_2 输出高电平，输出支路开关管 S_1 也导通，电感电流以斜率 $m_1 = V_g/L$ 上升，电感充电储能。

当电感电流 i_L 上升到 i_{c1} 时，比较器 CMP_1 同时向触发器 RS_1、RS_2 的 R 端输出一个高电平 V_{c1} 使其复位，RS_1 触发器的 Q 端输出主开关管 S_0 的控制信号 V_{gs0}，此时 S_0 关断，S_1 仍然导通，电感电流以斜率 $m_2 = -(V_{o1} - V_g)/L$ 下降。

当电感电流 i_L 下降到 i_{c2} 时，比较器 CMP_3 向触发器 RS_2 的 S 端输出高电平 V_{c2} 使其置位，RS_1 触发器 Q 端保持不变；此时，支路开关管 S_1 关断，S_2 导通，电感电流以斜率 $m_3 = -(V_{o2} - V_g)/L$ 继续下降。当电感电流 i_L 下降到谷值参考电流 I_v 时，变换器进入一个新的工作周期。值得注意的是，对于本节所提出的控制方法，谷值参考电流 $I_v \geqslant 0$，因此该控制方法适用于 CCM 和 BCM，不适用于电感电流 DCM。

5.2.2 开关频率

电流型变频纹波控制 CCM SIDO Boost 变换器的工作周期是随电路参数变化的，因此确定开关频率与电路参数的关系对电路中各个元器件参数以及谷值参考电流的选取具有重要意义。

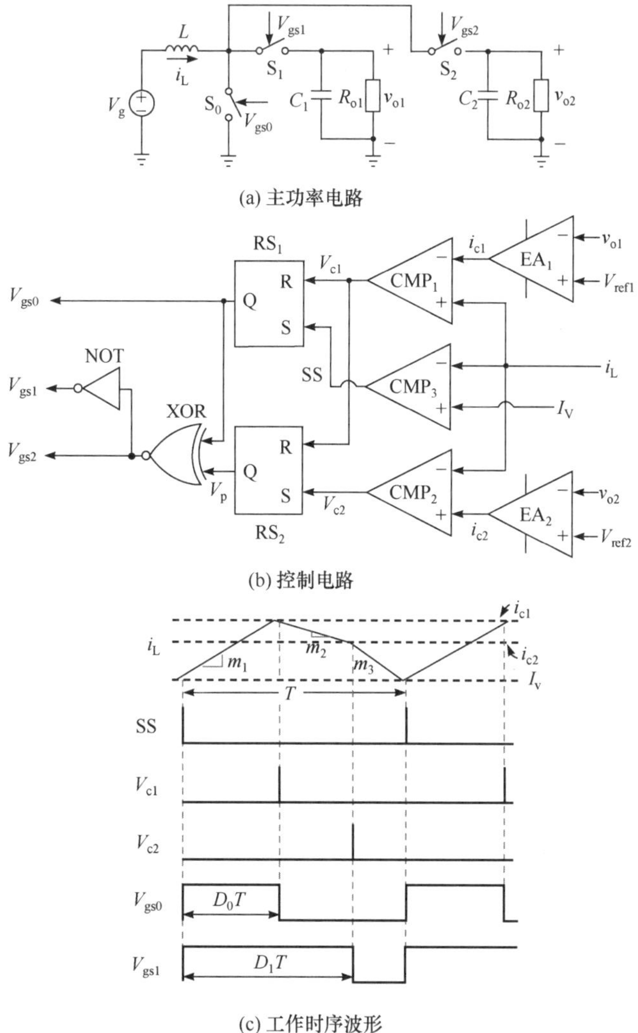

图 5.12　电流型变频纹波控制 CCM SIDO Boost 变换器原理图和工作时序波形

在一个工作周期中，由图 5.12 可得 CCM SIDO Boost 变换器的输入电流平均值 I_g 为

$$I_g = I_v + \frac{T}{2L}\left[V_g\left(2D_1 - 1\right) - V_{o1}\left(D_1 - D_0\right)^2 + V_{o2}\left(1 - D_1\right)^2\right] \tag{5.16}$$

令 I_{o1}、I_{o2} 分别为输出支路 1、输出支路 2 的输出电流平均值，忽略电路中的功率损耗，则由功率守恒可得

$$V_g I_g = V_{o1} I_{o1} + V_{o2} I_{o2} \tag{5.17}$$

式中，$I_{o1} = V_{o1}/R_{o1}$；$I_{o2} = V_{o2}/R_{o2}$。

联立式(5.16)、式(5.17)和式(4.18)、式(4.19)，可求得开关频率 f_s 与主电路参数以及谷值参考电流 I_v 的关系为

$$f_s = \frac{V_g\left[V_g\left(2D_1-1\right)-V_{o1}\left(D_1-D_0\right)^2+V_{o2}\left(1-D_1\right)^2\right]}{2L\left(V_{o1}I_{o1}+V_{o2}I_{o2}-V_gI_v\right)} \tag{5.18}$$

为了清晰地体现开关频率与谷值参考电流之间的关系，选择表 5.4 所示的主电路参数，绘制 f_s 随 I_v 变化的曲线，如图 5.13 所示。由图 5.13 可知，I_v 越大，f_s 越高。因此，当主功率电路参数确定后，可通过选择合适的谷值参考电流，以获得额定的开关频率，对电路中元器件进行选型。

表 5.4 CCM SIDO Boost 变换器电路参数

变量	描述	数值	变量	描述	数值
L	电感	20μH	C_1、C_2	输出电容	100μF
V_g	输入电压	12V	R_{o1}	输出支路 1 的负载电阻	48Ω
V_{ref1}	输出支路 1 的参考电压	24V	R_{o2}	输出支路 2 的负载电阻	30Ω
V_{ref2}	输出支路 2 的参考电压	15V	—	—	—

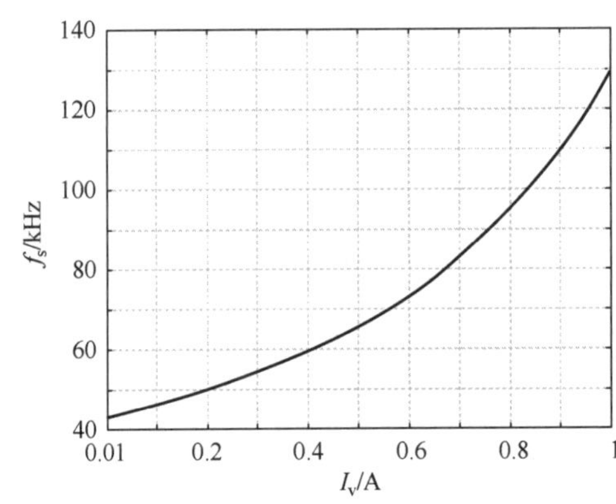

图 5.13 开关频率与谷值参考电流的关系曲线

5.2.3 小信号建模

1. 电流型变频纹波控制

由 5.2.1 节的分析可知，本节提出的电流型变频纹波控制与第 4 章所述电流型恒频纹波控制的工作时序波形和控制方程相同，因此两种控制方法的小信号模型相同。为了验证电流型变频纹波控制 CCM SIDO Boost 变换器小信号模型的正确性，采用表 5.4 所示的电路参数，在 SIMPLIS 中搭建了仿真电路，对输出支路 1 的闭环输出阻抗和输出支路 1 对输出支路 2 的闭环交叉影响阻抗进行了扫频仿真，并利用 Mathcad 将扫频仿真结果与理论计算进行了对比分析，如图 5.14 所示。从图 5.14 中可以看出，理论计算结果与扫频仿真结果基本重合，验证了小信号模型的正确性。

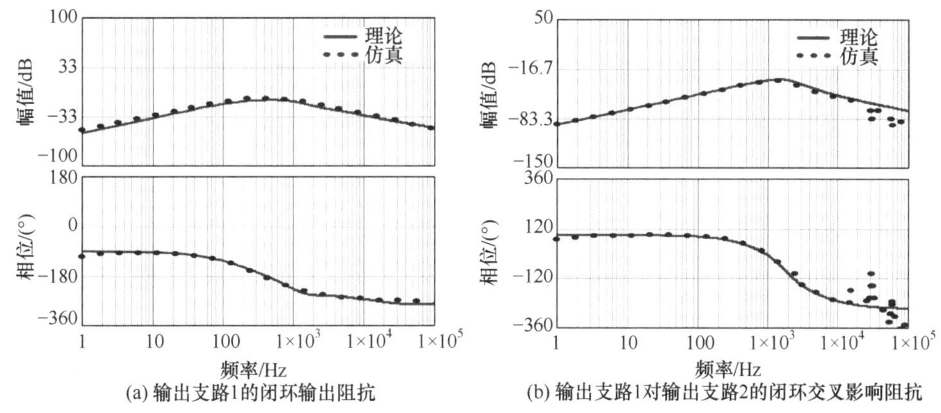

(a) 输出支路1的闭环输出阻抗　(b) 输出支路1对输出支路2的闭环交叉影响阻抗

图 5.14 电流型变频纹波控制 CCM SIDO Boost 变换器的小信号模型验证

2. 差模-共模电压型控制

差模-共模电压型控制 CCM SIDO Boost 变换器的原理图和工作时序波形如图 5.15 所示。在图 5.15(a)中，控制电路由加法器 Sum，减法器 Sub，误差放大器 EA_1、EA_2，比较器 CMP_1、CMP_2 以及反相器 NOT 组成，V_{cmf}、V_{dmf} 分别为共模参考电压、差模参考电压。

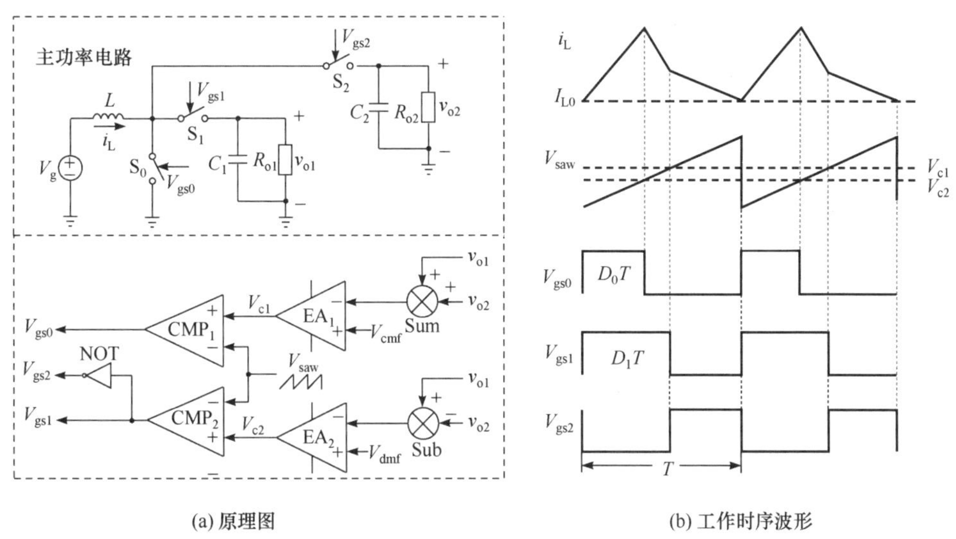

(a) 原理图　(b) 工作时序波形

图 5.15 差模-共模电压型控制 CCM SIDO Boost 变换器原理图和工作时序波形

图 5.15(b)为差模-共模电压型控制 CCM SIDO Boost 变换器的控制时序波形图，其工作原理为：采样两路输出的共模电压，即输出电压 v_{o1}、v_{o2} 之和，经过误差放大器 EA_1 得到主开关管 S_0 的控制信号 V_{c1}；采样两路输出的差模电压，即输出电压 v_{o1}、v_{o2} 之差，经过误差放大器 EA_2 得到支路开关管 S_1、S_2 的控制信号 V_{c2}。控制信号 V_{c1}、V_{c2} 经过锯齿波 V_{saw} 调制后得到开关管 S_0、S_1 和 S_2 的驱动信号 V_{gs0}、V_{gs1} 和 V_{gs2}。

建立差模-共模电压型控制 CCM SIDO Boost 变换器的闭环小信号模型，如图 5.16 所示。

在图 5.16 中，$H_{v1}(s)$、$H_{v2}(s)$为输出电压采样环节，$G_{m1}(s)$、$G_{m2}(s)$为脉宽调制传递函数，$G_{c1}(s)$、$G_{c2}(s)$为 PI 补偿网络传递函数，分别为

$$H_{v1}(s)=K_{v1},\quad H_{v2}(s)=K_{v2} \tag{5.19}$$

$$G_{m1}(s)=1/V_{m1},\quad G_{m2}(s)=1/V_{m2} \tag{5.20}$$

$$G_{c1}(s)=K_1\left(1+\frac{1}{s\tau_1}\right),\quad G_{c2}(s)=K_2\left(1+\frac{1}{s\tau_2}\right) \tag{5.21}$$

式中，K_{v1}、K_{v2} 为两路输出电压的采样比例系数；V_{m1}、V_{m2} 为调制波的幅值；K_1、K_2 与 τ_1、τ_2 分别为两个 PI 补偿网络的比例系数与时间常数。

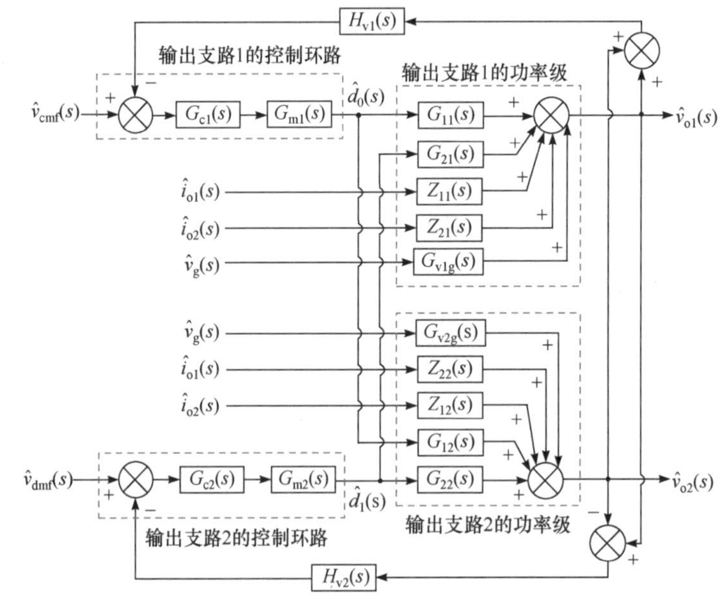

图 5.16 差模-共模电压型控制 CCM SIDO Boost 变换器的小信号模型

由图 5.16 可得，输出支路 1、输出支路 2 的闭环输出阻抗分别为

$$Z'_{11}(s)=\frac{\hat{v}_{o1}(s)}{\hat{i}_{o1}(s)}=\frac{X_1(s)Z_{11}(s)+X_2(s)Z_{12}(s)}{\Delta(s)} \tag{5.22}$$

$$Z'_{22}(s)=\frac{\hat{v}_{o2}(s)}{\hat{i}_{o2}(s)}=\frac{X_3(s)Z_{22}(s)-X_4(s)Z_{21}(s)}{\Delta(s)} \tag{5.23}$$

输出支路 2 对输出支路 1 以及输出支路 1 对输出支路 2 的闭环交叉影响阻抗分别为

$$Z'_{21}(s)=\frac{\hat{v}_{o1}(s)}{\hat{i}_{o2}(s)}=\frac{X_1(s)Z_{21}(s)-X_2(s)Z_{22}(s)}{\Delta(s)} \tag{5.24}$$

$$Z'_{12}(s)=\frac{\hat{v}_{o2}(s)}{\hat{i}_{o1}(s)}=\frac{X_3(s)Z_{11}(s)+X_4(s)Z_{12}(s)}{\Delta(s)} \tag{5.25}$$

式中

$$\begin{cases}X_1(s)=1+H_{v1}(s)G_{c1}(s)G_{m1}(s)G_{12}(s)-H_{v2}(s)G_{c2}(s)G_{m2}(s)G_{22}(s)\\X_2(s)=H_{v2}(s)G_{c2}(s)G_{m2}(s)G_{21}(s)-H_{v1}(s)G_{c1}(s)G_{m1}(s)G_{11}(s)\\X_3(s)=1+H_{v1}(s)G_{c1}(s)G_{m1}(s)G_{11}(s)+H_{v2}(s)G_{c2}(s)G_{m2}(s)G_{21}(s)\\X_4(s)=H_{v1}(s)G_{c1}(s)G_{m1}(s)G_{12}(s)+H_{v2}(s)G_{c2}(s)G_{m2}(s)G_{22}(s)\\\Delta(s)=X_1(s)X_3(s)+X_2(s)X_4(s)\end{cases}$$

为了验证差模-共模电压型控制 CCM SIDO Boost 变换器小信号模型的正确性，采用表 5.4 所示的电路参数，以输出支路 1 输出 24V、输出支路 2 输出 15V，输出支路 1 负载 48Ω、输出支路 2 负载 30Ω 为例，在 PSIM 软件中搭建了仿真电路，对输出支路 1 的闭环输出阻抗和输出支路 1 对输出支路 2 的交叉影响阻抗进行了扫频仿真，并利用 Mathcad 将扫频仿真结果与理论计算结果进行了对比，如图 5.17 所示。

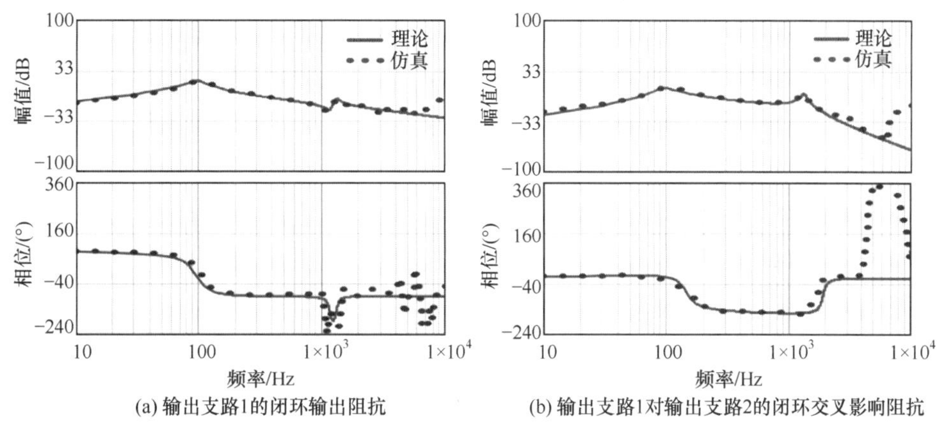

图 5.17　差模-共模电压型控制 CCM SIDO Boost 变换器的小信号建模验证

由于 PSIM 在中高频段的扫频结果不准确，扫频范围选择了 10Hz～10kHz。从图 5.17 中可以看出，在低频段，扫频结果与理论推导结果基本重合，验证了小信号模型的正确性。

5.2.4　交叉影响及负载瞬态性能分析

采用表 5.4 所示的主电路参数，选择谷值电流参考值 $I_v = 0.5$A，通过式(5.18)计算出开关频率 $f_s = 66.7$kHz，再根据式(4.62)～式(4.65)与式(5.22)～式(5.25)，采用 Mathcad 绘制电流型变频纹波控制与差模-共模电压型控制 CCM SIDO Boost 变换器的闭环输出阻抗、交叉影响阻抗的 Bode 图，结果如图 5.18 和图 5.19 所示。

图 5.18(a)和(b)分别为电流型变频纹波控制与差模-共模电压型控制 CCM SIDO Boost 变换器的输出支路闭环输出阻抗 Bode 图。由图 5.18 可知，两条支路电流型变频纹波控制的闭环输出阻抗低频增益均低于差模-共模电压型控制的闭环输出阻抗，且输出支路 2 的闭环输出阻抗低频增益低于输出支路 1 的闭环输出阻抗。由此可知，本节提出的电流型变频纹波控制具有更快的负载瞬态响应，且输出支路 2 具有更快的负载瞬态响应。

图 5.19(a)和(b)分别为电流型变频纹波控制与差模-共模电压型控制 CCM SIDO Boost 变换器的输出支路 2 对输出支路 1 的交叉影响阻抗、输出支路 1 对输出支路 2 的交叉影

响阻抗的 Bode 图。由图 5.19 可知，两条支路电流型变频纹波控制的交叉影响阻抗低频增益均低于差模-共模电压型控制的交叉影响阻抗，且输出支路 2 对输出支路 1 的闭环交叉影响阻抗低频增益大于输出支路 1 对输出支路 2 的闭环交叉影响阻抗。因此，采用电流型变频纹波控制，可以抑制 CCM SIDO Boost 变换器输出支路间的交叉影响，且输出支路 2 对输出支路 1 的交叉影响较大。

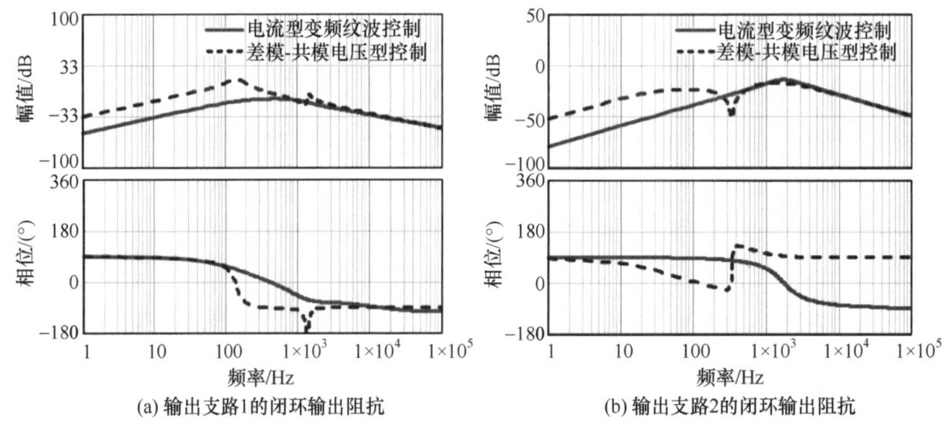

图 5.18 电流型变频纹波控制与差模-共模电压型控制 CCM SIDO Boost 变换器的输出支路闭环输出阻抗 Bode 图

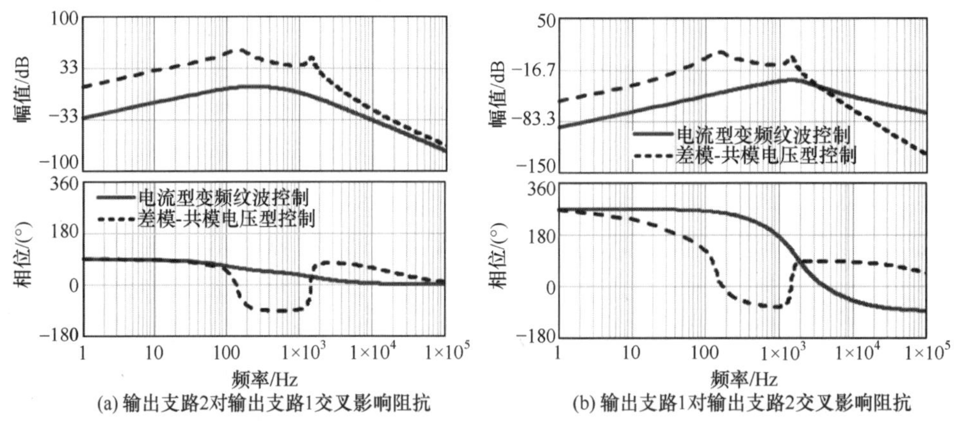

图 5.19 电流型变频纹波控制与差模-共模电压型控制 CCM SIDO Boost 变换器的交叉影响阻抗 Bode 图

5.2.5 仿真分析

为了验证电流型变频纹波控制的负载瞬态响应和交叉影响特性分析的正确性，采用表 5.4 所示的电路参数，在 PSIM 仿真软件中搭建了电流型变频纹波控制与差模-共模电压型控制 CCM SIDO Boost 变换器的仿真电路，针对负载瞬态响应以及输出支路间的交叉影响特性进行了仿真对比分析。

当输出支路 1 的输出电流 i_{o1} 从 0.5A→1A→0.5A 变化时，两种控制的输出电压波形分别如图 5.20(a)和(b)所示。由图 5.20 可知：负载加载时，差模-共模电压型控制 CCM

SIDO Boost 变换器的输出电压 v_{o1}、v_{o2} 分别经过约 6.5ms 和 7ms 的调节时间，重新进入稳态，v_{o2} 在调整过程中的超调量为 0.8V；负载减载时，输出电压 v_{o1}、v_{o2} 分别经过约 4.5ms 和 4.8ms 的调节时间，重新进入稳态，v_{o2} 在调整过程中的超调量为 0.8V。而本章提出的电流型变频纹波控制 CCM SIDO Boost 变换器在负载加载时的输出电压 v_{o1}、v_{o2} 的调节时间分别为 1.8ms 和 0.3ms，v_{o2} 在调整过程中的超调量为 0.05V；在负载减载时，输出电压 v_{o1}、v_{o2} 的调节时间分别为 2ms 和 0.4ms，v_{o2} 在调整过程中的超调量为 0.03V。因此，其瞬态响应时间和交叉影响均明显小于差模-共模电压型控制 CCM SIDO Boost 变换器。

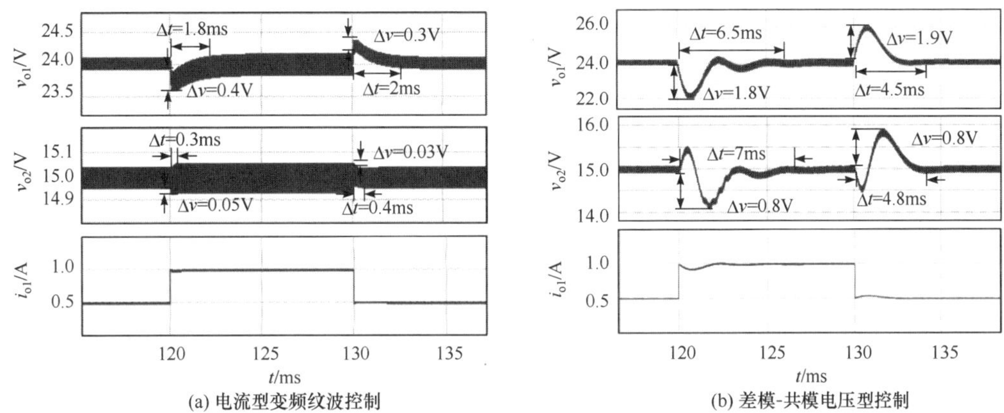

(a) 电流型变频纹波控制　(b) 差模-共模电压型控制

图 5.20　i_{o1} 跳变时电流型变频纹波控制和差模-共模电压型控制 CCM SIDO Boost 变换器的瞬态仿真波形

当输出支路 2 的输出电流 i_{o2} 从 0.5A→1A→0.5A 变化时，两种控制的输出电压波形如图 5.21(a)和(b)所示。对比图 5.21(a)和(b)可知：负载加载时，差模-共模电压型控制的 v_{o1}、v_{o2} 分别经过约 7ms 和 6.5ms 的调节时间，重新进入稳态，v_{o1} 在调整过程中的超调量为 0.4V；负载减载时，输出电压 v_{o1}、v_{o2} 分别经过约 4ms 和 4.6ms 的调节时间，重新进入稳态，v_{o1} 在调整过程中的超调量为 0.35V。而电流型变频纹波控制在负载加载时的输出电压 v_{o1}、v_{o2} 的调节时间分别为 1.7ms 和 0.25ms，v_{o1} 在调整过程中的超调量为

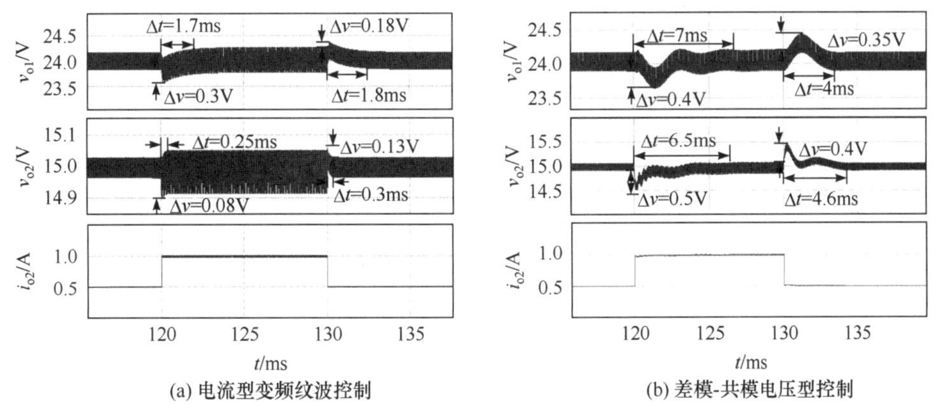

(a) 电流型变频纹波控制　(b) 差模-共模电压型控制

图 5.21　i_{o2} 跳变时 CCM SIDO Boost 电流型变频纹波控制和差模-共模电压型控制变换器的瞬态仿真波形

0.3V；在负载减载时，输出电压 v_{o1}、v_{o2} 的调节时间分别为 1.8ms 和 0.3ms，v_{o1} 在调整过程中的超调量为 0.18V。因此，其瞬态响应时间和交叉影响也小于差模-共模电压型控制 CCM SIDO Boost 变换器。

表 5.5 对比了电流型变频纹波控制和差模-共模电压型控制 CCM SIDO Boost 变换器在负载变化时的瞬态性能，从表中可以看出：无论负载加载还是减载，电流型变频纹波控制的调节时间和超调量均小于差模-共模电压型控制 CCM SIDO Boost 变换器。

表 5.5 CCM SIDO Boost 变换器在两种控制下的负载变化的瞬态性能

控制方法	负载跳变	输出支路 1	输出支路 2
		调节时间/超调量	调节时间/超调量
电流型变频纹波控制	输出支路 1 加载	1.8ms/0.4V	0.3ms/0.05V
差模-共模电压型控制		6.5ms/1.8V	7ms/0.8V
电流型变频纹波控制	输出支路 1 减载	2ms/0.3V	0.4ms/0.03V
差模-共模电压型控制		4.5ms/1.9V	4.8ms/0.8V
电流型变频纹波控制	输出支路 2 加载	1.7ms/0.3V	0.25ms/0.08V
差模-共模电压型控制		7ms/0.4V	6.5ms/0.5V
电流型变频纹波控制	输出支路 2 减载	1.8ms/0.18V	0.3ms/0.13V
差模-共模电压型控制		4ms/0.35V	4.6ms/0.4V

上述时域仿真分析与频域分析结果一致，即本章提出的电流型变频纹波控制 CCM SIDO Boost 变换器有效地提高了瞬态响应速度并减小了输出支路间的交叉影响，且与输出支路 2 相比，输出支路 1 受负载扰动影响大，验证了理论分析的正确性。

5.2.6 实验结果

为了进一步验证时域仿真的正确性，采用与仿真电路相同的电路参数，搭建了电流型变频纹波控制 CCM SIDO Boost 变换器的实验装置，并进行了实验研究。

图 5.22(a)和(b)分别为谷值参考电流 $I_v = 0.5$A 和 $I_v = 0.7$A 时，电流型变频纹波控制 CCM CCM SIDO Boost 变换器的电感电流 i_L、输入电压 V_g、输出电压 v_{o1} 和 v_{o2} 的稳态实验波形。由图 5.22 可知：在不同的谷值电流参考下，电流型变频纹波控制 CCM SIDO Boost 变换器都可以实现输入 12V，两路输出 24V 和 15V，验证了该控制方案的可行性。

当谷值参考电流 $I_v = 0.5$A 时，变换器开关频率 $f_s = 68$kHz；当 $I_v = 0.7$A 时，变换器开关频率 $f_s = 83$kHz，与理论计算出的 66.7kHz 和 81.9kHz 基本一致，实验结果验证了理论分析的正确性。

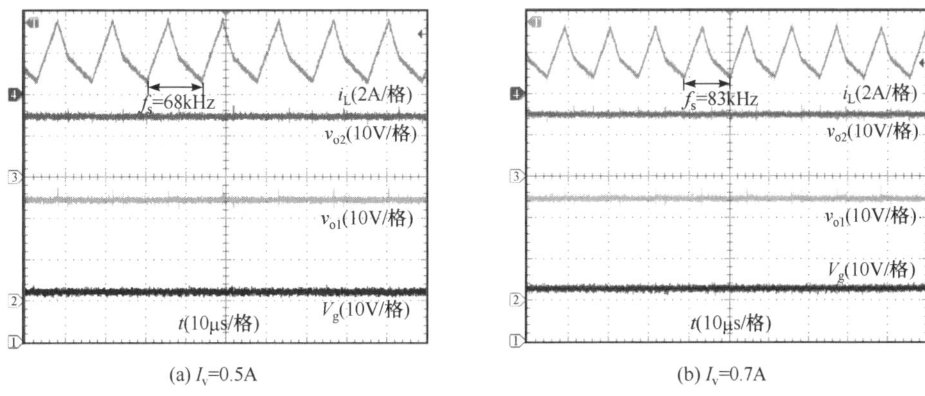

(a) I_v=0.5A　　(b) I_v=0.7A

图 5.22　I_v = 0.5A 和 I_v = 0.7A 时电流型变频纹波控制 CCM SIDO Boost 变换器的稳态实验波形

图 5.23(a)、图 5.24(a)为 I_v = 0.5A、输出支路 1 负载跳变时，输出电流 i_{o1}、输入电压 V_g、输出电压 v_{o1} 和 v_{o2} 的瞬态实验波形，图 5.23(b)、图 5.24(b)为输出电流 i_{o1} 和输出电压纹波波形。

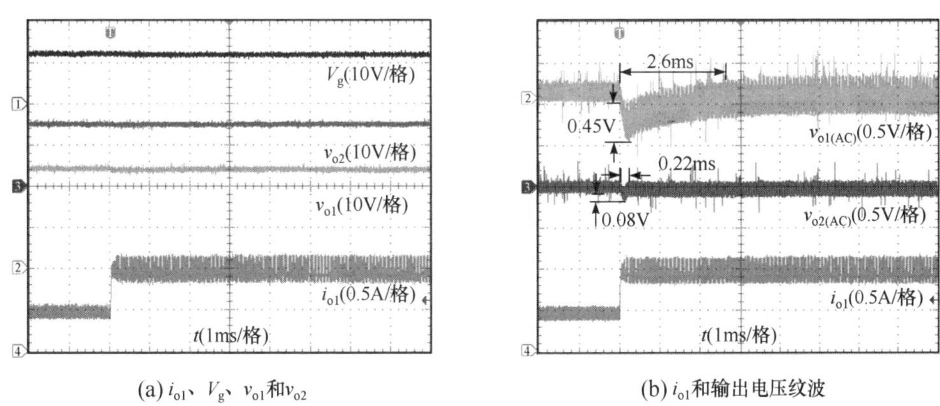

(a) i_{o1}、V_g、v_{o1}和v_{o2}　　(b) i_{o1}和输出电压纹波

图 5.23　输出支路 1 负载加载时电流型变频纹波控制 CCM SIDO Boost 变换器的瞬态实验波形

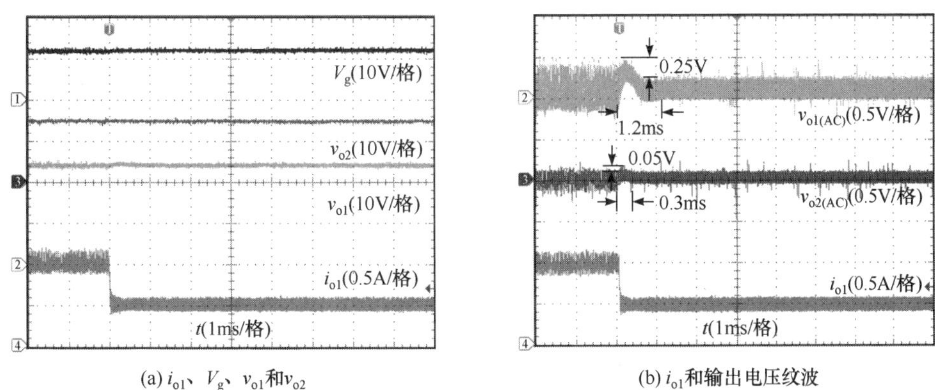

(a) i_{o1}、V_g、v_{o1}和v_{o2}　　(b) i_{o1}和输出电压纹波

图 5.24　输出支路 1 负载减载时电流型变频纹波控制 CCM SIDO Boost 变换器的瞬态实验波形

从图 5.23 中可以看出：当输出电流 i_{o1} 从 0.5A→1A 变化时，电流型变频纹波控制

CCM SIDO Boost 变换器的输出电压 v_{o1}、v_{o2} 分别经过 2.6ms 和 0.22ms 的调整过程重新进入稳态；输出支路 1 对输出支路 2 的交叉影响为 0.08V。由图 5.24 可知：当 i_{o1} 从 1A→0.5A 变化时，电流型变频纹波控制 CCM SIDO Boost 变换器的输出电压 v_{o1}、v_{o2} 分别经过 1.2ms 和 0.3ms 的调整过程重新进入稳态；输出支路 1 对输出支路 2 的交叉影响为 0.05V。

图 5.25(a)、图 5.26(a)为 $I_v = 0.5$A、输出支路 2 负载跳变时，输出电流 i_{o2}、输入电压 V_g、输出电压 v_{o1} 和 v_{o2} 的瞬态实验波形；图 5.25(b)、图 5.26(b)为输出电流 i_{o2} 和输出电压纹波波形。

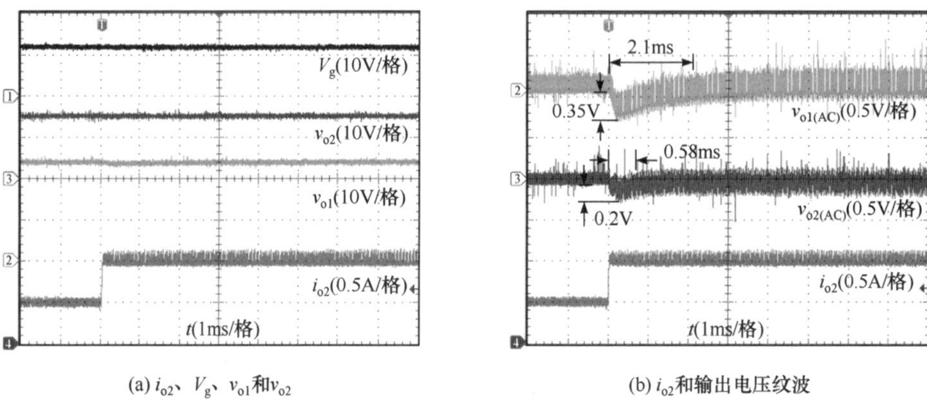

(a) i_{o2}、V_g、v_{o1}和v_{o2} (b) i_{o2}和输出电压纹波

图 5.25 输出支路 2 负载加载时电流型变频纹波控制 CCM SIDO Boost 变换器的瞬态实验波形

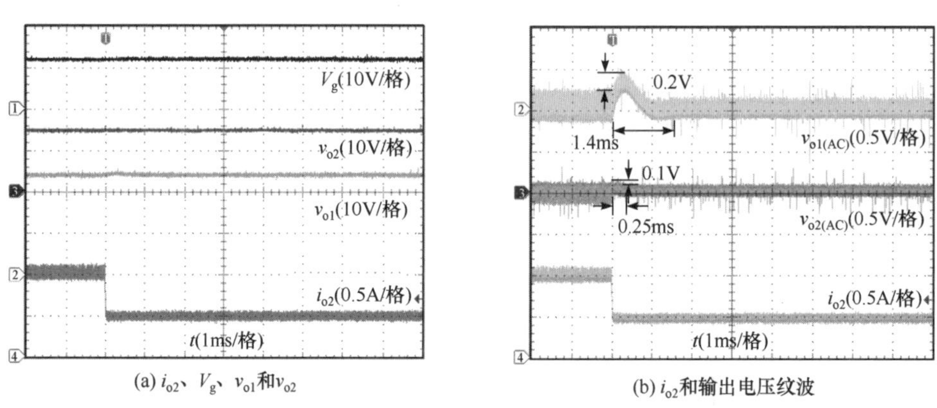

(a) i_{o2}、V_g、v_{o1}和v_{o2} (b) i_{o2}和输出电压纹波

图 5.26 输出支路 2 负载减载时电流型变频纹波控制 CCM SIDO Boost 变换器的瞬态实验波形

从图 5.25 中可以看出：当输出支路 2 的输出电流 i_{o2} 从 0.5A→1A 变化时，电流型变频纹波控制 CCM SIDO Boost 变换器的输出电压 v_{o1}、v_{o2} 分别经过 2.1ms 和 0.58ms 的调整过程重新进入稳态；输出支路 2 对输出支路 1 的交叉影响为 0.35V。由图 5.26 可知：当 i_{o2} 从 1A→0.5A 变化时，电流型变频纹波控制 CCM SIDO Boost 变换器的输出电压 v_{o1}、v_{o2} 分别经过 1.4ms 和 0.25ms 的调整过程重新进入稳态；输出支路 1 对输出支路 2 的交叉影响为 0.2V。

由图 5.22～图 5.26 所示的实验结果可知：当负载跳变时，本章提出的电流型变频纹波控制 CCM SIDO Boost 变换器有效地减小了输出支路间的交叉影响，提高了瞬态响应速度，与输出支路 2 相比，输出支路 1 受负载扰动影响大。表 5.6 将实验结果与仿真结果进行了对比，由此表可知，实验结果与仿真结果基本一致，验证了本章仿真分析的正确性。

表 5.6 电流型变频纹波控制 CCM SIDO Boost 变换器的负载瞬态性能

试验方法	负载跳变	输出支路 1	输出支路 2
		调节时间/超调量	调节时间/超调量
仿真	输出支路 1 加载	1.8ms/0.4V	0.3ms/0.05V
实验		2.6ms/0.45V	0.22ms/0.08V
仿真	输出支路 1 减载	2ms/0.3V	0.4ms/0.03V
实验		1.2ms/0.25V	0.3ms/0.05V
仿真	输出支路 2 加载	1.7ms/0.3V	0.25ms/0.08V
实验		2.1ms/0.35V	0.58ms/0.2V
仿真	输出支路 2 减载	1.8ms/0.18V	0.3ms/0.13V
实验		1.4ms/0.2V	0.25ms/0.1V

5.3 本章小结

为了解决第 4 章研究的电流型恒频纹波控制 SIMO 开关变换器的稳定性受输入输出电压范围的限制，本章研究了电压型/电流型变频纹波控制技术。

通过分析 CCM 单电感三输出 SITO Buck 变换器的六种工作模态，根据主开关管和输出支路开关管占空比的相对大小，将 CCM SITO Buck 变换器的开关时序分为 5 种，推导出不同开关时序切换的条件。基于此，提出了无补偿网络的电压型变频纹波控制技术，详细分析了其工作原理，建立了 s 域小信号模型。通过 Bode 图，从频率的角度对比分析了一条输出支路负载变化对其他输出支路的交叉影响。研究结果表明：提出的无补偿网络电压型变频纹波控制技术适用于不同开关时序的 CCM SITO Buck 变换器；该控制技术提高了变换器的负载瞬态响应速度，抑制了输出支路的交叉影响。

提出了电流型变频纹波控制技术及其实现方案；在分析其工作原理的基础上，计算了电流型变频纹波控制 CCM SIDO Boost 变换器的开关频率与主电路参数以及谷值参考电流的关系式；基于电流型变频纹波控制 CCM SIDO Boost 变换器的小信号模型，从负载瞬态响应和交叉影响特性两方面与传统的差模-共模电压型控制 CCM SIDO Boost 变换器进行了对比分析。研究结果表明：与差模-共模电压型控制相比，电流型变频纹波控制提高了 CCM SIDO Boost 变换器的瞬态响应速度，抑制了输出支路间的交叉影响。

参考文献

[1] 张希. 基于变频纹波控制的开关变换器及其稳定性研究. 成都: 西南交通大学, 2017.

[2] Ridley R B. A new, continuous-time model for current-mode control . IEEE Transactions on Power

Electronics, 1991, 6(2): 271-280.

[3] Erickson R W, Maksimovic D. Fundamentals of Power Electronics. Norwell: Kluwer Academic, 2001.

[4] 周国华, 许建平, 吴松荣. 开关变换器建模、分析与控制. 北京: 科学出版社, 2016.

[5] 王瑶, 许建平, 钟曙, 等. 单电感双输出 CCM Buck 变换器输出交叉影响分析. 中国电机工程学报, 2014, 34(15): 2371-2378.

[6] Tian S, Lee F C, Mattavellip P, et al. Small-signal analysis and optimal design of external ramp for constant on-time V^2 control with multilayer ceramic caps. IEEE Transactions on Power Electronics, 2014, 29(8): 4450-4460.

[7] Suntio T. Methods to estimate load-transient response of Buck converter under direct-duty-ratio and peak-current-mode control. IEEE Transactions on Power Electronics, 2020, 35(6): 6436-6446.

[8] Zhou S, Zhou G, Liu G, et al. Small-signal modeling and cross-regulation suppressing for current-mode controlled single-inductor dual-output DC-DC converters. IEEE Transactions on Industrial Electronics, 2021, 68(7): 5744-5755.

[9] Wang B, Xian L, Kanamarlapudi V R K, et al. A digital method of power-sharing and cross-regulation suppression for single-inductor multiple-input multiple-output DC-DC converter. IEEE Transactions on Industrial Electronics, 2017, 64(4): 2836-2847.

[10] Wang B, Zhang X, Ye J, et al. Deadbeat control for a single-inductor multiple-input multiple-output DC-DC converter. IEEE Transactions on Power Electronics, 2019, 34(2): 1914-1924.

[11] 周国华, 冉祥, 周述晗, 等. 恒定谷值电流型变频控制 CCM 单电感双输出 Boost 变换器建模与分析. 中国电机工程学报, 2018, 38(23): 7015-7025.

第6章　断续导电模式单电感多输出开关变换器恒频均值电压控制技术

第4章和第5章分别讨论了共享时序连续导电模式(CCM)单电感多输出(SIMO)开关变换器恒频和变频纹波控制技术，从其实验结果中发现：基于纹波的恒频或变频控制技术能够显著提高变换器的负载瞬态响应速度、抑制输出支路的交叉影响，但是由于输出支路没有实现完全解耦，第4章和第5章所述控制方法只能在一定程度上抑制输出支路的交叉影响，无法实现完全消除。由第1章的介绍可知，当SIMO开关变换器工作于断续导电模式(DCM)时，输出支路之间实现隔离，一条输出支路的负载变化不会对其他输出支路产生影响，理论上可以完全消除交叉影响。

本章对共享时序DCM SIMO开关变换器的恒频均值电压控制技术进行研究，先对其工作原理进行分析，在此基础上建立其闭环小信号模型，设计补偿环路的最优参数，推导闭环输出阻抗以及交叉影响阻抗，并利用Bode图对输出支路在不同输出电压等级下的交叉影响特性进行理论分析。

6.1　恒频均值电压控制原理

以双输出Buck变换器为例，恒频均值电压控制DCM SIDO Buck变换器的原理图和控制时序波形如图6.1所示。

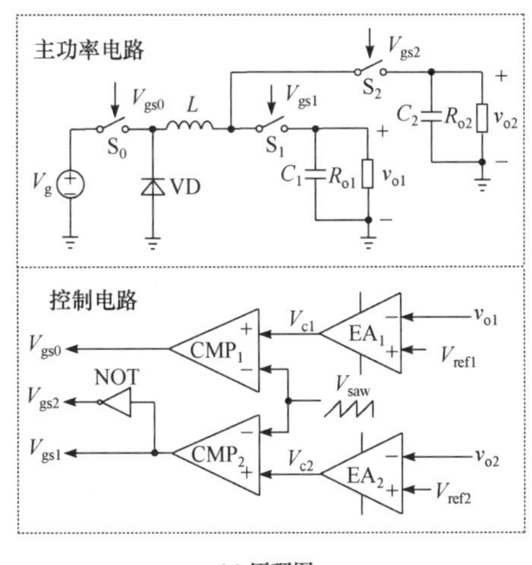

(a) 原理图

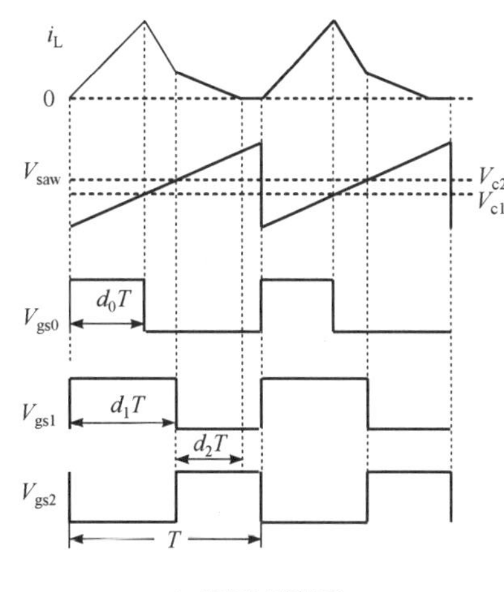

(b) 控制时序波形

图6.1　恒频均值电压控制DCM SIDO Buck变换器的原理图和控制时序波形

在图 6.1(a)中，主功率电路由输入电压 V_g、电感 L、主开关管 S_0、输出支路开关管 S_1、S_2，输出电容 C_1、C_2 以及负载 R_{o1}、R_{o2} 组成；控制电路由误差放大器 EA_1、EA_2，比较器 CMP_1、CMP_2 以及反相器 NOT 组成。

图 6.1(b)为恒频均值电压控制 DCM SIDO Buck 变换器的控制时序波形，其工作原理为：采样输出电压 v_{o1}，经过误差放大器 EA_1 得到主开关管 S_0 的控制信号 V_{c1}；采样输出电压 v_{o2}，经过误差放大器 EA_2 得到输出支路开关管 S_1、S_2 的控制信号 V_{c2}。控制信号 V_{c1}、V_{c2} 经过锯齿波 V_{saw} 调制后得到开关管 S_0、S_1 和 S_2 的驱动信号 V_{gs0}、V_{gs1} 和 V_{gs2}。

6.2 断续导电模式单电感双输出开关变换器小信号建模

6.2.1 状态空间平均模型

对于共享时序 DCM SIDO Buck 变换器，在一个开关周期内存在四个工作状态，如图 6.2 所示，针对每一个开关工作状态，建立其对应的状态方程。

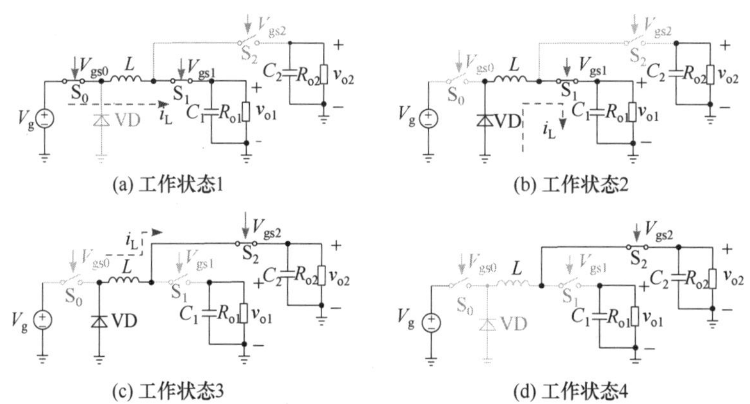

图 6.2 DCM SIDO Buck 变换器的四个工作状态

1) 工作状态 1

在一个开关周期的$[0, d_0T]$时间段，主开关管 S_0 和输出支路开关管 S_1 导通，输出支路开关管 S_2 关断，DCM SIDO Buck 变换器在这个时间段内的等效电路如图 6.2(a)所示，其状态方程为

$$\frac{\mathrm{d}\boldsymbol{x}(t)}{\mathrm{d}t} = \boldsymbol{A}_1\boldsymbol{x}(t) + \boldsymbol{B}_1 v(t) \tag{6.1}$$

2) 工作状态 2

在一个开关周期的$[d_0T, d_1T]$时间段，主开关管 S_0 关断，输出支路开关管 S_1 导通，S_2 保持关断，DCM SIDO Buck 变换器在这个时间段内的等效电路如图 6.2(b)所示，其状态方程为

$$\frac{\mathrm{d}\boldsymbol{x}(t)}{\mathrm{d}t} = \boldsymbol{A}_2\boldsymbol{x}(t) + \boldsymbol{B}_2 v(t) \tag{6.2}$$

3) 工作状态 3

在一个开关周期的$[d_1T, (d_1 + d_2)T]$时间段，主开关管 S_0 保持关断，输出支路开关管 S_1 关断，S_2 导通，DCM SIDO Buck 变换器在这个时间段内的等效电路如图 6.2(c)所示，其状态方程为

$$\frac{\mathrm{d}\boldsymbol{x}(t)}{\mathrm{d}t} = \boldsymbol{A}_3\boldsymbol{x}(t) + \boldsymbol{B}_3 v(t) \tag{6.3}$$

4) 工作状态 4

在一个开关周期的$[(d_1+d_2)T,T]$时间段，主开关管 S_0、输出支路开关管 S_1 保持关断，S_2 保持导通，但电感电流下降到零，DCM SIDO Buck 变换器在这个时间段内的等效电路如图 6.2(d)所示，其状态方程为

$$\frac{\mathrm{d}\boldsymbol{x}(t)}{\mathrm{d}t} = \boldsymbol{A}_4\boldsymbol{x}(t) + \boldsymbol{B}_4 v(t) \tag{6.4}$$

式中，$\boldsymbol{x}(t) = [i_{\mathrm{L}}\ v_{\mathrm{c1}}\ v_{\mathrm{c2}}]^{\mathrm{T}}$，$v(t) = V_{\mathrm{g}}$，系数矩阵 $\boldsymbol{A}_1$～$\boldsymbol{A}_4$ 和 $\boldsymbol{B}_1$～$\boldsymbol{B}_4$ 分别为

$$\boldsymbol{A}_1 = \begin{bmatrix} 0 & -\dfrac{1}{L} & 0 \\ \dfrac{1}{C_1} & -\dfrac{1}{R_{\mathrm{o1}}C_1} & 0 \\ 0 & 0 & -\dfrac{1}{R_{\mathrm{o2}}C_2} \end{bmatrix}, \quad \boldsymbol{A}_2 = \boldsymbol{A}_3 = \begin{bmatrix} 0 & 0 & -\dfrac{1}{L} \\ 0 & -\dfrac{1}{R_{\mathrm{o1}}C_1} & 0 \\ \dfrac{1}{C_2} & 0 & -\dfrac{1}{R_{\mathrm{o2}}C_2} \end{bmatrix}$$

$$\boldsymbol{A}_4 = \begin{bmatrix} 0 & 0 & 0 \\ 0 & -\dfrac{1}{R_{\mathrm{o1}}C_1} & 0 \\ 0 & 0 & -\dfrac{1}{R_{\mathrm{o2}}C_2} \end{bmatrix}$$

$$\boldsymbol{B}_1 = \begin{bmatrix} 1/L & 0 & 0 \end{bmatrix}^{\mathrm{T}}, \quad \boldsymbol{B}_2 = \boldsymbol{B}_3 = \boldsymbol{B}_4 = \begin{bmatrix} 0 & 0 & 0 \end{bmatrix}^{\mathrm{T}}$$

采用状态空间平均法，由式(6.1)～式(6.4)得到 DCM SIDO Buck 变换器的状态空间平均模型：

$$\begin{bmatrix} \dfrac{\mathrm{d}i_{\mathrm{L}}(t)}{\mathrm{d}t} \\ \dfrac{\mathrm{d}v_{\mathrm{c1}}(t)}{\mathrm{d}t} \\ \dfrac{\mathrm{d}v_{\mathrm{c2}}(t)}{\mathrm{d}t} \end{bmatrix} = \begin{bmatrix} 0 & -\dfrac{1}{L}d_0 & -\dfrac{1}{L}(d_1+d_2-d_0) \\ \dfrac{1}{C_1}d_0 & -\dfrac{1}{R_{\mathrm{o1}}C_1} & 0 \\ -\dfrac{1}{C_2}(d_1+d_2-d_0) & 0 & -\dfrac{1}{R_{\mathrm{o2}}C_2} \end{bmatrix} \begin{bmatrix} i_{\mathrm{L}}(t) \\ v_{\mathrm{c1}}(t) \\ v_{\mathrm{c2}}(t) \end{bmatrix} + \begin{bmatrix} \dfrac{1}{L}d_0 \\ 0 \\ 0 \end{bmatrix} v_{\mathrm{g}} \tag{6.5}$$

6.2.2 直流增益

由式(6.5)可以得到 DCM SIDO Buck 变换器的直流稳态模型：

$$\begin{bmatrix}0\\0\\0\end{bmatrix}=\begin{bmatrix}0 & -\dfrac{D_0}{L} & -\dfrac{D_1+D_2-D_0}{L}\\ \dfrac{D_0}{C_1} & -\dfrac{1}{R_{o1}C_1} & 0\\ -\dfrac{D_1+D_2-D_0}{C_2} & 0 & -\dfrac{1}{R_{o2}C_2}\end{bmatrix}\begin{bmatrix}I_L\\V_{c1}\\V_{c2}\end{bmatrix}+\begin{bmatrix}\dfrac{D_0}{L}\\0\\0\end{bmatrix}V_g \tag{6.6}$$

求解式(6.6)，可得直流稳态下 DCM SIDO Buck 变换器的增益为

$$\begin{cases}M_1=\dfrac{V_{o1}}{V_g}=\dfrac{D_0\left(D_1-D_2\right)R_{o1}}{D_2^2R_{o2}+\left(D_1-D_2\right)^2R_{o1}}\\ M_2=\dfrac{V_{o2}}{V_g}=\dfrac{D_0D_2R_{o2}}{D_2^2R_{o2}+\left(D_1-D_2\right)^2R_{o1}}\end{cases} \tag{6.7}$$

电感电流在[0, $(d_1+d_2)T$]时间段的平均值 I_L 可以表示为

$$I_L=\frac{D_0}{L}V_g-\frac{D_0}{L}V_{c1}-\frac{D_1+D_2-D_0}{L}V_{c2} \tag{6.8}$$

6.2.3 交流小信号模型

在式(6.5)中引入小信号扰动，并忽略直流量和高阶扰动项，可得 DCM SIDO Buck 变换器的小信号方程为

$$\begin{aligned}\begin{bmatrix}\dfrac{d\hat{i}_L(t)}{dt}\\ \dfrac{d\hat{v}_{c1}(t)}{dt}\\ \dfrac{d\hat{v}_{c2}(t)}{dt}\end{bmatrix}=&\begin{bmatrix}0 & -\dfrac{D_0}{L} & -\dfrac{D_1+D_2-D_0}{L}\\ \dfrac{D_0}{C_1} & -\dfrac{1}{R_{o1}C_1} & 0\\ -\dfrac{D_1+D_2-D_0}{C_2} & 0 & -\dfrac{1}{R_{o2}C_2}\end{bmatrix}\begin{bmatrix}\hat{i}_L(t)\\ \hat{v}_{c1}(t)\\ \hat{v}_{c2}(t)\end{bmatrix}+\begin{bmatrix}\dfrac{D_0}{L}\\0\\0\end{bmatrix}\hat{v}_g(t)\\ &+\begin{bmatrix}\dfrac{V_{c2}-V_{c1}}{L}\\ \dfrac{I_L}{C_1}\\ \dfrac{I_L}{C_2}\end{bmatrix}\hat{d}_0(t)+\begin{bmatrix}\dfrac{V_{c2}}{L}\\0\\ \dfrac{I_L}{C_2}\end{bmatrix}\hat{d}_1(t)-\begin{bmatrix}\dfrac{V_{c2}}{L}\\0\\ \dfrac{I_L}{C_2}\end{bmatrix}\hat{d}_2(t)\end{aligned} \tag{6.9}$$

由电感电流提供的辅助方程 $\dfrac{d\hat{i}_L(t)}{dt}=0$ 可得

$$\hat{d}_2(t)=\frac{D_0}{V_{c2}}\hat{v}_g+\frac{V_{c2}-V_{c1}}{V_{c2}}\hat{d}_0(t)+\hat{d}_1(t) \tag{6.10}$$

将式(6.8)施加小信号扰动，可得

$$\hat{i}_L=\frac{V_g+V_{c2}-V_{c1}}{L}\hat{d}_0-\frac{V_{c2}}{L}\hat{d}_1-\frac{V_{c2}}{L}\hat{d}_2+\frac{D_0}{L}\hat{v}_g-\frac{D_0}{L}\hat{v}_{c1}-\frac{D_1+D_2-D_0}{L}\hat{v}_{c2} \tag{6.11}$$

将式(6.10)和式(6.11)代入式(6.9)可得

$$\frac{\mathrm{d}\hat{v}_{c1}(t)}{\mathrm{d}t}=\frac{D_0V_g+LI_L}{LC_1}\hat{d}_0-\frac{2D_0V_{c2}}{LC_1}\hat{d}_1-\frac{D_0^{\ 2}R_{o1}+L}{R_{o1}LC_1}\hat{v}_{c1}-\frac{D_0\left(D_1+D_2-D_0\right)}{LC_1}\hat{v}_{c2} \tag{6.12}$$

$$\begin{aligned}\frac{\mathrm{d}\hat{v}_{c2}(t)}{\mathrm{d}t}=&\left[-\frac{\left(D_1+D_2-D_0\right)V_gV_{c2}+LV_{c1}I_L}{LC_2V_{c2}}\right]\hat{d}_0+\frac{2\left(D_1+D_2-D_0\right)V_{c2}}{LC_2}\hat{d}_1-\frac{D_0I_L}{C_2V_{c2}}\hat{v}_g\\&+\frac{\left(D_1+D_2-D_0\right)D_0}{LC_2}\hat{v}_{c1}+\frac{\left(D_1+D_2-D_0\right)^2R_{o2}-L}{LC_2R_{o2}}\hat{v}_{c2}\end{aligned} \tag{6.13}$$

忽略输出电容寄生参数的影响，可得 $\hat{v}_{c1}=\hat{v}_{o1}=\hat{i}_{o1}R_{o1}$ 、$\hat{v}_{c2}=\hat{v}_{o2}=\hat{i}_{o2}R_{o2}$ ，将其代入式(6.12)和式(6.13)，进行拉普拉斯变换，转化为 s 域小信号模型，并求得 DCM SIDO Buck 变换器的控制-输出传递函数 $G_{11}(s)$、$G_{22}(s)$，控制耦合传递函数 $G_{12}(s)$、$G_{21}(s)$，输入-输出传递函数 $G_{v1g}(s)$、$G_{v2g}(s)$，输出阻抗 $Z_{11}(s)$、$Z_{22}(s)$和交叉影响阻抗 $Z_{21}(s)$、$Z_{12}(s)$，分别如下：

$$G_{11}(s)=\frac{\hat{v}_{o1}(s)}{\hat{d}_0}=\frac{D_0R_{o1}V_g+sR_{o1}LI_L}{s^3LC_1R_{o1}+D_0^2R_{o1}+sL}$$

$$G_{22}(s)=\frac{\hat{v}_{o2}(s)}{\hat{d}_1}=\frac{2(D_1+D_2-D_0)R_{o2}V_{c2}}{s^3LC_2R_{o2}-(D_1+D_2-D_0)^2R_{o2}+sL}$$

$$G_{12}(s)=\frac{\hat{v}_{o1}(s)}{\hat{d}_1(s)}=-\frac{2D_0V_{c2}R_{o1}}{s^3LC_1R_{o1}+D_0^2R_{o1}+sL}$$

$$G_{21}(s)=\frac{\hat{v}_{o2}(s)}{\hat{d}_0(s)}=-\frac{(D_1+D_2-D_0)V_gV_{c2}R_{o2}+sLV_{c1}I_LR_{o2}}{s^3LC_2R_{o2}V_{c2}-(D_1+D_2-D_0)^2R_{o2}V_{c2}+sLV_{c2}}$$

$$G_{v1g}(s)=\frac{\hat{v}_{o1}(s)}{\hat{v}_g(s)}=0$$

$$G_{v2g}(s)=\frac{\hat{v}_{o2}(s)}{\hat{v}_g(s)}=-\frac{sD_0I_LLR_{o2}}{s^3LC_2R_{o2}V_{c2}-(D_1+D_2-D_0)^2R_{o2}V_{c2}+sLV_{c2}}$$

$$Z_{11}(s)=\frac{\hat{v}_{o1}(s)}{\hat{i}_{o1}(s)}=-\frac{D_0^2R_{o1}+sL}{s^3LC_1}$$

$$Z_{22}(s)=\frac{\hat{v}_{o2}(s)}{\hat{i}_{o2}(s)}=\frac{(D_1+D_2-D_0)^2R_{o2}-sL}{s^3LC_2},\qquad Z_{21}(s)=\frac{\hat{v}_{o2}(s)}{\hat{i}_{o1}(s)}=\frac{(D_1+D_2-D_0)D_0R_{o1}}{s^3LC_2}$$

$$Z_{12}(s)=\frac{\hat{v}_{o1}(s)}{\hat{i}_{o2}(s)}=-\frac{D_0(D_1+D_2-D_0)R_{o2}}{s^3LC_2}$$

DCM SIDO Buck 变换器的输入交流小信号包括输入电压扰动 $\hat{v}_g$，控制信号扰动 $\hat{d}_0$、$\hat{d}_1$ 和负载电流扰动 $\hat{i}_{o1}$、$\hat{i}_{o2}$，因此可得输出电压小信号扰动量 $\hat{v}_{o1}$、$\hat{v}_{o2}$ 的表达式分别为

$$\hat{v}_{o1}(s)=G_{11}(s)\hat{d}_0(s)+G_{21}(s)\hat{d}_1(s)+Z_{11}(s)\hat{i}_{o1}(s)+Z_{12}(s)\hat{i}_{o2}(s) \tag{6.14}$$

$$\hat{v}_{o2}(s)=G_{12}(s)\hat{d}_0(s)+G_{22}(s)\hat{d}_1(s)+G_{v2g}(s)\hat{v}_g(s)+Z_{21}(s)\hat{i}_{o1}(s)+Z_{22}(s)\hat{i}_{o2}(s) \tag{6.15}$$

通过上述分析，可以得到 DCM SIDO Buck 变换器的完整功率级小信号模型，如图 6.3 所示。

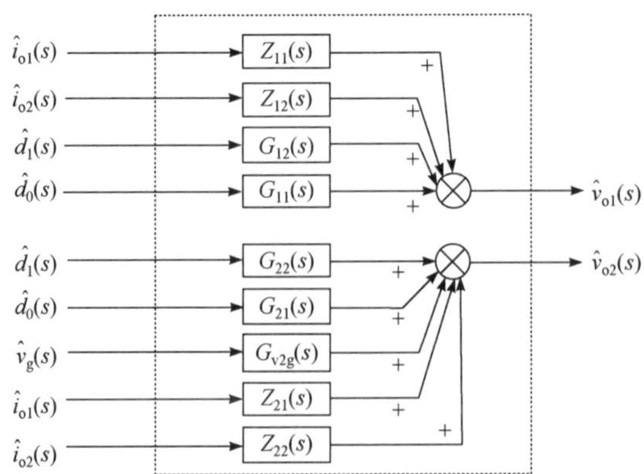

图 6.3 DCM SIDO Buck 变换器的完整功率级小信号模型框图

6.2.4 小信号模型验证

为了验证主功率电路小信号模型的正确性，在 SIMPLIS 中采用表 6.1 所示的电路参数搭建了仿真电路，对所推导的功率级传递函数进行了扫频仿真，并利用 Mathcad 将扫频仿真结果与理论计算进行了对比。

表 6.1 DCM SIDO Buck 变换器的电路参数

变量	描述	数值	变量	描述	数值
L	电感	20μH	C_1	输出支路 1 的输出电容	470μF
V_g	输入电压	20V	C_2	输出支路 2 的输出电容	470μF
D_0	主开关管 S_0 的稳态占空比	0.32	R_{o1}	输出支路 1 的负载电阻	24Ω
D_1	支路开关管 S_1 的稳态占空比	0.35	R_{o2}	输出支路 2 的负载电阻	10Ω
f_s	开关频率	50kHz	—	—	—

DCM SIDO Buck 变换器 SIMPLIS 扫频仿真和理论推导的传递函数 Bode 图如图 6.4 所示，图中实线为理论计算结果，圆点为电路仿真扫频结果。从图 6.4 中可以看出，仿真结果与理论结果基本重合，验证了建模的正确性。

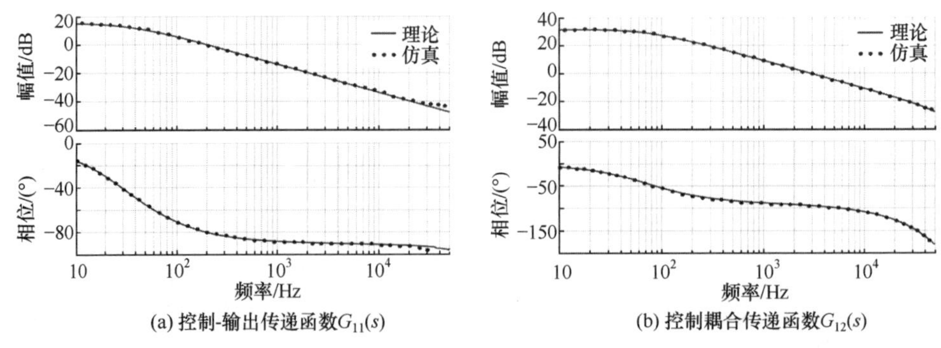

(a) 控制-输出传递函数$G_{11}(s)$　　(b) 控制耦合传递函数$G_{12}(s)$

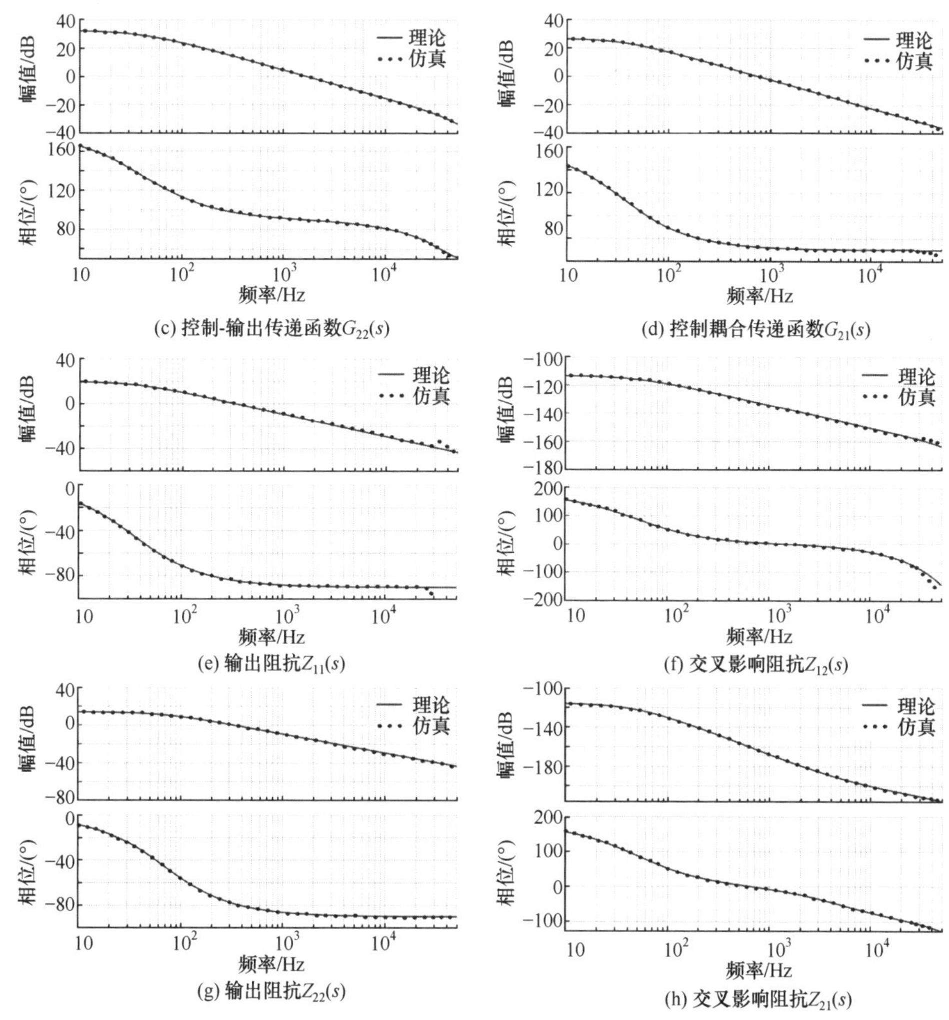

图 6.4　DCM SIDO Buck 变换器传递函数的 Bode 图

6.3　恒频均值电压控制断续导电模式单电感双输出开关变换器小信号建模

6.3.1　小信号模型

根据 6.2.3 节推导的 DCM SIDO Buck 变换器的主功率级传递函数，结合如图 6.1 所示的恒频均值电压控制 DCM SIDO Buck 变换器的原理图，建立其闭环小信号模型，如图 6.5 所示。在图中，$H_{v1}(s)$、$H_{v2}(s)$为输出电压采样环节，$G_{m1}(s)$、$G_{m2}(s)$为脉宽调制传递函数，$G_{c1}(s)$、$G_{c2}(s)$为 PI 补偿网络传递函数，分别为

$$H_{v1}(s)=K_{v1}, \quad H_{v2}(s)=K_{v2} \tag{6.16}$$

$$G_{m1}(s)=1/V_{m1}, \quad G_{m2}(s)=1/V_{m2} \tag{6.17}$$

$$G_{c1}(s)=k_{P1}\left(1+\frac{1}{s\tau_{I1}}\right),\quad G_{c2}(s)=k_{P2}\left(1+\frac{1}{s\tau_{I2}}\right) \tag{6.18}$$

式中，K_{v1}、K_{v2}为输出电压的采样系数；V_{m1}、V_{m2}为调制波的幅值；k_{P1}、k_{P2}与τ_{I1}、τ_{I2}分别为两个 PI 补偿网络的比例系数与时间常数。

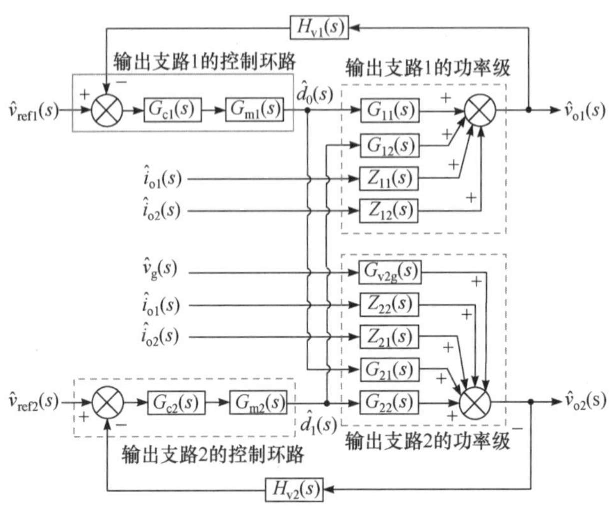

图 6.5 恒频均值电压控制 DCM SIDO Buck 变换器的闭环小信号模型

由图 6.5 可得，输出支路 1、输出支路 2 的闭环输出阻抗分别为

$$Z'_{11}(s)=\frac{\hat{v}_{o1}}{\hat{i}_{o1}}=\frac{X_1(s)Z_{11}(s)+X_2(s)Z_{12}(s)}{\varDelta(s)} \tag{6.19}$$

$$Z'_{22}(s)=\frac{\hat{v}_{o2}}{\hat{i}_{o2}}=\frac{X_3(s)Z_{22}(s)+X_4(s)Z_{21}(s)}{\varDelta(s)} \tag{6.20}$$

输出支路 2 对输出支路 1 以及输出支路 1 对输出支路 2 的闭环交叉影响阻抗分别为

$$Z'_{21}(s)=\frac{\hat{v}_{o1}}{\hat{i}_{o2}}=\frac{X_1(s)Z_{21}(s)+X_2(s)Z_{22}(s)}{\varDelta(s)} \tag{6.21}$$

$$Z'_{12}(s)=\frac{\hat{v}_{o2}}{\hat{i}_{o1}}=\frac{X_3(s)Z_{11}(s)+X_4(s)Z_{12}(s)}{\varDelta(s)} \tag{6.22}$$

式中

$$X_1(s)=1+H_{v1}(s)G_{c1}(s)G_{m1}(s)G_{12}(s)-H_{v2}(s)G_{c2}(s)G_{m2}(s)G_{22}(s)$$

$$X_2(s)=H_{v2}(s)G_{c2}(s)G_{m2}(s)G_{21}(s)-H_{v1}(s)G_{c1}(s)G_{m1}(s)G_{11}(s)$$

$$X_3(s)=1+H_{v1}(s)G_{c1}(s)G_{m1}(s)G_{11}(s)-H_{v2}(s)G_{c2}(s)G_{m2}(s)G_{21}(s)$$

$$X_4(s)=H_{v1}(s)G_{c1}(s)G_{m1}(s)G_{12}(s)-H_{v2}(s)G_{c2}(s)G_{m2}(s)G_{22}(s)$$

$$\varDelta(s)=X_1(s)X_3(s)+X_2(s)X_4(s)$$

6.3.2　小信号模型验证

为了验证恒频均值电压控制 DCM SIDO Buck 变换器闭环小信号模型的正确性，采用表 6.2 所示的电路参数，以输出支路 1 输出电压 12V、输出支路 2 输出电压 5V，输出支路 1 负载电阻 24Ω、输出支路 2 负载电阻 10Ω 为例，在 SIMPLIS 中搭建仿真电路，对闭环输出阻抗和交叉影响阻抗进行扫频仿真,并将扫频仿真与理论计算得到的 Bode 图进行对比，如图 6.6 所示，图中实线为理论计算结果，圆点为电路仿真扫频结果。从图 6.6 中可以看出，在低频段扫频仿真结果与理论推导基本重合，验证了闭环系统小信号模型的正确性；闭环交叉影响阻抗的低频增益小于−100dB，可认为输出支路间无交叉影响。

表 6.2　恒频均值电压控制 DCM SIDO Buck 变换器的电路参数

变量	描述	数值	变量	描述	数值
L	电感	20μH	C_1	输出支路 1 的输出电容	470μF
V_g	输入电压	20V	C_2	输出支路 2 的输出电容	470μF
v_{o1}	输出支路 1 的输出电压	12V	R_{o1}	输出支路 1 的负载电阻	24Ω
v_{o2}	输出支路 2 的输出电压	5V	R_{o2}	输出支路 2 的负载电阻	10Ω
V_{ref1}	输出支路 1 的输出电压参考值	24V	f_s	开关频率	50kHz
V_{ref2}	输出支路 2 的输出电压参考值	15V	—	—	—

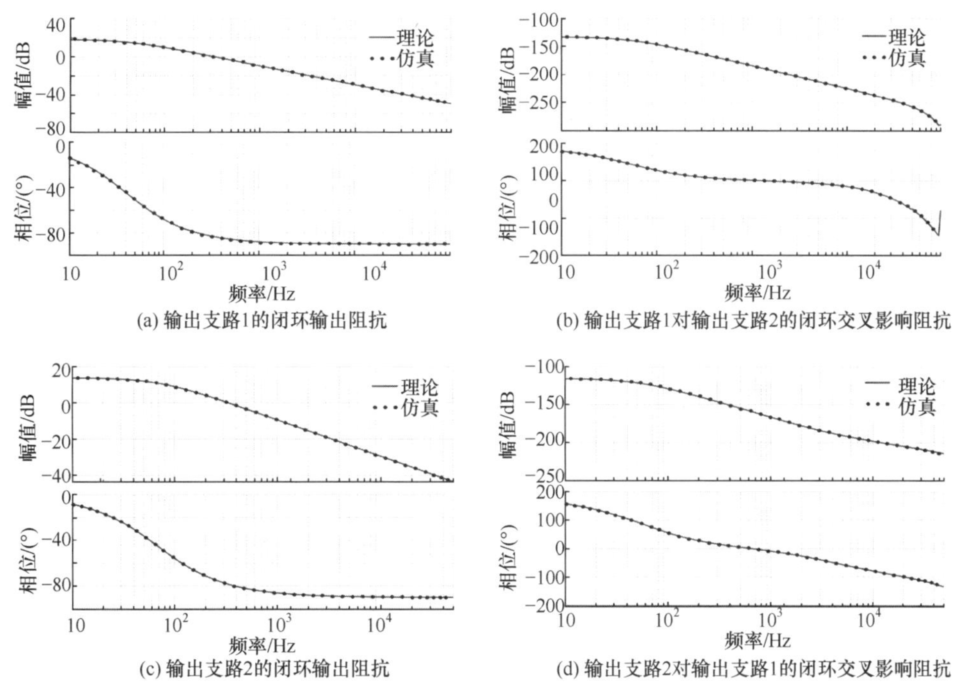

(a) 输出支路1的闭环输出阻抗　(b) 输出支路1对输出支路2的闭环交叉影响阻抗

(c) 输出支路2的闭环输出阻抗　(d) 输出支路2对输出支路1的闭环交叉影响阻抗

图 6.6　恒频均值电压控制 DCM SIDO Buck 变换器的小信号模型验证

6.4 恒频均值电压控制断续导电模式单电感双输出开关变换器仿真结果

为了验证恒频均值电压控制 DCM SIDO Buck 变换器交叉影响特性分析的正确性，根据表 6.2 所示的电路参数，采用 PSIM 对两条输出支路的交叉影响特性进行了仿真分析。

图 6.7 为恒频均值电压控制 DCM SIDO Buck 变换器在 v_{o1} = 12V 和 v_{o2} = 5V 时的负载瞬态仿真波形。由图可知：当输出支路 1 负载跳变时，输出支路 2 在调整过程中仅纹波发生微小变化；同样，当输出支路 2 负载跳变时，输出支路 1 在调整过程中仅输出电压纹波发生微小变化。上述仿真结果与频域分析一致，即恒频均值电压控制 DCM SIDO Buck 变换器的输出支路不存在交叉影响。

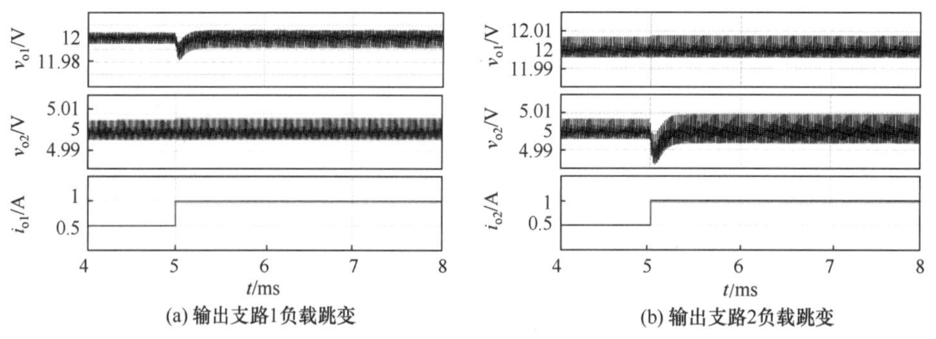

图 6.7 恒频均值电压控制 DCM SIDO Buck 变换器的负载瞬态仿真波形

6.5 本 章 小 结

本章分析了恒频均值电压控制 DCM SIDO Buck 变换器的工作原理和工作时序，建立了恒频均值电压控制 DCM SIDO Buck 变换器的闭环小信号模型，推导了两条输出支路的闭环输出阻抗和交叉影响阻抗，并从频域的角度通过 Bode 图对两条输出支路的交叉影响特性进行了分析。研究结果表明，恒频均值电压控制 DCM SIDO Buck 变换器的输出支路间不存在交叉影响。最后，通过仿真结果验证了理论分析的正确性。

第 7 章　伪连续导电模式单电感多输出开关变换器恒定续流控制技术

与工作于连续导电模式(CCM)的单电感多输出(SIMO)开关变换器相比，工作于伪连续导电模式(PCCM)的 SIMO 开关变换器具有更小的交叉影响；与工作于断续导电模式(DCM)的 SIMO 开关变换器相比，PCCM SIMO 开关变换器拓宽了负载范围，减小了变换器的输出电压纹波。因此，研究 PCCM SIMO 开关变换器具有重要意义。在 PCCM SIMO 开关变换器中，恒频均值电压型恒定续流控制技术应用较广[1, 2]，该控制技术具有实现简单、输出支路间无交叉影响的优点。但是，采用恒频均值电压控制的 PCCM SIMO 开关变换器具有较慢的负载瞬态响应速度[3]。电压型恒频纹波控制技术将输出电容等效串联电阻(ESR)上的纹波电压作为反馈量；当负载发生变化时，由于电感电流不能突变，负载电流的变化首先在输出电容支路中体现出来，引起输出电容 ESR 纹波电压的变化；因此电压型恒频纹波控制技术具有快速的负载瞬态响应[4, 5]。

本章研究恒频均值电压型恒定续流控制 PCCM SIMO 开关变换器技术，以双输出 Buck 变换器为例，建立其小信号模型；根据电感电流与输出负载的关系，基于状态方程，推导输出负载的表达式；根据续流时间与负载的关系曲线分析变换器的损耗特性。提出电压型恒频纹波控制 PCCM SIMO Buck 变换器技术，并分析其工作原理；建立实际电路参数下电压型恒频纹波控制 PCCM SIMO Buck 变换器的小信号模型，通过 Bode 图对其负载瞬态响应和交叉影响进行对比分析；同时建立电压型恒频纹波控制 PCCM SIMO Buck 变换器的采样数据模型，通过对平衡点处雅可比(Jacobi)矩阵的特征值进行分析，得到电路参数变化时电压型恒频纹波控制 PCCM SIMO Buck 变换器的状态区域分布图。

7.1　恒频均值电压型恒定续流控制技术

7.1.1　工作原理

以双输出为例，恒频均值电压型恒定续流控制 PCCM 单电感双输出(SIDO) Buck 变换器的电路原理图和控制时序波形如图 7.1 所示。主开关管 S_0 采用恒频均值电压型恒定续流控制技术，续流开关管 S_f 采用恒定续流控制，输出支路开关管 S_1、S_2 互补导通。主开关管 S_0 的控制电路包括误差放大器 EA_1 和 EA_2、比较器 CMP_1 和 CMP_2、触发器 RS_1 和 RS_2，锯齿波 V_{saw}，以及选择器 S。其中，输出电压 v_{o1} 和 v_{o2} 为主开关管 S_0 的控制电路反馈量。续流开关管 S_f 的控制电路包括比较器 CMP_3、触发器 RS_3 和续流参考值 I_{dc}，电感

电流 i_L 为 S_f 控制电路的反馈量。输出支路开关管 S_1、S_2 的控制电路由 D 触发器和时钟 clk 构成。主开关管 S_0、续流开关管 S_f 和输出支路开关管 S_1、S_2 所对应的控制脉冲分别为 V_{gs0}、V_{gsf} 和 V_{gs1}、V_{gs2}。

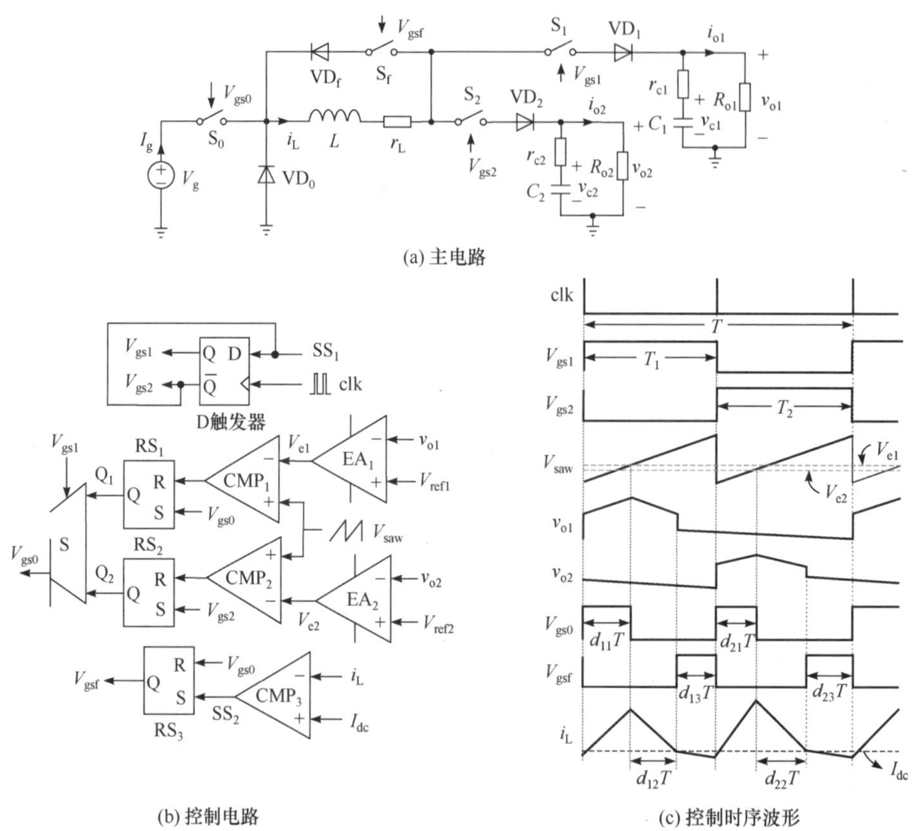

图 7.1　恒频均值电压型恒定续流控制 PCCM SIDO Buck 变换器的电路原理图和控制时序波形

图 7.1(c)为恒频均值电压型恒定续流控制 PCCM SIDO Buck 变换器的控制时序波形。由图 7.1(c)可知，在时钟信号 clk 和 D 触发器的作用下，输出支路开关管 S_1、S_2 分时交替工作。当 $V_{gs1}=1$ 时，$V_{gs2}=0$，输出支路开关管 S_1 导通、S_2 关断，S_1 的导通时间为 T_1；当 $V_{gs1}=0$ 时，$V_{gs2}=1$，输出支路开关管 S_2 导通、S_1 关断，S_2 的导通时间为 T_2。对于恒频均值电压型恒定续流控制 PCCM SIDO Buck 变换器，输出支路开关管 S_1、S_2 的导通时间相等，即 $T_1 = T_2 = T/2$。

主开关管 S_0 采用恒频均值电压型恒定续流控制技术，其控制逻辑为：输出电压 v_{o1} 和参考电压 V_{ref1} 经过误差放大器 EA_1 产生信号 V_{e1}，V_{e1} 与锯齿波信号 V_{saw} 相比较，当锯齿波信号 V_{saw} 高于 V_{e1} 时，触发器 RS_1 复位，产生控制信号 Q_1；同理可得输出支路 2 的控制信号 Q_2。当 $V_{gs1}=1$ 时，输出支路开关管 S_1 导通，选择器 S 的输出信号 V_{gs0} 为输出支路 1 的控制信号 Q_1；反之，当 $V_{gs1}=0$ 时，输出支路开关管 S_2 导通，选择器 S 的输出信号 V_{gs0} 为输出支路 2 的控制信号 Q_2。由于输出支路开关管 S_1 和 S_2 交替互补导通，选择器 S 轮流选择相应输出支路的控制信号作为主开关管 S_0 的驱动信号 V_{gs0}。

续流开关管 S_f 采用恒定续流控制，即当电感电流 i_L 小于续流参考值 I_{dc} 时，续流开关管 S_f 导通。在输出支路开关管 S_1 导通，即 $V_{gs1}=1$ 时，主开关管 S_0 关断后，电感电流 i_L 开始下降，当其下降至恒定的续流参考值 I_{dc} 时，续流开关管 S_f 导通，直至 S_1 关断、S_2 导通，再次重复上述工作过程。

由上述分析可知，续流开关管 S_f 采用恒定续流控制，每个输出支路开关管导通前，i_L 都等于 I_{dc}，即单个输出支路的电感电流均工作于 PCCM。理论上，PCCM SIDO Buck 变换器可以实现输出支路完全解耦，使得输出支路间无交叉影响，但实际中电感和续流开关管存在寄生电阻，i_L 在续流阶段不会一直保持 I_{dc} 不变，会略微下降，因此 PCCM SIDO 开关变换器的输出支路仍然存在一定的耦合。对于恒频均值电压型恒定续流控制 PCCM SIDO Buck 变换器，主开关管 S_0 采用电压型控制，只采样输出电压作为控制环路的反馈变量，输入电压或输出电流变化后，只能在输出电压改变时才能检测到并反馈回来进行纠正，因此瞬态响应速度比较慢。

7.1.2　小信号建模

1. 主功率电路小信号建模

根据时间平均等效电路法，采用受控电流源 $\hat{i}_{s0}(s)$、$\hat{i}_{sf}(s)$ 和 $\hat{i}_{s1}(s)$ 分别替代主开关管 S_0、续流开关管 S_f 和输出支路开关管 S_1，受控电压源 $\hat{v}_D(s)$ 和 $\hat{v}_{s2}(s)$ 分别替代二极管 VD_0 和输出支路开关管 S_2，得到 PCCM SIDO Buck 变换器的时间平均交流小信号等效电路，如图 7.2 所示。

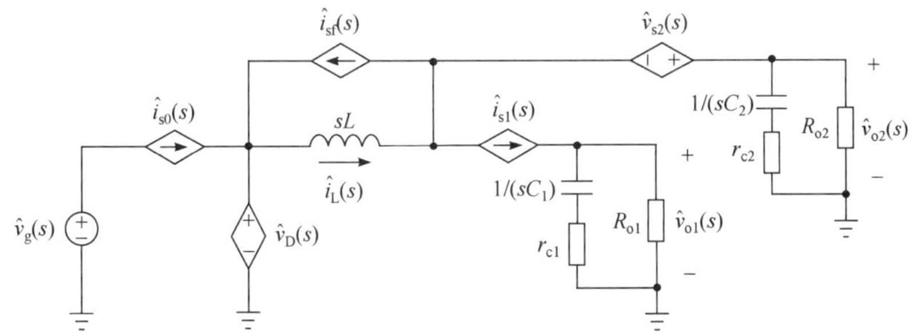

图 7.2　PCCM SIDO Buck 变换器时间平均交流小信号等效电路

在图 7.2 中，受控源 $\hat{i}_{s0}(s)$、$\hat{i}_{sf}(s)$、$\hat{i}_{s1}(s)$、$\hat{v}_D(s)$ 和 $\hat{v}_{s2}(s)$ 的表达式分别为

$$\hat{i}_{s0}(s)=\left(\hat{d}_{11}(s)+\hat{d}_{21}(s)\right)I_L+\left(D_{11}+D_{21}\right)\hat{i}_L(s) \tag{7.1}$$

$$\hat{i}_{sf}(s)=\left(\hat{d}_{13}(s)+\hat{d}_{23}(s)\right)I_L+\left(D_{13}+D_{23}\right)\hat{i}_L(s) \tag{7.2}$$

$$\hat{i}_{s1}(s)=\left(\hat{d}_{11}(s)+\hat{d}_{12}(s)\right)I_L+\left(D_{11}+D_{12}\right)\hat{i}_L(s) \tag{7.3}$$

$$\begin{aligned}\hat{v}_D(s)=&\left(D_{11}+D_{21}\right)\hat{v}_g(s)+\left(\hat{d}_{11}(s)+\hat{d}_{21}(s)\right)V_g+R_{eq1}D_{13}\hat{v}_{c1}(s)+R_{eq2}D_{23}\hat{v}_{c2}(s)\\&+R_{eq1}V_{c1}\hat{d}_{13}(s)+R_{eq2}V_{c2}\hat{d}_{23}(s)\end{aligned} \tag{7.4}$$

$$\begin{aligned}\hat{v}_{s2}(s)=0.5R_{eq1}\hat{v}_{c1}(s)+R_{eq1}R_{c1}I_L\left(\hat{d}_{11}(s)+\hat{d}_{12}(s)\right)\\+R_{eq1}R_{c1}\left(D_{11}+D_{12}\right)\hat{i}_L(s)-0.5R_{eq2}\hat{v}_{c2}(s)\end{aligned}\tag{7.5}$$

式中，$R_{eq1}=R_{o1}/(R_{o1}+r_{c1})$，$R_{eq2}=R_{o2}/(R_{o2}+r_{c2})$，$D_{11}$～$D_{23}$、$V_g$、$I_L$、$V_{c1}$和$V_{c2}$、$V_{o1}$和$V_{o2}$分别为占空比、输入电压、电感电流、输出电容电压和输出电压的稳态平均值，$\hat{d}_{11}(s)$～$\hat{d}_{23}(s)$、$\hat{v}_g(s)$、$\hat{i}_L(s)$、$\hat{v}_{c1}(s)$和$\hat{v}_{c2}(s)$、$\hat{v}_{o1}(s)$和$\hat{v}_{o2}(s)$分别为其小信号扰动量。

根据 KCL 和 KVL，由图 7.2 可得

$$\hat{i}_L(s)=\hat{i}_{sf}(s)+\hat{i}_{s1}(s)+\hat{v}_{o2}(s)/R_{eq2}(s)\tag{7.6}$$

$$\hat{v}_D(s)=sL\hat{i}_L(s)+\hat{v}_{s2}(s)+\hat{v}_{o2}(s)\tag{7.7}$$

$$\hat{i}_{s1}(s)=\hat{v}_{o1}(s)/R_{eq1}(s)=\hat{v}_{o1}(s)/R_{o1}+sC_1\hat{v}_{c1}(s)\tag{7.8}$$

式中，$R_{eq1}(s)=(1+sC_1r_{c1})R_{o1}/\left[1+sC_1(r_{c1}+R_{o1})\right]$，$R_{eq2}(s)=(1+sC_2r_{c2})R_{o2}/\left[1+sC_2(r_{c2}+R_{o2})\right]$。

联立式(7.1)～式(7.8)，可得

$$(0.5-D_{23})\hat{i}_L(s)=\hat{d}_{23}(s)I_L+\frac{\hat{v}_{o2}(s)}{R_{eq2}(s)}\tag{7.9}$$

$$-\hat{d}_{13}(s)I_L+(0.5-D_{13})\hat{i}_L(s)=\frac{\hat{v}_{o1}(s)}{R_{eq1}(s)}\tag{7.10}$$

$$\begin{aligned}&\left(\hat{d}_{11}(s)+\hat{d}_{21}(s)\right)V_g+(D_{11}+D_{21})\hat{v}_g(s)=\left(sL+\frac{R_{o1}r_{c1}}{R_{o1}+r_{c1}}(D_{11}+D_{12})\right)\hat{i}_L(s)\\&-\frac{R_{o1}(V_{c1}+r_{c1}I_L)}{R_{o1}+r_{c1}}\hat{d}_{13}(s)-\frac{R_{o2}V_{c2}}{R_{o2}+r_{c2}}\hat{d}_{23}(s)+\frac{R_{o1}(0.5-D_{13})}{(R_{o1}+r_{c1})(1+sC_1r_{c1})}\hat{v}_{o1}(s)\\&+\left(1-\frac{R_{o2}(0.5+D_{23})}{(R_{o2}+r_{c2})(1+sC_2r_{c2})}\right)\hat{v}_{o2}(s)\end{aligned}\tag{7.11}$$

令式(7.9)～式(7.11)中$\hat{v}_g(s)=\hat{d}_{13}(s)=\hat{d}_{23}(s)=\hat{d}_{21}(s)=0$，可以求得 PCCM SIDO Buck 变换器控制量$\hat{d}_{11}(s)$的控制-输出、控制-电感电流的传递函数$G_{111}(s)$、$G_{211}(s)$、$G_{id11}(s)$分别为

$$G_{111}(s)=\frac{\hat{v}_{o1}(s)}{\hat{d}_{11}(s)}=\frac{(0.5-D_{13})V_gR_{eq1}(s)}{sL+R_{x1}(s)+R_{x2}(s)}\tag{7.12}$$

$$G_{211}(s)=\frac{\hat{v}_{o2}(s)}{\hat{d}_{11}(s)}=\frac{(0.5-D_{23})V_gR_{eq2}(s)}{sL+R_{x1}(s)+R_{x2}(s)}\tag{7.13}$$

$$G_{id11}(s)=\frac{\hat{i}_L(s)}{\hat{d}_{11}(s)}=\frac{V_g}{sL+R_{x1}(s)+R_{x2}(s)}\tag{7.14}$$

式中

$$R_{x1}(s)=\frac{R_{eq1}(s)(0.5-D_{13})(R_{o2}+r_{c2})(1+sC_2r_{c2})\left[R_{o1}(0.5-D_{13})+r_{c1}+sC_1r_{c1}(R_{o1}+r_{c1})\right]}{(R_{o1}+r_{c1})(1+sC_1r_{c1})(R_{o2}+r_{c2})(1+sC_2r_{c2})}$$

$$R_{x2}(s)=\frac{R_{eq2}(s)(0.5-D_{23})(R_{o1}+r_{c1})(1+sC_1r_{c1})\left[R_{o2}(0.5-D_{23})+r_{c2}+sC_2r_{c2}(R_{o2}+r_{c2})\right]}{(R_{o1}+r_{c1})(1+sC_1r_{c1})(R_{o2}+r_{c2})(1+sC_2r_{c2})}$$

令式(7.9)～式(7.11)中 $\hat{v}_g(s)=\hat{d}_{11}(s)=\hat{d}_{21}(s)=\hat{d}_{23}(s)=0$ ，可以求得 PCCM SIDO Buck 变换器控制量 $\hat{d}_{13}(s)$ 的控制-输出、控制-电感电流的传递函数 $G_{113}(s)$、$G_{213}(s)$、$G_{id13}(s)$分别为

$$G_{113}(s)=\frac{\hat{v}_{o1}(s)}{\hat{d}_{13}(s)}=\frac{(0.5-D_{13})R_{eq1}(s)R_{x3}(s)}{sL+R_{x1}(s)+R_{x2}(s)}-I_LR_{eq1}(s) \tag{7.15}$$

$$G_{213}(s)=\frac{\hat{v}_{o2}(s)}{\hat{d}_{13}(s)}=\frac{(0.5-D_{23})R_{eq2}(s)R_{x3}(s)}{sL+R_{x1}(s)+R_{x2}(s)} \tag{7.16}$$

$$G_{id13}(s)=\frac{\hat{i}_L(s)}{\hat{d}_{13}(s)}=\frac{R_{x3}(s)}{sL+R_{x1}(s)+R_{x2}(s)} \tag{7.17}$$

式中，$R_{x3}(s)=\dfrac{(R_{o1}V_{o1}+R_{o1}r_{c1}I_L)(1+sC_1r_{c1})+(0.5-D_{13})R_{o1}I_LR_{eq1}(s)}{(R_{o1}+r_{c1})(1+sC_1r_{c1})}$。

令式(7.9) ～式(7.11)中 $\hat{v}_g(s)=\hat{d}_{11}(s)=\hat{d}_{13}(s)=\hat{d}_{23}(s)=0$，可以求得 PCCM SIDO Buck 变换器控制量 $\hat{d}_{21}(s)$ 的控制-输出、控制-电感电流的传递函数 $G_{121}(s)$、$G_{221}(s)$、$G_{id21}(s)$分别为

$$G_{121}(s)=\frac{\hat{v}_{o1}(s)}{\hat{d}_{21}(s)}=\frac{(0.5-D_{13})V_gR_{eq1}(s)}{sL+R_{x1}(s)+R_{x2}(s)} \tag{7.18}$$

$$G_{221}(s)=\frac{\hat{v}_{o2}(s)}{\hat{d}_{21}(s)}=\frac{(0.5-D_{23})V_gR_{eq2}(s)}{sL+R_{x1}(s)+R_{x2}(s)} \tag{7.19}$$

$$G_{id21}(s)=\frac{\hat{i}_L(s)}{\hat{d}_{21}(s)}=\frac{V_g}{sL+R_{x1}(s)+R_{x2}(s)} \tag{7.20}$$

令式(7.9)～式(7.11)中 $\hat{v}_g(s)=\hat{d}_{11}(s)=\hat{d}_{13}(s)=\hat{d}_{21}(s)=0$ ，可以求得 PCCM SIDO Buck 变换器控制量 $\hat{d}_{23}(s)$ 的控制-输出、控制-电感电流的传递函数 $G_{123}(s)$、$G_{223}(s)$、$G_{id23}(s)$分别为

$$G_{123}(s)=\frac{\hat{v}_{o1}(s)}{\hat{d}_{23}(s)}=\frac{(0.5-D_{13})R_{eq1}(s)R_{x4}(s)}{sL+R_{x1}(s)+R_{x2}(s)} \tag{7.21}$$

$$G_{223}(s)=\frac{\hat{v}_{o2}(s)}{\hat{d}_{23}(s)}=\frac{(0.5-D_{23})R_{eq2}(s)R_{x4}(s)}{sL+R_{x1}(s)+R_{x2}(s)} \tag{7.22}$$

$$G_{id23}(s)=\frac{\hat{i}_L(s)}{\hat{d}_{23}(s)}=\frac{R_{x4}(s)}{sL+R_{x1}(s)+R_{x2}(s)} \tag{7.23}$$

式中，$R_{x4}(s)=\dfrac{(R_{o2}V_{o2}+R_{o2}r_{c2}I_L)(1+sC_2r_{c2})+(0.5-D_{23})R_{o2}I_LR_{eq2}(s)}{(R_{o2}+r_{c2})(1+sC_2r_{c2})}$。

令式(7.9)～式(7.11)中 $\hat{d}_{11}(s)=\hat{d}_{13}(s)=\hat{d}_{21}(s)=\hat{d}_{23}(s)=0$ ，可以求得 PCCM SIDO Buck 变换器输入-输出、输入-电感电流的传递函数 $G_{\text{v1g}}(s)$、$G_{\text{v2g}}(s)$、$G_{\text{ig}}(s)$分别为

$$G_{\text{v1g}}(s)=\frac{\hat{v}_{\text{o1}}(s)}{\hat{v}_{\text{g}}(s)}=\frac{(D_{11}+D_{21})(0.5-D_{13})R_{\text{eq1}}(s)}{sL+R_{\text{x1}}(s)+R_{\text{x2}}(s)} \tag{7.24}$$

$$G_{\text{v2g}}(s)=\frac{\hat{v}_{\text{o2}}(s)}{\hat{d}_{23}(s)}=\frac{(0.5-D_{23})R_{\text{eq2}}(s)R_{\text{x4}}(s)}{sL+R_{\text{x1}}(s)+R_{\text{x2}}(s)} \tag{7.25}$$

$$G_{\text{ig}}(s)=\frac{\hat{i}_{\text{L}}(s)}{\hat{v}_{\text{g}}(s)}=\frac{D_{11}+D_{21}}{sL+R_{\text{x1}}(s)+R_{\text{x2}}(s)} \tag{7.26}$$

类似地，可以求得输出阻抗 $Z_{11}(s)$、$Z_{22}(s)$，交叉影响阻抗 $Z_{12}(s)$、$Z_{21}(s)$，输出电流-电感电流的传递函数 $G_{\text{i1z}}(s)$、$G_{\text{i2z}}(s)$分别为

$$Z_{11}(s)=\frac{\hat{v}_{\text{o1}}(s)}{\hat{i}_{\text{o1}}(s)}=\frac{A(0.5-D_{13})R_{\text{eq1}}(s)R_{\text{eq1}}(s)}{sL+R_{\text{x1}}(s)+R_{\text{x2}}(s)}+R_{\text{eq1}}(s) \tag{7.27}$$

$$Z_{22}(s)=\frac{\hat{v}_{\text{o2}}(s)}{\hat{i}_{\text{o2}}(s)}=\frac{B(0.5-D_{23})R_{\text{eq2}}(s)R_{\text{eq2}}(s)}{sL+R_{\text{x1}}(s)+R_{\text{x2}}(s)}+R_{\text{eq2}}(s) \tag{7.28}$$

$$Z_{12}(s)=\frac{\hat{v}_{\text{o1}}(s)}{\hat{i}_{\text{o2}}(s)}=\frac{B(0.5-D_{13})R_{\text{eq1}}(s)R_{\text{eq2}}(s)}{sL+R_{\text{x1}}(s)+R_{\text{x2}}(s)} \tag{7.29}$$

$$Z_{21}(s)=\frac{\hat{v}_{\text{o2}}(s)}{\hat{i}_{\text{o1}}(s)}=\frac{A(0.5-D_{23})R_{\text{eq1}}(s)R_{\text{eq2}}(s)}{sL+R_{\text{x1}}(s)+R_{\text{x2}}(s)} \tag{7.30}$$

$$G_{\text{i1z}}(s)=\frac{\hat{i}_{\text{L}}(s)}{\hat{i}_{\text{o1}}(s)}=\frac{AR_{\text{eq1}}(s)}{sL+R_{\text{x1}}(s)+R_{\text{x2}}(s)} \tag{7.31}$$

$$G_{\text{i2z}}(s)=\frac{\hat{i}_{\text{L}}(s)}{\hat{i}_{\text{o2}}(s)}=\frac{BR_{\text{eq2}}(s)}{sL+R_{\text{x1}}(s)+R_{\text{x2}}(s)} \tag{7.32}$$

式中， $A=\dfrac{(D_{13}-0.5)R_{\text{o1}}}{(R_{\text{o1}}+r_{\text{c1}})(1+sC_1r_{\text{c1}})}$， $B=\dfrac{(0.5+D_{23})R_{\text{o2}}}{(R_{\text{o2}}+r_{\text{c2}})(1+sC_2r_{\text{c2}})}-1$ 。

根据式(7.12)～式(7.32)绘制 PCCM SIDO Buck 变换器主功率电路的小信号模型，如图 7.3 所示。

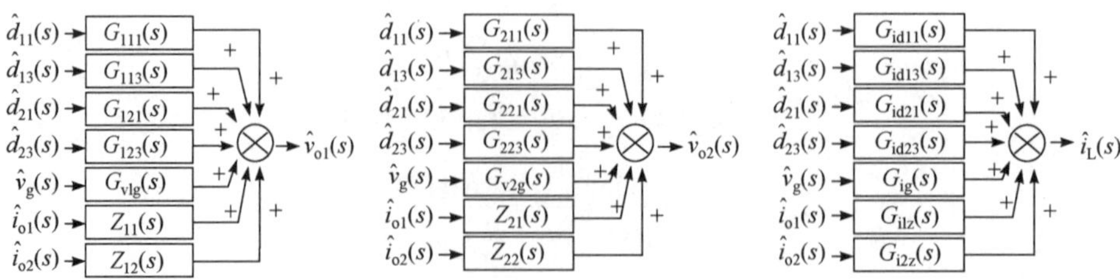

图 7.3 PCCM SIDO Buck 变换器主功率电路小信号模型

2. 控制电路小信号建模

由图 7.1 所示原理图，可得恒频均值电压型恒定续流控制 PCCM SIDO Buck 变换器的输出支路 1 工作期间，主开关管控制环路的小信号模型，如图 7.4 所示，其中 $H_{v1}(s)$为输出电压 v_{o1} 的采样系数，$G_{m1}(s)$为调制环节传递函数，$G_{c1}(s)$为补偿网络传递函数。占空比扰动 $\hat{d}_{11}(s)$ 的小信号表达式为

$$\hat{d}_{11}(s)=G_{m1}(s)\hat{v}_{e1}(s)=\frac{1}{V_{m1}}\hat{v}_{e1}(s) \tag{7.33}$$

式中，V_{m1} 为锯齿波 V_{saw} 的幅值。

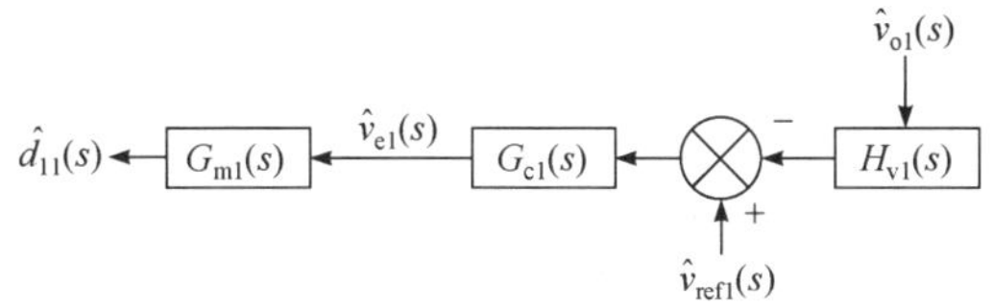

图 7.4 恒频均值电压型恒定续流控制 PCCM SIDO Buck 变换器的主开关管控制环路小信号模型

恒频均值电压型恒定续流控制 PCCM SIDO Buck 变换器的电感电流稳态波形如图 7.5 所示，其中 m_{11} 和 m_{12} 分别为电感电流在输出支路 1 导通时的上升斜率和下降斜率，m_{21} 和 m_{22} 分别为电感电流在输出支路 2 导通时的上升斜率和下降斜率，I_{dc1} 和 I_{dc2} 分别为输出支路 1 和输出支路 2 的续流电流值。

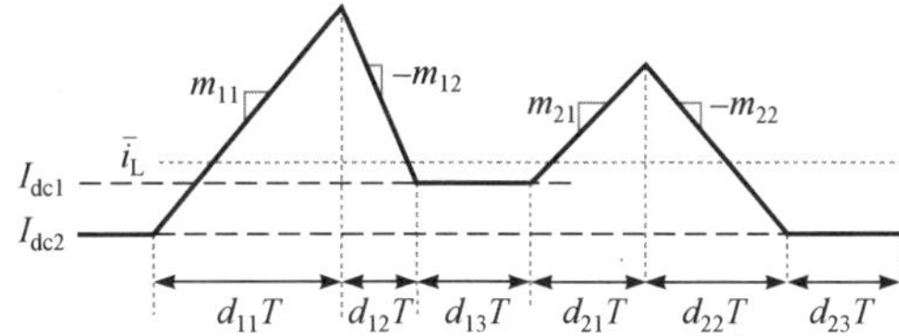

图 7.5 恒频均值电压型恒定续流控制 PCCM SIDO Buck 变换器的电感电流稳态波形

根据图 7.5，可以计算得到一个开关周期内电感电流平均值的表达式为

$$\begin{aligned}\bar{i}_L=&\left[I_{dc2}+\left(I_{dc2}+m_{11}d_{11}T\right)\right]d_{11}+\left[I_{dc1}+\left(I_{dc2}+m_{11}d_{11}T\right)\right]d_{12}+I_{dc1}d_{13}\\&+\left[I_{dc1}+\left(I_{dc1}+m_{21}d_{21}T\right)\right]d_{21}+\left[I_{dc2}+\left(I_{dc1}+m_{21}d_{21}T\right)\right]d_{22}+I_{dc2}d_{23}\end{aligned} \tag{7.34}$$

在式(7.13)中引入小信号扰动，忽略直流量和高阶量，可得到占空比与电流控制信号、电感电流、输入电压及输出电压之间的关系为

$$\begin{aligned}\hat{d}_{13}(s)=&G_{11}\hat{I}_{dc1}(s)+G_{12}\hat{I}_{dc2}(s)+G_{13}\hat{v}_g(s)+G_{14}\hat{v}_{o1}(s)+G_{15}\hat{v}_{o2}(s)\\&+G_{16}\hat{d}_{11}(s)+G_{17}\hat{d}_{12}(s)+G_{18}\hat{i}_L(s)\end{aligned} \tag{7.35}$$

$$\begin{aligned}\hat{d}_{23}(s)=&G_{21}\hat{I}_{dc2}(s)+G_{22}\hat{I}_{dc1}(s)+G_{23}\hat{v}_g(s)+G_{24}\hat{v}_{o2}(s)+G_{25}\hat{v}_{o1}(s)\\&+G_{26}\hat{d}_{12}(s)+G_{27}\hat{d}_{11}(s)+G_{28}\hat{i}_L(s)\end{aligned} \tag{7.36}$$

式中

$$G_{11}=\frac{L\left(R_1+r_{c1}\right)\left(1-D_{11}-D_{23}\right)}{TR_1\left(r_{c1}I_L+V_{c1}\right)D_{12}},\quad G_{12}=\frac{L\left(R_1+r_{c1}\right)\left(D_{11}+D_{23}\right)}{TR_1\left(r_{c1}I_L+V_{c1}\right)D_{12}}$$

$$G_{13}=\frac{\left(R_1+r_{c1}\right)\left(D_{11}^2+D_{11}^2+2D_{21}D_{22}\right)}{2R_1\left(r_{c1}I_L+V_{c1}\right)D_{12}},\quad G_{14}=\frac{D_{12}^2-D_{11}^2}{2\left(r_{c1}I_L+V_{c1}\right)D_{12}\left(1+sr_{c1}C_1\right)}$$

$$G_{15}=\frac{R_1+r_{c1}}{2R_1\left(r_{ca}I_L+V_{c1}\right)D_{12}}\frac{-R_2\left(D_{21}+D_{22}\right)^2}{\left(R_2+r_{c2}\right)\left(1+sr_{c2}C_2\right)}$$

$$G_{16}=\left(R_1+r_{c1}\right)\frac{\left(I_{dc2}-I_{dc1}\right)L+TV_gD_{11}}{TR_1\left(r_{c1}I_L+V_{c1}\right)D_{12}}-\frac{D_{11}+D_{12}}{D_{12}}$$

$$G_{17}=\frac{L\left(R_1+r_{c1}\right)}{TR_1\left(r_{c1}I_L+V_{c1}\right)D_{12}}\left(I_{dc1}-I_{dc2}+\frac{T\left(D_{21}+D_{22}\right)\left[V_g\left(R_2+r_{c2}\right)-R_2\left(r_{c2}I_L+V_{c2}\right)\right]}{L\left(R_2+r_{c2}\right)}\right)$$

$$G_{18}=\frac{-L\left(R_1+r_{c1}\right)}{TR_1\left(r_{c1}I_L+V_{c1}\right)D_{12}}\left(1+\frac{TR_1r_{c1}\left(D_{11}^2-D_{12}^2\right)}{2L\left(R_1+r_{c1}\right)}+\frac{TR_2r_{c2}\left(D_{21}+D_{22}\right)^2}{2L\left(R_2+r_{c2}\right)}\right)$$

$G_{21}(s)\sim G_{28}(s)$的表达式与$G_{11}(s)\sim G_{18}(s)$的表达式类似，此处不再赘述。

根据式(7.35)，可以建立输出支路 1 工作时，恒频均值电压型恒定续流控制 PCCM SIDO Buck 变换器输出支路 1 续流开关管控制环路的小信号模型，如图 7.6 所示。

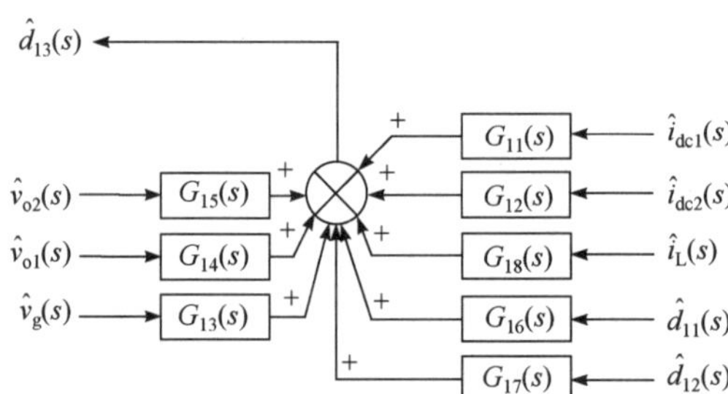

图 7.6 恒频均值电压型恒定续流控制 PCCM SIDO Buck 变换器的输出支路 1 续流开关管控制环路小信号模型

由图 7.3、图 7.4 和图 7.6，可推导出恒频均值电压型恒定续流控制 PCCM SIDO Buck 变换器输出支路 1 闭环输出阻抗 $Z_{11}^*(s)$、输出支路 2 闭环输出阻抗 $Z_{22}^*(s)$、输出支路 1 对输出支路 2 的闭环交叉影响阻抗 $Z_{21}^*(s)$ 以及输出支路 2 对输出支路 1 的闭环交叉影响阻抗 $Z_{12}^*(s)$，分别如下：

$$Z_{11}^*(s)=\left.\frac{v_{o1}(s)}{i_{o1}(s)}\right|_{i_{o2}(s)=0}=\frac{(C^*G_{i1z}-I^*Z_{11})(E^*I^*-F^*H^*)-(F^*G_{i1z}-I^*Z_{21})(B^*I^*-C^*H^*)}{(A^*I^*-C^*G^*)(E^*I^*-F^*H^*)-(B^*I^*-C^*H^*)(D^*I^*-F^*G^*)} \tag{7.37}$$

$$Z_{22}^*(s)=\left.\frac{v_{o2}(s)}{i_{o2}(s)}\right|_{i_{o1}(s)=0}=\frac{(C^*G_{i2z}-I^*Z_{22})(E^*I^*-F^*H^*)-(F^*G_{i2z}-I^*Z_{12})(B^*I^*-C^*H^*)}{(A^*I^*-C^*G^*)(E^*I^*-F^*H^*)-(B^*I^*-C^*H^*)(D^*I^*-F^*G^*)} \tag{7.38}$$

$$Z_{21}^{*}(s)=\left.\frac{v_{o2}(s)}{i_{o1}(s)}\right|_{i_{o2}(s)=0}=\frac{(F^{*}G_{i1z}-I^{*}Z_{21})(A^{*}I^{*}-C^{*}G^{*})-(C^{*}G_{i1z}-I^{*}Z_{11})(D^{*}I^{*}-F^{*}G^{*})}{(A^{*}I^{*}-C^{*}G^{*})(E^{*}I^{*}-F^{*}H^{*})-(B^{*}I^{*}-C^{*}H^{*})(D^{*}I^{*}-F^{*}G^{*})} \tag{7.39}$$

$$Z_{12}^{*}(s)=\left.\frac{v_{o1}(s)}{i_{o2}(s)}\right|_{i_{o1}(s)=0}=\frac{(C^{*}G_{i2z}-I^{*}Z_{12})(E^{*}I^{*}-F^{*}H^{*})-(F^{*}G_{i2z}-I^{*}Z_{22})(B^{*}I^{*}-C^{*}H^{*})}{(A^{*}I^{*}-C^{*}G^{*})(E^{*}I^{*}-F^{*}H^{*})-(B^{*}I^{*}-C^{*}H^{*})(D^{*}I^{*}-F^{*}G^{*})} \tag{7.40}$$

式中

$$A^{*}=1+\left(G_{111}+G_{16}G_{113}+G_{27}G_{123}\right)H_{v1}G_{c1}F_{m1}-G_{113}G_{14}-G_{123}G_{25}$$
$$B^{*}=G_{113}G_{15}+G_{123}G_{24}-\left(G_{113}G_{17}+G_{121}+G_{123}G_{26}\right)H_{v2}G_{c2}F_{m2}$$
$$C^{*}=G_{113}G_{18}+G_{123}G_{28}$$
$$D^{*}=1+\left(G_{213}G_{17}+G_{221}+G_{223}G_{26}\right)H_{v2}G_{c2}F_{m2}-G_{213}G_{15}-G_{223}G_{24}$$
$$E^{*}=G_{213}G_{14}+G_{223}G_{25}-\left(G_{211}+G_{213}G_{16}+G_{223}G_{27}\right)H_{v1}G_{c1}F_{m1}$$
$$F^{*}=G_{213}G_{18}+G_{223}G_{28}$$
$$G^{*}=1-G_{id13}G_{18}-G_{id23}G_{28}$$
$$H^{*}=G_{id13}G_{14}+G_{id23}G_{25}-\left(G_{id11}+G_{id13}G_{16}+G_{id23}G_{27}\right)H_{v1}G_{c1}F_{m1}$$
$$I^{*}=G_{id13}G_{15}+G_{id23}G_{24}-\left(G_{id13}G_{17}+G_{id21}+G_{id23}G_{26}\right)H_{v2}G_{c2}F_{m2}$$

7.1.3　交叉影响及负载瞬态性能分析

采用表 7.1 中的电路参数，详细分析恒频均值电压型恒定续流控制 PCCM SIDO Buck 变换器的交叉影响及负载瞬态性能。

表 7.1　PCCM SIDO Buck 变换器的电路参数

变量	描述	数值	变量	描述	数值
f_s	开关频率	25kHz	C_1、C_2	输出电容	470μF
L	电感	100μH	r_{c1}、r_{c2}	输出电容 ESR	50mΩ
V_g	输入电压	20V	R_{o1}	输出支路 1 的负载电阻	12Ω
V_{ref1}	输出支路 1 的输出电压参考值	12V	R_{o2}	输出支路 2 的负载电阻	5Ω
V_{ref2}	输出支路 2 的输出电压参考值	5V	I_{dc}	续流参考值	2A

图 7.7 为闭环输出阻抗 $\hat{v}_{o1}/\hat{i}_{o1}$ 、 $\hat{v}_{o2}/\hat{i}_{o2}$ ，以及闭环交叉影响阻抗 $\hat{v}_{o2}/\hat{i}_{o1}$ 、 $\hat{v}_{o1}/\hat{i}_{o2}$ 的 Bode 图。由图 7.7 可知，在整个低频率范围内， $\hat{v}_{o2}/\hat{i}_{o1}$ 的低频增益低于 $\hat{v}_{o1}/\hat{i}_{o1}$ ， $\hat{v}_{o1}/\hat{i}_{o2}$ 的低频增益低于 $\hat{v}_{o2}/\hat{i}_{o2}$ 。因此，在输出支路 1 负载电流跳变时，输出支路 2 的输出电压受负载电流扰动的影响小于输出支路 1，具有更快的瞬态响应速度；同样，在输出支路 2 负载电流跳变时，输出支路 1 的输出电压受负载电流扰动的影响小于输出支路 2，具有

更快的瞬态响应速度。对比图 7.7(a)和(b)可知，$\hat{v}_{o2}/\hat{i}_{o1}$ 的低频增益略低于 $\hat{v}_{o1}/\hat{i}_{o2}$ ，即输出支路 2 对输出支路 1 的交叉影响与输出支路 1 对输出支路 2 的交叉影响基本相同。

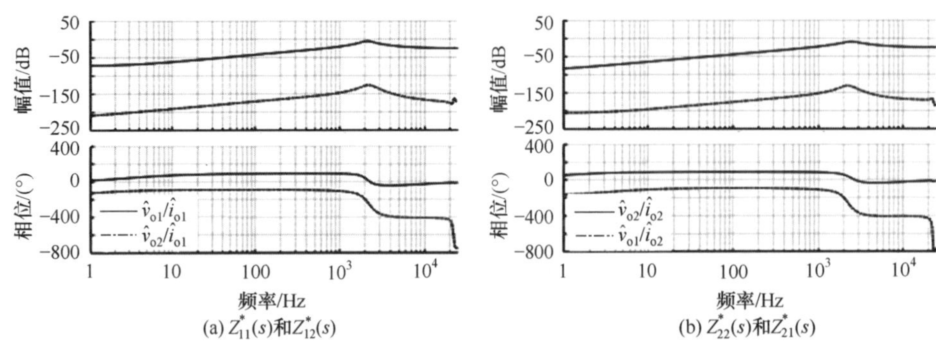

(a) $Z_{11}^*(s)$和$Z_{12}^*(s)$　(b) $Z_{22}^*(s)$和$Z_{21}^*(s)$

图 7.7 闭环输出阻抗和闭环交叉影响阻抗的 Bode 图

7.1.4 负载范围分析

根据电感电压伏秒平衡可得

$$m_{11}d_{11} = m_{12}d_{12} \tag{7.41}$$

$$m_{21}d_{21} = m_{22}d_{22} \tag{7.42}$$

式中，m_{11}、m_{12}和 m_{21}、m_{22}分别为输出支路 1 和输出支路 2 工作期间电感电流上升、下降阶段的斜率，并且 $m_{11} = (V_g - v_{o1})/L$，$m_{12} = v_{o1}/L$，$m_{21} = (V_g - v_{o2})/L$，$m_{22} = v_{o2}/L$。

输出支路 1 负载电流的平均值 I_{o1} 与 $d_{11}T + d_{12}T$ 阶段的电感电流在一个开关周期内的平均值相等，通过计算并整理得

$$I_{o1} = \left(d_{11} + d_{12}\right)\left(I_{dc} + m_{11}d_{11}T/2\right) \tag{7.43}$$

输出支路 2 负载电流的平均值 I_{o2} 与 $d_{21}T + d_{22}T$ 阶段的电感电流在一个开关周期内的平均值相等，通过计算并整理得

$$I_{o2} = \left(d_{21} + d_{22}\right)\left(I_{dc} + m_{21}d_{21}T/2\right) \tag{7.44}$$

联立式(7.41)～式(7.44)，可求解不同电路参数下变换器的占空比 d_{11}、d_{12}、d_{21} 和 d_{22}，从而确定变换器的工作状态。由于占空比的表达式较为复杂，此处暂不列写其解析表达式，将在后面给出根据解析解绘制的关系曲线。

由式(7.41)～式(7.44)，可将输出负载电流表示为

$$I_{o1} = \left(1 + m_{11}/m_{12}\right)\left(I_{dc} + m_{11}d_{11}T/2\right)d_{11} \tag{7.45}$$

$$I_{o2} = \left(1 + m_{21}/m_{22}\right)\left(I_{dc} + m_{21}d_{21}T/2\right)d_{21} \tag{7.46}$$

由式(7.45)和式(7.46)可知，输出支路 1 或者输出支路 2 负载的变化趋势均与对应支路工作期间电感电流上升阶段的占空比 d_{11} 或者 d_{21} 的变化趋势相同。要使得输出负载最大，需最大化 d_{11} 或者 d_{21}。由式(7.41)和式(7.42)可知，d_{11} 与 d_{12} 成比例，d_{21} 与 d_{22} 成比例，且占空比满足 $d_{11} + d_{12} + d_{13} = T_1/T$、$d_{21} + d_{22} + d_{23} = T_2/T$，当电感电流续流阶段 $d_{13}T$ 或者 $d_{23}T$ 为零时，对应的电感电流上升阶段的占空比 d_{11} 或者 d_{21} 达到最大。此时，可在

一路输出支路负载恒定时，求得另一输出支路的最大负载如下：

$$I_{\mathrm{o1max}}=\frac{T_1}{T}\left(I_{\mathrm{dc}}+\frac{\left(V_{\mathrm{g}}-v_{\mathrm{o1}}\right)v_{\mathrm{o1}}T_1}{2LV_{\mathrm{g}}}\right) \tag{7.47}$$

$$I_{\mathrm{o2max}}=\frac{T_2}{T}\left(I_{\mathrm{dc}}+\frac{\left(V_{\mathrm{g}}-v_{\mathrm{o2}}\right)v_{\mathrm{o2}}T_2}{2LV_{\mathrm{g}}}\right) \tag{7.48}$$

在式(7.47)与式(7.48)中，I_{o1max}、I_{o2max}分别为输出支路 1 和输出支路 2 的最大负载。由式(7.47)和式(7.48)可知，当 I_{dc} 固定时，变换器各条输出支路的负载受到 I_{dc} 的限制而存在负载上限。以输出支路 1 为例说明式(7.47)中最大负载的含义。在输出支路 2 负载恒定时，当输出支路 1 负载等于其最大负载 I_{o1max} 时，输出支路 1 的续流阶段消失，输出支路 1 工作于 CCM，输出支路 2 工作于 PCCM，变换器工作于 PCCM 的临界稳定状态。即当输出支路 1 负载大于 I_{o1max} 时，变换器将无法维持在 PCCM，处于不稳定的工作状态。输出支路 2 最大负载的含义与之类似。同时，当变换器的其他电路参数固定，I_{dc} 变化时，变换器各条输出支路的最大负载跟随 I_{dc} 变化，即通过增大 I_{dc} 可以增加变换器的带载能力。

7.1.5　续流时间分析

根据式(7.41)～式(7.44)，可求得电感电流续流时间与电路参数间的关系式。由于关系式较为复杂，此处并不列写出其具体的表达式。输出支路 1 和输出支路 2 均工作于 PCCM，且二者的输出电压之间无交叉影响。因此，仅以输出支路 1 为例，讨论其工作时续流开关管导通时间与电路参数间的关系；输出支路 2 情况与此类似，此处不再说明。依据电感续流时间 $d_{13}T$ 关于负载 I_{o1} 及恒定续流参考值 I_{dc} 的表达式，绘制对应的关系曲线。

设置电路参数：输入电压 V_{g} 为 20V，输出电压 V_{o1} 和 V_{o2} 分别为 12V 和 5V，输出支路额定负载均为 1A，开关周期为 40μs，输出支路 1、2 时分复用时长均为 20μs，电感 L 为 100μH，输出电容均为 470μF。当负载电阻 R_{o1} 在 6～36Ω 变化时，电感电流续流参考值 I_{dc} 在 1～3A 等间距变化时，绘制出输出支路 1 电感续流时间 $d_{13}T$ 与负载电阻 R_{o1} 和电感续流参考值 I_{dc} 间的关系曲线，如图 7.8 所示。

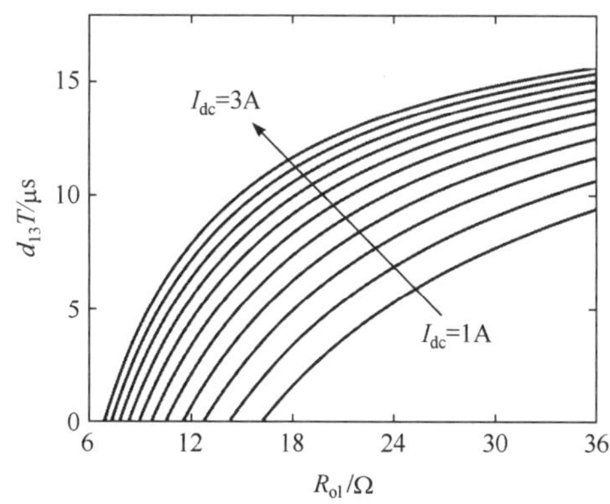

图 7.8　输出支路 1 电感续流时间 $d_{13}T$ 与负载电阻 R_{o1} 和续流参考值 I_{dc} 的关系曲线

由导通损耗的定义可知，在输出支路 1 工作时续流回路的导通损耗表达式为 $P_{c1} = I_{dc}^2 R_{on} d_{13} + I_{dc} v_D d_{13}$ (R_{on} 为续流开关管的导通电阻，v_D 为续流二极管的导通压降)。因此，由图 7.8 可知，当负载电阻 R_{o1} 增大且 I_{dc} 保持不变时，续流时间 $d_{13}T$ 随之增加，使得续流回路导通损耗 P_{c1} 增大，降低了变换器的效率。同时，在相同的负载下，$d_{13}T$ 随着 I_{dc} 的增大而增大，即相同负载下，较小的 I_{dc} 有利于减小变换器在续流阶段的损耗。

7.1.6 实验结果

根据表 7.1 中 PCCM SIDO Buck 变换器的电路参数，搭建恒频均值电压型恒定续流控制 PCCM SIDO Buck 变换器的实验平台，并对其稳态性能、瞬态性能、交叉影响、效率和负载范围进行分析。由前述理论分析可知，较小的续流参考值 I_{dc} 有利于提高变换器的效率，较大的续流参考值 I_{dc} 有利于保证变换器的负载范围。因此，在确保每条输出支路的负载范围大于额定负载的前提下，选取较小的续流参考值 I_{dc}，可以使得变换器具有较高的效率。

1. 稳态性能

图 7.9 为恒频均值电压型恒定续流控制 PCCM SIDO Buck 变换器的稳态实验波形。图 7.9(a)为电感电流 i_L、输出电压 v_{o1} 及 v_{o2} 和输入电压 V_g 的稳态波形，图 7.9(b)为电感电流 i_L 和输出电压纹波。由图可知，当输入电压为 20V 时，输出支路 1 和输出支路 2 的输出电压分别稳定在 12V 和 5V，每条输出支路均工作于 PCCM，续流参考值恒定为 2A，验证了恒频均值电压型恒定续流控制 PCCM SIDO Buck 变换器的可行性。此时，输出电压 v_{o1} 和 v_{o2} 的纹波值分别为 288mV 和 160mV，电感电流纹波值为 0.9A。

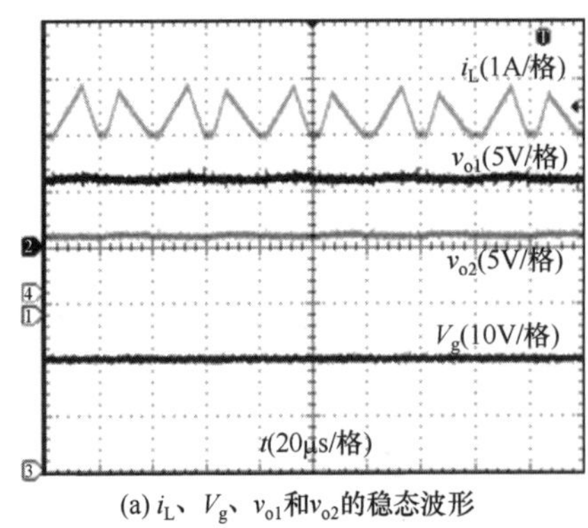

(a) i_L、V_g、v_{o1}和v_{o2}的稳态波形

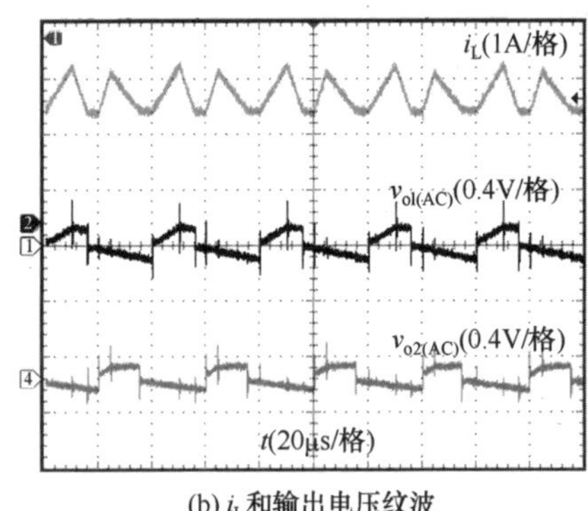

(b) i_L和输出电压纹波

图 7.9 恒频均值电压型恒定续流控制 PCCM SIDO Buck 变换器的稳态实验波形

2. 瞬态性能和交叉影响

图 7.10 为恒频均值电压型恒定续流控制 PCCM SIDO Buck 变换器的负载瞬态实验波形。由图 7.10(a)可知：输出支路 1 减载时，输出电压 v_{o1} 的调节时间为 0.8ms (20 个开关周期)，超调量为 0.8%；输出支路 1 加载时，输出电压 v_{o1} 的调节时间为 0.64ms (16 个开关周期)，超调量为 1.08%。当输出支路 1 加载或者减载时，由于实际电路中寄生参数

的存在，续流阶段的电感电流有所下降，输出支路之间并非完全解耦，且变换器的瞬态响应相对较慢，从而输出支路 1 对输出支路 2 产生了较小的交叉影响。

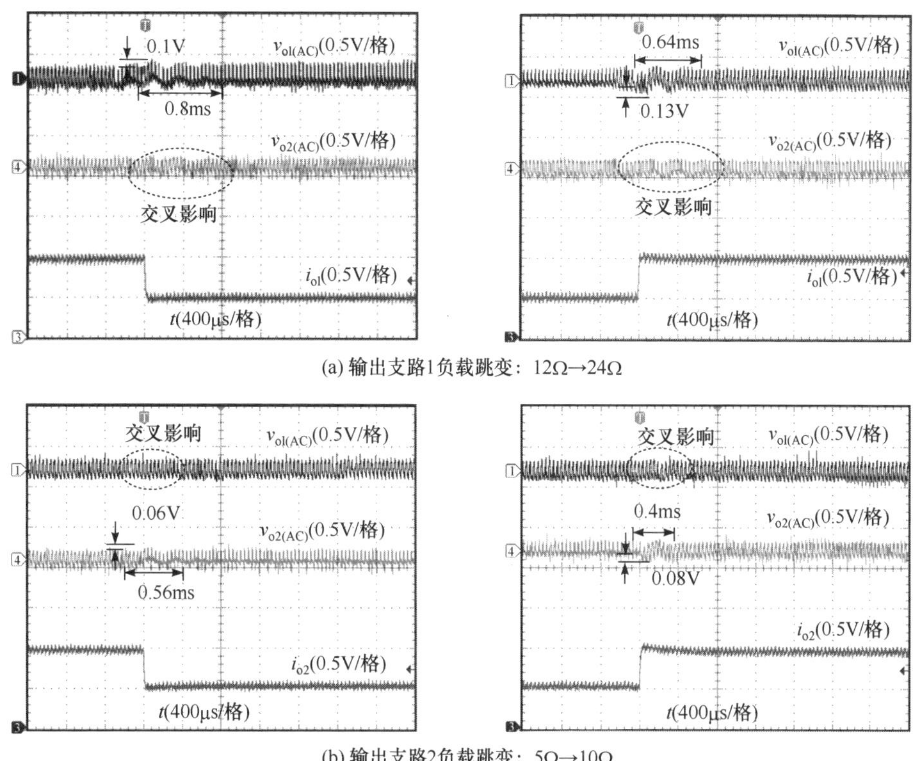

(a) 输出支路1负载跳变：12Ω→24Ω

(b) 输出支路2负载跳变：5Ω→10Ω

图 7.10　恒频均值电压型恒定续流控制 PCCM SIDO Buck 变换器的负载瞬态实验波形

由图 7.10(b)可知：输出支路 2 减载时，输出电压 v_{o2} 的调节时间为 0.56ms (14 个开关周期)，超调量为 1.2%；输出支路 2 加载时，v_{o2} 的调节时间为 0.4ms (10 个开关周期)，超调量为 1.6%。当输出支路 2 加载或者减载时，由于实际电路中寄生参数的存在，同样对输出支路 1 造成了瞬态的交叉影响。

3. 效率

对于恒频均值电压型恒定续流控制 PCCM SIDO Buck 变换器，输出支路 1 和输出支路 2 都工作于 PCCM，且输出支路间近似解耦，故在输出支路 2 负载恒定时，以输出支路 1 负载由满载向轻载变化时的情况为例，分析变换器的效率特点。

图 7.11 为输出支路 1 负载为半载时，恒频均值电压型恒定续流控制 PCCM SIDO Buck 变换器的电感电流和输出电压纹波。对比图 7.11 和图 7.9(b)可知，当输出支路 1 由满载减至半载时，恒频均值电压型恒定续流控制 PCCM SIDO Buck 变换器在输出支路 1 工作期间的电感续流时间增加，输出支路 2 工作期间的电感续流时间几乎不变。这验证了理论分析中电感续流时间随负载减轻而增加的变化趋势。

为了进一步分析负载变化时变换器的效率特点，当输出支路 1 负载由满载向轻载变化时，等间距选取负载点，分别测量不同控制方式下不同负载点处的效率，效率测试结果如图 7.12 所示。

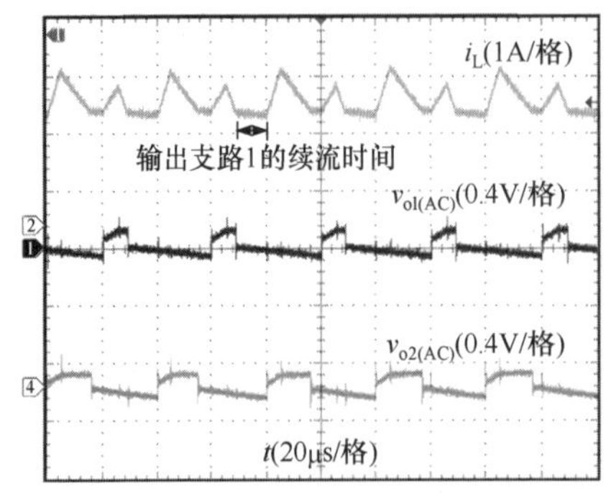

图 7.11　输出支路 1 负载为半载时恒频均值电压型恒定续流控制 PCCM SIDO Buck 变换器的电感电流和输出电压纹波

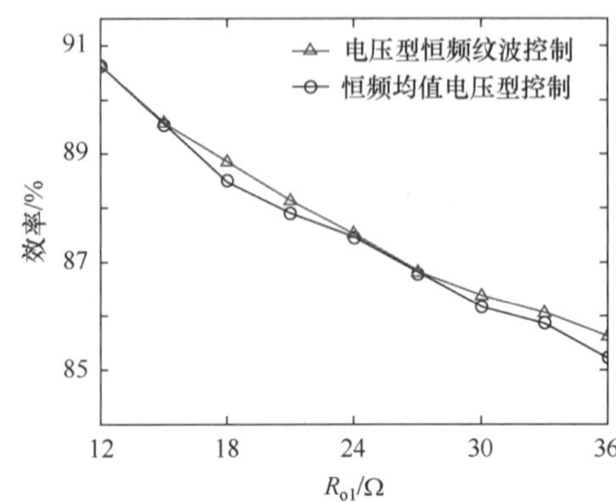

图 7.12　输出支路 1 负载由满载向轻载变化时恒频均值电压型恒定续流控制 PCCM SIDO Buck 变换器的效率曲线

由图 7.12 可知，随着输出支路 1 负载的减轻，PCCM SIDO Buck 变换器的效率随之显著降低。因此，随着输出支路 1 负载的减轻，输出支路 1 工作期间电感续流时间随之增加，降低了 PCCM SIDO Buck 变换器的效率。这与理论分析的结果相符合，验证了理论分析的正确性。

4. 负载范围

为了验证每条输出支路的最大负载，将表 7.1 中的电路参数代入式(7.22)和式 (7.23)中，可求得输出支路 1 和输出支路 2 的最大负载分别为 1.24A 和 1.19A，对应的负载电阻分别为 9.68Ω 和 4.2Ω。当一路负载恒定，另一路负载取最大值时，恒频均值电压型恒定续流控制 PCCM SIDO Buck 变换器的实验波形如图 7.13 所示。

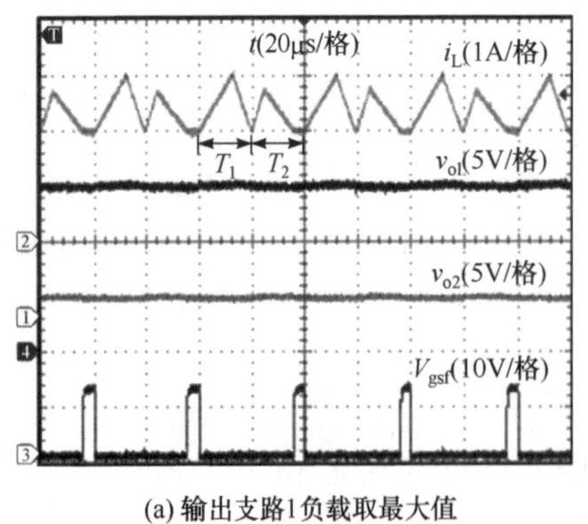

(a) 输出支路1负载取最大值

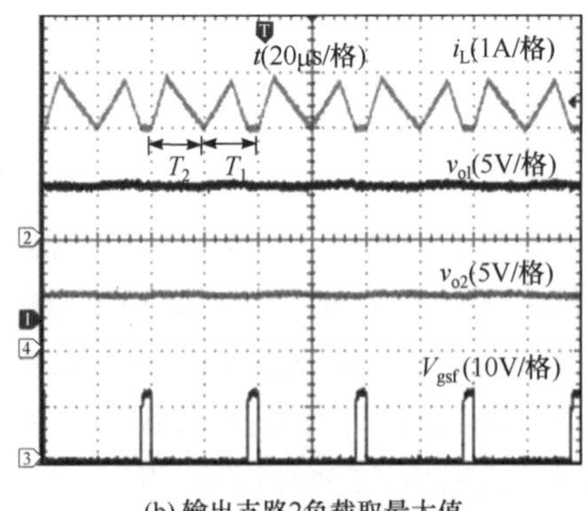

(b) 输出支路2负载取最大值

图 7.13　一路负载恒定另一路负载最大时恒频均值电压型恒定续流控制 PCCM SIDO Buck 变换器的稳态波形

在图 7.13 中，V_{gsf} 为续流开关管 S_f 的驱动波形，T_1 和 T_2 分别为输出支路 1 和输出支路 2 在一个开关周期内的分时复用时长，其余参数定义如前所述。由图 7.13(a)可知，对于恒频均值电压型恒定续流控制 PCCM SIDO Buck 变换器，当输出支路 1 负载电阻为 9.5Ω 时，在输出支路 1 工作期间(T_1)，满足 $V_{gsf}=0$，即 T_1 期间，电感不存在续流阶段，此时输出支路 1 工作于 CCM，输出支路 2 工作于 PCCM，变换器工作于 CCM-PCCM 的临界稳定状态，输出支路 1 的负载达到最大值。由图 7.11(b)可知，当输出支路 2 负载为 4.1Ω 时，在输出支路 2 工作期间(T_2)，满足 $V_{gsf}=0$，即 T_2 期间，电感不存在续流阶段，此时输出支路 2 工作于 CCM，输出支路 1 工作于 PCCM，变换器工作于 PCCM-CCM 的临界稳定状态。实验中负载范围的上限与理论推导基本吻合，验证了负载范围分析的正确性。

7.2　电压型恒频纹波控制技术

7.2.1　工作原理

电压型恒频纹波恒定续流控制 PCCM SIDO Buck 变换器的主电路与图 7.1(a)相同，控制电路和控制时序波形如图 7.14 所示[6]。

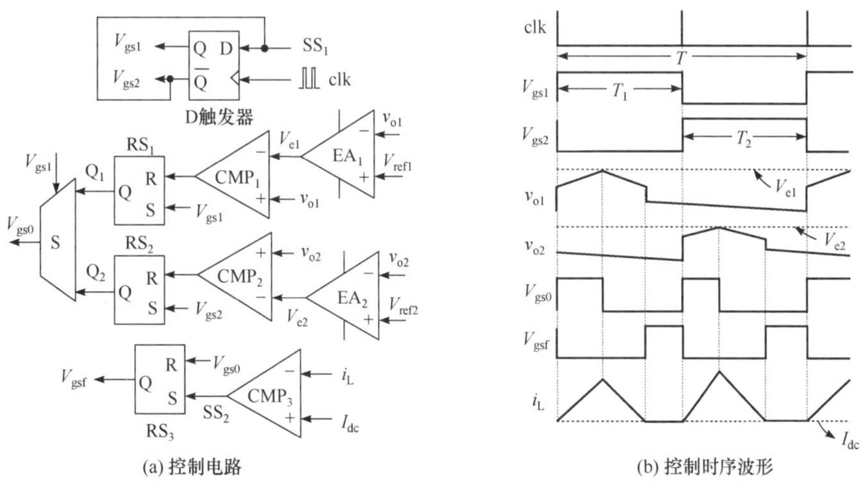

图 7.14　电压型恒频纹波恒定续流控制 PCCM SIDO Buck 变换器的控制电路和控制时序波形

对比图 7.14(a)和图 7.1(b)可知，输出支路开关管 S_1、S_2 和续流开关管 S_f 的控制逻辑与恒频均值电压型恒定续流控制 PCCM SIDO Buck 变换器对应开关管的控制逻辑相同，只有主开关管 S_0 的控制逻辑不同。本节主开关管 S_0 采用电压型恒频纹波控制技术，以输出支路开关管 S_1 导通为例，其控制逻辑为：V_{gs1} 为高电平时，触发器 RS_1 置位，控制信号 Q_1 为高电平，同时输出电压 v_{o1} 和参考电压 V_{ref1} 经过误差放大器 EA_1 产生信号 V_{e1}，并与 v_{o1} 进行比较；当 v_{o1} 增加到 V_{e1} 时，比较器 CMP_1 输出高电平，RS_1 复位，Q_1 由高电平变为低电平。输出支路 2 的控制信号 Q_2 的产生原理与其相同。当 $V_{gs1}=1$ 时，S_1 导通，选择器 S 的输出信号 V_{gs0} 为输出支路 1 的控制信号 Q_1；反之，当 $V_{gs1}=0$ 时，S_2 导通，V_{gs0} 为输出支路 2 的控制信号 Q_2。由于输出支路开关管 S_1 和 S_2 交替互补导通，选择器

S 轮流选择 Q_1、Q_2 为 S_0 的有效驱动信号。

7.2.2 小信号建模

由于主开关管的工作模态和工作过程与 7.1 节所述恒频均值电压型恒定续流控制 PCCM SIDO Buck 变换器相同，主电路小信号建模过程和结果与 7.1.2 节所述一致，此处不再赘述，仅详细介绍控制环路的小信号建模。

由图 7.14(b)所示的控制时序波形，易得电压型恒频纹波恒定续流控制 PCCM SIDO Buck 变换器的输出电压 v_{o1} 与内环电压信号 V_{e1}、输出电压 v_{o2} 与内环电压信号 V_{e2} 的几何关系，如图 7.15 所示。

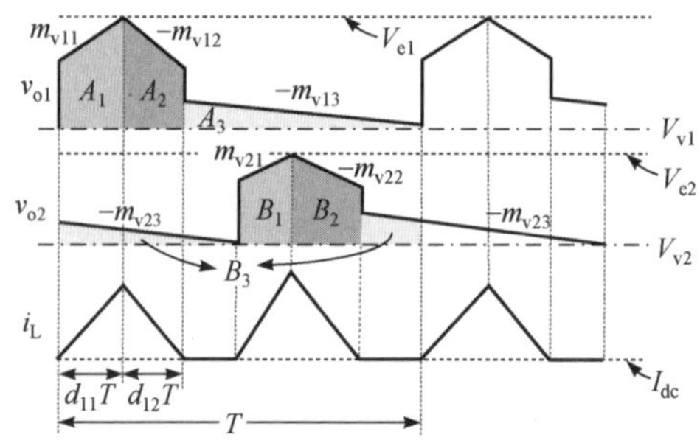

图 7.15 v_{o1}、v_{o2} 与内环电压信号 V_{e1}、V_{e2} 的关系

由图 7.15 中波形对应的几何关系可以看出，在一个开关周期内，输出电压 v_{o1} 的平均值可以表示为

$$v_{o1} = V_{v1} + \frac{A_1 + A_2 + A_3}{T} \tag{7.49}$$

式中，V_{v1} 为输出电压 v_{o1} 的谷值；A_1、A_2、A_3 分别为图 7.15 所示 v_{o1} 与 V_{v1} 之间的面积，分别为

$$V_{v1} = V_{e1} - m_{v11}d_{11}T - I_{dc}r_{c1} \tag{7.50}$$

$$A_1 = 0.5\left(2I_{dc}r_{c1} + m_{v11}d_{11}T\right)d_{11}T \tag{7.51}$$

$$A_2 = 0.5\left(2I_{dc}r_{c1} + 2m_{v11}d_{11}T - m_{v12}d_{12}T\right)d_{12}T \tag{7.52}$$

$$A_3 = 0.5m_{v13}\left(d_{13} + 0.5\right)^2 T^2 \tag{7.53}$$

式(7.50)～式(7.53)中，$m_{v1i}(i=1, 2, 3)$分别为输出电压 v_{o1} 纹波上升和下降斜率的绝对值，其表达式分别为 $m_{v11} = (V_g - V_{o1})r_{c1}/L$、$m_{v12} = V_{o1}r_{c1}/L$、$m_{v13} = V_{o1}/(R_{o1}C_1)$。

对式(7.49)中的变量引入小信号扰动，忽略直流量和高阶扰动量，可得小信号表达式为

$$\hat{d}_{11} = N_{11}\hat{i}_{dc} + N_{12}\hat{d}_{12} + N_{13}\hat{v}_{o1} + N_{14}\hat{v}_g + N_{15}\hat{v}_{e1} \tag{7.54}$$

式中

$$N_{11}=\frac{1}{1-\dfrac{T\left[1-2\left(D_{11}+D_{12}\right)+\left(D_{11}+D_{12}\right)^{2}\right]}{2R_{\mathrm{o}1}C_{1}}+\dfrac{r_{\mathrm{c}1}T\left[\left(D_{11}+D_{12}\right)^{2}-2D_{11}\right]}{2L}}$$

$$N_{12}=\frac{r_{\mathrm{c}1}I_{\mathrm{dc}}+\dfrac{r_{\mathrm{c}1}T\left(V_{\mathrm{g}}-V_{\mathrm{o}1}\right)\left(1+D_{11}+D_{12}\right)}{L}-\dfrac{V_{\mathrm{o}1}T\left(1-D_{11}-D_{12}\right)}{R_{\mathrm{o}1}C_{1}}}{N_{11}}$$

$$N_{13}=\frac{r_{\mathrm{c}1}I_{\mathrm{dc}}+\dfrac{r_{\mathrm{c}1}T\left[D_{11}\left(V_{\mathrm{g}}-V_{\mathrm{o}1}\right)-D_{12}V_{\mathrm{o}1}\right]}{L}-\dfrac{2V_{\mathrm{o}1}T\left(1-D_{11}-D_{12}\right)}{R_{\mathrm{o}1}C_{1}}}{N_{11}}$$

$$N_{14}=\frac{r_{\mathrm{c}1}D_{11}T\left(D_{11}+2D_{12}-2\right)}{2LN_{11}},\quad N_{15}=\frac{r_{\mathrm{c}1}\left(D_{11}+D_{12}-1\right)}{N_{11}}$$

同理，稳态时由图 7.15 所示电感电流 i_{L} 的波形可得 $\hat{d}_{12}$ 的表达式为

$$\hat{d}_{12}=N_{16}\hat{i}_{\mathrm{L}}+N_{17}\hat{i}_{\mathrm{dc}}+N_{18}\hat{d}_{11}+N_{19}\hat{v}_{\mathrm{o}1}+N_{110}\hat{v}_{\mathrm{g}} \tag{7.55}$$

式中，$N_{16}=\dfrac{2L}{\left(V_{\mathrm{g}}-V_{\mathrm{o}1}\right)D_{11}T}=-N_{17}$，$N_{18}=\dfrac{-\left(2D_{11}+D_{12}\right)}{D_{1}}$，$N_{19}=\dfrac{D_{11}+D_{12}}{V_{\mathrm{g}}-V_{\mathrm{o}1}}=-N_{110}$。

类似地，经过计算可得 d_{21}、d_{22} 的小信号表达式，其形式与 $\hat{d}_{11}$、$\hat{d}_{12}$ 相似，此处不再赘述。

根据式(7.54)、式(7.55)可得电压型恒频纹波恒定续流控制 PCCM SIDO Buck 变换器输出支路 1 主开关管的小信号模型，如图 7.16 所示，其中 $H_{\mathrm{v}1}(s)$为输出电压采样系数，$G_{\mathrm{c}1}(s)$为补偿网络传递函数。输出支路 2 的小信号模型与输出支路 1 类似，此处不再赘述。

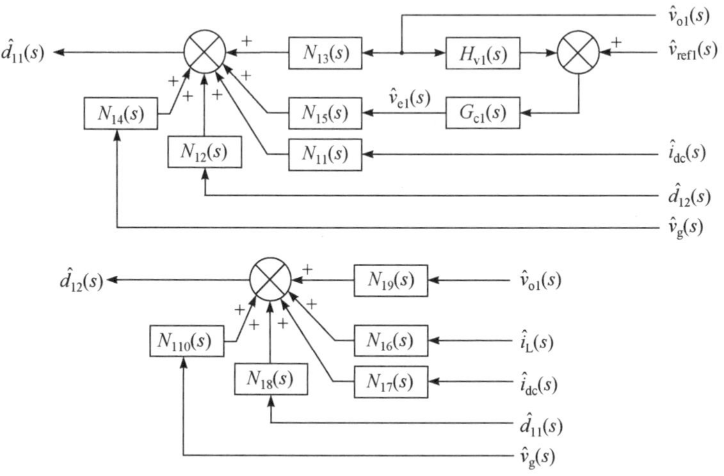

图 7.16　电压型恒频纹波恒定续流控制 PCCM SIDO Buck 变换器输出支路 1 主开关管的小信号模型

7.2.3 交叉影响及负载瞬态性能分析

采用表 7.1 所示 PCCM SIDO Buck 变换器的电路参数，基于图 7.3、图 7.4 和图 7.16 所建立的电压型恒频纹波控制和恒频均值电压型恒定续流控制 PCCM SIDO Buck 变换器的小信号模型(其中续流开关管均采用恒定续流控制)，分别得到图 7.17 和图 7.18 中的闭环输出阻抗 $\hat{v}_{o1}/\hat{i}_{o1}$ 、 $\hat{v}_{o2}/\hat{i}_{o2}$ 以及交叉影响阻抗 $\hat{v}_{o1}/\hat{i}_{o2}$ 、 $\hat{v}_{o2}/\hat{i}_{o1}$ 的 Bode 图。

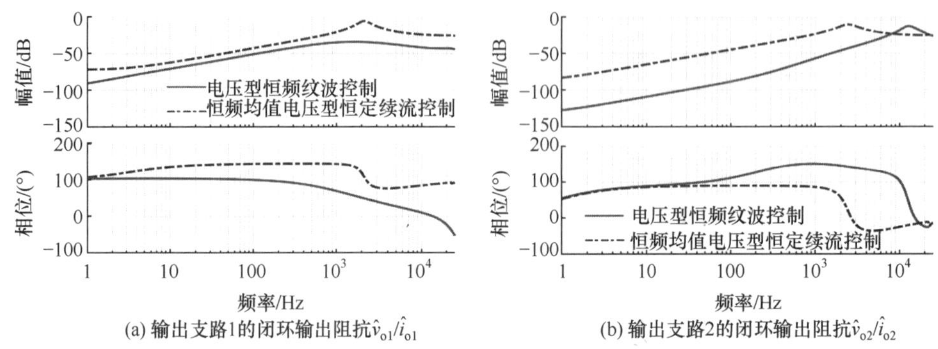

(a) 输出支路1的闭环输出阻抗$\hat{v}_{o1}/\hat{i}_{o1}$ (b) 输出支路2的闭环输出阻抗$\hat{v}_{o2}/\hat{i}_{o2}$

图 7.17 电压型恒频纹波控制与恒频均值电压型恒定续流控制 PCCM SIDO Buck 变换器的闭环输出阻抗 Bode 图

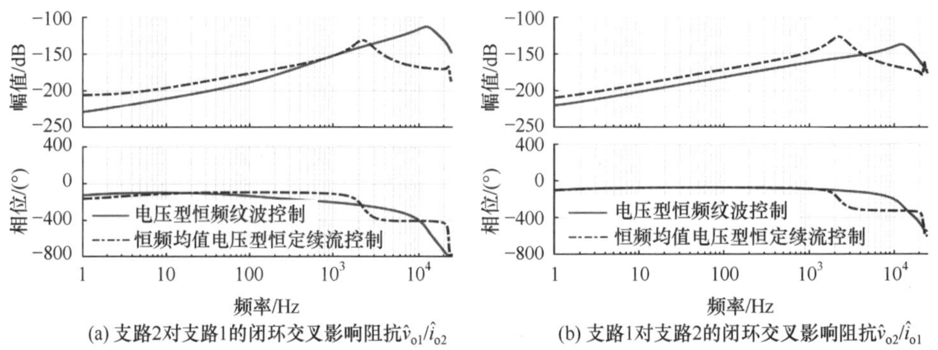

(a) 支路2对支路1的闭环交叉影响阻抗$\hat{v}_{o1}/\hat{i}_{o2}$ (b) 支路1对支路2的闭环交叉影响阻抗$\hat{v}_{o2}/\hat{i}_{o1}$

图 7.18 电压型恒频纹波控制与恒频均值电压型恒定续流控制 PCCM SIDO Buck 变换器的闭环交叉影响阻抗 Bode 图

图 7.17 分别为电压型恒频纹波控制与恒频均值电压型恒定续流控制 PCCM SIDO Buck 变换器的闭环输出阻抗 Bode 图。由两者的幅值曲线对比可知，电压型恒频纹波控制 PCCM SIDO Buck 变换器闭环输出阻抗的低频增益均低于恒频均值电压型恒定续流控制的低频增益。由此可见，本节所提出的电压型恒频纹波控制 PCCM SIDO Buck 变换器具有更快的负载瞬态响应。

图 7.18 分别为电压型恒频纹波控制与恒频均值电压型恒定续流控制 PCCM SIDO Buck 变换器的闭环交叉影响阻抗 Bode 图。由图 7.18 可以看出，电压型恒频纹波控制 PCCM SIDO Buck 变换器的闭环交叉影响阻抗低频增益为–220dB，是一个较大的负数，根据 Bode 图幅值定义及对数运算法则，可以认为电压型恒频纹波控制 PCCM SIDO Buck 变换器输出支路间无交叉影响。而恒频均值电压型恒定续流控制 PCCM SIDO Buck 变换

器的闭环交叉影响阻抗低频增益大于电压型恒频纹波控制的低频增益。

7.2.4　损耗与效率分析

在一个开关周期内，PCCM SIDO Buck 变换器存在六种工作模态。在图 7.5 中，d_{11}、d_{12}、d_{13}、d_{21}、d_{22} 和 d_{23} 分别为不同工作模态在整个开关周期 T 的占空比，且 $d_{11}T+d_{12}T+d_{13}T=T_1$、$d_{21}T+d_{22}T+d_{23}T=T_2$。假设二极管 VD_0、VD_f、VD_1 和 VD_2 在稳态时的导通压降分别为 v_{D0}、v_{Df}、v_{D1} 和 v_{D2}；开关管 S_0、S_f、S_1 和 S_2 的导通电阻分别为 R_{s0}、R_{sf}、R_{s1} 和 R_{s2}，为了简化分析，令开关管的导通电阻相等，即 $R_{s0}=R_{sf}=R_{s1}=R_{s2}=R_{on}$。对 PCCM SIDO Buck 变换器各个工作模态的电感电流 i_L 和输出电容电压 v_{c1}、v_{c2} 分别列写状态方程。

1) 工作模态 1

输出支路 1 的充电阶段为 $d_{11}T$。主开关管 S_0 和输出支路开关管 S_1 导通，续流开关管 S_f 和输出支路开关管 S_2 关断，二极管 VD_0 反向截止，VD_1 正向导通，VD_f 和 VD_2 均截止。输入电压 V_g 给电感 L 和输出支路 1 提供能量，电感电流 i_L 线性上升，输出电容 C_1 充电；输出电容 C_2 放电，为输出支路 2 提供能量。此时变换器的状态方程为

$$\begin{cases} L\dfrac{\mathrm{d}i_L}{\mathrm{d}t}=V_g-i_L\left(r_L+2R_{on}+\dfrac{R_{o1}r_{c1}}{R_{o1}+r_{c1}}\right)-\dfrac{v_{c1}R_{o1}}{R_{o1}+r_{c1}}-v_{D1} \\ C_1\dfrac{\mathrm{d}v_{c1}}{\mathrm{d}t}=i_L\dfrac{R_{o1}}{R_{o1}+r_{c1}}-\dfrac{v_{c1}}{R_{o1}+r_{c1}} \\ C_2\dfrac{\mathrm{d}v_{c2}}{\mathrm{d}t}=-\dfrac{v_{c2}}{R_{o2}+r_{c2}} \end{cases} \tag{7.56}$$

2) 工作模态 2

输出支路 1 的放电阶段为 $d_{12}T$。主开关管 S_0 关断，输出支路开关管 S_1 保持导通，二极管 VD_0、VD_1 正向导通，其余开关管和二极管保持关断状态不变。电感 L 和输出电容 C_1 放电，为输出支路 1 提供能量，电感电流 i_L 线性下降；输出电容 C_2 放电，为输出支路 2 提供能量。此时变换器的状态方程为

$$\begin{cases} L\dfrac{\mathrm{d}i_L}{\mathrm{d}t}=-v_{D0}-v_{D1}-i_L\left(r_L+R_{on}+\dfrac{R_{o1}r_{c1}}{R_{o1}+r_{c1}}\right)-\dfrac{R_{o1}v_{c1}}{R_{o1}+r_{c1}} \\ C_1\dfrac{\mathrm{d}v_{c1}}{\mathrm{d}t}=i_L\dfrac{R_{o1}}{R_{o1}+r_{c1}}-\dfrac{v_{c1}}{R_{o1}+r_{c1}} \\ C_2\dfrac{\mathrm{d}v_{c2}}{\mathrm{d}t}=-\dfrac{v_{c2}}{R_{o2}+r_{c2}} \end{cases} \tag{7.57}$$

3) 工作模态 3

输出支路 1 的续流阶段为 $d_{13}T$。续流开关管 S_f 导通，二极管 VD_f 正向导通，电感电流 i_L 在由电感 L、二极管 VD_f、开关管 S_f 构成的回路中续流。二极管 VD_0、VD_1 反向截止，其他开关管和二极管的状态保持不变。由于寄生参数的存在，续流阶段会有能量损耗，电感电流 i_L 不会维持在续流参考值 I_{dc} 不变，i_L 会缓慢下降。电容 C_1、C_2 放电，分

别为输出支路 1 和输出支路 2 提供能量。此时变换器的状态方程为

$$
\begin{cases}
L\dfrac{\mathrm{d}i_{\mathrm{L}}}{\mathrm{d}t}=-v_{\mathrm{Df}}-i_{\mathrm{L}}\left(r_{\mathrm{L}}+R_{\mathrm{on}}\right) & \text{(7.58a)}\\
C_1\dfrac{\mathrm{d}v_{\mathrm{c1}}}{\mathrm{d}t}=-\dfrac{v_{\mathrm{c1}}}{R_{\mathrm{o1}}+R_{\mathrm{c1}}} & \text{(7.58b)}\\
C_2\dfrac{\mathrm{d}v_{\mathrm{c2}}}{\mathrm{d}t}=-\dfrac{v_{\mathrm{c2}}}{R_{\mathrm{o2}}+R_{\mathrm{c2}}} & \text{(7.58c)}
\end{cases}
$$

4) 工作模态 4

输出支路 2 的充电阶段为 $d_{21}T$。主开关管 S_0 和输出支路开关管 S_2 导通，续流开关管 S_f 和输出支路开关管 S_1 关断。输入电压给电感 L 和输出支路 2 提供能量，电感电流 i_L 线性上升，输出电容 C_2 充电；输出电容 C_1 放电，为输出支路 1 提供能量。此时变换器的状态方程为

$$
\begin{cases}
L\dfrac{\mathrm{d}i_{\mathrm{L}}}{\mathrm{d}t}=V_{\mathrm{g}}-i_{\mathrm{L}}\left(r_{\mathrm{L}}+2R_{\mathrm{on}}+\dfrac{R_{\mathrm{o2}}r_{\mathrm{c2}}}{R_{\mathrm{o2}}+r_{\mathrm{c2}}}\right)-\dfrac{v_{\mathrm{c2}}R_{\mathrm{o2}}}{R_{\mathrm{o2}}+r_{\mathrm{c2}}}-v_{\mathrm{D2}}\\
C_1\dfrac{\mathrm{d}v_{\mathrm{c1}}}{\mathrm{d}t}=-\dfrac{v_{\mathrm{c1}}}{R_{\mathrm{o1}}+r_{\mathrm{c1}}}\\
C_2\dfrac{\mathrm{d}v_{\mathrm{c2}}}{\mathrm{d}t}=i_{\mathrm{L}}\dfrac{R_{\mathrm{o2}}}{R_{\mathrm{o2}}+r_{\mathrm{c2}}}-\dfrac{v_{\mathrm{c2}}}{R_{\mathrm{o2}}+r_{\mathrm{c2}}}
\end{cases}
\tag{7.59}
$$

5) 工作模态 5

输出支路 2 的放电阶段为 $d_{22}T$。主开关管 S_0 关断，输出支路开关管 S_2 保持导通。电感 L 和输出电容 C_2 放电，为输出支路 2 提供能量，电感电流 i_L 线性下降；输出电容 C_1 放电，为输出支路 1 提供能量。此时变换器的状态方程为

$$
\begin{cases}
L\dfrac{\mathrm{d}i_{\mathrm{L}}}{\mathrm{d}t}=-v_{\mathrm{D0}}-v_{\mathrm{D2}}-i_{\mathrm{L}}\left(r_{\mathrm{L}}+R_{\mathrm{on}}+\dfrac{R_{\mathrm{o2}}r_{\mathrm{c2}}}{R_{\mathrm{o2}}+r_{\mathrm{c2}}}\right)-\dfrac{R_{\mathrm{o2}}v_{\mathrm{c2}}}{R_{\mathrm{o2}}+r_{\mathrm{c2}}}\\
C_1\dfrac{\mathrm{d}v_{\mathrm{c1}}}{\mathrm{d}t}=-\dfrac{v_{\mathrm{c1}}}{R_{\mathrm{o1}}+r_{\mathrm{c1}}}\\
C_2\dfrac{\mathrm{d}v_{\mathrm{c2}}}{\mathrm{d}t}=i_{\mathrm{L}}\dfrac{R_{\mathrm{o2}}}{R_{\mathrm{o2}}+r_{\mathrm{c2}}}-\dfrac{v_{\mathrm{c2}}}{R_{\mathrm{o2}}+r_{\mathrm{c2}}}
\end{cases}
\tag{7.60}
$$

6) 工作模态 6

输出支路 2 的续流阶段为 $d_{23}T$。开关管 S_1、S_f 和二极管 VD_f 导通，其余开关管与二极管关断。电感电流 i_L 在由电感 L、开关管 S_f、二极管 VD_f 构成的回路中续流，电感电流 i_L 缓慢下降。输出电容 C_1、C_2 放电，分别为输出支路 1 和输出支路 2 提供能量。此时变换器的状态方程与式(7.58)相同。

式(7.56)～式(7.60)中，I_{dc} 为电感电流续流参考值，V_{o1}、V_{o2}、I_{o1}、I_{o2}、V_g 和 I_g 分别为变换器稳定工作时输出支路 1 和输出支路 2 的输出电压、输出电流、输入电压和输入电流平均值，r_L 为电感的 ESR，r_{c1}、r_{c2} 分别为输出电容 C_1、C_2 的 ESR，v_{c1}、v_{c2} 分别为输

出电容 C_1、C_2 两端的电压。

根据开关变换器效率的定义，可得 SIDO 开关变换器的效率表达式为

$$\eta = \frac{V_{o1}I_{o1} + V_{o2}I_{o2}}{V_g I_g} \tag{7.61}$$

由式(7.61)可知，在输入、输出参数确定时，变换器的效率与输入电流 I_g 有关。由电感电流和输入电流的关系可知，一个开关周期内，输入电流的平均值等于输出支路 1 和输出支路 2 充电阶段的电感电流在整个开关周期内的平均值，即

$$I_g = \frac{i_L(d_{23}T) + i_L(d_{11}T)}{2} d_{11} + \frac{i_L(d_{13}T) + i_L(d_{21}T)}{2} d_{21} \tag{7.62}$$

式中，$i_L(d_{11}T)$、$i_L(d_{21}T)$分别为输出支路 1、输出支路 2 充电阶段结束时刻的电感电流值；$i_L(d_{13}T)$、$i_L(d_{23}T)$分别为输出支路 1、输出支路 2 续流阶段结束时刻的电感电流值。根据式(7.56)～式(7.60)，可以分别求出电感电流 i_L 在各个工作模态结束时刻的表达式，得到 $i_L(d_{13}T)$和 $i_L(d_{23}T)$的表达式分别为

$$i_L(d_{13}T) = I_{dc} - \frac{(r_L + R_{on})I_{dc}d_{13}T}{L} - \frac{v_{Df}d_{13}T}{L} \tag{7.63}$$

$$i_L(d_{23}T) = I_{dc} - \frac{(r_L + R_{on})I_{dc}d_{23}T}{L} - \frac{v_{Df}d_{23}T}{L} \tag{7.64}$$

由于 $d_{12}T$ 阶段结束时刻的电感电流值等于 $d_{13}T$ 阶段开始时刻的电感电流值，可得输出支路 1 充电阶段结束时刻的电感电流值 $i_L(d_{11}T)$为

$$i_L(d_{11}T) = \frac{I_{dc} - Q_1 d_{12}T}{1 - P_1 d_{12}T} \tag{7.65}$$

式中，$P_1 = \dfrac{R_L + R_{on}}{L} + \dfrac{R_{o1}r_{c1}}{(R_{o1} + r_{c1})L}$，$Q_1 = -\dfrac{v_{D0} + v_{D1}}{L} - \dfrac{v_{c1}R_{o1}}{(R_{o1} + r_{c1})L}$。

同理，可得输出支路 2 充电阶段结束时刻的电感电流值 $i_L(d_{21}T)$为

$$i_L(d_{21}T) = \frac{I_{dc} - Q_2 d_{22}T}{1 - P_2 d_{22}T} \tag{7.66}$$

式中，$P_2 = \dfrac{R_L + R_{on}}{L} + \dfrac{R_{o2}r_{c2}}{(R_{o2} + r_{c2})L}$，$Q_2 = -\dfrac{v_{D0} + v_{D2}}{L} - \dfrac{v_{c2}R_{o2}}{(R_{o2} + r_{c2})L}$。

将式(7.38)～式(7.41)代入式(7.37)中，可得输入电流 I_g 的具体表达式为

$$I_g = \frac{(I_{dc} - Q_1 d_{12}T)d_{11}}{2(1 - P_1 d_{12}T)} + \frac{(I_{dc} - Q_2 d_{22}T)d_{21}}{2(1 - P_2 d_{22}T)} + \frac{I_{dc}(d_{21} + d_{11})}{2} + \frac{(I_{dc}r_L + I_{dc}R_{on} + v_{Df})d_s T}{4L} \tag{7.67}$$

式中，$d_s = 4d_{11}d_{21} + 2d_{12}d_{21} + 2d_{11}d_{22} - d_{11} - d_{21}$，其中 d_{11}、d_{12}、d_{21} 和 d_{22} 均随电路参数变化而变化，为待求解变量。

由图 7.5 可知，输出支路 1 的负载电流 I_{o1} 与$(d_{11} + d_{22})T$ 阶段电感电流在一个开关周期内的平均值相等，可得

$$I_{o1}=-\frac{d_{11}d_{23}T\left(v_{Df}+I_{dc}r_L+I_{dc}R_{on}\right)}{2L}-\frac{\left(Q_1d_{12}T-2I_{dc}+P_1d_{12}TI_{dc}\right)\left(d_{11}+d_{12}\right)}{2\left(1-P_1d_{12}T\right)} \tag{7.68}$$

同理，输出支路 2 的负载电流 I_{o2} 与 $(d_{21}+d_{22})T$ 阶段电感电流在一个开关周期内的平均值相等，可得

$$I_{o2}=\frac{\left(d_{21}+d_{22}\right)\left(2I_{dc}-P_2d_{22}TI_{dc}-Q_2d_{22}T\right)}{2\left(1-P_2d_{22}T\right)}-\frac{\left(I_{dc}r_L+I_{dc}R_{on}+v_{Df}\right)d_{21}d_{13}T}{2L} \tag{7.69}$$

$d_{11}T$ 阶段结束时刻的电感电流值与 $d_{12}T$ 阶段开始时刻的电感电流值相等，即

$$\frac{I_{dc}L-\left(r_L+R_{on}\right)d_{23}TI_{dc}-v_{Df}d_{23}T}{L}\left(1-P_3d_{11}T\right)+Q_3d_{11}T+\frac{Q_1d_{22}T-I_{dc}}{1-P_1d_{22}T}=0 \tag{7.70}$$

式中，$P_3=\dfrac{r_L+2R_{on}}{L}+\dfrac{R_{o1}r_{c1}}{\left(R_{o1}+r_{c1}\right)L}$，$Q_3=\dfrac{V_g-v_{D1}}{L}-\dfrac{v_{c2}R_{o2}}{\left(R_{o2}+r_{c2}\right)L}$。

同理，$d_{21}T$ 阶段结束时刻的电感电流值与 $d_{22}T$ 阶段开始时刻的电感电流值相等，即

$$\frac{I_{dc}L-\left(r_L+R_{on}\right)d_{13}TI_{dc}-v_{Df}d_{13}T}{L}\left(1-P_4d_{21}T\right)+Q_4d_{21}T+\frac{Q_2d_{22}T-I_{dc}}{1-P_2d_{22}T}=0 \tag{7.71}$$

式中，$P_4=\dfrac{r_L+2R_{on}}{L}+\dfrac{R_{o2}r_{c2}}{\left(R_{o2}+r_{c2}\right)L}$，$Q_4=\dfrac{V_g-v_{D2}}{L}-\dfrac{v_{c2}R_{o2}}{\left(R_{o2}+r_{c2}\right)L}$。

对于电压型恒频纹波恒定续流控制 PCCM SIDO Buck 变换器，$d_{11}T+d_{12}T+d_{13}T=T_1$、$d_{21}T+d_{22}T+d_{23}T=T_2$ 恒成立，因此可用 $T_1-d_{11}T-d_{12}T$ 和 $T_2-d_{21}T-d_{22}T$ 分别替代 $d_{13}T$ 和 $d_{23}T$。联立式(7.68)～式(7.71)，当电路参数已知时，可以求解不同负载条件下 d_{11}、d_{12}、d_{21} 和 d_{22} 的数值解，将数值解代入式(7.67)中，得到变换器的输入电流平均值 I_g，再将 I_g 代入式(7.61)中，计算得到变换器的效率。

采用表 7.1 所示的变换器电路参数，结合表 7.2 所示的电路寄生参数，利用 MATLAB 绘制不同负载条件下的电压型恒频纹波恒定续流控制 PCCM SIDO Buck 变换器的效率曲线，如图 7.19 所示。从图 7.19(a)中可以看出，当输出支路 2 的负载电阻 $R_{o2}=5\Omega$，输出支路 1 的负载电阻 R_{o1} 由 12Ω 到 36Ω 变化，即输出支路 1 的负载减轻时，电压型恒频纹波恒定续流控制 PCCM SIDO Buck 变换器的效率随之快速降低；由图 7.19(b)可知，当输出支路 1 的负载电阻 $R_{o1}=12\Omega$，输出支路 2 的负载电阻 R_{o2} 由 5Ω 到 15Ω 变化，即输出支路 2 的负载减轻时，变换器的效率随之缓慢降低；由图 7.19(c)可知，当输出支路 1 与输出支路 2 的负载相同且均向轻载变化时，变换器的效率随之急剧降低。

表 7.2 PCCM SIDO Buck 变换器的电路寄生参数

变量	描述	数值
v_{D0}、v_{Df}、v_{D1}、v_{D2}	二极管的导通压降	0.4V
R_{on}	开关管导通电阻	1mΩ
r_L	电感直流电阻	20mΩ

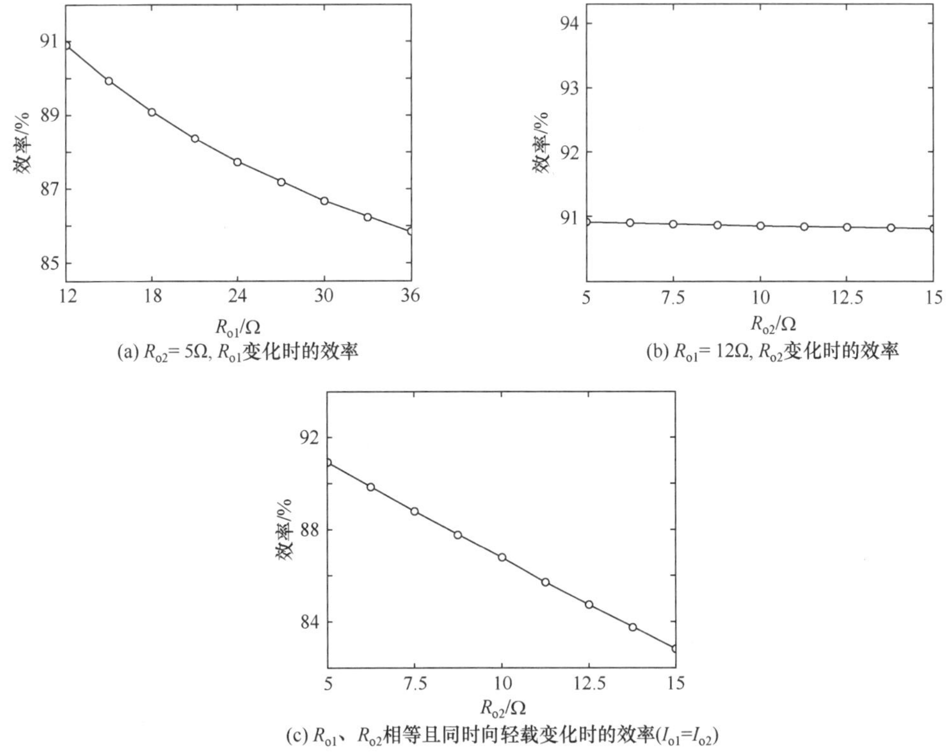

(a) R_{o2}= 5Ω, R_{o1}变化时的效率

(b) R_{o1}= 12Ω, R_{o2}变化时的效率

(c) R_{o1}、R_{o2}相等且同时向轻载变化时的效率(I_{o1}=I_{o2})

图 7.19　不同负载条件下电压型恒频纹波恒定续流控制 PCCM SIDO Buck 变换器的效率曲线

由上述分析可知：当输出支路的负载不相等或者负载相等且均为轻载时，电压型恒频纹波恒定续流控制 PCCM SIDO Buck 变换器的效率较低。这是因为恒定续流控制 PCCM SIDO Buck 变换器的所有输出支路的续流参考值相同且为固定值，轻载时变换器的续流时间增长，增加了续流回路的损耗，降低了变换器的效率。

7.2.5　稳定性分析

电压型恒频纹波控制技术采样输出电压纹波作为控制内环的信号，而输出电压纹波由输出电容电压纹波和输出电容 ESR 两端的电压纹波组成。由于输出电容电压纹波相位滞后电感电流相位 90°，电压型恒频纹波控制技术的稳定性依赖于输出电容 ESR 的取值(输出电容值额定)。当输出电容 ESR 较大时，输出电压纹波主要由输出电容 ESR 两端的电压纹波决定，可以很好地跟随电感电流纹波的变化，电压型恒频纹波控制开关变换器工作在稳定状态，且具有优异的瞬态性能；当输出电容 ESR 较小时，输出电压纹波主要由输出电容电压纹波决定，其相位滞后电感电流纹波相位，电压型恒频纹波控制开关变换器存在不稳定现象。对于电压型恒频纹波恒定续流控制 PCCM SIDO Buck 变换器，分析输出电容 ESR 对系统稳定性的影响，对电路参数的选择具有重要的指导意义。

1. 采样数据模型

采样数据模型结合了状态空间平均模型连续形式和离散时间模型高频精度的优

点，通常应用于稳定性分析和小信号分析。特别是在描述开关动作时刻的电感电流和电容电压的状态时，采样数据模型更符合开关变换器的工作模式。为了简化分析，忽略电路中其他寄生参数的作用，只考虑输出电容 ESR 对系统稳定性的影响。根据式(7.56)～式(7.60)，可以得到电压型恒频纹波恒定续流控制 PCCM SIDO Buck 变换器在第 n 个开关周期时，不同工作模态所对应的电感电流 i_L 和输出电容电压 v_{c1}、v_{c2} 的表达式。

1) 工作模态 1

当输出支路 1 充电阶段结束时，电感电流 $i_{Ln}(d_{11}T)$和输出电容电压 $v_{c1n}(d_{11}T)$、$v_{c2n}(d_{11}T)$ 可以表示为

$$\begin{cases} i_{Ln}(d_{11}T) = i_{Ln} + \dfrac{V_g - V_{o1}}{L} d_{11}T \\ v_{c1n}(d_{11}T) = v_{c1n} + \dfrac{i_{Ln} - i_{o1}}{C_1} d_{11}T + \dfrac{V_g - V_{o1}}{2LC_1} (d_{11}T)^2 \\ v_{c2n}(d_{11}T) = v_{c2n} - \dfrac{i_{o2}}{C_2} d_{11}T \end{cases} \tag{7.72}$$

式中，i_{Ln}、v_{c1n}、v_{c2n} 分别为在第 n 个开关周期开始时刻电感电流 i_L 和输出电容电压 v_{c1}、v_{c2} 的值；V_{o1} 为支路 1 的输出电压。

2) 工作模态 2

当输出支路 1 放电阶段结束时，电感电流 $i_{Ln}(d_{12}T)$和输出电容电压 $v_{c1n}(d_{12}T)$、$v_{c2n}(d_{12}T)$可以表示为

$$\begin{cases} i_{Ln}(d_{12}T) = i_{Ln}(d_{11}T) - \dfrac{V_{o1}}{L} d_{12}T \\ v_{c1n}(d_{12}T) = v_{c1n}(d_{11}T) + \dfrac{i_{Ln}(d_{11}T) - i_{o1}}{C_1} d_{12}T - \dfrac{V_{o1}}{2LC_1} (d_{12}T)^2 \\ v_{c2n}(d_{12}T) = v_{c2n}(d_{11}T) - \dfrac{i_{o2}}{C_2} d_{12}T \end{cases} \tag{7.73}$$

3) 工作模态 3

当输出支路 1 续流阶段结束时，电感电流 $i_{Ln}(d_{13}T)$和输出电容电压 $v_{c1n}(d_{13}T)$、$v_{c2n}(d_{13}T)$可以表示为

$$\begin{cases} i_{Ln}(d_{13}T) = i_{Ln}(d_{22}T) \\ v_{c1n}(d_{13}T) = v_{c1n}(d_{12}T) - i_{o1} d_{13}T / C_1 \\ v_{c2n}(d_{13}T) = v_{c1n}(d_{12}T) - i_{o2} d_{13}T / C_2 \end{cases} \tag{7.74}$$

4) 工作模态 4

当输出支路 2 充电阶段结束时，电感电流 $i_{Ln}(d_{21}T)$和输出电容电压 $v_{c1n}(d_{21}T)$、$v_{c2n}(d_{21}T)$可以表示为

$$\begin{cases} i_{\mathrm{L}n}(d_{21}T)=i_{\mathrm{L}n}(d_{13}T)+\dfrac{V_{\mathrm{g}}-V_{\mathrm{o2}}}{L}d_{21}T \\ v_{\mathrm{c1}n}(d_{21}T)=v_{\mathrm{c1}n}(d_{13}T)-\dfrac{i_{\mathrm{o1}}}{C_1}d_{21}T \\ v_{\mathrm{c2}n}(d_{21}T)=v_{\mathrm{c2}n}(d_{13}T)+\dfrac{i_{\mathrm{L}n}(d_{13}T)-i_{\mathrm{o2}}}{C_2}d_{21}T+\dfrac{V_{\mathrm{g}}-V_{\mathrm{o2}}}{2LC_2}(d_{21}T)^2 \end{cases} \tag{7.75}$$

式中，V_{o2}为支路 2 的输出电压。

5) 工作模态 5

当输出支路 2 放电阶段结束时，电感电流 $i_{\mathrm{L}n}(d_{22}T)$和输出电容电压 $v_{\mathrm{c1}n}(d_{22}T)$、$v_{\mathrm{c2}n}(d_{22}T)$可以表示为

$$i_{\mathrm{L}n}(d_{22}T)=i_{\mathrm{L}n}(d_{21}T)-\frac{V_{\mathrm{b}}}{L}d_{22}T \tag{7.76a}$$

$$v_{\mathrm{c1}n}(d_{22}T)=v_{\mathrm{c1}n}(d_{21}T)-\frac{i_{\mathrm{o1}}}{C_1}d_{22}T \tag{7.76b}$$

$$v_{\mathrm{c2}n}(d_{22}T)=v_{\mathrm{c2}n}(d_{21}T)+\frac{i_{\mathrm{L}n}(d_{21}T)-i_{\mathrm{o2}}}{C_2}d_{22}T-\frac{V_{\mathrm{o2}}}{2LC_2}(d_{22}T)^2 \tag{7.76c}$$

6) 工作模态 6

当输出支路 2 续流阶段结束时，电感电流 $i_{\mathrm{L}(n+1)}$和输出电容电压 $v_{\mathrm{c1}(n+1)}$、$v_{\mathrm{c2}(n+1)}$可以表示为

$$\begin{cases} i_{\mathrm{L}(n+1)}=i_{\mathrm{L}n}(d_{22}T) \\ v_{\mathrm{c1}(n+1)}=v_{\mathrm{c1}n}(d_{22}T)-i_{\mathrm{o1}}d_{23}T/C_1 \\ v_{\mathrm{c2}(n+1)}=v_{\mathrm{c2}n}(d_{22}T)-i_{\mathrm{o2}}d_{23}T/C_2 \end{cases} \tag{7.77}$$

综合式(7.72)～式(7.77)，可得第 $n+1$ 个开关周期开始时刻电感电流 i_{L} 和输出电压 v_{c1}、v_{c2} 的采样数据模型，式中的 d_{11}、d_{12}、d_{13} 和 d_{21}、d_{22}、d_{23} 与开关管 $\mathrm{S_0}$、$\mathrm{S_f}$、$\mathrm{S_1}$ 和 $\mathrm{S_2}$ 的导通关断状态有关，可由开关管 $\mathrm{S_0}$、$\mathrm{S_f}$、$\mathrm{S_1}$ 和 $\mathrm{S_2}$ 的切换条件求得。

根据 7.2.1 节所述电压型恒频纹波恒定续流控制 PCCM SIDO Buck 变换器的工作原理可知，输出支路 1 充电阶段 $d_{11}T$ 结束时刻，输出电压 v_{o1} 等于误差放大器输出信号 V_{e1}；输出支路 2 充电阶段 $d_{21}T$ 结束时刻，输出电压 v_{o2} 等于误差放大器输出信号 V_{e2}。相对于 v_{o1}、v_{o2}，V_{e1}、V_{e2} 是一个缓慢变化的量，因此在一个开关周期内，可以认为 V_{e1}、V_{e2} 等于参考电压 V_{ref1}、V_{ref2}。根据式(7.72)、式(7.75)，可得主开关管 $\mathrm{S_0}$ 的切换方程为

$$v_{\mathrm{c1}n}(d_{11}T)+\left[i_{\mathrm{L}n}(d_{11}T)-i_{\mathrm{o1}}\right]r_{\mathrm{c1}}=V_{\mathrm{ref1}} \tag{7.78}$$

$$v_{\mathrm{c2}n}(d_{21}T)+\left[i_{\mathrm{L}n}(d_{21}T)-i_{\mathrm{o2}}\right]r_{\mathrm{c2}}=V_{\mathrm{ref2}} \tag{7.79}$$

当电感电流 i_{L} 下降到 I_{dc} 时，续流开关管 $\mathrm{S_f}$ 导通，i_{L} 在由电感 L 和续流开关管 $\mathrm{S_f}$ 组成的回路中续流，直到输出支路开关管 $\mathrm{S_1}$ 或 $\mathrm{S_2}$ 的开关状态发生改变，续流阶段结束。根据图 7.14(b)和式(7.74)、式(7.77)，可得续流开关管 $\mathrm{S_f}$ 的开关切换方程为

$$i_{\mathrm{L}n}(d_{12}T)=i_{\mathrm{L}n}(d_{11}T)-V_{\mathrm{o1}}d_{12}T/L=I_{\mathrm{dc}} \tag{7.80}$$

$$i_{Ln}(d_{22}T)=i_{Ln}(d_{21}T)-V_{o2}d_{22}T/L=I_{dc} \tag{7.81}$$

基于式(7.78)～式(7.81)，通过计算机辅助求解，可以得到输出支路 1 和输出支路 2 在充电阶段、放电阶段和续流阶段的占空比 d_{11}、d_{12}、d_{13} 和 d_{21}、d_{22}、d_{23}。

2. 稳定性边界

通过对采样数据模型平衡点处的 Jacobi 矩阵及其特征值进行分析，可以确定开关变换器的稳定性条件。由式(7.72)～式(7.81)所示的采样数据模型和开关管切换方程，令 $\boldsymbol{x}_{n+1}=\boldsymbol{x}_n=\boldsymbol{X}_Q$，得到电压型恒频纹波恒定续流控制 PCCM SIDO Buck 变换器的采样数据模型在平衡点附近的 Jacobi 矩阵为

$$\boldsymbol{J}(\boldsymbol{X}_Q)=\begin{bmatrix} J_{11} & J_{12} & J_{13} \\ J_{21} & J_{22} & J_{23} \\ J_{31} & J_{32} & J_{33} \end{bmatrix}_{\boldsymbol{x}_n=\boldsymbol{X}_Q} \tag{7.82}$$

式中，$J_{11}=\dfrac{\partial i_{L(n+1)}}{\partial i_{Ln}}$，$J_{12}=\dfrac{\partial i_{L(n+1)}}{\partial v_{c1n}}$，$J_{13}=\dfrac{\partial i_{L(n+1)}}{\partial v_{c2n}}$，$J_{21}=\dfrac{\partial v_{c2(n+1)}}{\partial v_{c1n}}$，$J_{22}=\dfrac{\partial v_{c1(n+1)}}{\partial v_{c1n}}$，$J_{23}=\dfrac{\partial v_{c1(n+1)}}{\partial v_{c2n}}$，$J_{31}=\dfrac{\partial v_{c2(n+1)}}{\partial i_{Ln}}$，$J_{32}=\dfrac{\partial v_{c2(n+1)}}{\partial v_{c1n}}$，$J_{33}=\dfrac{\partial v_{c2(n+1)}}{\partial v_{c2n}}$。

式(7.82)所示 Jacobi 矩阵的特征方程为

$$\det\left[\lambda\boldsymbol{I}-\boldsymbol{J}(\boldsymbol{X}_Q)\right]=0 \tag{7.83}$$

式中，$\boldsymbol{X}_Q=[I_L\ V_{c1}\ V_{c2}]^T$；$I_L$、$V_{c1}$、$V_{c2}$ 分别为电感电流和输出电容电压在平衡点附近的稳态值；T 为矩阵的转置；$\boldsymbol{I}$ 为单位矩阵。

将式(7.81)代入式(7.82)，可得求解 Jacobi 矩阵特征值的具体方程为

$$a_0\lambda^3+a_1\lambda^2+a_2\lambda+a_3=0 \tag{7.84}$$

式中，$a_0=1$，$a_1=-(J_{11}+J_{22}+J_{33})$，$a_2=J_{11}J_{22}+J_{11}J_{33}+J_{22}J_{33}-J_{21}J_{22}-J_{23}J_{32}$，$a_3=-J_{11}J_{22}J_{33}-J_{13}J_{21}J_{32}+J_{11}J_{23}J_{32}+J_{33}J_{12}J_{21}$。

式(7.84)中特征值 λ 的解可表示为

$$\begin{cases} \lambda_1=u+w-\dfrac{1}{3}a_1 \\ \lambda_2=-\dfrac{1}{2}(u+w)-\dfrac{1}{3}a_1+\dfrac{\sqrt{3}}{2}(u-w)\mathrm{j} \\ \lambda_3=-\dfrac{1}{2}(u+w)-\dfrac{1}{3}a_1-\dfrac{\sqrt{3}}{2}(u-w)\mathrm{j} \end{cases} \tag{7.85}$$

式中，$w=\sqrt[3]{-\left(\dfrac{q}{2}\right)-\sqrt{h}}$，$u=\sqrt[3]{-\left(\dfrac{q}{2}\right)+\sqrt{h}}$，$h=\left(\dfrac{q}{2}\right)^2+\left(\dfrac{p}{3}\right)^3$，$q=\dfrac{2}{27}a_1^3-\dfrac{1}{3}a_1a_2+a_3$，$p=a_2-\dfrac{1}{3}a_1^2$。

由式(7.85)可知，式(7.82)所示的 Jacobi 矩阵有三个特征值，且特征值 λ_2 和 λ_3 为一对共轭复根。当三个特征值均落在单位圆内时，变换器工作在稳定状态；若特征值从单位圆内穿过单位圆，则变换器将失稳并工作在不稳定状态。因此，令$|\lambda| = 1$，可以计算得到电压型恒频纹波恒定续流控制 PCCM SIDO Buck 变换器的稳定边界方程。

3. 稳定性区域划分

选取表 7.1 中的电路参数，根据式(7.85)所示特征值的表达式，利用 MATLAB 绘制电压型恒频纹波恒定续流控制 PCCM SIDO Buck 变换器随 C_1 和 r_{c1}、C_2 和 r_{c2} 变化的状态区域分布图，如图 7.20 所示。

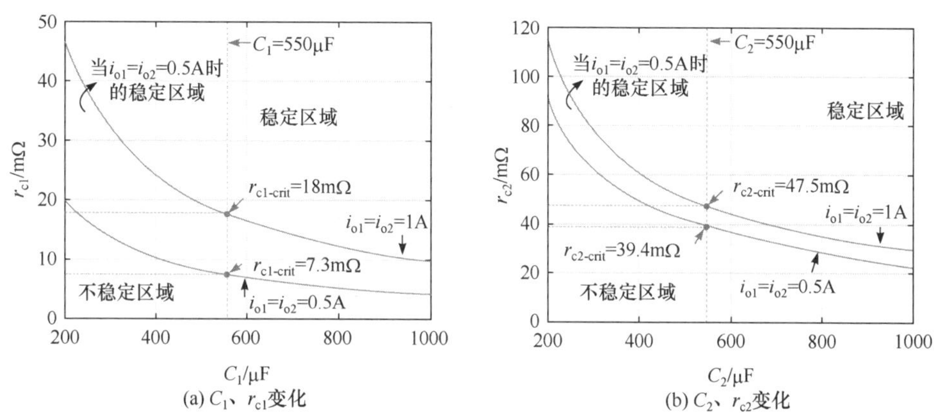

(a) C_1、r_{c1}变化　(b) C_2、r_{c2}变化

图 7.20　电压型恒频纹波恒定续流控制 PCCM SIDO Buck 变换器的状态区域分布图

当 $C_2 = 550\mu F$、$r_{c2} = 50m\Omega$ 时，电压型恒频纹波恒定续流控制 PCCM SIDO Buck 变换器随 C_1、r_{c1} 变化的状态区域分布图如图 7.20(a)所示。由图可知，较大的 C_1、r_{c1} 可以抑制变换器的不稳定问题，较小的负载电流可以拓宽变换器的稳定工作范围。当 $C_1 = 550\mu F$、输出负载电流 $i_{o1} = i_{o2} = 1A$ 时，输出电容 C_1 的 ESR 临界值为 $r_{c1\text{-crit}} = 18m\Omega$；当输出负载电流 $i_{o1} = i_{o2} = 0.5A$ 时，r_{c1} 的临界值为 $r_{c1\text{-crit}} = 7.3m\Omega$。

类似地，当 $C_1 = 550\mu F$、$r_{c1} = 50m\Omega$ 时，电压型恒频纹波恒定续流控制 PCCM SIDO Buck 变换器随 C_2、r_{c2} 变化的状态区域分布图如图 7.20(b)所示。由图可知：随着 C_2、r_{c2} 的增大或者负载电流的减小，变换器的稳定工作范围均会扩宽。当 $C_2 = 550\mu F$，$i_{o1} = i_{o2} = 1A$ 时，输出电容 C_2 的 ESR 临界值 $r_{c2\text{-crit}} = 47.5m\Omega$；当 $i_{o1} = i_{o2} = 0.5A$ 时，$r_{c2\text{-crit}} = 39.4m\Omega$。

图 7.20 所示电压型恒频纹波恒定续流控制 PCCM SIDO Buck 变换器的状态区域分布图，清晰地显示出了系统的稳定工作区域，当输出电容参数选取在该区域内时，变换器能稳定工作，否则变换器工作不稳定。

7.2.6　实验结果

根据表 7.1 中 PCCM SIDO Buck 变换器的电路参数，搭建电压型恒频纹波恒定续流控制 PCCM SIDO Buck 变换器的实验平台，并对其稳态性能、瞬态性能、交叉影响、效率和负载范围进行分析。

1. 稳态性能

图 7.21 为电压型恒频纹波恒定续流控制 PCCM SIDO Buck 变换器的稳态实验波形。图 7.21(a)为电感电流 i_L，输出电压 v_{o1}、v_{o2} 和输入电压 V_g 的稳态波形，图 7.21(b)为电感电流 i_L 和输出电压纹波波形。由图 7.21 可知：当输入电压为 20V 时，输出支路 1 和输出支路 2 的输出电压分别稳定在 12V 和 5V，每条输出支路均工作于 PCCM，续流参考值恒定为 2A，验证了电压型恒频纹波恒定续流控制 PCCM SIDO Buck 变换器的可行性。此时，输出电压 v_{o1} 和 v_{o2} 的纹波值分别为 240mV 和 156mV，电感电流纹波值为 0.94A。

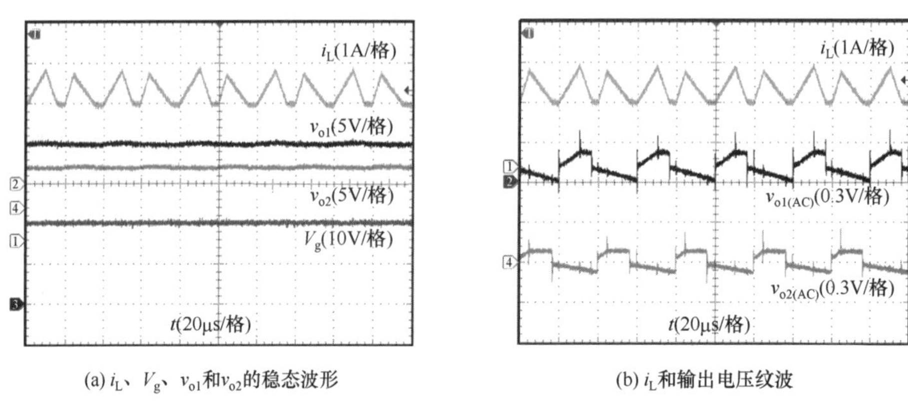

(a) i_L、V_g、v_{o1}和v_{o2}的稳态波形　　(b) i_L和输出电压纹波

图 7.21　电压型恒频纹波恒定续流控制 PCCM SIDO Buck 变换器的稳态实验波形

对比图 7.9 和图 7.21 可知，电压型恒频纹波恒定续流控制和恒频均值电压型恒定续流控制 PCCM SIDO Buck 变换器的稳压精度、输出电压和电感电流的纹波值基本相同，即二者的稳态性能相当。

2. 瞬态性能和交叉影响

图 7.22 为电压型恒频纹波恒定续流控制 PCCM SIDO Buck 变换器的负载瞬态实验波形。由图 7.22(a)可知，输出支路 1 负载增加或者减小时，变换器的输出电压 v_{o1} 经过大约 2 个开关周期达到新的稳态，调节过程中几乎无超调，且输出电压 v_{o2} 几乎未受影响。由图 7.22(b)可知，输出支路 2 负载增加或者减小时，变换器的输出电压 v_{o2} 经过大约 1 个开关周期达到新的稳态，调节过程中几乎无超调，且输出电压 v_{o1} 几乎未受影响。

由图 7.10 与图 7.22 的实验结果对比可知：无论是输出支路 1 负载跳变，还是输出支路 2 负载跳变，相较于恒频均值电压型恒定续流控制 PCCM SIDO Buck 变换器，电压型恒频纹波恒定续流控制 PCCM SIDO Buck 变换器具有更优的负载瞬态响应。在交叉影响方面，电压型恒频纹波恒定续流控制 SIDO Buck 变换器的输出支路间几乎不存在交叉影响，而恒频均值电压型恒定续流控制 PCCM SIDO Buck 变换器的输出支路间由于变换器寄生参数及较慢的瞬态响应，存在较小的交叉影响。实验结果验证了瞬态响应和交叉影响理论分析的正确性。

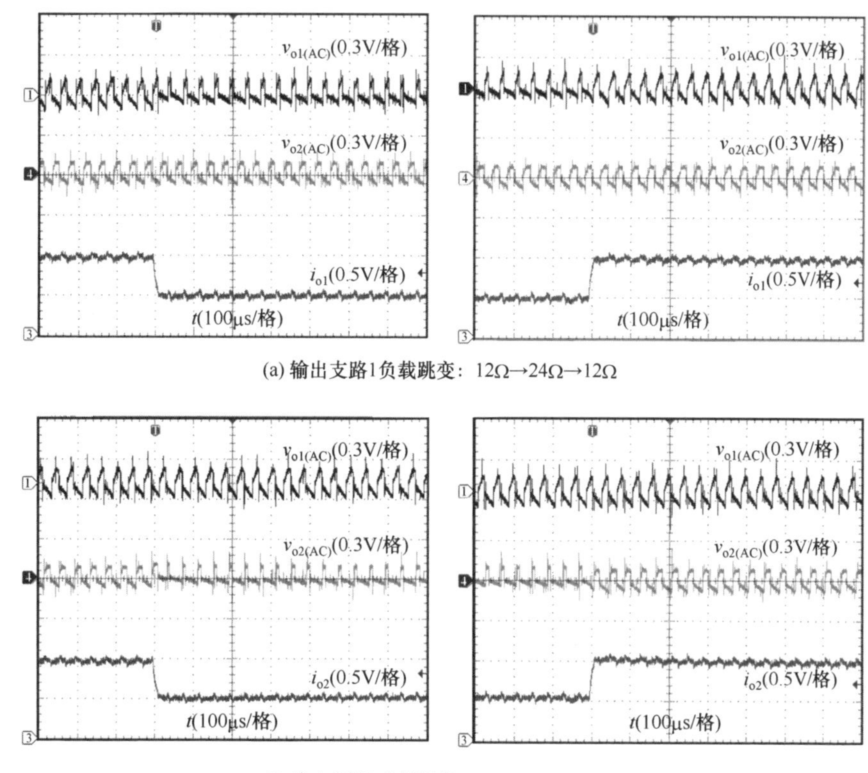

(a) 输出支路1负载跳变：12Ω→24Ω→12Ω

(b) 输出支路2负载跳变：5Ω→10Ω→5Ω

图 7.22　电压型恒频纹波恒定续流控制 PCCM SIDO Buck 变换器的负载瞬态实验波形

3. 效率

对于电压型恒频纹波恒定续流控制 PCCM SIDO Buck 变换器，输出支路 1 和输出支路 2 都工作于 PCCM，且输出支路间近似解耦，故在输出支路 2 负载恒定时，以输出支路 1 负载由满载向轻载变化时的情况为例，分析变换器的效率特点。

图 7.23 为输出支路 1 负载为半载时，电压型恒频纹波恒定续流控制 PCCM SIDO Buck 变换器的电感电流和输出电压纹波。对比图 7.23 和图 7.21(b)可知，当输出支路 1 由满载减至半载时，输出支路 1 工作期间的电感续流时间增加，输出支路 2 工作期间的电感续流时间几乎不变。这验证了理论分析中电感续流时间随负载减轻而增加的变化趋势。

为进一步分析负载变化时变换器的效率特点，当输出支路 1 负载由满载向轻载变化时，等间距选取负载点，分别测量两种控制方式下不同负载点处的效率，效率测试结果如图 7.24 所示。由图可知，随着输出支路 1 负载的减轻，电压型恒频纹波控制和恒频均值电压型恒定续流控制 PCCM SIDO Buck 变换器的效率均随之显著降低。并且，当续流管的控制相同而主开关管的控制不同时，上述两种变换器的效率差别较小。因此，随着输出支路 1 负载的减轻，输出支路 1 工作期间电感续流时间随之增加，降低了 PCCM SIDO Buck 变换器的效率。这与理论分析的结果相符合，验证了理论分析的正确性。

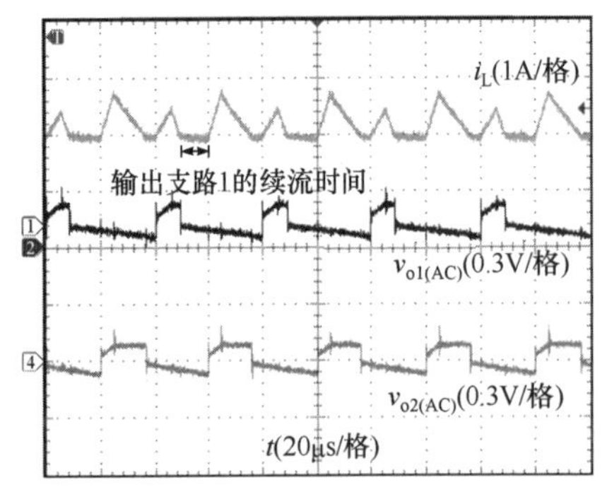

图 7.23 输出支路 1 负载为半载时电压型恒频纹波恒定续流控制 PCCM SIDO Buck 变换器的电感电流和输出电压纹波

图 7.24 输出支路 1 负载变化时两种控制方式下 PCCM SIDO Buck 变换器的效率曲线

4. 负载范围

为了验证每条输出支路的最大负载，将表 7.1 的电路参数代入式(7.22)和式 (7.23)中，可求得输出支路 1 和输出支路 2 的最大负载分别为 1.24A 和 1.19A，对应的负载电阻分别为 9.68Ω 和 4.2Ω。当一路负载恒定，另一路负载取最大值时，电压型恒频纹波恒定续流控制 PCCM SIDO Buck 变换器的稳态波形如图 7.25 所示。

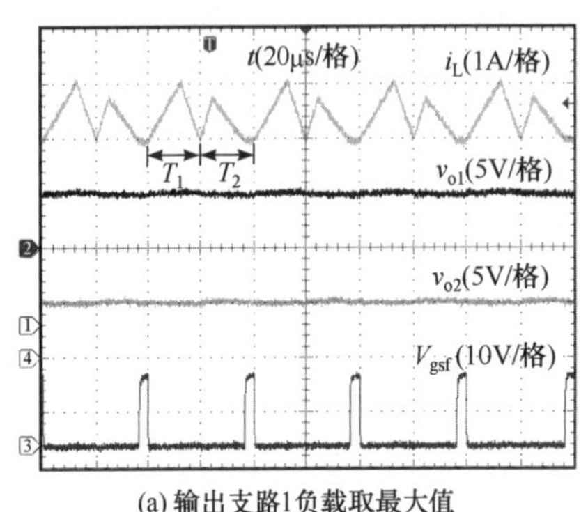

(a) 输出支路1负载取最大值

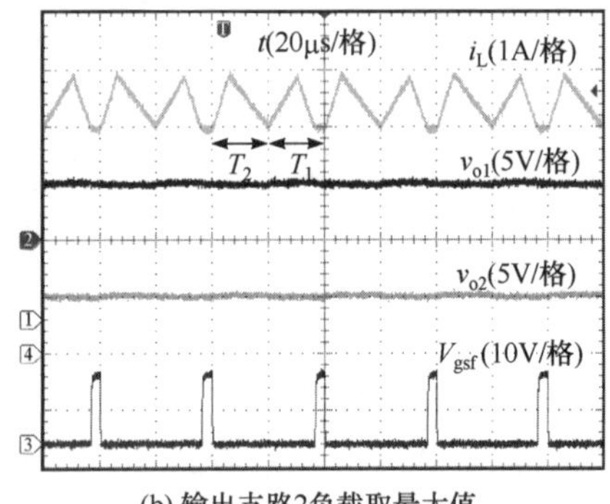

(b) 输出支路2负载取最大值

图 7.25 电压型恒频纹波恒定续流控制 PCCM SIDO Buck 变换器的稳态波形

在图 7.25 中，V_{gsf} 为续流开关管 S_f 的驱动波形，T_1、T_2 分别为输出支路 1、输出支路 2 在一个开关周期内的分时复用时长，其余参数定义如前所示。由图 7.25(a)可知，对于电压型恒频纹波恒定续流控制 PCCM SIDO Buck 变换器，当输出支路 1 负载电阻为 9.5Ω（接近理论计算值 9.68Ω）时，在输出支路 1 工作期间(T_1)，满足 $V_{gsf} = 0$，即 T_1 期间电感不存在续流阶段，此时输出支路 1 工作于 CCM，输出支路 2 工作于 PCCM，变换器工作于 CCM-PCCM 的临界稳定状态，输出支路 1 负载达到最大值。由图 7.25(b)可知，当输出支路 2 负载为 4.1Ω（接近理论计算值 4.2Ω）时，在输出支路 2 工作期间(T_2)，满足 $V_{gsf} = 0$，即 T_2 期间电感不存在续流阶段，此时输出支路 2 工作于 CCM，输出支路 1

工作于 PCCM，变换器工作于 PCCM-CCM 的临界稳定状态。

由图 7.13 和图 7.25 可知，当续流管采用恒定续流控制、主开关管采用恒频均值电压型恒定续流控制或者电压型恒频纹波恒定续流控制时，PCCM SIDO Buck 变换器的两路输出负载均存在上限，且每路输出负载的上限由恒定续流值决定，与主开关管的控制无关。实验中负载范围的上限与理论推导基本吻合，验证了负载范围分析的正确性。

7.3　本 章 小 结

为了改善恒频均值电压型恒定续流控制 PCCM SIDO Buck 变换器的瞬态特性，本章提出了电压型恒频纹波恒定续流控制 PCCM SIDO Buck 变换器，并分析了上述两种变换器的工作原理和瞬态响应特性。对于 PCCM SIDO Buck 变换器，根据电感电流与输出负载间的关系，推导得到每路输出负载的表达式，并由此分析变换器的负载范围和输出支路间的交叉影响。根据电感续流时间和电路参数的关系曲线，分析负载变化时变换器的效率特性。搭建相应的实验平台，验证了上述理论分析的正确性。研究结果表明，电压型恒频纹波恒定续流控制 PCCM SIDO Buck 变换器改善了恒频均值电压型恒定续流控制 PCCM SIDO Buck 变换器的负载瞬态响应和交叉影响特性。在稳态性能、效率和负载范围方面，上述两种变换器的性能近似相同：两种变换器的效率都随负载的减轻而降低，且两者的效率近似相等；每条输出支路都存在负载上限，且两种变换器的负载范围近似相等。

参 考 文 献

[1] He Y, Xu J, Zhong S. HB-LED driver based on single-inductor-dual-output switching converters in pseudo-continuous conduction mode. International Conference on Communications, Circuits and Systems, Chengdu, 2013: 410-413.

[2] 周群，何莹莹，许建平，等. 伪连续导电模式单电感双输出反激变换器. 电力自动化设备，2015, 35(1): 65-69.

[3] Liu Q, Wu X, Zhao M, et al. Monolithic quasi-sliding-mode controller for SIDO Buck converter in PCCM. IEEE Asia Pacific Conference on Circuits and Systems, Kaohsiung, 2012: 428-431.

[4] 周国华，许建平. 开关变换器调制与控制技术综述. 中国电机工程学报, 2014, 34(6): 815-830.

[5] 王凤岩，许建平. 不连续导电模式 V^2 控制 Buck 变换器分析. 电工技术学报, 2005, 20(10): 67-72.

[6] 周述晗，周国华，叶馨，等. 无交叉影响的 V^2 控制 PCCM SIDO Buck 变换器稳定性及瞬态性能分析. 中国电机工程学报, 2021, 41(19): 6748-6760.

第 8 章　伪连续导电模式单电感多输出开关变换器电压型纹波动态续流控制技术

由 7.2 节的分析可知：对于电压型恒频纹波恒定续流控制伪连续导电模式(PCCM)单电感多输出(SIMO)开关变换器，恒定续流控制使得轻载输出支路的续流时间增长，增加了续流回路的损耗，降低了变换器的效率。为了提高 PCCM SIMO 开关变换器的效率，本章提出 PCCM SIMO 开关变换器的电压型纹波动态续流控制技术，当负载变化时，自动调节电感续流的参考值和续流时间，从而减小电感续流阶段的导通损耗，提高变换器的轻载效率。

以双输出 Buck 变换器为例，在分析 PCCM SIMO 开关变换器电压型纹波动态续流控制技术原理的基础上，建立其闭环小信号模型，并从频域角度分析变换器的交叉影响和负载瞬态响应；之后，分析变换器的负载范围、效率及稳定性，并通过实验结果验证理论分析的正确性。

8.1　电压型纹波动态续流控制技术原理

8.1.1　工作原理

以双输出 Buck 变换器为例，电压型纹波动态续流控制 PCCM 单电感双输出(SIDO) Buck 变换器的原理图和工作时序如图 8.1 所示。主开关管 S_0 采用电压型纹波控制技术，续流开关管 S_f 采用动态续流控制，输出支路开关管 S_1、S_2 互补导通。主开关管 S_0 的控制电路包括误差放大器 EA_1 和 EA_2、比较器 CMP_1 和 CMP_2、与门 AND_1 和 AND_2、或门 OR_1 以及触发器 RS_1。其中，输出电压 v_{o1} 和 v_{o2} 为主开关管 S_0 的控制电路反馈量。续流开关管 S_f 的控制电路包括比较器 CMP_3 和 CMP_4、与门 AND_3 和 AND_4、或门 OR_2 和触发器 RS_2，电感电流 i_L 为 S_f 的控制电路反馈量。输出支路开关管 S_1、S_2 的控制电路由 D 触发器通过二分频产生。主开关管 S_0、续流开关管 S_f 和输出支路开关管 S_1、S_2 所对应的控制脉冲分别为 V_{gs0}、V_{gsf} 和 V_{gs1}、V_{gs2}。

图 8.1(c)为电压型纹波动态续流控制 PCCM SIDO Buck 变换器的控制时序波形。由图 8.1(c)可知，输出支路开关管 S_1、S_2 的工作原理为：当时钟 clk 信号使能 D 触发器时，Q 端输出为高电平，Q1 端输出为低电平，S_1 导通、S_2 关断；当下一个 clk 信号来临时，D 触发器输出翻转，Q 端输出为低电平，Q1 端输出为高电平，S_1 关断、S_2 导通。输出支

路开关管 S_1、S_2 的控制脉冲信号 V_{gs1} 和 V_{gs2} 在一个周期内分别导通半个周期，交替工作。

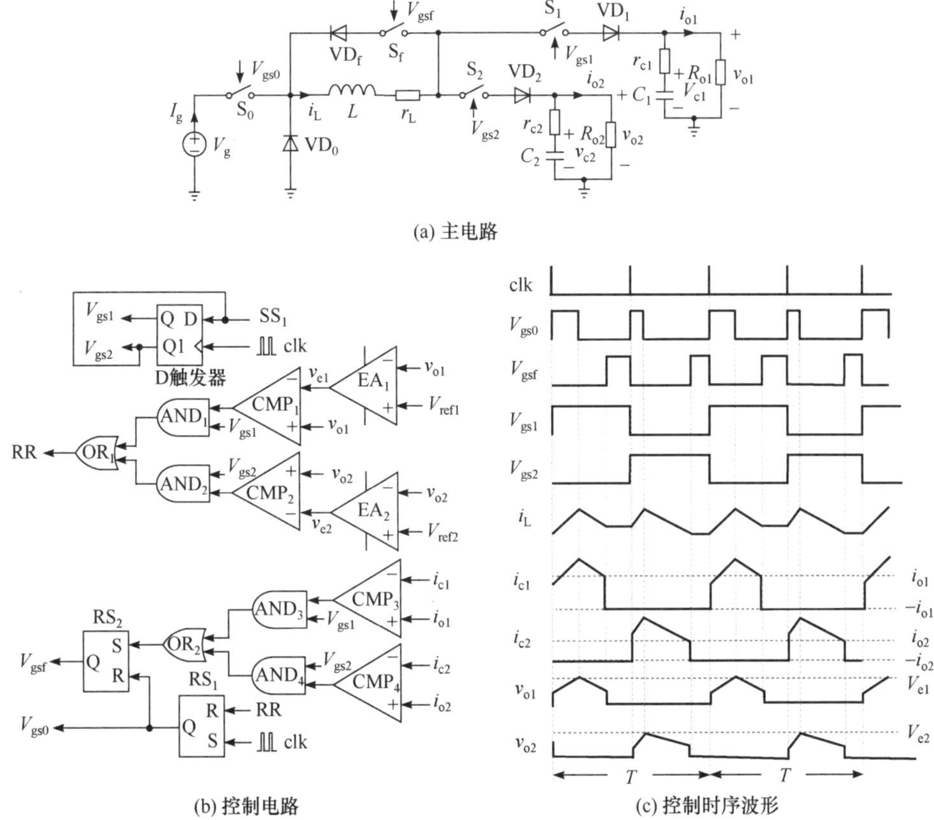

(a) 主电路

(b) 控制电路　　(c) 控制时序波形

图 8.1　电压型纹波动态续流控制 PCCM SIDO Buck 变换器的原理图和控制时序波形

主开关管 S_0 采用电压型纹波控制技术，以输出支路 1 工作为例，其控制逻辑为：当 clk 信号高电平来临时，触发器 RS_1 的 Q 端输出信号 V_{gs0} 为高电平，主开关管 S_1 导通，电感电流 i_L 上升，输出电压 v_{o1} 上升；当输出电压 v_{o1} 上升到信号 V_{e1}(V_{e1} 是 v_{o1} 和电压基准值 V_{ref1} 经误差放大器 EA_1 产生的)时，触发器 RS_1 的 R 端输入信号 RR 为高电平，触发器 RS_1 的输出信号 V_{gs0} 变为低电平，主开关管 S_0 断开。

续流开关管 S_f 采用动态续流控制技术，工作原理为：当触发器 RS_1 的输出信号 V_{gs0} 变为低电平时，主开关管 S_0 断开，电容电流 i_{c1} 下降；当电容电流 i_{c1} 下降到输出电流 i_{o1} 时，触发器 RS_2 的 S 端输入信号 SS 为高电平，触发器 RS_2 的输出信号 V_{gsf} 变为高电平，续流开关管 S_f 导通。当 clk 信号高电平来临时，触发器 RS_1 的 S 端输入高电平，使得 Q 端输出信号 V_{gs0} 为高电平，触发器 RS_2 的 R 端输入为高电平，续流开关管 S_f 关断。

由上述分析可知，在一个开关周期内，SIDO Buck 变换器的电感电流工作在 PCCM，变换器的续流参考值将随负载的变化而变化。在输出支路开关管 S_1 或 S_2 导通期间，当输出支路的电容电流下降至负载电流时，续流开关管导通直至下一个时钟信号到来，因此续流开关管的导通时间随负载的变化而变化。综上所述，电压型纹波动态续流控制技术的本质是基于负载的输出电压纹波恒频控制技术实现的。

8.1.2 动态续流控制与恒定续流控制

图 8.2 为负载变化时，采用恒定续流控制与动态续流控制的电感电流波形。与恒定续流控制相比，动态续流控制在电流环控制上进行了改进，动态续流控制的续流值能够随负载的变化而动态调整。当负载变轻时，恒定续流控制的续流阶段在一个开关周期所占的比重增大，严重影响变换器的工作效率；当负载变重时，恒定续流控制的续流占空比逐渐降低为零，变换器会进入 CCM，这将导致变换器的交叉影响变大。然而，动态续流控制不会存在这些问题。

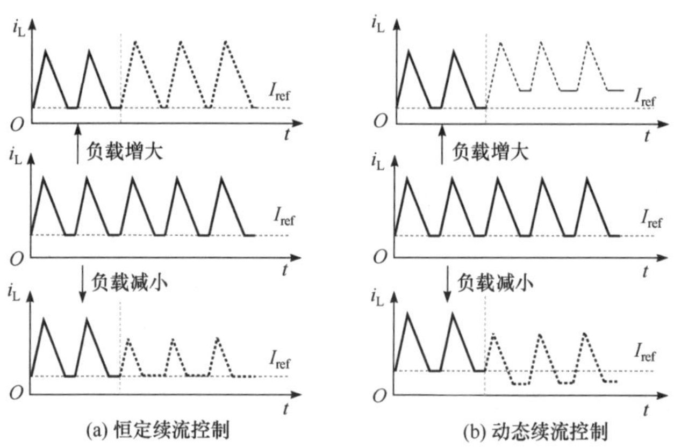

图 8.2 恒定续流控制与动态续流控制的电感电流波形

与恒定续流控制相比，动态续流控制 PCCM SIDO Buck 变换器在重载条件下，通过提高动态参考电流值，使变换器始终工作于 PCCM，能保证很小的交叉影响；在轻载条件下，通过降低动态参考电流值，避免续流阶段过长，提高轻载效率。在负载变化时，电压型纹波动态续流控制 PCCM SIDO Buck 变换器具有瞬态响应速度快、输出电压超调量小、支路间交叉影响小的优点。

8.2 小信号建模与频域分析

8.2.1 电压型纹波控制建模

图 8.3 为电压型纹波动态续流控制 PCCM SIDO Buck 变换器输出电压 v_{o1} 在一个开关周期内的稳态波形，由几何关系可以计算输出电压 v_{o1} 在一个开关周期内的平均值表达式为

$$\begin{aligned}\overline{v}_{o1}&=\frac{1}{T}\left(T(0.5+d_{13})v_{o1\_min}+\int_0^{d_{11}T}\left(v_{o1\_min}+v_{pk11}+m_{v11}t\right)dt+\int_0^{d_{12}T}(V_{e1}-m_{v12}t)dt\right)\\&=(0.5+d_{13})v_{o1\_min}+\left(v_{o1\_min}+v_{pk11}\right)d_{11}+\frac{1}{2}m_{v11}d_{11}^2T+V_{e1}d_{12}-\frac{1}{2}m_{v12}d_{12}^2T\end{aligned} \tag{8.1}$$

式中，v_{o1_min} 为电压 v_{o1} 的最小值；v_{pk11} 为输出支路 2 向输出支路 1 转换时 v_{o1} 的突变量，取 $v_{pk11}=2v_{o1}r_{c1}/R_{o1}$。

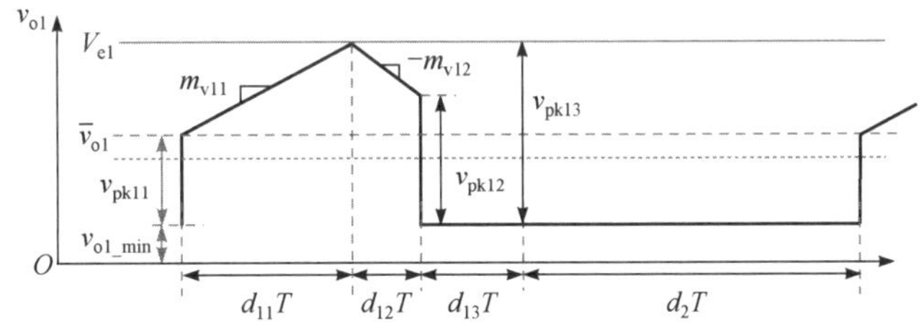

图 8.3　电压型纹波动态续流控制 PCCM SIDO Buck 变换器输出电压 v_{o1} 一个开关周期内的稳态波形

式(8.1)中的斜率为

$$\begin{cases} m_{v11} = \dfrac{\left(v_g - v_{o1}\right) r_{c1}}{L} \\ m_{v12} = \dfrac{v_{o1} r_{c1}}{L} \end{cases} \tag{8.2}$$

由图 8.3 中的几何关系可知，同样存在如下关系：

$$V_{e1} = v_{o1\_min} + v_{pk11} + m_{v11} d_{11} T = v_{o1\_min} + v_{pk12} + m_{v12} d_{12} T \tag{8.3}$$

由式(8.1)～式(8.3)可求解得到

$$\begin{aligned} \overline{v}_{o1} = & V_{e1} - \left(0.5 + d_{13}\right) \frac{2v_{o2}}{R_{o2}} r_{c1} - \frac{\left(v_g - v_{o1}\right) r_{c1}}{L} d_{11} \left(0.5 + d_{13}\right) T \\ & - \frac{\left(v_g - v_{o1}\right) r_{c1}}{2L} d_{11}^2 T - \frac{v_{o1} r_{c1}}{2L} d_{12}^2 T \end{aligned} \tag{8.4}$$

对式(8.4)中各信号引入小信号扰动，并略去其中高阶项和直流量，仅取一阶项，得到电压型纹波动态续流控制 PCCM SIDO Buck 变换器关于控制量 d_{11} 的小信号表达式，为

$$\hat{d}_{11}(s) = F_{11} \hat{v}_g(s) + F_{12} \hat{v}_{o1}(s) + F_{13} \hat{v}_{e1}(s) + F_{14} \hat{v}_{o2}(s) + F_{15} \hat{d}_{31}(s) \tag{8.5}$$

式中

$$F_{11} = \frac{-2D_{11}\left(0.5 + D_{13}\right) - D_{11}^2}{2\left[V_g\left(0.5 + D_{13} + D_{11}\right) - V_{o1}\right]}$$

$$F_{12} = \frac{2D_{11}\left(0.5 + D_{13}\right) r_{c1} T + D_{11}^2 r_{c1} T - \left(0.5 - D_{11} - D_{13}\right)^2 r_{c1} T - 2L}{2\left[V_g\left(0.5 + D_{13} + D_{11}\right) - V_{o1}\right] r_{c1} T}$$

$$F_{13} = \frac{L}{\left[V_g\left(0.5 + D_{13} + D_{11}\right) - V_{o1}\right] r_{c1} T}$$

$$F_{14} = \frac{-2L\left(0.5 + D_{13}\right)}{\left[V_g\left(0.5 + D_{13} + D_{11}\right) - V_{o1}\right] R_{o2} T}$$

$$F_{15}=\frac{V_{o1}\left(0.5-D_{13}\right)R_{o2}T-V_{g}D_{11}R_{o2}T-2LV_{o2}}{\left[V_{g}\left(0.5+D_{13}+D_{11}\right)-V_{o1}\right]R_{o2}T}$$

同理，可以求解关于信号 d_{12} 的小信号表达式为

$$\hat{d}_{12}(s)=F_{21}\hat{v}_{g}(s)+F_{22}\hat{v}_{o2}(s)+F_{23}\hat{v}_{e2}(s)+F_{24}\hat{v}_{o1}(s)+F_{25}\hat{d}_{32}(s) \tag{8.6}$$

式中

$$F_{21}=\frac{-2D_{21}\left(0.5+D_{23}\right)-D_{21}^{2}}{2\left[V_{g}\left(0.5+D_{23}+D_{21}\right)-V_{o2}\right]}$$

$$F_{22}=\frac{2D_{21}\left(0.5+D_{23}\right)r_{c2}T+D_{21}^{2}r_{c2}T-\left(0.5-D_{21}-D_{23}\right)^{2}r_{c2}T-2L}{2\left[V_{g}\left(0.5+D_{23}+D_{21}\right)-V_{o2}\right]r_{c2}T}$$

$$F_{23}=\frac{L}{\left[V_{g}\left(0.5+D_{21}+D_{23}\right)-V_{o2}\right]r_{c2}T}$$

$$F_{24}=\frac{-2L\left(0.5+D_{23}\right)}{\left[V_{g}\left(0.5+D_{23}+D_{21}\right)-V_{o2}\right]R_{o1}T}$$

$$F_{25}=\frac{V_{o2}\left(0.5-D_{23}\right)R_{o1}T-V_{g}D_{21}R_{o1}T-2LV_{o1}}{\left[V_{g}\left(0.5+D_{23}+D_{21}\right)-V_{o2}\right]R_{o1}T}$$

8.2.2 动态续流控制建模

图 8.4 为动态续流控制 PCCM SIDO Buck 变换器的电感电流 i_L 和电容电流 i_{c1}、i_{c2} 在一个开关周期内的理论波形，动态续流值与负载呈比例关系。

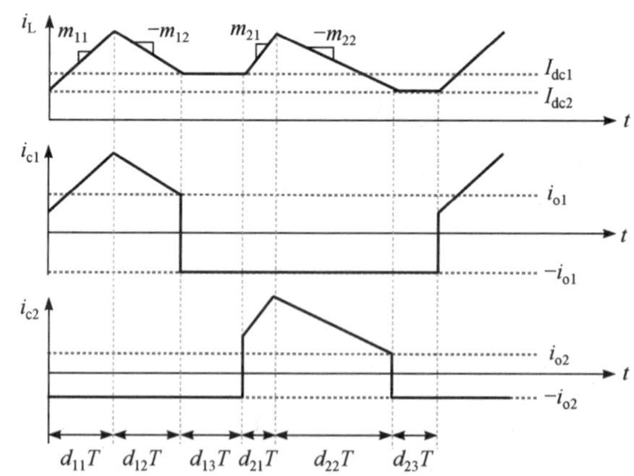

图 8.4 动态续流控制 PCCM SIDO Buck 变换器的电感电流 i_L 和电容电流 i_{c1}、i_{c2} 在一个开关周期内的理论波形

图 8.4 中，m_{11}、m_{12} 分别为电感电流在输出支路 1 工作时的上升斜率和下降斜率，m_{21}、m_{22} 分别为电感电流在输出支路 2 工作时的上升斜率和下降斜率。由图 8.4 中的几何关系，可以计算电感电流 i_L 的平均值表达式如下：

$$\begin{aligned}\bar{i}_{\mathrm{L}}=&\left[I_{\mathrm{dc2}}+\frac{T}{2L}\left(v_{\mathrm{g}}-v_{\mathrm{o1}}\right)d_{11}\right]d_{11}+\left(I_{\mathrm{dc1}}+\frac{T}{2L}v_{\mathrm{o1}}d_{12}\right)d_{12}+I_{\mathrm{dc1}}d_{13}\\&+\left[I_{\mathrm{dc1}}+\frac{T}{2L}\left(v_{\mathrm{g}}-v_{\mathrm{o2}}\right)d_{21}\right]d_{21}+\left(I_{\mathrm{dc2}}+\frac{T}{2L}v_{\mathrm{o2}}d_{22}\right)d_{22}+I_{\mathrm{dc2}}d_{23}\end{aligned}\tag{8.7}$$

式中，$I_{\mathrm{dc1}}=2v_{\mathrm{o1}}/R_{\mathrm{o1}}$，$I_{\mathrm{dc2}}=2v_{\mathrm{o2}}/R_{\mathrm{o2}}$。

对式(8.7)中的变量添加小信号扰动，分离直流量并忽略二次及高次小信号，得到关于占空比 d_{13} 的小信号表达式如下：

$$\hat{d}_{13}(s)=G_{11}\hat{v}_{\mathrm{g}}(s)+G_{12}\hat{d}_{11}(s)+G_{13}\hat{v}_{\mathrm{o1}}(s)+G_{14}\hat{d}_{12}(s)+G_{15}\hat{v}_{\mathrm{o2}}(s)+G_{16}\hat{i}_{\mathrm{L}}(s)\tag{8.8}$$

式中

$$\begin{aligned}
G_{11}&=\frac{1}{\left(0.5-D_{11}-D_{13}\right)V_{\mathrm{o1}}}\left(\frac{D_{11}^{2}+D_{21}^{2}}{2}+\left(0.5-D_{21}-D_{23}\right)D_{21}\right)\\
G_{12}&=\frac{L}{T\left(0.5-D_{11}-D_{13}\right)V_{\mathrm{o1}}}\left\{\frac{T\left[D_{11}V_{\mathrm{g}}-\left(0.5-D_{13}\right)V_{\mathrm{o1}}\right]}{L}+\frac{2R_{\mathrm{o1}}V_{\mathrm{o2}}-2R_{\mathrm{o2}}V_{\mathrm{o1}}}{R_{\mathrm{o1}}R_{\mathrm{o2}}}\right\}\\
G_{13}&=\frac{L}{T\left(0.5-D_{11}-D_{13}\right)V_{\mathrm{o1}}}\left\{\frac{T\left[\left(0.5-D_{11}-D_{13}\right)^{2}-D_{11}^{2}\right]}{2L}+\frac{2\left(1-D_{11}-D_{23}\right)}{R_{\mathrm{o2}}}\right\}\\
G_{14}&=\frac{L}{T\left(0.5-D_{11}-D_{13}\right)V_{\mathrm{o1}}}\left(\frac{T\left(0.5-D_{23}\right)\left(V_{\mathrm{g}}-V_{\mathrm{o2}}\right)}{L}+\frac{2R_{\mathrm{o2}}V_{\mathrm{o1}}-2R_{\mathrm{o1}}V_{\mathrm{o2}}}{R_{\mathrm{o1}}R_{\mathrm{o2}}}\right)\\
G_{15}&=\frac{L}{T\left(0.5-D_{11}-D_{13}\right)V_{\mathrm{o1}}}\left(\frac{2\left(D_{11}+D_{23}\right)}{R_{\mathrm{o2}}}-\frac{T\left(0.5-D_{23}\right)^{2}}{2L}\right)\\
G_{16}&=-\frac{L}{T\left(0.5-D_{11}-D_{13}\right)V_{\mathrm{o1}}}
\end{aligned}$$

同理，可以求解得到关于占空比 d_{23} 的小信号表达式如下：

$$\hat{d}_{23}(s)=G_{21}\hat{v}_{\mathrm{g}}(s)+G_{22}\hat{d}_{21}(s)+G_{23}\hat{v}_{\mathrm{o2}}(s)+G_{24}\hat{d}_{11}(s)+G_{25}\hat{v}_{\mathrm{o1}}(s)+G_{26}\hat{i}_{\mathrm{L}}(s)\tag{8.9}$$

式中

$$\begin{aligned}
G_{21}&=\frac{1}{\left(0.5-D_{21}-D_{23}\right)V_{\mathrm{o2}}}\left(\frac{D_{11}^{2}+D_{21}^{2}}{2}+\left(0.5-D_{11}-D_{13}\right)D_{11}\right)\\
G_{22}&=\frac{L}{T\left(0.5-D_{21}-D_{23}\right)V_{\mathrm{o2}}}\left\{\frac{T\left[D_{21}V_{\mathrm{g}}-\left(0.5-D_{23}\right)V_{\mathrm{o2}}\right]}{L}+\frac{2R_{\mathrm{o2}}V_{\mathrm{o1}}-2R_{\mathrm{o1}}V_{\mathrm{o2}}}{R_{\mathrm{o1}}R_{\mathrm{o2}}}\right\}\\
G_{23}&=\frac{L}{T\left(0.5-D_{21}-D_{23}\right)V_{\mathrm{o2}}}\left\{\frac{T\left[\left(0.5-D_{21}-D_{23}\right)^{2}-D_{21}^{2}\right]}{2L}+\frac{2\left(1-D_{21}-D_{13}\right)}{R_{\mathrm{o2}}}\right\}
\end{aligned}$$

$$G_{24}=\frac{L}{T\left(0.5-D_{21}-D_{23}\right)V_{o2}}\left[\frac{T\left(0.5-D_{13}\right)\left(V_{g}-V_{o1}\right)}{L}+\frac{2R_{o1}V_{o2}-2R_{o2}V_{o1}}{R_{o1}R_{o2}}\right]$$

$$G_{25}=\frac{L}{T\left(0.5-D_{21}-D_{23}\right)V_{o2}}\left[\frac{2\left(D_{21}+D_{13}\right)}{R_{o1}}-\frac{T\left(0.5-D_{13}\right)^{2}}{2L}\right]$$

$$G_{26}=-\frac{L}{T\left(0.5-D_{21}-D_{23}\right)V_{o2}}$$

8.2.3 闭环小信号模型与补偿环路设计

结合图 7.3 所示的主功率电路小信号模型，可以得到电压型纹波动态续流控制 PCCM SIDO Buck 变换器的闭环小信号模型框图，如图 8.5 所示。对于 PCCM SIDO Buck 变换器，电路中有两路输出，因此至少需要两个控制回路。

在图 8.5 中，分别从输出 v_{o1}、v_{o2} 引入补偿函数 $G_{c1}(s)$和 $G_{c2}(s)$对环路进行补偿，H_{v1} 与 H_{v2} 分别为两路输出电压的采样系数。

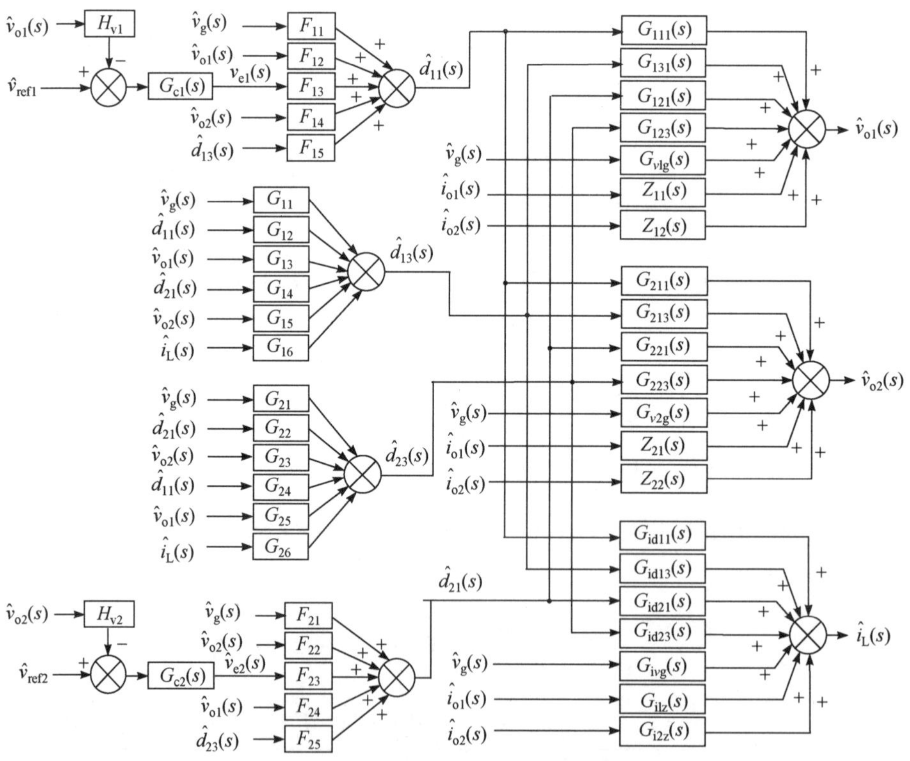

图 8.5 电压型纹波动态续流控制 PCCM SIDO Buck 变换器的闭环小信号模型框图

根据图 8.5 中的小信号模型，可以计算得到输出支路 1 和输出支路 2 的控制-输出传递函数 $G_{v1e1}(s)$、$G_{v1e2}(s)$、$G_{v2e1}(s)$和 $G_{v2e2}(s)$，进一步可得电压型纹波动态续流控制 PCCM SIDO Buck 变换器的等效小信号模型框图，如图 8.6 所示。

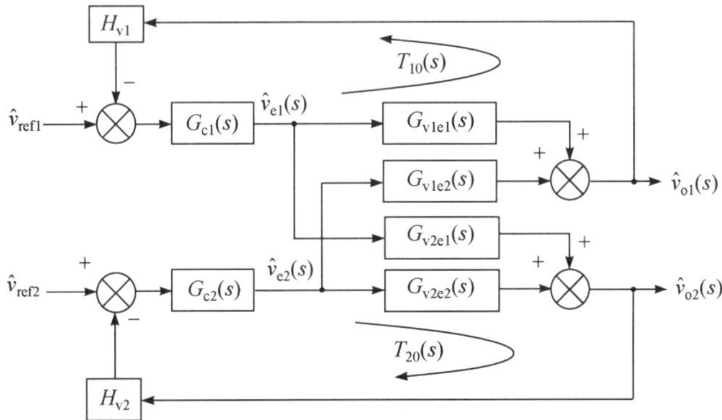

图 8.6　电压型纹波动态续流控制 PCCM SIDO Buck 变换器的等效小信号模型框图

根据图 8.6，可以得到变换器系统的闭环环路增益 $T_{10}(s)$与 $T_{20}(s)$，表达式分别如下：

$$T_{10}(s)=H_{v1}(s)G_{c1}(s)\left(G_{v1e1}(s)-\frac{G_{v2e1}(s)G_{v1e2}(s)H_{v2}G_{c2}(s)}{1+G_{v2e2}(s)H_{v2}G_{c2}(s)}\right) \tag{8.10}$$

$$T_{20}(s)=H_{v2}(s)G_{c2}(s)\left(G_{v2e2}(s)-\frac{G_{v1e2}(s)G_{v2e1}(s)H_{v1}G_{c1}(s)}{1+G_{v1e1}(s)H_{v1}G_{c1}(s)}\right) \tag{8.11}$$

对于补偿前的原始系统，设置控制环路补偿网络的传递函数 $G_{c1}(s)=1$、$G_{c2}(s)=1$。采用表 8.1 中的电路参数，利用计算软件绘制出式(8.10)和式(8.11)的 Bode 图，分别如图 8.7(a)和(b)中的虚线所示。

表 8.1　PCCM SIDO Buck 变换器的电路参数

变量	描述	数值	变量	描述	数值
f_s	开关频率	25kHz	C_1、C_2	输出电容	470μF
L	电感	30μH	r_{c1}、r_{c2}	输出电容 ESR	75mΩ
V_g	输入电压	20V	R_{o1}	输出支路 1 的负载电阻	12Ω
V_{ref1}	输出支路 1 的输出电压参考值	12V	R_{o2}	输出支路 2 的负载电阻	5Ω
V_{ref2}	输出支路 2 的输出电压参考值	5V	—	—	—

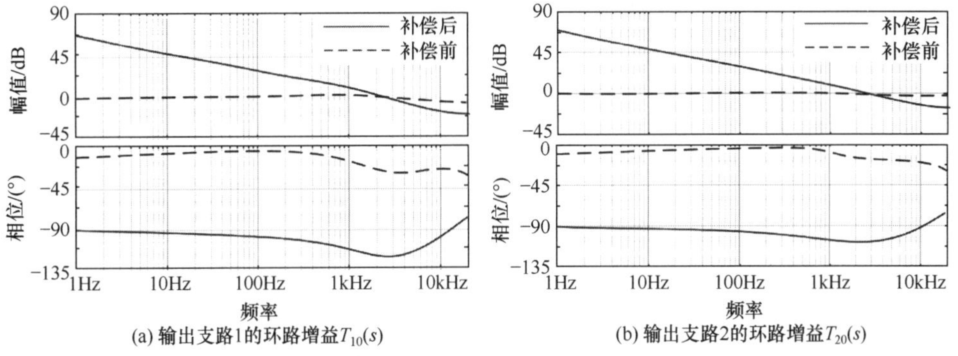

图 8.7　补偿前后支路的环路增益 Bode 图

由图 8.7 可以看出：对于输出支路 1，补偿前 $T_{10}(s)$的低频增益很低(约 0dB)，使得系统的直流误差较大；截止频率很低，导致系统的动态性能较差。对于输出支路 2，补偿前的 $T_{20}(s)$存在与 $T_{10}(s)$相同的问题。

综合考虑系统的带宽及抑制高频噪声的能力,设置补偿后变换器的穿越频率为 1/8 开关频率，约为 3kHz；并且为了使系统稳定、稳态误差小，设计补偿网络时需考虑提高低频增益。根据上述分析及补偿前的环路增益 Bode 图，选择 PI 补偿为补偿网络。PI 补偿使系统增加了一个位于原点的开环极点，此极点可以提高系统的型别，减小系统的稳态误差，并且提高系统的稳态性能。设计的补偿网络传递函数 $G_{c1}(s)$、$G_{c2}(s)$分别如下：

$$G_{c1}(s)=0.003+\frac{24000}{s},\quad G_{c2}(s)=0.003+\frac{24000}{s} \tag{8.12}$$

根据式(8.12)中输出支路 1 和输出支路 2 的补偿网络，绘制补偿后系统环路增益 T_{10}(s)、T_{20}(s)的 Bode 图，如图 8.7 中的实线所示。从图中可以看出：补偿后输出支路 1 环路增益的低频增益足够大(约 70.6dB)，保证了系统输出支路 1 具有较小的稳态误差，截止频率为 3kHz，并获得 80°的相位裕量；补偿后输出支路 2 环路增益的低频增益足够大(约 70.3dB)，同样保证了系统输出支路 2 具有较小的稳态误差，截止频率为 3kHz，并获得 95°的相位裕量，满足设计要求。

8.2.4 频域验证及对比分析

根据图 8.5 所建立的电压型纹波动态续流控制 PCCM SIDO Buck 变换器的小信号模型，以及 8.2.3 节所设计的 PI 补偿网络传递函数 $G_{c1}(s)$、$G_{c2}(s)$，计算得到输出支路 1 的闭环输出阻抗 $Z_{11}(s)$、输出支路 2 的闭环输出阻抗 $Z_{22}(s)$、输出支路 1 对输出支路 2 的闭环交叉影响阻抗 $Z_{21}(s)$以及输出支路 2 对输出支路 1 的闭环交叉影响阻抗 $Z_{12}(s)$，分别如下：

$$Z_{11}(s)=\left.\frac{v_{o1}(s)}{i_{o1}(s)}\right|_{i_{o2}(s)=0}=\frac{(CG_{i1z}-IZ_{11})(EI-FH)-(FG_{i1z}-IZ_{21})(BI-CH)}{(AI-CG)(EI-FH)-(BI-CH)(DI-FG)} \tag{8.13}$$

$$Z_{22}(s)=\left.\frac{v_{o2}(s)}{i_{o2}(s)}\right|_{i_{o1}(s)=0}=\frac{(FG_{i2z}-IZ_{22})(AI-CG)-(CG_{i2z}-IZ_{12})(DI-FG)}{(AI-CG)(EI-FH)-(BI-CH)(DI-FG)} \tag{8.14}$$

$$Z_{21}(s)=\left.\frac{v_{o2}(s)}{i_{o1}(s)}\right|_{i_{o2}(s)=0}=\frac{(FG_{i1z}-IZ_{21})(AI-CG)-(CG_{i1z}-IZ_{11})(DI-FG)}{(AI-CG)(EI-FH)-(BI-CH)(DI-FG)} \tag{8.15}$$

$$Z_{12}(s)=\left.\frac{v_{o1}(s)}{i_{o2}(s)}\right|_{i_{o1}(s)=0}=\frac{(CG_{i2z}-IZ_{12})(EI-FH)-(FG_{i2z}-IZ_{22})(BI-CH)}{(AI-CG)(EI-FH)-(BI-CH)(DI-FG)} \tag{8.16}$$

式中

$$
\begin{cases}
A = G_{\text{vo1d11}}X^{(\to1)}Y^{(\downarrow1)} + G_{\text{vo1d13}}X^{(\to2)}Y^{(\downarrow1)} + G_{\text{vo1d12}}X^{(\to3)}Y^{(\downarrow1)} + G_{\text{vo1d23}}X^{(\to4)}Y^{(\downarrow1)} - 1 \\
B = G_{\text{vo1d11}}X^{(\to1)}Y^{(\downarrow2)} + G_{\text{vo1d13}}X^{(\to2)}Y^{(\downarrow2)} + G_{\text{vo1d12}}X^{(\to3)}Y^{(\downarrow2)} + G_{\text{vo1d23}}X^{(\to4)}Y^{(\downarrow2)} \\
C = G_{\text{vo1d11}}X^{(\to1)}Y^{(\downarrow3)} + G_{\text{vo1d13}}X^{(\to2)}Y^{(\downarrow3)} + G_{\text{vo1d12}}X^{(\to3)}Y^{(\downarrow3)} + G_{\text{vo1d23}}X^{(\to4)}Y^{(\downarrow3)} \\
D = G_{\text{vo2d11}}X^{(\to1)}Y^{(\downarrow1)} + G_{\text{vo2d13}}X^{(\to\ 2)}Y^{(\downarrow1)} + G_{\text{vo2d12}}X^{(\to3)}Y^{(\downarrow1)} + G_{\text{vo2d23}}X^{(\to4)}Y^{(\downarrow1)} \\
E = G_{\text{vo2d11}}X^{(\to1)}Y^{(\downarrow2)} + G_{\text{vo2d13}}X^{(\to2)}Y^{(\downarrow2)} + G_{\text{vo2d12}}X^{(\to3)}Y^{(\downarrow2)} + G_{\text{vo2d23}}X^{(\to4)}Y^{(\downarrow2)} - 1 \\
F = G_{\text{vo2d11}}X^{(\to1)}Y^{(\downarrow3)} + G_{\text{vo2d13}}X^{(\to2)}Y^{(\downarrow3)} + G_{\text{vo2d12}}X^{(\to3)}Y^{(\downarrow3)} + G_{\text{vo2d23}}X^{(\to4)}Y^{(\downarrow3)} \\
G = G_{\text{id11}}X^{(\to1)}Y^{(\downarrow1)} + G_{\text{id13}}X^{(\to2)}Y^{(\downarrow1)}v_{\text{o1}} + G_{\text{id12}}X^{(\to3)}Y^{(\downarrow1)} + G_{\text{id23}}X^{(\to4)}Y^{(\downarrow1)} \\
H = G_{\text{id11}}X^{(\to1)}Y^{(\downarrow2)} + G_{\text{id13}}X^{(\to2)}Y^{(\downarrow2)} + G_{\text{id12}}X^{(\to3)}Y^{(\downarrow2)} + G_{\text{id23}}X^{(\to4)}Y^{(\downarrow2)} \\
I = G_{\text{id11}}X^{(\to1)}Y^{(\downarrow3)} + G_{\text{id13}}X^{(\to2)}Y^{(\downarrow3)} + G_{\text{id12}}X^{(\to3)}Y^{(\downarrow3)} + G_{\text{id23}}X^{(\to4)}Y^{(\downarrow3)} - 1
\end{cases}
$$

其中，$\boldsymbol{X}$为一个 4 行 4 列矩阵，$\boldsymbol{Y}$为 4 行 3 列矩阵，$X^{(\to i)}$为矩阵$\boldsymbol{X}$的第 i 行，$Y^{(\downarrow j)}$为矩阵$\boldsymbol{Y}$的第 j 列。$\boldsymbol{X}_1^{-1}$为矩阵$\boldsymbol{X}_1$的逆矩阵，矩阵$\boldsymbol{X}$、$\boldsymbol{Y}$的表达式如下：

$$
\boldsymbol{X}_1 = \begin{bmatrix} 1 & -F_{15} & 0 & 0 \\ -G_{12} & 1 & -G_{14} & 0 \\ 0 & 0 & 1 & -F_{25} \\ -G_{24} & 0 & -G_{22} & 1 \end{bmatrix}, \quad \boldsymbol{X} = \boldsymbol{X}_1^{-1}
$$

$$
\boldsymbol{Y} = \begin{bmatrix} F_{12} - F_{13}H_{\text{v1}}G_{\text{c1}} & F_{14} & 0 \\ G_{13} & G_{15} & G_{16} \\ F_{24} & F_{22} - F_{23}H_{\text{v2}}G_{\text{c2}} & 0 \\ G_{25} & G_{23} & G_{26} \end{bmatrix}
$$

为了验证上述小信号模型及补偿网络设计的正确性，采用表 8.1 所示的电路参数，基于电压型纹波动态续流控制和恒频均值电压型恒定续流控制 PCCM SIDO Buck 变换器小信号模型，利用 MATLAB 仿真软件，分别计算得到图 8.8 和图 8.9 中的闭环输出阻抗$\hat{v}_{\text{o1}}/\hat{i}_{\text{o1}}$、$\hat{v}_{\text{o2}}/\hat{i}_{\text{o2}}$以及交叉影响阻抗$\hat{v}_{\text{o1}}/\hat{i}_{\text{o2}}$、$\hat{v}_{\text{o2}}/\hat{i}_{\text{o1}}$的 Bode 图。

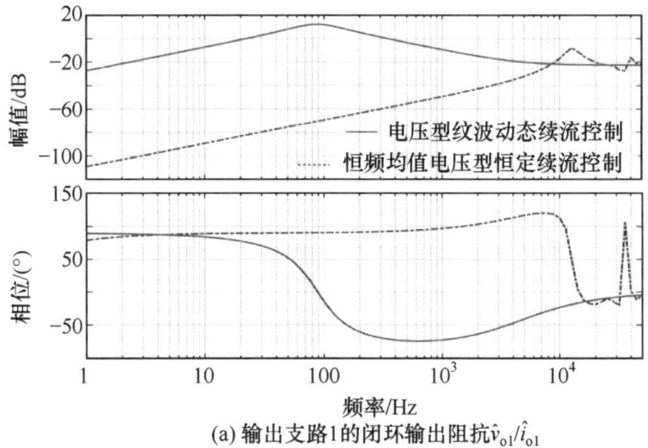

(a) 输出支路1的闭环输出阻抗$\hat{v}_{\text{o1}}/\hat{i}_{\text{o1}}$

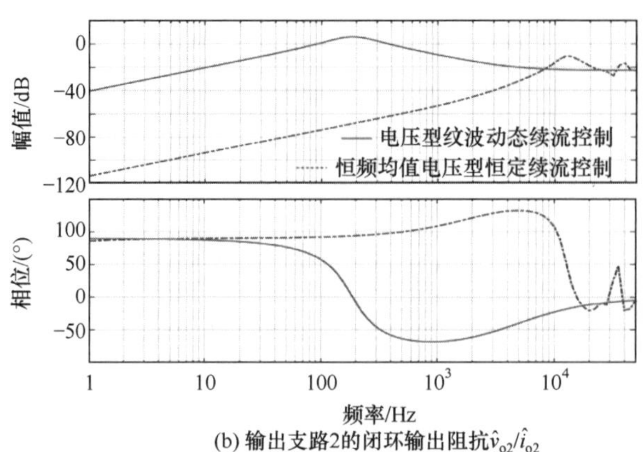

(b) 输出支路2的闭环输出阻抗$\hat{v}_{o2}/\hat{i}_{o2}$

图 8.8　电压型纹波动态续流控制与恒频均值电压型恒定续流控制 PCCM SIDO Buck 变换器的输出阻抗 Bode 图

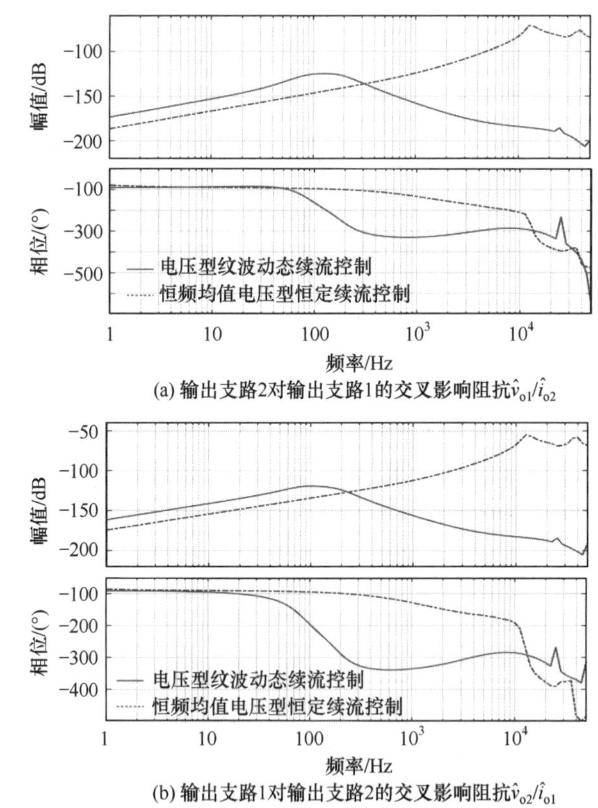

(a) 输出支路2对输出支路1的交叉影响阻抗$\hat{v}_{o1}/\hat{i}_{o2}$

(b) 输出支路1对输出支路2的交叉影响阻抗$\hat{v}_{o2}/\hat{i}_{o1}$

图 8.9　电压型纹波动态续流控制与恒频均值电压型恒定续流控制 PCCM SIDO Buck 变换器的交叉影响阻抗 Bode 图

图 8.8(a)和(b)分别为电压型纹波动态续流控制与恒频均值电压型恒定续流控制 PCCM SIDO Buck 变换器的闭环输出阻抗 Bode 图。由图可知，在低频段，电压型纹波动态续流控制 PCCM SIDO Buck 变换器的两路闭环输出阻抗增益均低于恒频均值电压型恒

定续流控制的输出阻抗增益。这表明负载电流变化时，电压型纹波动态续流控制的输出电压受到更小的扰动，因此电压型纹波动态续流控制 PCCM SIDO Buck 变换器具有更快的负载瞬态响应速度。

图 8.9(a)和(b)分别为电压型纹波动态续流控制与恒频均值电压型恒定续流控制 PCCM SIDO Buck 变换器的交叉影响阻抗 Bode 图。由图可知：电压型纹波动态续流控制 PCCM SIDO Buck 变换器的交叉影响阻抗低频增益均低于恒频均值电压型恒定续流控制的低频增益。这表明某条输出支路的负载电流变化时，电压型纹波动态续流控制 PCCM SIDO BucK 变换器其他输出支路的输出电压受到更小的扰动，因此采用电压型纹波动态续流控制，可以抑制 PCCM SIDO Buck 变换器输出支路间的交叉影响。

8.3　负载范围及效率分析

8.3.1　负载范围分析

图 8.10 为电压型纹波动态续流控制 PCCM SIDO Buck 变换器的稳态电感电流波形，在不考虑变换器的寄生参数时，可将电感电流波形看作是分段线性变化的。其中，上升斜率为 m_{11}、m_{21}，下降斜率为$-m_{12}$、$-m_{22}$，输出支路 1 与输出支路 2 的续流值分别设定为 I_{dc1} 与 I_{dc2}。

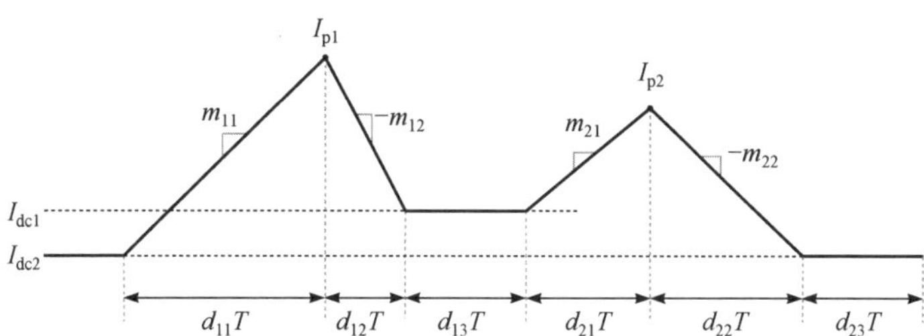

图 8.10　电压型纹波动态续流控制 PCCM SIDO Buck 变换器的稳态电感电流波形

在图 8.10 中，输出支路 1 与输出支路 2 工作时的电感电流峰值分别为 I_{p1}、I_{p2}，表达式如下：

$$\begin{cases} I_{p1} = I_{dc2} + m_{11}d_{11}T = I_{dc1} + m_{12}d_{12}T \\ I_{p2} = I_{dc1} + m_{21}d_{21}T = I_{dc2} + m_{22}d_{22}T \end{cases} \tag{8.17}$$

由原理分析可知：在稳态开关周期内输出电容 C_1、C_2 可以看成不消耗有功功率，故电感电流在 $d_{11}T$、$d_{12}T$ 阶段全部流经输出支路 1 的负载，在 $d_{21}T$、$d_{22}T$ 阶段全部流经输出支路 2 的负载，由此可得变换器输出支路 1、输出支路 2 负载电流平均值 I_{o1}、I_{o2} 分别为

$$\begin{cases} \dfrac{I_{dc2} + I_{p1}}{2}d_{11} + \dfrac{I_{dc1} + I_{p1}}{2}d_{12} = I_{o1} = \dfrac{V_{o1}}{R_{o1}} \\ \dfrac{I_{dc1} + I_{p2}}{2}d_{21} + \dfrac{I_{dc2} + I_{p2}}{2}d_{22} = I_{o2} = \dfrac{V_{o2}}{R_{o2}} \end{cases} \tag{8.18}$$

当变换器为恒定续流控制时，即 I_{dc1} 与 I_{dc2} 为恒定值，由式(8.17)和式(8.18)可以求出关于占空比 d_{13} 和 d_{23} 的表达式分别如下：

$$\begin{aligned}&\left(V_g-V_{o1}\right)V_{o1}Td_{13}^2-\left[\left(V_g-V_{o1}\right)\left(V_{o1}T+LI_{dc1}\right)+\left(V_g+V_{o1}\right)LI_{dc2}\right]d_{13}\\&+L\left(I_{dc1}V_g-I_{dc1}V_{o1}+I_{dc2}V_{o1}\right)+L^2\left(I_{dc1}-I_{dc2}\right)^2\left(2V_g-V_{o1}\right)+\frac{V_{o1}T}{4}\left(V_g-V_{o1}\right)-2LV_gI_{o1}=0\end{aligned} \tag{8.19}$$

$$\begin{aligned}&\left(V_g-V_{o2}\right)V_{o2}Td_{23}^2-\left[\left(V_g-V_{o2}\right)\left(V_{o2}T+LI_{dc2}\right)+\left(V_g+V_{o2}\right)LI_{dc1}\right]d_{23}\\&+L\left(I_{dc2}V_g-I_{dc2}V_{o2}+I_{dc1}V_{o2}\right)+L^2\left(I_{dc2}-I_{dc1}\right)^2\left(2V_g-V_{o2}\right)+\frac{V_{o2}T}{4}\left(V_g-V_{o2}\right)-2LV_gI_{o2}=0\end{aligned} \tag{8.20}$$

由电路工作原理可知，若续流阶段占空比 d_{13} 大于 0，d_{23} 大于 0，则表明该工作情况下负载范围正常，变换器能够稳定工作于 PCCM。分析式(8.19)与式(8.20)可以看出：这两个公式分别为关于变量 d_{13} 和 d_{23} 的一元二次方程，对式(8.19)与式(8.20)分别求解，当求解的结果满足式(8.21)时，电路的两路输出均可以稳定工作于 PCCM。

$$\begin{cases}d_{13}=\dfrac{-b_1\pm\sqrt{b_1^2-4a_1c_1}}{2a_1}>0\\[2ex]d_{23}=\dfrac{-b_2\pm\sqrt{b_2^2-4a_2c_2}}{2a_2}>0\end{cases} \tag{8.21}$$

式中

$$\begin{cases}a_1=\left(V_g-V_{o1}\right)V_{o1}T\\b_1=-\left[\left(V_g-V_{o1}\right)\left(V_{o1}T+LI_{dc1}\right)+\left(V_g+V_{o1}\right)LI_{dc2}\right]\\c_1=L\left(I_{dc1}V_g-I_{dc1}V_{o1}+I_{dc2}V_{o1}\right)+L^2\left(I_{dc1}-I_{dc2}\right)^2\left(2V_g-V_{o1}\right)+\dfrac{V_{o1}T}{4}\left(V_g-V_{o1}\right)-2LV_gI_{o1}\\a_2=\left(V_g-V_{o2}\right)V_{o2}T\\b_2=-\left[\left(V_g-V_{o2}\right)\left(V_{o2}T+LI_{dc2}\right)+\left(V_g+V_{o2}\right)LI_{dc1}\right]\\c_2=L\left(I_{dc2}V_g-I_{dc2}V_{o2}+I_{dc1}V_{o2}\right)+L^2\left(I_{dc2}-I_{dc1}\right)^2\left(2V_g-V_{o2}\right)+\dfrac{V_{o2}T}{4}\left(V_g-V_{o2}\right)-2LV_gI_{o2}\end{cases}$$

在求解计算过程中，d_{13} 有两个解，分别是 $d_{13}'=\left(-b_1-\sqrt{b_1^2-4a_1c_1}\right)\big/(2a_1)$ 与 $d_{13}''=\left(-b_1+\sqrt{b_1^2-4a_1c_1}\right)\big/(2a_1)$，经过简单计算可得 $d_{13}''>0.5$（需舍去），d_{13}' 需满足条件 $0<d_{13}'<0.5$，据此求解满足输出支路 1 工作于 PCCM 时的负载范围，表达式如下：

$$R_{o1}>\frac{2V_{o1}^2V_gLT}{\left[V_{o1}TLI_{dc1}+\left(\dfrac{V_{o1}T}{2}\right)^2\right]\left(V_g-V_{o1}\right)+\left(2V_g-V_{o1}\right)L^2\left(I_{dc1}-I_{dc2}\right)^2+V_{o1}^2TLI_{dc2}} \tag{8.22}$$

同理，可以求解输出支路 2 工作在 PCCM 时的负载范围，表达式如下：

$$R_{o2} > \frac{2V_{o2}^2 V_g LT}{\left[V_{o2}TLI_{dc2} + \left(\frac{V_{o2}T}{2}\right)^2\right](V_g - V_{o2}) + (2V_g - V_{o2})L^2(I_{dc2} - I_{dc1})^2 + V_{o2}^2 TLI_{dc1}} \tag{8.23}$$

对式(8.22)和式(8.23)进行分析，可以看出：负载范围受多个参数的影响，包括输入电压和输出电压，输出支路 1 和输出支路 2 的续流值、电感值和工作周期等。采用表 8.1 中的电路参数，利用计算软件绘制了电压型纹波动态续流控制 PCCM SIDO Buck 变换器的负载范围，如图 8.11 所示。

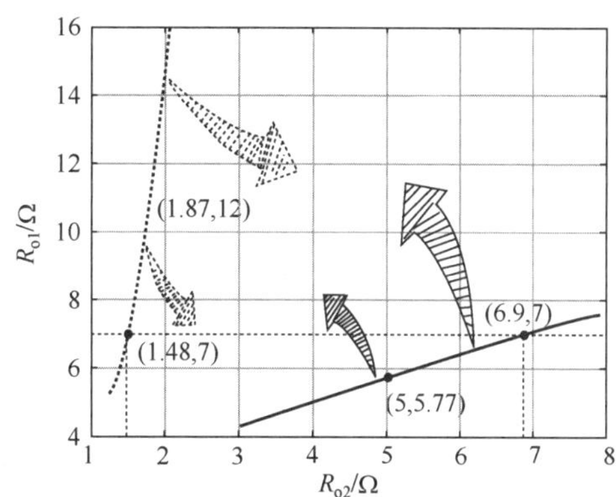

图 8.11　电压型纹波动态续流控制 PCCM SIDO Buck 变换器的负载范围

图 8.11 是输出支路 1、输出支路 2 分别为 12V、5V 时的负载范围。在图中，横坐标为输出支路 2 的负载 R_{o2}，纵坐标为输出支路 1 的负载 R_{o1}，虚线箭头与实线箭头之间为可用负载范围。以负载 $R_{o1} = 7\Omega$ 为例，对图 8.11 进行说明。在实线上，当 $R_{o1} = 7\Omega$ 时，若 $R_{o2} > 6.9\Omega$，则变换器两路输出均正常工作于 PCCM；若 $R_{o2} < 6.9\Omega$，则变换器脱离 PCCM，进入 CCM 乃至不稳定工作。在虚线上，当 $R_{o1} = 7\Omega$ 时，若 $R_{o2} > 1.48\Omega$，则变换器两路输出均正常工作于 PCCM；若 $R_{o2} < 1.48\Omega$，则变换器脱离 PCCM，进入 CCM 乃至不稳定工作。图 8.11 所示的结果说明：当变换器的其中一路负载固定时，另外一路负载太大或太小，均会导致变换器脱离稳定的 PCCM。

8.3.2　效率分析

与第 7 章中的恒频均值电压型恒定续流控制 PCCM SIDO Buck 变换器相同，同样可以将电压型纹波动态续流控制 PCCM SIDO Buck 变换器的工作损耗分为二极管损耗、开关管损耗、电感损耗及电容损耗四个部分。绘制出电压型纹波动态续流控制 PCCM SIDO Buck 变换器的理论效率与功率关系对比图，如图 8.12 中实线所示，图 8.12 中虚线为第 7 章中恒频均值电压型恒定续流控制下的效率曲线。

在第 7 章的损耗及效率分析中，对于 PCCM SIDO Buck 变换器，其续流阶段越长，由续流二极管 VD_f 带来的功率损耗占总损耗比例就会越大，从而导致变换器整体效率下降。如图 8.12 中虚线所示，随着负载功率的下降，恒频均值电压型恒定续流控制使变换器的效率急剧降低。而对于电压型纹波动态续流控制，当变换器的一路负载或者功率下降时，此输出支路的续流值也会同时降低，使续流阶段的损耗同步降低，因此效率增加，如图 8.12 中实线所示。相比较于恒定续流控制，动态续流控制使变换器在整个负载范围内均可以保持较高的效率，甚至在轻载情况下效率会有所提升。

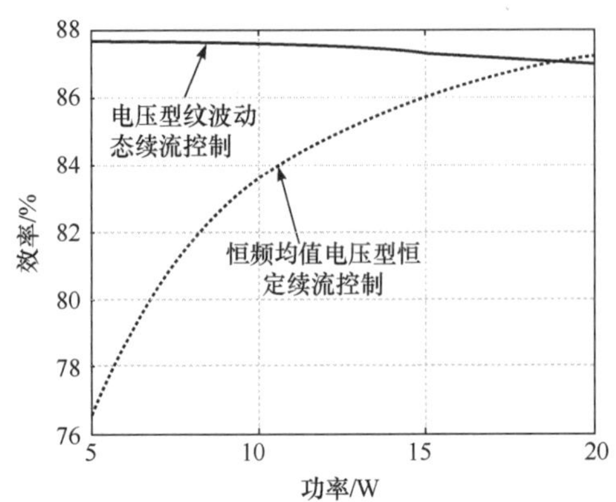

图 8.12　两种控制方式下 PCCM SIDO Buck 变换器的理论效率与功率关系对比图

8.4　稳定性分析

电压型纹波控制技术是一种电压型+电压型组合的电压双环控制，其假设在一个开关工作稳态周期内，负载电流上没有波动，电感电流上的纹波量完全流经输出电容，使得电容 ESR 上的电压信号斜率与电感电流斜率呈比例关系，比例系数即电容 ESR 值，如此控制内环中便含有输出电压纹波的信息。当电压型纹波控制 PCCM SIDO Buck 变换器的任一路负载情况发生变化时，由于电感电流不能突变，负载电流的变化可以即时表现在输出电容电流上，即扰动信号会立即反映在控制内环的反馈信号上，因此电压型纹波控制技术具有快速的瞬态响应速度。但是在前述分析中，有一个隐含条件是输出电容 ESR 较大，使得输出电压纹波呈现线性变化；若电容 ESR 变小，输出电压纹波主要由电容充放电决定，呈现非线性变化，导致输出电压出现次谐波振荡，甚至无法稳定工作。

当输出电容 ESR 较小时电路会出现次谐波振荡，改变电路的工作模态，甚至会影响变换器的稳定工作，而斜坡补偿可以消除次谐波振荡的产生，拓宽参数稳定运行的范围。本节以电压型纹波动态续流控制 PCCM SIDO Buck 变换器为研究对象，进一步分析含斜坡补偿的电压型纹波控制原理，讨论电容 ESR 对变换器稳定性的影响，以及电压型纹波控制会出现次谐波振荡的内在成因。在此基础上，分析以电容电流作为斜坡补偿对变换器稳定运行的影响。

8.4.1　斜坡补偿原理

图 8.13 为含斜坡补偿的电压型纹波动态续流控制 PCCM SIDO Buck 变换器的控制电路及控制时序波形，主功率电路与图 8.1(a)保持一致。

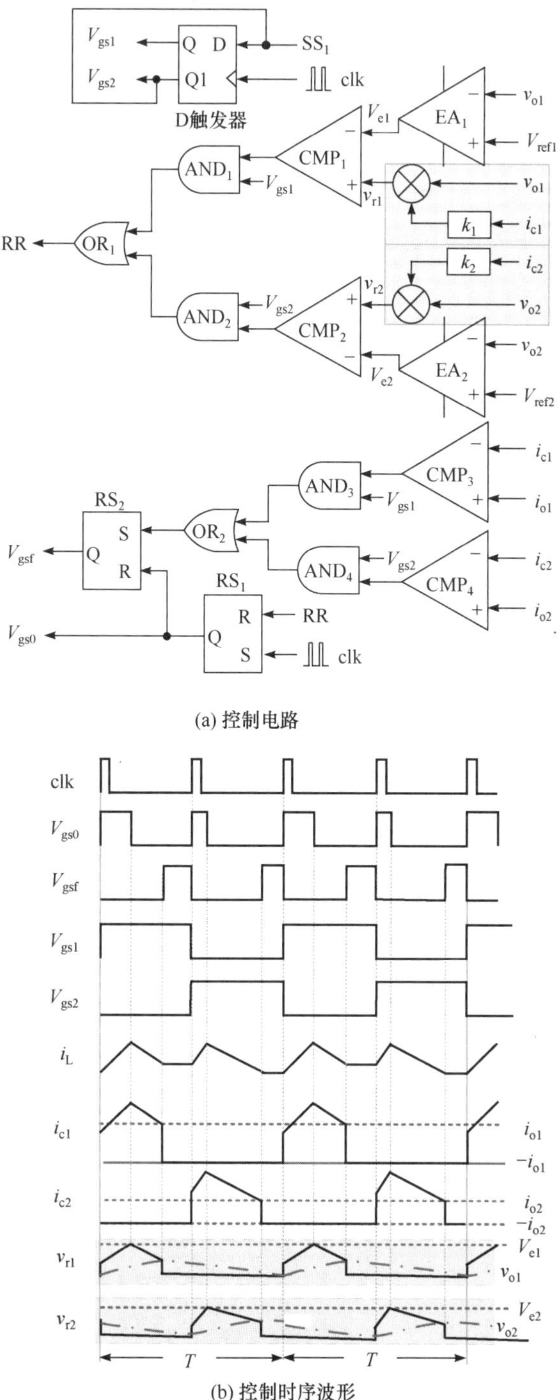

图 8.13　含斜坡补偿的电压型纹波动态续流控制 PCCM SIDO Buck 变换器的控制电路及控制时序波形

与图 8.1(b)相比，图 8.13(a)控制电路的区别主要在于主开关管 S_0 的复位控制信号，即比较器 CMP_1、CMP_2 的正输入端：比较器 CMP_1 的正输入端由 v_{o1} 变为 $v_{o1}+k_1i_{c1}$，比

较器 CMP_2 的正输入端由 v_{o2} 变为 $v_{o2}+k_2i_{c2}$，其中 k_1 和 k_2 为比例系数。续流开关管 S_f，支路开关管 S_1、S_2 的控制均与无斜坡补偿的控制电路相同。

分析可知，增加斜坡补偿后改变的仅有主开关管 S_0 的控制逻辑。以输出支路 1 为例，电容电流 i_{c1} 经过比例系数 k_1 后，作为斜坡补偿信号与输出电压 v_{o1} 相加，将结果 v_{r1} 送入比较器 CMP_1 的正输入端，与信号 V_{e1} 做比较。当 v_{r1} 上升到 V_{e1} 时，比较器 CMP_1 输出为高电平，使得复位信号 RR 为高电平，触发器 RS_1 输出为低电平，从而关断主开关管 S_0，电感电流下降。当输出支路 2 工作时，主开关管 S_0 的动作过程类似。

8.4.2 稳定性与次谐波振荡分析

为了方便分析，下面仅以变换器的一条输出支路工作来说明斜坡补偿对稳定性的影响。如图 8.14(a)所示，无斜坡补偿且电容 ESR 足够大时，输出电压纹波呈线性变化，电压型纹波动态续流控制 PCCM SIDO Buck 变换器可以稳定工作。

与图 8.14(a)相比，图 8.14(b)中也未增加斜坡补偿，但是此时的电容 ESR 值较小。在 $(0, t_1)$ 时间内，主开关管导通，电感电流上升，输出电压开始上升，直到输出电压超过信号 V_{e1}，主开关管关断。假设输出电压纹波相对较小，稳态输出电压为 V_{o1}，则电感电流上升斜率为 $(V_g-V_{o1})/L$；在此段时间内，电感电流由 i_{L0} 上升至 i_{L1}。假设电感电流纹波全部流经输出电容，由电容电流公式 $i_c = C\Delta v/\Delta t$，可以计算出 $(0, t_1)$ 时间内电容电压的变化量 ΔV_{c11} 为

$$\Delta V_{c11}=\frac{1}{C_1}\int_0^{t_1}\left(i_L(t)-i_{o1}(t)\right)dt \tag{8.24}$$

在 (t_1, t_2) 时间内，主开关管断开，电感电流下降，输出电压上升。同理，可以计算出 (t_1, t_2) 时间内电容电压的变化量 ΔV_{c12}。在一个开关周期的其余时间里，即 (t_2, t_3) 时间段，负载由输出电容供电，输出电压以斜率 i_{o1}/C 开始下降。然而，此下降时间较短，且输出电压下降速度较慢，导致下降幅值小于 $\Delta V_{c11}+\Delta V_{c12}$，故需要在两个周期内电路才可以达到稳态，由此产生次谐波振荡。

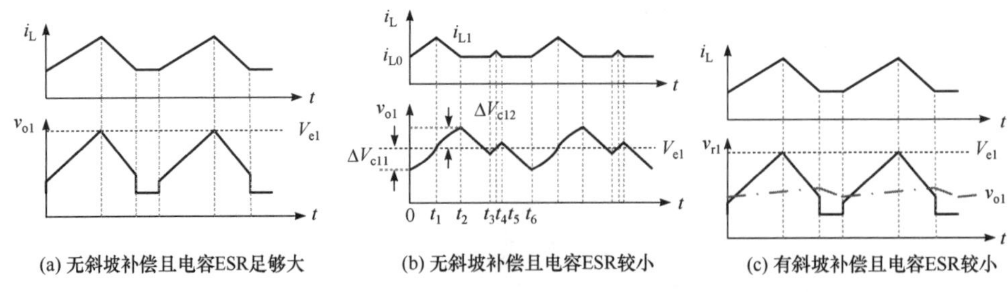

图 8.14 电压型纹波动态续流控制 PCCM SIDO Buck 变换器的斜坡补偿关键波形分析

与图 8.14(b)相比，图 8.14(c)中增加了斜坡补偿，补偿设置如图 8.13 所示。在图 8.14(c)中，电容 ESR 较小，输出电压与电容电压可以视作一致，几乎保持不变；输出电压加上斜坡补偿后的信号记为 v_{r1}，可知此信号的斜率与电感电流斜率成比例。相比于图 8.14(b)，信号 v_{r1} 更易达到信号 V_{e1}，从而关断主开关管，以及变换器更易进入续流模式。最终，变

换器在一个开关周期内即可稳定工作，从而消除次谐波振荡。

经过上述分析可知，对于电压型纹波动态续流控制 PCCM SIDO Buck 变换器，当输出电容 ESR 较小时，变换器运行会出现次谐波振荡；而增加以电容电流为斜坡补偿的控制，可以抑制次谐波振荡，拓宽变换器参数稳定运行的范围，实现变换器的稳定运行。

8.5 实验结果

根据表 8.1 中 PCCM SIDO Buck 变换器的电路参数，搭建电压型纹波动态续流控制 PCCM SIDO Buck 变换器的实验平台，并对其负载范围、效率、交叉影响、负载瞬态性能、稳定性与斜坡补偿等进行分析。

8.5.1 负载范围与效率

图 8.15 为电压型纹波动态续流控制 PCCM SIDO Buck 变换器的稳态实验波形。图 8.15(a)为电感电流 i_L 和输出电压 v_{o1}、v_{o2} 的稳态波形，图 8.15(b)为电感电流 i_L 和输出电压纹波。由图 8.15 可知：当输入电压为 20V 时，输出支路 1 和输出支路 2 的输出电压分别稳定在 12V 和 5V，每条输出支路均工作于 PCCM，续流参考值恒定为 1A，开关周期 $T = 40\mu s$，验证了电压型纹波动态续流控制 PCCM SIDO Buck 变换器的可行性。

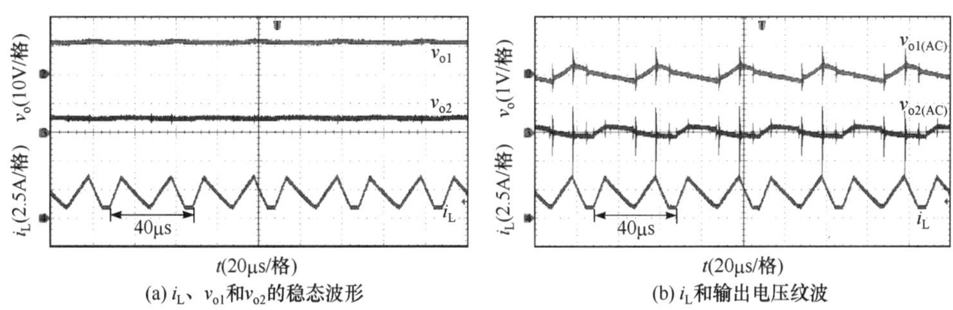

(a) i_L、v_{o1}和v_{o2}的稳态波形　　(b) i_L和输出电压纹波

图 8.15　电压型纹波动态续流控制 PCCM SIDO Buck 变换器的稳态实验波形

图 8.16 给出了不同负载条件下电压型纹波动态续流控制 PCCM SIDO Buck 变换器的稳态实验波形。从图 8.16 中可以看出，输出支路 1 和输出支路 2 的输出电压分别稳定在

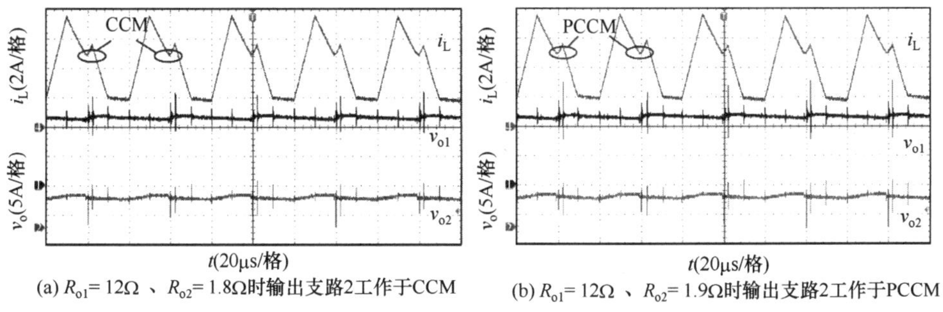

(a) R_{o1}= 12Ω 、R_{o2}= 1.8Ω时输出支路2工作于CCM　　(b) R_{o1}= 12Ω 、R_{o2}= 1.9Ω时输出支路2工作于PCCM

图 8.16　不同负载条件下电压型纹波动态续流控制 PCCM SIDO Buck 变换器的稳态实验波形

12V 和 5V。在图 8.16(a)中，R_{o1} = 12Ω、R_{o2} = 1.8Ω，输出支路 2 工作时电感电流显示为 CCM；在图 8.16(b)中，R_{o1} = 12Ω、R_{o2} = 1.9Ω，输出支路 2 工作时电感电流显示为 PCCM。由此可以说明：当 R_{o1} = 12Ω 时输出支路 2 的最大负载为 1.9Ω，若超出此范围，则输出支路 2 可能工作于 CCM，甚至不稳定工作，验证了 8.3.1 节中负载范围曲线的正确性。

图 8.17 为电压型纹波动态续流控制与恒频均值电压型恒定续流控制 PCCM SIDO Buck 变换器的效率曲线对比图。由图可以看出，电压型纹波动态续流控制变换器的效率曲线在整个负载范围内均保持较高的效率，且当负载减小时，效率曲线略微抬升。经过分析可知，与恒频均值电压型恒定续流控制相比，电压型纹波动态续流控制更具有效率上的优势，尤其是轻载效率；且理论分析与实验结果吻合，验证了效率分析的正确性。

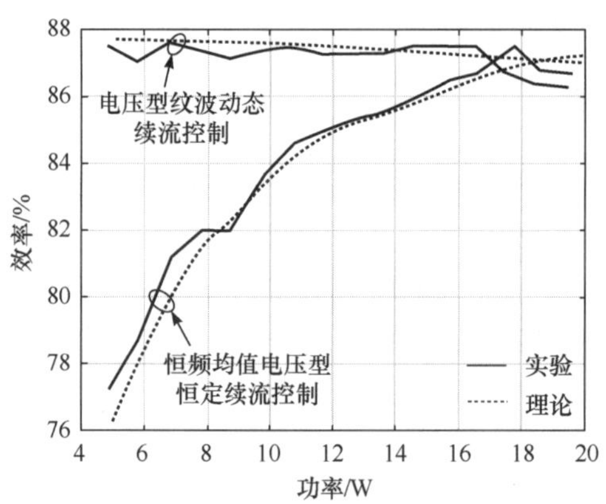

图 8.17 电压型纹波动态续流控制与恒频均值电压型恒定续流控制 PCCM SIDO Buck 变换器的效率曲线对比

8.5.2 交叉影响和负载瞬态性能

当输出支路 1 的输出电流 i_{o1} 从 0.5A 加载至 1A 时，两种控制方式下 PCCM SIDO Buck 变换器的输出电压与电感电流波形如图 8.18 所示。由图可知：加载时，恒频均值电压型恒定续流控制 PCCM SIDO Buck 变换器的输出电压 v_{o1} 经过约 1.2ms 的调节时间重新进入稳态，v_{o1} 在调整过程中超调量为 1.46V；当输出支路 1 负载变化时，输出支路 2 的输出电压 v_{o2} 会发生明显变化。而本章提出的电压型纹波动态续流控制 PCCM SIDO Buck 变换器在负载变化时，输出电压 v_{o1}、v_{o2} 仅需 1 个工作周期(0.04ms)即可恢复稳定，

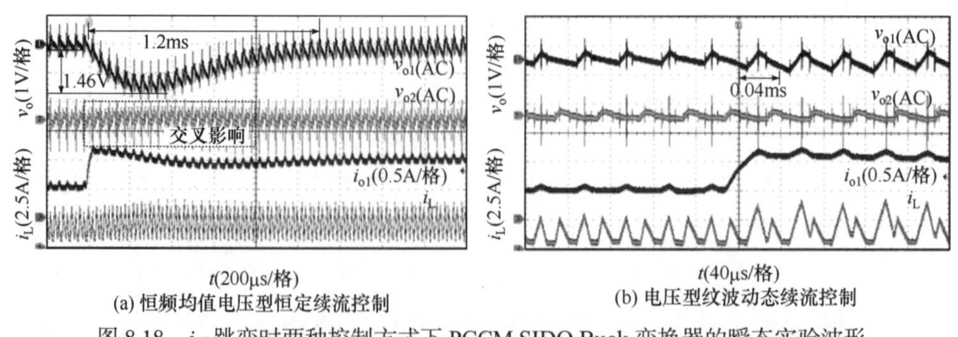

(a) 恒频均值电压型恒定续流控制　(b) 电压型纹波动态续流控制

图 8.18 i_{o1} 跳变时两种控制方式下 PCCM SIDO Buck 变换器的瞬态实验波形

即输出支路间不存在交叉影响。

当输出支路 2 的输出电流 i_{o2} 从 0.5A 加载至 1A 时，两种控制方式下的输出电压与电感电流波形分别如图 8.19 所示。由图可知：加载时，恒频均值电压型恒定续流控制 PCCM SIDO Buck 变换器的输出电压 v_{o2} 经过约 0.8ms 的调节时间重新进入稳态，v_{o2} 在调整过程中超调量为 0.7V；当输出支路 2 负载变化时，输出支路 1 的输出电压 v_{o1} 会发生明显变化。而本章提出的电压型纹波动态续流控制 PCCM SIDO Buck 变换器在负载变化时，输出电压 v_{o1}、v_{o2} 仅需 1 个工作周期(0.04ms)即可恢复稳定，即输出支路间不存在交叉影响。

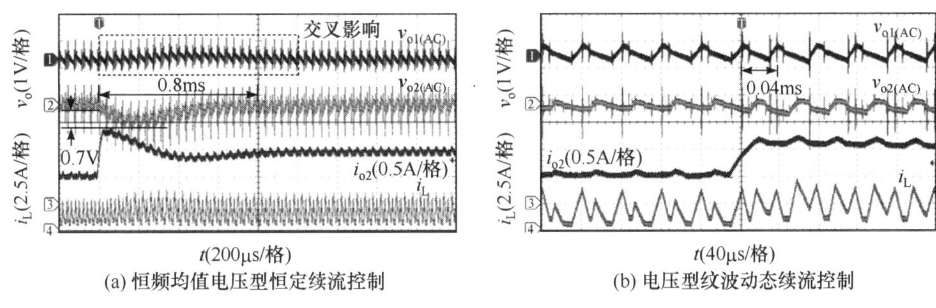

(a) 恒频均值电压型恒定续流控制　　(b) 电压型纹波动态续流控制

图 8.19　i_{o2} 跳变时两种控制方式下 PCCM SIDO Buck 变换器的瞬态实验波形

上述实验结果与理论分析一致，验证了理论分析的正确性，并说明电压型纹波动态续流控制 PCCM SIDO Buck 变换器有效地提高了瞬态响应速度，减小了输出支路间的交叉影响。

8.5.3　稳定性与斜坡补偿

图 8.20 与图 8.21 分别为斜坡补偿前后输出电压纹波及电感电流的实验波形。由图 8.20(a)可以看出：当输出支路 1 的输出电容 ESR 较小时（此处取 $r_{c1}=20\text{m}\Omega$），输出支路 1 会产生次谐波振荡；具体表现在输出支路 1 工作时的电感电流需要经过两个开关周期才能恢复至初始值，输出支路 1 的输出电压纹波重复出现一大一小的形状，变换器的稳定周期扩大至 80μs。而输出支路 1 增加斜坡补偿后的工作波形如图 8.20(b)所示，其中比例系数 k_1 取 0.2，变换器可以正常稳定工作，不会产生次谐波振荡。

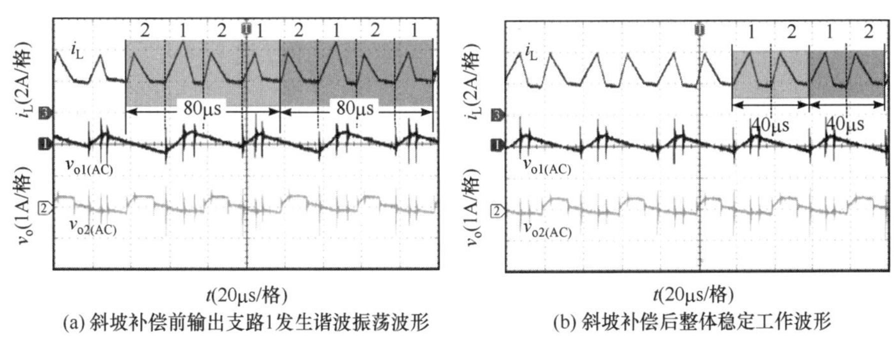

(a) 斜坡补偿前输出支路1发生谐波振荡波形　　(b) 斜坡补偿后整体稳定工作波形

图 8.20　r_{c1}= 20mΩ 时电压型纹波动态续流控制 PCCM SIDO Buck 变换器在斜坡补偿前后的波形图

由图 8.21(a)可以看出：当输出支路 2 的输出电容 ESR 较小时（此处取 $r_{c2}=30\text{m}\Omega$），

输出支路 2 会产生次谐波振荡；具体表现在输出支路 2 工作时的电感电流需要经过两个开关周期才能恢复至初始值，输出支路 2 的输出电压纹波重复出现一大一小的形状，变换器的稳定周期扩大至 80μs。而输出支路 2 增加斜坡补偿后的工作波形如图 8.21(b)所示，其中比例系数 k_2 取 0.2，变换器可以正常稳定工作，不会产生次谐波振荡。

上述实验有效验证了：当输出电容 ESR 较小时，变换器会产生次谐波振荡；而利用输出电容电流作为斜坡补偿，可以有效抑制次谐波振荡的产生，并拓宽变换器的稳定运行条件。

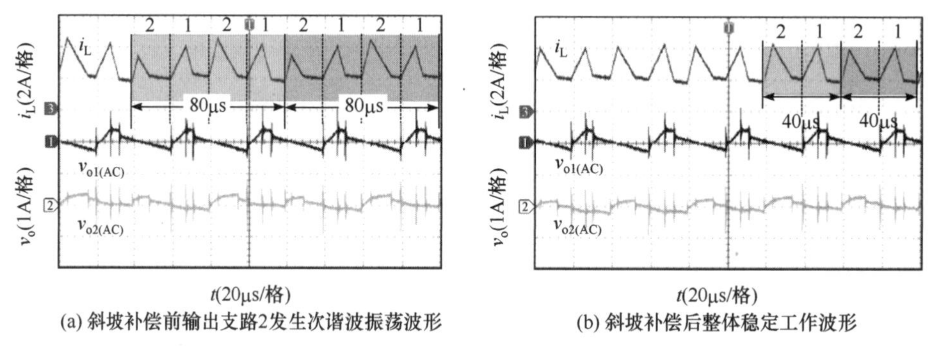

(a) 斜坡补偿前输出支路2发生次谐波振荡波形　　(b) 斜坡补偿后整体稳定工作波形

图 8.21　r_{c2} = 30mΩ 时电压型纹波动态续流控制 PCCM SIDO Buck 变换器在斜坡补偿前后的波形图

8.6 本章小结

为了拓宽 PCCM SIDO Buck 变换器的负载范围，减小变换器的损耗，提升变换器的效率，并优化变换器的瞬态性能，减小输出支路间的交叉影响，本章提出了电压型纹波动态续流控制技术及其实现方案。分析了电压型纹波动态续流控制 PCCM SIDO Buck 变换器的工作原理，建立了电压型纹波动态续流控制 PCCM SIDO Buck 变换器的小信号模型，推导了变换器的闭环输出阻抗和交叉影响阻抗，设计了补偿网络；从频域角度分析了未加补偿网络时变换器存在的问题，验证了补偿网络设计的正确性；分析了电压型纹波动态续流控制产生次谐波振荡的内在成因，并提出了可行的斜坡补偿方案。

从负载范围、效率、负载瞬态性能和交叉影响特性四个方面，对电压型纹波动态续流控制与恒频均值电压型恒定续流控制进行了对比分析，结果表明：相对于恒频均值电压型恒定续流控制，电压型纹波动态续流控制 PCCM SIDO Buck 变换器具有更优越的瞬态性能，拥有更宽的负载范围，具有更高的效率，同样几乎不存在交叉影响问题。

第 9 章　混合导电模式单电感多输出开关变换器电压型纹波动态续流控制技术

对于伪连续导电模式(PCCM)单电感多输出(SIMO)开关变换器，当续流开关管采用恒定续流控制时，轻载支路的存在将增加续流回路的损耗，降低变换器的效率。为了提高 PCCM SIMO 开关变换器的轻载效率，第 8 章提出了动态续流控制策略。为了更进一步兼顾变换器的负载范围与瞬态响应速度，研究具有高效率、宽负载范围和快速瞬态响应的混合导电模式(HCM) SIMO 开关变换器具有重要意义。

本章提出 HCM SIMO 开关变换器电压型纹波动态续流控制技术，包括动态续流时间控制和动态参考电流控制。在该控制技术中，SIMO 开关变换器工作在连续导电模式(CCM)与 PCCM 的混合模式；通过动态续流方式调节续流参考值的大小，提高变换器轻载效率。

9.1　动态续流时间控制技术

9.1.1　工作原理

以双输出为例，电压型纹波动态续流时间控制 HCM 单电感双输出(SIDO) Buck 变换器的电路原理图和控制时序波形如图 9.1 所示[1]。主开关管 S_0 采用电压型纹波控制技术，续流开关管 S_f 采用恒定关断时间动态续流控制，输出支路开关管 S_1、S_2 互补导通。主开关管 S_0 的控制电路包括误差放大器 EA_1 和 EA_2、比较器 CMP_1 和 CMP_2、触发器 RS_1 和 RS_2，以及选择器 S。其中，输出电压 v_{o1} 和 v_{o2} 为主开关管 S_0 的控制电路反馈量。续流开关管 S_f 的控制电路包括触发器 RS_3、定时器 2 和或门 OR，电感电流 i_L 为 S_f 的控制电路反馈量。输出支路开关管 S_1、S_2 的控制电路由比较器 CMP_3、触发器 RS_4、采样保持器 S/H 和定时器 1 构成。主开关管 S_0、续流开关管 S_f 和输出支路开关管 S_1 及 S_2 所对应的控制脉冲分别为 V_{gs0}、V_{gsf} 和 V_{gs1}、V_{gs2}。

图 9.1(c)为电压型纹波动态续流时间控制 HCM SIDO Buck 变换器的控制时序波形。由图可知，输出支路开关管 S_1、S_2 的工作原理为：输出支路开关管 S_1 导通期间，比较器 CMP_3 比较电感电流 i_L 与续流参考值 I_{dc}，当 i_L 下降至 I_{dc} 时，比较器 CMP_3 的输出信号 $SS_1=1$，触发器 RS_4 置位，使得 $V_{gs1}=0$，$V_{gs2}=1$，输出支路开关管 S_1 关断、S_2 导通；当定时器 1 开始计时，经过固定的时间间隔 $T_{2\text{-}on}$，定时器 1 定时结束，输出信号 $V_{ton1}=1$，

触发器 RS_4 复位，产生控制信号 $V_{gs1}=1$、$V_{gs2}=0$，输出支路开关管 S_1 导通、S_2 关断，开始一个新的开关周期。

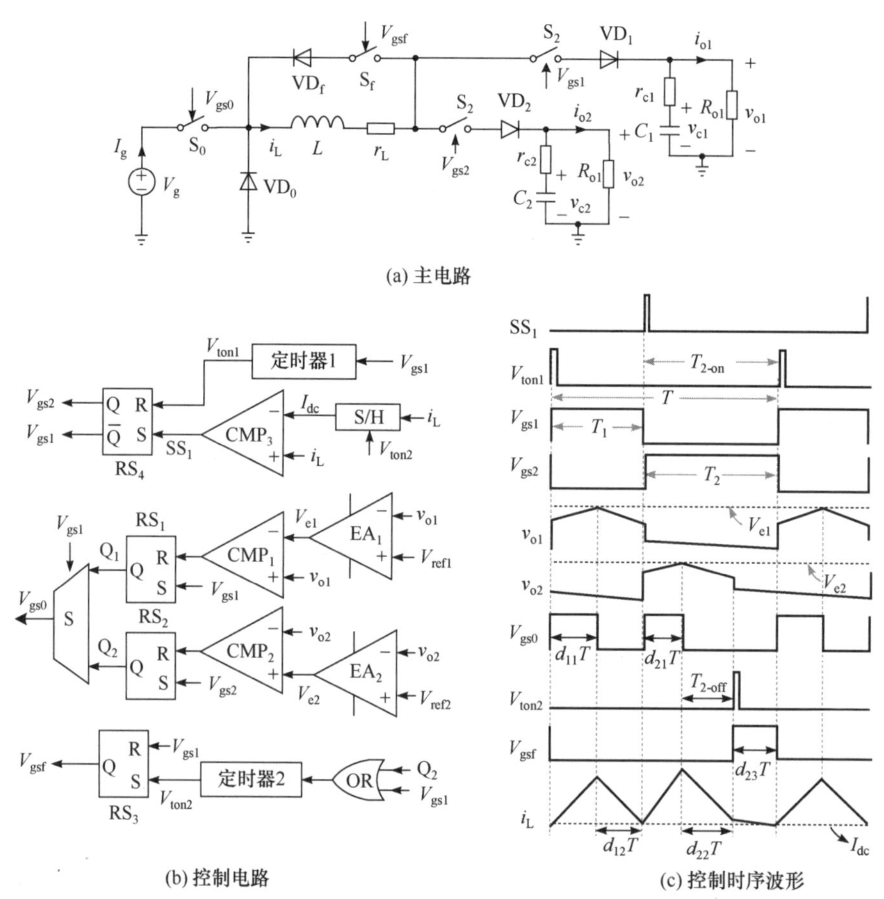

(a) 主电路

(b) 控制电路

(c) 控制时序波形

图 9.1 电压型纹波动态续流时间控制 HCM SIDO Buck 变换器的电路原理图和控制时序波形

主开关管 S_0 采用电压型纹波控制技术，以输出支路 1 开关管 S_1 导通为例，其控制逻辑为：V_{gs1} 为高电平时，触发器 RS_1 置位，控制信号 Q_1 为高电平，同时输出电压 v_{o1} 和参考电压 V_{ref1} 经过误差放大器 EA_1 产生信号 V_{e1} 与 v_{o1} 进行比较，当 v_{o1} 增加到 V_{e1} 时，比较器 CMP_1 输出高电平，RS_1 复位，Q_1 由高电平变为低电平。输出支路 2 控制信号 Q_2 的产生原理与其相同。当 $V_{gs1}=1$ 时，开关管 S_1 导通，选择器 S 的输出信号 V_{gs0} 为输出支路 1 的控制信号 Q_1；反之，当 $V_{gs1}=0$ 时，开关管 S_2 导通，V_{gs0} 为输出支路 2 的控制信号 Q_2。由于输出支路开关管 S_1 和 S_2 交替互补导通，选择器 S 轮流选择 Q_1、Q_2 为 S_0 的有效驱动信号。

续流开关管 S_f 采用基于恒定关断时间的动态续流时间控制技术。输出支路开关管 S_2 导通期间，即 $V_{gs2}=1$，主开关管 S_0 关断时刻，定时器 2 开始定时，经过固定的时间间隔 $T_{2\text{-off}}$，定时器 2 定时结束，输出信号 $V_{ton2}=1$，触发器 RS_3 置位，使得续流开关管 S_f 导通，电感开始续流。此时，采样电感电流 i_L，更新续流参考值 I_{dc}。直到输出支路开关管 S_2 关断、S_1 导通，续流开关管 S_f 关断。需要注意的是，此处的恒定关断时间是指 PCCM

输出支路工作时的关断时间恒定，即图 9.1(c)中标记的 $T_{2\text{-off}}$，也是电感电流下降时间 $d_{22}T$；因此续流时间 $d_{23}T$ 随电感电流上升时间 $d_{21}T$ 的变化而动态变化。

由上述分析可知，在一个开关周期内，SIDO Buck 变换器的电感电流工作在 HCM，变换器的续流参考值将随负载变化而变化。在 CCM 输出支路开关管 S_1 导通期间，当电感电流下降至续流参考值时，结束本输出支路开关管 S_1 的导通，因此 CCM 输出支路开关管 S_1 的导通时间随负载的变化而变化；而 PCCM 输出支路开关管 S_2 的导通时间是固定的，由定时器 1 决定。综上所述，电压型纹波动态续流时间控制技术的本质是基于恒定关断时间动态续流的输出电压纹波变频控制技术实现的。

9.1.2　负载范围

为了简化分析，忽略变换器的寄生参数，对电压型纹波动态续流时间控制 HCM SIDO Buck 变换器的工作特点进行进一步分析。此时，变换器电感电流的波形如图 9.2 所示。其中，d_{11}、d_{12}、d_{21}、d_{22} 和 d_{23} 分别为输出支路 1 电感电流上升、下降，输出支路 2 电感电流上升、下降和续流阶段的占空比。T_1 和 T_2 分别为一个开关周期 T 内输出支路 1 和输出支路 2 分时复用的时长，I_{dc} 为电感电流的续流值。

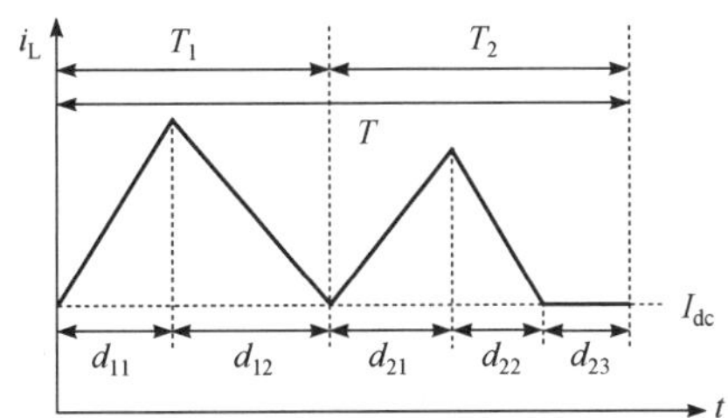

图 9.2　电压型纹波动态续流时间控制 HCM SIDO Buck 变换器的电感电流波形

根据电感电压伏秒平衡，可得电感电流上升、下降阶段斜率与占空比之间的关系为

$$m_{11}d_{11} = m_{12}d_{12} \tag{9.1}$$

$$m_{21}d_{21} = m_{22}d_{22} \tag{9.2}$$

式中，m_{11}、m_{12} 和 m_{21}、m_{22} 分别为输出支路 1 工作期间电感电流上升、下降阶段的斜率和输出支路 2 工作期间电感电流上升、下降阶段的斜率，具体表达式为 $m_{11} = (V_g - v_{o1})/L$，$m_{12} = v_{o1}/L$，$m_{21} = (V_g - v_{o2})/L$，$m_{22} = v_{o2}/L$。

在一个开关周期内，根据电感电流在 $d_{11}T + d_{12}T$ 阶段的平均值与输出支路 1 输出负载相等，可得

$$i_{o1} = I_{dc}(d_{11} + d_{12}) + (d_{11} + d_{12})m_{11}d_{11}T/2 \tag{9.3}$$

同理可得电感电流和输出支路 2 输出负载的关系为

$$i_{o2} = I_{dc}(d_{21} + d_{22}) + (d_{21} + d_{22})m_{21}d_{21}T/2 \tag{9.4}$$

联立式(9.1)～式(9.4)，可得如下表达式：

$$aI_{dc}^2 + bI_{dc} + c = 0 \tag{9.5}$$

式中，$a=H_3^{\,2}H_6+H_3$，$b=H_4-T_2+2H_3H_5H_6-i_{o1}H_3$，$c=H_5^2H_6-i_{o1}H_4$，且 $H_3=\dfrac{(1+H_2)T_{2\text{-off}}}{i_{o2}}$，$H_4=\dfrac{(1+H_2)T_{2\text{-off}}{}^2m_{21}H_2}{2i_{o2}}$，$H_5=H_4-T_2$，$H_6=\dfrac{m_{11}}{2(1+H_1)}$，$H_1=\dfrac{m_{11}}{m_{12}}$，$H_2=\dfrac{m_{22}}{m_{21}}$。

在式(9.5)中，$T_{2\text{-off}}$为设定的恒定关断时间。由式(9.5)可求解出电感电流续流值 I_{dc} 的表达式，再将 I_{dc} 代入式(9.1)～式(9.4)中，可求得 T、d_{11} 和 d_{23} 的表达式，相关表达式较为复杂，故此处不列出其解析表达式，之后将给出一定参数条件下，基于数值解的关系曲线。为方便下文的讨论，将 i_{o1}、i_{o2} 和 t_{off} 作为自变量，可将相关函数表达式记作 $I_{dc}=f_1(i_{o1}, i_{o2}, T_{2\text{-off}})$，$T=f_2(i_{o1}, i_{o2}, T_{2\text{-off}})$，$d_{11}=f_3(i_{o1}, i_{o2}, T_{2\text{-off}})$，$d_{23}=f_4(i_{o1}, i_{o2}, T_{2\text{-off}})$。

在输出支路 1 负载恒定时，讨论输出支路 2 负载变化后变换器关键参数的变化情况，并以此分析输出支路 2 的负载范围。输出支路 1 负载范围的分析与之类似，此处不再说明。主电路的参数如表 9.1 所示，根据 $I_{dc}=f_1(i_{o1}, i_{o2}, T_{2\text{-off}})$和 $T=f_2(i_{o1}, i_{o2}, T_{2\text{-off}})$，可得到 I_{dc} 和 T 关于负载电流 i_{o2}、恒定关断时间 $T_{2\text{-off}}$ 的关系曲线，如图 9.3 所示。同理，根据 $d_{11}=f_3(i_{o1}, i_{o2}, T_{2\text{-off}})$、$d_{23}=f_4(i_{o1}, i_{o2}, T_{2\text{-off}})$和占空比关系的表达式，可得到输出支路 1 和输出支路 2 各阶段占空比关于负载电阻 R_{o2}、恒定关断时间 $T_{2\text{-off}}$ 的关系曲线，如图 9.4 所示。

表 9.1　动态续流时间控制 HCM SIDO Buck 变换器的电路参数

变量	描述	数值	变量	描述	数值
$T_{2\text{-on}}$	定时器 1 的定时时间间隔	20μs	C_1、C_2	输出电容	470μF
$T_{2\text{-off}}$	定时器 2 的定时时间间隔	10μs	r_{c1}、r_{c2}	输出电容 ESR	50mΩ
L	电感	100μH	R_{o1}	输出支路 1 的负载电阻	12Ω
V_g	输入电压	20V	R_{o2}	输出支路 2 的负载电阻	5Ω
V_{ref1}	输出支路 1 的输出电压参考值	12V	V_{ref2}	输出支路 2 的输出电压参考值	5V

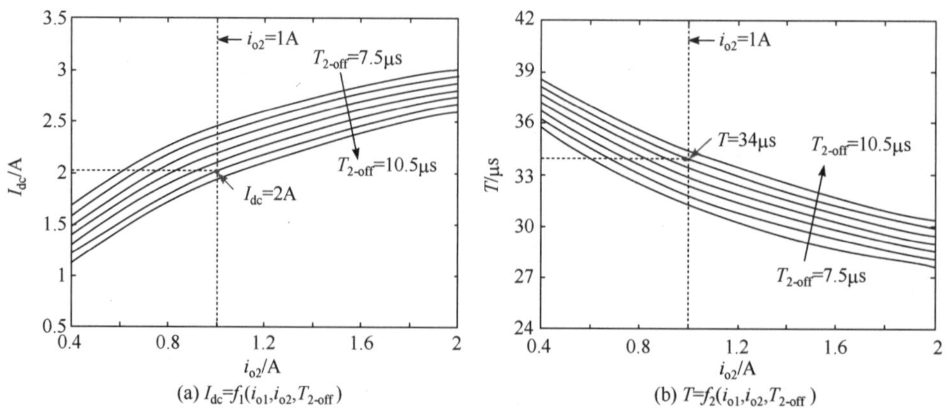

图 9.3　I_{dc} 和 T 关于负载电流 i_{o2}、恒定关断时间 $T_{2\text{-off}}$ 的关系曲线(i_{o1}=1A)

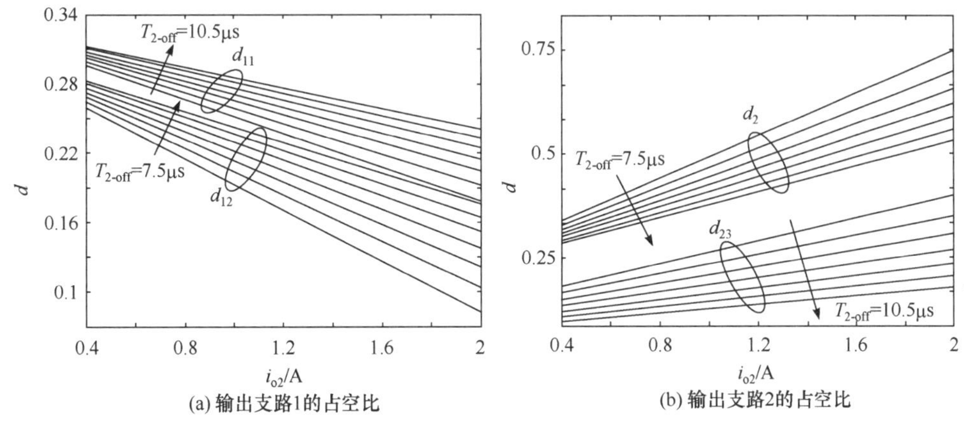

图 9.4　输出支路占空比关于负载电流 i_{o2}、恒定关断时间 $T_{2\text{-off}}$ 的关系曲线(i_{o1}=1A)

在图 9.3 和图 9.4 中，输出支路 1 负载恒定为 1A，并且输出支路 2 负载在 0.33～2A 变化。图中箭头所指的方向为恒定关断时间 $T_{2\text{-off}}$ 增大的方向，$T_{2\text{-off}}$ 的变化范围为 7.5～10.5μs。图中虚线为相同的电路参数下，电压型纹波动态续流时间控制 PCCM SIDO Buck 变换器输出支路 2 的负载上限。由图 9.3(a)和图 9.4(b)可知，在 $T_{2\text{-off}}$ 固定时，理论上总能找到大于零的 I_{dc}，以及大于输出支路 2 工作周期 $T_2 = T_{2\text{-on}} = 20\mu s$ 的开关周期 T，使得变换器工作于 HCM。

为了进一步确保变换器工作于 HCM，由图 9.4 观察各条输出支路占空比的情况。由图 9.4(a)可知，在 $T_{2\text{-off}}$ 固定时，输出支路 1 电感电流上升阶段和下降阶段的占空比 d_{11} 和 d_{12} 始终大于 0 且小于 1，即输出支路 1 工作时，始终存在电感电流的上升和下降阶段，输出支路 1 工作于 CCM。由图 9.4(b)可知，在 $T_{2\text{-off}}$ 固定时，输出支路 2 电感续流阶段的占空比 d_{23} 始终大于 0 且小于 1，说明输出支路 2 存在续流阶段。同时，输出支路 2 时分复用时长的占空比 $d_{21} + d_{22} + d_{23}$ 满足大于 0 且小于 1，并且始终大于 d_{23}，说明输出支路 2 工作于 PCCM。因此，在上述电路参数条件下，电压型纹波动态续流时间控制 HCM SIDO Buck 变换器始终工作于 HCM，不存在负载上限。该变换器输出支路 1 负载范围的分析结果与之相同，此处不再说明。由此可知，相较于电压型纹波动态续流时间控制 PCCM SIDO Buck 变换器，电压型纹波动态续流时间控制 HCM SIDO Buck 变换器具有更宽的负载范围。

此外，由图 9.3 可以观测到开关周期 T 和恒定续流值 I_{dc} 与电路参数之间的关系，可为变换器参数的选择提供指导。由图 9.3(a)可知，当负载固定时，恒定关断时间 $T_{2\text{-off}}$ 越大，相应的电感续流参考值 I_{dc} 越小；当恒定关断时间 $T_{2\text{-off}}$ 与输出支路 1 负载固定时，变换器的电感续流参考值 I_{dc} 随着输出支路 2 负载的减轻而减小。由图 9.3(b)可知，当负载固定时，恒定关断时间 $T_{2\text{-off}}$ 越大，相应的开关周期 T 越大；当恒定关断时间 $T_{2\text{-off}}$ 与输出支路 1 负载固定时，开关周期 T 随着输出支路 2 负载的减轻而增加。

9.1.3　损耗与效率分析

在电压型纹波动态续流时间控制 HCM SIDO Buck 变换器中，d_{11}、d_{12}、d_{21}、d_{22}、d_{23}

分别为图 9.1(b)中各个工作模态的占空比。在一个工作周期内，电压型纹波动态续流时间控制 HCM SIDO Buck 变换器的状态方程分别如下。

1) 工作模态 1

输出支路 1 的充电阶段为 $d_{11}T$。主开关管 S_0 和输出支路开关管 S_1 导通，续流开关管 S_f 和输出支路开关管 S_2 关断。此时变换器的状态方程为

$$L\frac{\mathrm{d}i_L}{\mathrm{d}t}=V_g-i_L\left(r_L+2R_{on}+\frac{R_{o1}r_{c1}}{R_{o1}+r_{c1}}\right)-\frac{v_{c1}R_{o1}}{R_{o1}+r_{c1}}-v_{D1} \tag{9.6a}$$

$$C_1\frac{\mathrm{d}v_{c1}}{\mathrm{d}t}=i_L\frac{R_{o1}}{R_{o1}+r_{c1}}-\frac{v_{c1}}{R_{o1}+r_{c1}} \tag{9.6b}$$

$$C_2\frac{\mathrm{d}v_{c2}}{\mathrm{d}t}=-\frac{v_{c2}}{R_{o2}+r_{c2}} \tag{9.6c}$$

2) 工作模态 2

输出支路 1 的放电阶段为 $d_{12}T$。主开关管 S_0 关断，输出支路开关管 S_1 保持导通，二极管 VD_0、VD_1 正向导通，其余开关管和二极管保持关断状态不变。此时变换器的状态方程为

$$\begin{cases}L\dfrac{\mathrm{d}i_L}{\mathrm{d}t}=-v_{D0}-v_{D1}-i_L\left(r_L+R_{on}+\dfrac{R_{o1}r_{c1}}{R_{o1}+r_{c1}}\right)-\dfrac{R_{o1}v_{c1}}{R_{o1}+r_{c1}}\\ C_1\dfrac{\mathrm{d}v_{c1}}{\mathrm{d}t}=i_L\dfrac{R_{o1}}{R_{o1}+r_{c1}}-\dfrac{v_{c1}}{R_{o1}+r_{c1}}\\ C_2\dfrac{\mathrm{d}v_{c2}}{\mathrm{d}t}=-\dfrac{v_{c2}}{R_{o2}+r_{c2}}\end{cases} \tag{9.7}$$

3) 工作模态 3

输出支路 2 的充电阶段为 $d_{21}T$。主开关管 S_0 和输出支路开关管 S_2 导通，续流开关管 S_f 和输出支路开关管 S_1 关断。此时变换器的状态方程为

$$\begin{cases}L\dfrac{\mathrm{d}i_L}{\mathrm{d}t}=V_g-i_L\left(r_L+2R_{on}+\dfrac{R_{o2}r_{c2}}{R_{o2}+r_{c2}}\right)-\dfrac{v_{c2}R_{o2}}{R_{o2}+r_{c2}}-v_{D2}\\ C_1\dfrac{\mathrm{d}v_{c1}}{\mathrm{d}t}=-\dfrac{v_{c1}}{R_{o1}+r_{c1}}\\ C_2\dfrac{\mathrm{d}v_{c2}}{\mathrm{d}t}=i_L\dfrac{R_{o2}}{R_{o2}+r_{c2}}-\dfrac{v_{c2}}{R_{o2}+r_{c2}}\end{cases} \tag{9.8}$$

4) 工作模态 4

输出支路 2 的放电阶段为 $d_{22}T$。主开关管 S_0 关断，输出支路开关管 S_2 保持导通。此时变换器的状态方程为

$$\begin{cases} L\dfrac{\mathrm{d}i_\mathrm{L}}{\mathrm{d}t}=-v_\mathrm{D0}-v_\mathrm{D2}-i_\mathrm{L}\left(r_\mathrm{L}+R_\mathrm{on}+\dfrac{R_\mathrm{o2}r_\mathrm{c2}}{R_\mathrm{o2}+r_\mathrm{c2}}\right)-\dfrac{R_\mathrm{o2}v_\mathrm{c2}}{R_\mathrm{o2}+r_\mathrm{c2}} \\ C_1\dfrac{\mathrm{d}v_\mathrm{c1}}{\mathrm{d}t}=-\dfrac{v_\mathrm{c1}}{R_\mathrm{o1}+r_\mathrm{c1}} \\ C_2\dfrac{\mathrm{d}v_\mathrm{c2}}{\mathrm{d}t}=i_\mathrm{L}\dfrac{R_\mathrm{o2}}{R_\mathrm{o2}+r_\mathrm{c2}}-\dfrac{v_\mathrm{c2}}{R_\mathrm{o2}+r_\mathrm{c2}} \end{cases} \tag{9.9}$$

5) 工作模态 5

输出支路 1 的续流阶段为 $d_{23}T$。续流开关管 $\mathrm{S_f}$ 导通，二极管 $\mathrm{VD_f}$ 正向导通，电感电流 i_L 在由电感 L、二极管 $\mathrm{VD_f}$、开关管 $\mathrm{S_f}$ 构成的回路中续流。此时变换器的状态方程为

$$\begin{cases} L\dfrac{\mathrm{d}i_\mathrm{L}}{\mathrm{d}t}=-v_\mathrm{Df}-i_\mathrm{L}\left(r_\mathrm{L}+R_\mathrm{on}\right) \\ C_1\dfrac{\mathrm{d}v_\mathrm{c1}}{\mathrm{d}t}=-\dfrac{v_\mathrm{c1}}{R_\mathrm{o1}+R_\mathrm{c1}} \\ C_2\dfrac{\mathrm{d}v_\mathrm{c2}}{\mathrm{d}t}=-\dfrac{v_\mathrm{c2}}{R_\mathrm{o2}+R_\mathrm{c2}} \end{cases} \tag{9.10}$$

根据开关变换器效率的定义，可得 SIDO 开关变换器的效率表达式为

$$\eta=\left(V_\mathrm{o1}I_\mathrm{o1}+V_\mathrm{o2}I_\mathrm{o2}\right)\Big/\left(V_\mathrm{g}I_\mathrm{g}\right) \tag{9.11}$$

由式(9.11)可知，电压型纹波动态续流时间控制 HCM SIDO Buck 变换器的效率取决于输入电流 I_g。一个开关周期内，I_g 为 $(d_{11}+d_{21})T$ 阶段的电感电流在整个开关周期内的平均值，即

$$I_\mathrm{g}=\frac{[i_\mathrm{L}(d_{23}T)+i_\mathrm{L}(d_{11}T)]d_{11}}{2}+\frac{[I_\mathrm{dc}+i_\mathrm{L}(d_{21}T)]d_{21}}{2} \tag{9.12}$$

式中，$i_\mathrm{L}(d_{11}T)$、$i_\mathrm{L}(d_{21}T)$ 分别为输出支路开关管 $\mathrm{S_1}$、$\mathrm{S_2}$ 导通期间电感电流的峰值；$i_\mathrm{L}(d_{23}T)$ 为电感续流阶段结束时刻的电感电流值。将式(9.6)、式(9.8)和式(9.10)所示的 $i_\mathrm{L}(d_{11}T)$、$i_\mathrm{L}(d_{21}T)$ 和 $i_\mathrm{L3}(d_{23}T)$ 的表达式代入式(9.12)中，得到输入电流 I_g 的具体表达式为

$$\begin{aligned} I_\mathrm{g}=&\frac{I_\mathrm{dc}\left(d_{21}+d_{11}\right)}{2}+\frac{\left(I_\mathrm{dc}-Q_1d_{12}T\right)d_{11}}{2\left(1-P_1d_{12}T\right)}+\frac{\left(I_\mathrm{dc}-Q_2d_{22}T\right)d_{21}}{2\left(1-P_2d_{22}T\right)} \\ &-\frac{\left(R_\mathrm{L}I_\mathrm{dc}+R_\mathrm{on}I_\mathrm{dc}+v_\mathrm{Df}\right)\left(T_2-d_{21}T-d_{21}T\right)}{2L} \end{aligned} \tag{9.13}$$

式中，$P_1=\dfrac{r_\mathrm{L}+R_\mathrm{on}}{L}+\dfrac{R_\mathrm{o2}r_\mathrm{c2}}{\left(R_\mathrm{o2}+r_\mathrm{c2}\right)L}$，$Q_1=\dfrac{-v_\mathrm{D1}-v_\mathrm{D2}}{L}-\dfrac{v_\mathrm{c2}R_\mathrm{o2}}{\left(R_\mathrm{o2}+r_\mathrm{c2}\right)L}$，$P_2=\dfrac{r_\mathrm{L}+R_\mathrm{on}}{L}+\dfrac{R_\mathrm{o1}r_\mathrm{c1}}{\left(R_\mathrm{o1}+r_\mathrm{c1}\right)L}$，$Q_2=\dfrac{-v_\mathrm{D0}-v_\mathrm{D1}}{L}-\dfrac{v_\mathrm{c1}R_\mathrm{o1}}{\left(R_\mathrm{o1}+r_\mathrm{c1}\right)L}$，$d_{11}$、$d_{12}$、$d_{21}$、$T$ 和 I_dc 均随电路参数的变化而变化，为待求解变量。

当输出支路开关管 $\mathrm{S_1}$ 导通时，输出电流的平均值 I_o1 与电感电流的关系式与式(9.13)

相同。当输出支路开关管 S_2 导通时，输出电流的平均值 I_{o2} 与 $(d_{21}+d_{22})T$ 阶段的电感电流在一个开关周期内的平均值相等，由此可得

$$I_{dc}=\frac{2I_{o2}\left(1-P_2d_{22}T\right)}{\left(d_{21}+d_{22}\right)\left(2-P_2d_{22}T\right)}+\frac{Q_2d_{22}T}{2-P_2d_{22}T}\tag{9.14}$$

由于 $d_{11}T$ 阶段结束时刻的电感电流值与 $d_{12}T$ 阶段开始时刻的电感电流值相等，可得

$$I_{dc}\left(1-P_3d_{11}T\right)-\frac{I_{dc}-Q_1d_{12}T}{1-P_1d_{12}T}+Q_3d_{11}T-\frac{d_{23}T\left(1-P_3d_{11}T\right)\left(I_{dc}R_L+I_{dc}R_{on}+v_{Df}\right)}{L}=0\tag{9.15}$$

式中，$P_3=\dfrac{r_L+2R_{on}}{L}+\dfrac{R_{o2}r_{c2}}{\left(R_{o2}+r_{c2}\right)L}$，$Q_3=\dfrac{V_g-v_{D2}}{L}-\dfrac{v_{c2}R_{o2}}{\left(R_{o2}+r_{c2}\right)L}$。

$d_{21}T$ 阶段结束时刻的电感电流值与 $d_{22}T$ 阶段开始时刻的电感电流值相等，即

$$I_{dc}\left(1-P_4d_{21}T\right)+Q_4d_{21}T=\frac{I_{dc}-Q_2d_{22}T}{1-P_2d_{22}T}\tag{9.16}$$

式中，$P_4=\dfrac{r_L+2R_{on}}{L}+\dfrac{R_{o1}r_{c1}}{\left(R_{o1}+r_{c1}\right)L}$，$Q_4=\dfrac{V_g-v_{D1}}{L}-\dfrac{v_{c1}R_{o1}}{\left(R_{o1}+r_{c1}\right)L}$。

用 $T_2-d_{21}T-d_{22}T$ 替代 $d_{23}T$，联立式(9.12)～式(9.14)，可以求得不同负载条件下对应的 $d_{11}T$、$d_{12}T$、$d_{21}T$ 和 I_{dc} 的数值解，并代入式(9.13)中，得到变换器的输入电流 I_g，再将 I_g 代入式(9.12)中，进一步得到变换器效率的数值解。

假设电压型纹波动态续流时间控制 HCM SIDO Buck 变换器的电路参数为：输出支路 2 的工作周期 T_2 为 20μs，恒定关断时间 $d_{22}T$ 为 10μs，续流参考值 I_{dc} 和开关周期 T 随电路参数变化而调整，其余电路参数如表 9.1 所示。利用 MATLAB 绘制不同负载条件下的效率曲线，如图 9.5 所示。

由图 9.5(a)可知，当输出支路 2 的负载电阻 $R_{o2}=5\Omega$，输出支路 1 的负载电阻 R_{o1} 由 12Ω 向 36Ω 变化，即输出支路 1 负载减轻时，电压型纹波动态续流时间控制 HCM SIDO Buck 变换器的效率降低。由图 9.5(b)可知，当输出支路 1 的负载电阻 $R_{o1}=12\Omega$，输出支路 2 的负载电阻 R_{o2} 由 5Ω 向 15Ω 变化，即输出支路 2 负载减轻时，电压型纹波动态续流时间控制 HCM SIDO Buck 变换器的效率显著增加。

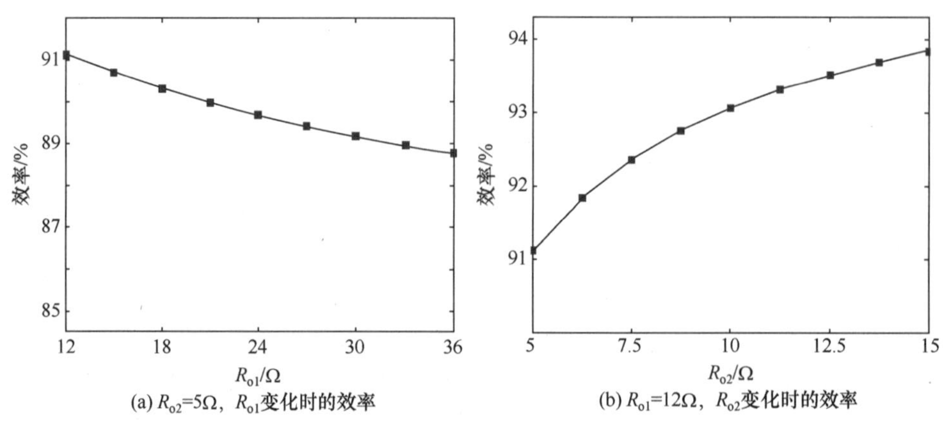

(a) $R_{o2}=5\Omega$，R_{o1}变化时的效率　　(b) $R_{o1}=12\Omega$，R_{o2}变化时的效率

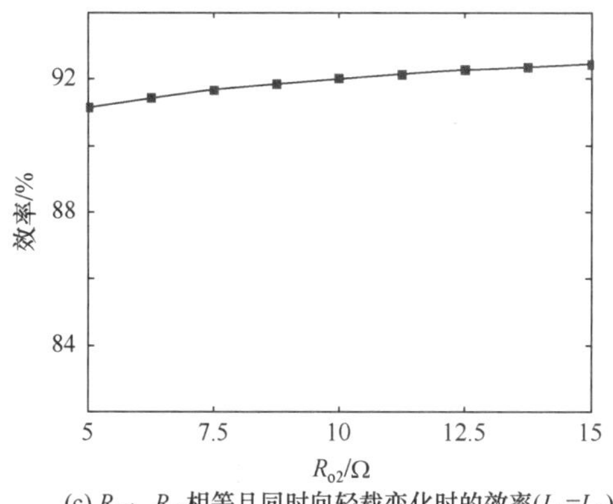

(c) R_{o1}、R_{o2}相等且同时向轻载变化时的效率($I_{o1}=I_{o2}$)

图 9.5　电压型纹波动态续流时间控制 HCM SIDO Buck 变换器的效率曲线

由图 9.5(c)可知，当输出支路 1 与输出支路 2 的负载相同且均向轻载变化时，电压型纹波动态续流时间控制 HCM SIDO Buck 变换器的效率缓慢增加。

对比图 7.19 和图 9.5 可知，在一路负载恒定、另一路负载向轻载变化时，或者两路负载相等且同时向轻载变化时，相比于电压型恒频纹波恒定续流控制 PCCM SIDO Buck 变换器，电压型纹波动态续流时间控制 HCM SIDO Buck 变换器具有更高的效率，更适用于变换器存在轻载支路的场合。

9.1.4　稳定性分析

与电压型恒频纹波恒定续流控制 PCCM SIDO Buck 变换器类似，对于电压型纹波动态续流时间控制 HCM SIDO Buck 变换器，当输出电容 ESR 较小时，系统中存在不稳定现象。因此，分析输出电容 ESR 对系统稳定性的影响对电路参数的设计具有重要的指导意义。

1. 采样数据模型

由 9.1.1 节的分析可知，电压型纹波动态续流时间控制 HCM SIDO Buck 变换器在一个开关周期内存在 5 个工作模态，对于输出支路 1 不存在续流阶段。在第 n 个开关周期时，不同工作模态所对应的电感电流 i_L 和输出电容电压 v_{c1}、v_{c2} 的表达式分别如下。

1) 工作模态 1

电感电流 $i_{Ln}(d_{11}T)$和输出电容电压 $v_{c1n}(d_{11}T)$、$v_{c2n}(d_{11}T)$可以表示为

$$\begin{cases} i_{Ln}(d_{11}T)=i_{Ln}+\dfrac{V_g-V_{o1}}{L}d_{11}T \\ v_{c1n}(d_{11}T)=v_{c1n}+\dfrac{i_{Ln}-i_{o1}}{C_1}d_{11}T+\dfrac{V_g-V_{o1}}{2LC_1}(d_{11}T)^2 \\ v_{c2n}(d_{11}T)=v_{c2n}-\dfrac{i_{o2}}{C_2}d_{11}T \end{cases} \tag{9.17}$$

式中，i_{Ln}、v_{c1n}、v_{c2n}分别为在第 n 个开关周期开始时刻电感电流 i_L 和输出电容电压 v_{c1}、v_{c2} 的值；V_{o1} 为输出支路 1 的输出电压直流稳态值。

2) 工作模态 2

电感电流 $i_{Ln}(d_{12}T)$和输出电容电压 $v_{c1n}(d_{12}T)$、$v_{c2n}(d_{12}T)$可以表示为

$$
\begin{cases}
i_{Ln}(d_{12}T) = i_{Ln}(d_{11}T) - \dfrac{V_{o1}}{L} d_{12}T \\
v_{c1n}(d_{12}T) = v_{c1n}(d_{11}T) + \dfrac{i_{Ln}(d_{11}T) - i_{o1}}{C_1} d_{12}T - \dfrac{V_{o1}}{2LC_1}(d_{12}T)^2 \\
v_{c2n}(d_{12}T) = v_{c2n}(d_{11}T) - \dfrac{i_{o2}}{C_2} d_{12}T
\end{cases}
\tag{9.18}
$$

3) 工作模态 3

电感电流 $i_{Ln}(d_{21}T)$和输出电容电压 $v_{c1n}(d_{21}T)$、$v_{c2n}(d_{21}T)$可以表示为

$$
\begin{cases}
i_{Ln}(d_{21}T) = i_{Ln}(d_{12}T) + \dfrac{V_g - V_{o2}}{L} d_{21}T \\
v_{c1n}(d_{21}T) = v_{c1n}(d_{12}T) - \dfrac{i_{o1}}{C_1} d_{21}T \\
v_{c2n}(d_{21}T) = v_{c2n}(d_{12}T) + \dfrac{i_{Ln}(d_{23}T) - i_{o2}}{C_2} d_{21}T + \dfrac{V_g - V_{o2}}{2LC_2}(d_{21}T)^2
\end{cases}
\tag{9.19}
$$

式中，V_{o2} 为输出支路 2 的输出电压直流稳态值。

4) 工作模态 4

电感电流 $i_{Ln}(d_{22}T)$和输出电容电压 $v_{c1n}(d_{22}T)$、$v_{c2n}(d_{22}T)$可以表示为

$$
\begin{cases}
i_{Ln}(d_{22}T) = i_{Ln}(d_{21}T) - \dfrac{V_{o2}}{L} d_{22}T \\
v_{c1n}(d_{22}T) = v_{c1n}(d_{21}T) - \dfrac{i_{o1}}{C_1} d_{22}T \\
v_{c2n}(d_{22}T) = v_{c2n}(d_{21}T) + \dfrac{i_{Ln}(d_{21}T) - i_{o2}}{C_2} d_{22}T - \dfrac{V_{o2}}{2LC_2}(d_{22}T)^2
\end{cases}
\tag{9.20}
$$

5) 工作模态 5

电感电流 $i_{L(n+1)}$和输出电容电压 $v_{c1(n+1)}$、$v_{c2(n+1)}$可以表示为

$$
\begin{cases}
i_{L(n+1)} = i_{Ln}(d_{22}T) \\
v_{c1(n+1)} = v_{c1n}(d_{22}T) - i_{o1}d_{23}T/C_1 \\
v_{c2(n+1)} = v_{c2n}(d_{22}T) - i_{o2}d_{23}T/C_2
\end{cases}
\tag{9.21}
$$

综合式(9.17)～式(9.21)，可得第 $n+1$ 个开关周期开始时刻电感电流 i_L 和输出电压 v_{c1}、v_{c2} 的采样数据模型，式中 d_{11}、d_{12} 和 d_{21}、d_{22}、d_{23} 与开关管 S_0、S_f、S_1 和 S_2 的导通关断状态有关，可由开关管 S_0、S_f、S_1 和 S_2 的切换条件求得。

根据电压型纹波动态续流时间控制 HCM SIDO Buck 变换器的工作原理，得到开关管 S_0、S_f、S_1 和 S_2 的切换条件。对于输出支路开关管 S_1、S_2，当 S_1 导通、S_0 关断，电感电流 i_L 下降到 $i_{L(n-1)}(d_{12}T_1)$时，开关管 S_1 关断、S_2 导通；S_2 导通固定时间间隔 T_2 后关断。

由此可得输出支路开关管 S_1、S_2 的切换方程分别为

$$i_{Ln}(d_{12}T) = i_{Ln}(d_{11}T) - V_{o1}d_{12}T/L = i_{L(n-1)}(d_{22}T) \tag{9.22}$$

$$\left(d_{21} + d_{22} + d_{23}\right)T = T_2 \tag{9.23}$$

主开关管 S_0 的切换条件与电压型纹波恒定续流控制 PCCM SIDO Buck 变换器主开关管 S_0 的切换条件相同，切换方程为式(7.78)和式(7.79)，基于此可计算出输出支路 1 和输出支路 2 充电阶段的持续时间 $d_{11}T$ 和 $d_{21}T$。

当输出支路开关管 S_2 导通、主开关管 S_0 关断时，S_0 关断固定时间间隔后，续流开关管 S_f 导通，直到输出支路开关管 S_2 关断，续流阶段结束。因此，续流开关管 S_f 的开关切换方程为

$$d_{22}T = T_{2\text{-off}} \tag{9.24}$$

基于式(9.17)～式(9.24)，通过计算机辅助求解，得到输出支路 1 和输出支路 2 在充电阶段、放电阶段和续流阶段的占空比 d_{11}、d_{12} 和 d_{21}、d_{22}、d_{23}。

2. 稳定性区域划分

基于电压型纹波动态续流时间控制 HCM SIDO Buck 变换器的采样数据模型和开关管切换方程，利用 MATLAB 绘制电压型纹波动态续流时间控制 HCM SIDO Buck 变换器随 C_1 和 r_{c1}、C_2 和 r_{c2} 变化的状态区域分布，如图 9.6 所示。

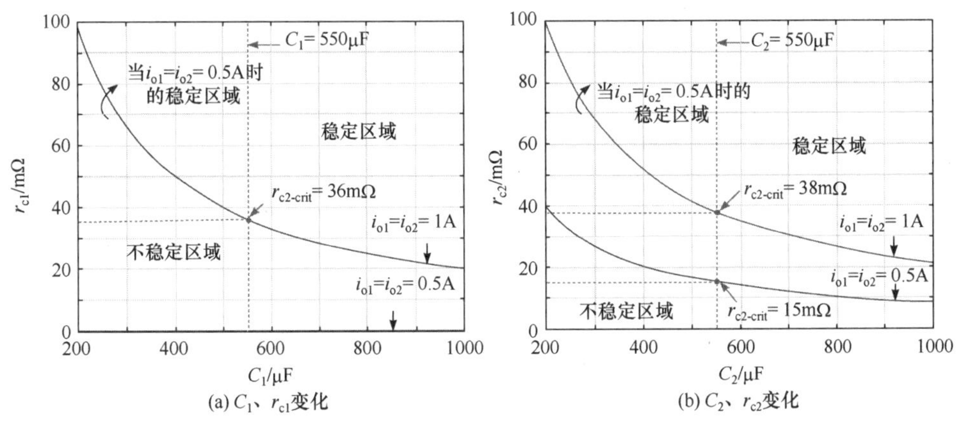

图 9.6　电压型纹波动态续流时间控制 HCM SIDO Buck 变换器随 C_1 和 r_{c1}、C_2 和 r_{c2} 变化的状态区域分布

图 9.6(a)为当 $C_2 = 550\mu F$、$r_{c2} = 50m\Omega$ 时，电压型纹波动态续流时间控制 HCM SIDO Buck 变换器随 C_1、r_{c1} 变化的状态区域分布。从图 9.6(a)中可知：当 $C_1 = 550\mu F$、$i_{o1} = i_{o2} =$ 1A 时，输出电容 C_1 的 ESR 临界值为 $r_{c1\text{-crit}} = 36m\Omega$；当负载电流 $i_{o1} = i_{o2} = 0.5A$ 时，理论上电压型纹波动态续流时间控制 HCM SIDO Buck 变换器的稳定性不受 r_{c1} 的影响，$r_{c1\text{-crit}} = 0m\Omega$ 时变换器仍能稳定工作。类似地，当 $C_1 = 550\mu F$、$r_{c1} = 50m\Omega$ 时，电压型纹波动态续流时间控制 HCM SIDO Buck 变换器随 C_2、r_{c2} 变化的状态区域分布如图 9.6(b) 所示。从图 9.6(b)中可知：当 $C_2 = 550\mu F$、$i_{o1} = i_{o2} = 1A$ 时，输出电容 C_2 的 ESR 临界值 $r_{c2\text{-crit}} = 38m\Omega$；当 $i_{o1} = i_{o2} = 0.5A$ 时，$r_{c2\text{-crit}} = 15m\Omega$。

9.1.5 实验结果

根据表 9.1 的电路参数，搭建电压型纹波动态续流时间控制 HCM SIDO Buck 变换器的实验平台，对其稳态性能、交叉影响和负载瞬态性能、稳定性及效率进行分析。

1. 稳态性能

图 9.7 为电压型纹波动态续流时间控制 HCM SIDO Buck 变换器的稳态实验波形。图 9.7(a)为电感电流 i_L、输入电压 V_g 和输出电压 v_{o1} 及 v_{o2} 的稳态波形，图 9.7(b)为电感电流和输出电压纹波波形。

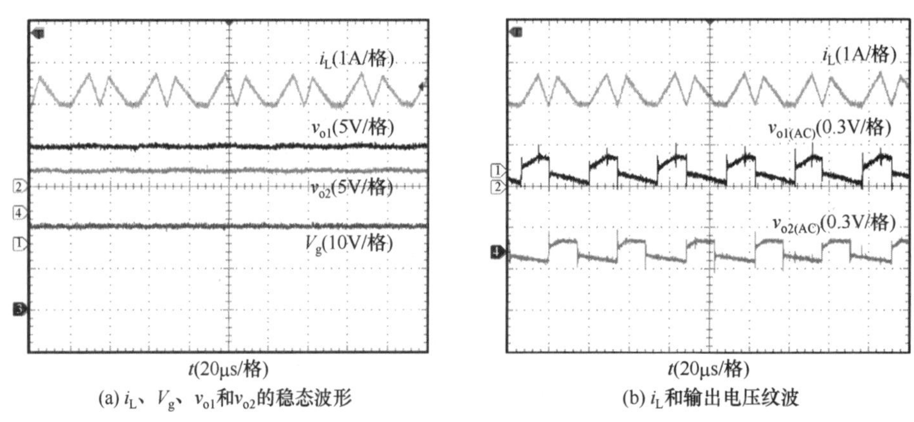

(a) i_L、V_g、v_{o1}和v_{o2}的稳态波形　　(b) i_L和输出电压纹波

图 9.7 电压型纹波动态续流时间控制 HCM SIDO Buck 变换器的稳态实验波形

由图 9.7 可知：当输入电压为 20V 时，输出支路 1、输出支路 2 的输出电压 v_{o1}、v_{o2} 分别稳定在 12V 和 5V，此时电感电流的续流参考值为 2A。输出支路 1 工作于 CCM，输出支路 2 工作在 PCCM，实现了 CCM 和 PCCM 的 HCM，验证了控制方案的可行性。

2. 交叉影响和负载瞬态性能

图 9.8 为电压型纹波动态续流时间控制 HCM SIDO Buck 变换器的负载瞬态实验波形。其中，图 9.8(a)为输出支路 1 负载跳变时负载电流 i_{o1} 和输出电压纹波波形；图 9.8(b)为输出支路 2 负载跳变时负载电流 i_{o2} 和输出电压纹波波形。

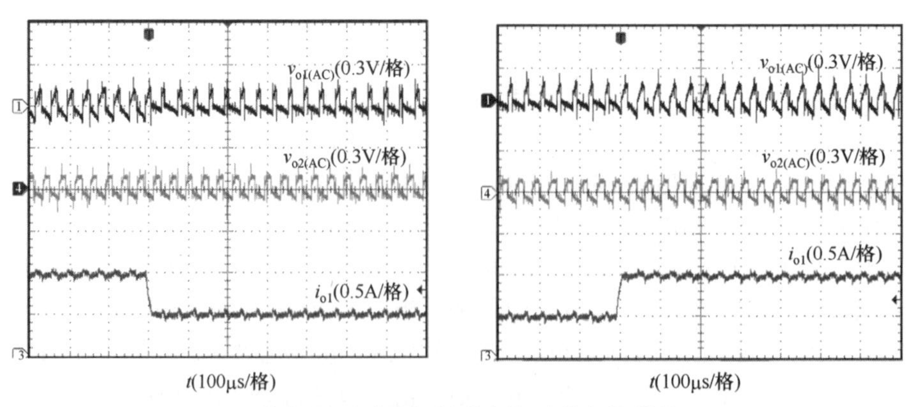

(a) 输出支路1负载跳变时负载电流i_{o1}和输出电压纹波

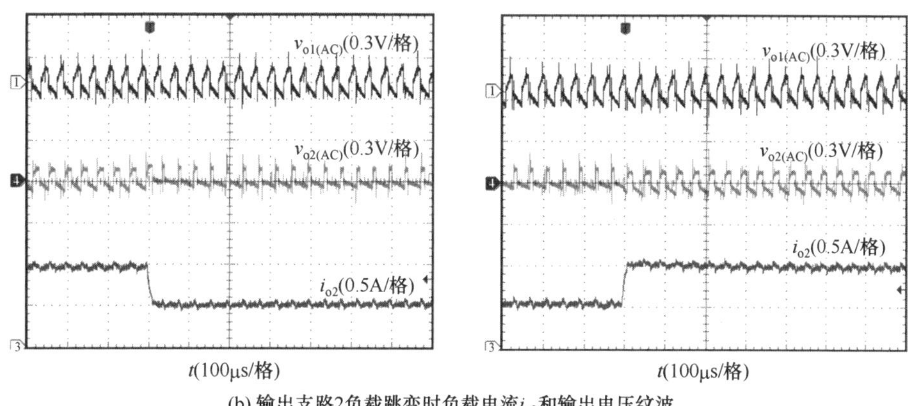

(b) 输出支路2负载跳变时负载电流i_{o2}和输出电压纹波

图 9.8　电压型纹波动态续流时间控制 HCM SIDO Buck 变换器的负载瞬态实验波形

由图 9.8 可知：当输出支路 1 负载增加或者减轻时，输出电压 v_{o1} 经过 1 个开关周期的调节进入新的稳态，负载变化导致开关周期变化，使得输出电压 v_{o2} 的纹波幅值发生微小变化，但几乎没有调节过渡过程，可认为无交叉影响；当输出支路 2 的负载变化时，输出电压 v_{o2} 的调节时间大约为 1 个开关周期，同样输出电压 v_{o1} 的纹波幅值也发生了微小变化，且几乎没有调节过程。

3. 稳定性

图 9.9 和图 9.10 为不同输出电容 ESR、不同负载电流条件下，电压型纹波动态续流时间控制 HCM SIDO Buck 变换器的实验波形。在图 9.7 中，当输出电容 $C_1 = C_2 = 550\mu F$，输出电容 ESR $r_{c1} = r_{c2} = 50m\Omega$ 时，对于负载电流 $i_{o1} = i_{o2} = 1A$ 和 $i_{o1} = i_{o2} = 0.5A$ 两种工作条件，电压型纹波动态续流时间控制 HCM SIDO Buck 变换器均工作在稳定的周期 1 状态。由图 9.9 可知，当 $C_1 = C_2 = 550\mu F$、$i_{o1} = i_{o2} = 1A$ 时，对于 $r_{c1} = 34m\Omega$、$r_{c2} = 50m\Omega$ 和 $r_{c1} = 50m\Omega$、$r_{c2} = 36m\Omega$ 两种电路参数条件，电压型纹波动态续流时间控制 HCM SIDO Buck 变换器均工作在不稳定的周期 2 状态。

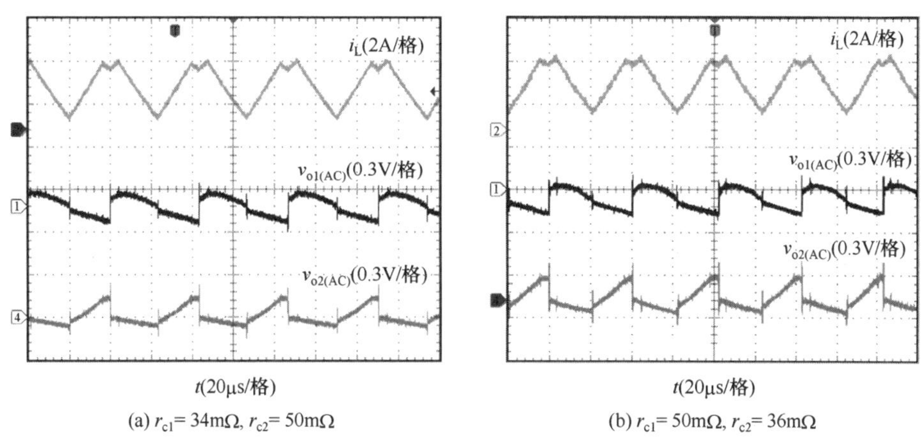

(a) r_{c1}= 34mΩ, r_{c2}= 50mΩ　　(b) r_{c1}= 50mΩ, r_{c2}= 36mΩ

图 9.9　$i_{o1} = i_{o2} = 1A$ 时电压型纹波动态续流时间控制 HCM SIDO Buck 变换器的实验波形

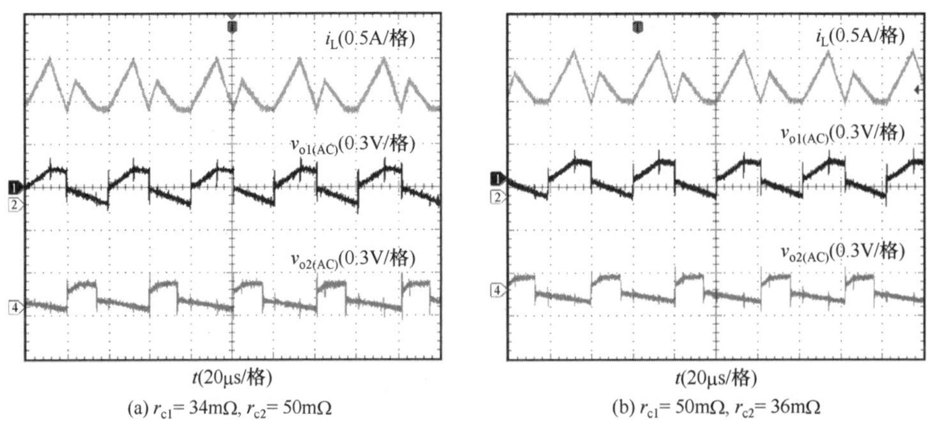

图 9.10 $i_{o1} = i_{o2} = 0.5$A 时电压型纹波动态续流时间控制 HCM SIDO Buck 变换器的实验波形

减小负载电流，使 $i_{o1} = i_{o2} = 0.5$A，其他电路参数不变，得到电压型纹波动态续流时间控制 HCM SIDO Buck 变换器的实验波形如图 9.10 所示。从图 9.10 中可以看出：当 $i_{o1} = i_{o2} = 0.5$A，输出电容 ESR $r_{c1} = 34$mΩ、$r_{c2} = 50$mΩ 或者 $r_{c1} = 50$mΩ、$r_{c2} = 36$mΩ 时，变换器均工作在稳定的周期 1 状态。上述实验结果验证了图 9.6 所示状态区域分布图的正确性。

4. 效率

当一路负载恒定、另一路负载向轻载变化时和两路负载相等且均向轻载变化时，在实验中分别测得电压型恒频纹波恒定续流控制 PCCM SIDO Buck 变换器和电压型纹波动态续流时间控制 HCM SIDO Buck 变换器随负载变化的效率曲线，如图 9.11 所示。

在图 9.11(a)中，由实验测量的效率曲线可知，当输出支路 2 负载恒定、输出支路 1 负载减轻时，电压型恒频纹波恒定续流控制 PCCM SIDO Buck 变换器和电压型纹波动态续流时间控制 HCM SIDO Buck 变换器的效率均随之下降，而后者效率均高于前者。二者的下降幅度不同，前者下降幅度大，效率共降低 4.99%；后者下降幅度小，效率仅降低 2.23%。输出支路 1 负载越轻，两者间的效率差值越大，在 $R_{o1} = 36\Omega$ 时，效率差值达到 2.87%。

在图 9.11(b)中，由实验测量的效率曲线可知，当输出支路 1 负载恒定、输出支路 2 负载减轻时，电压型恒频纹波恒定续流控制 PCCM SIDO Buck 变换器的效率略有下降，而电压型纹波动态续流时间控制 HCM SIDO Buck 变换器的效率却随之增加。输出支路 2 负载越轻，两者间的效率差值越大，在 $R_{o2} = 15\Omega$ 时，效率差值达到 3.14%。

在图 9.11(c)中，由实验测量的效率曲线可知，当输出支路 1、输出支路 2 负载相等且同时减轻时，电压型恒频纹波恒定续流控制 PCCM SIDO Buck 变换器的效率随之大幅度下降，电压型纹波动态续流时间控制 HCM SIDO Buck 变换器的效率随之缓慢增加，且后者效率均高于前者。负载越轻，两者间效率差值越大，在两路负载均为 0.33A 时，效率差值达到 9.56%。

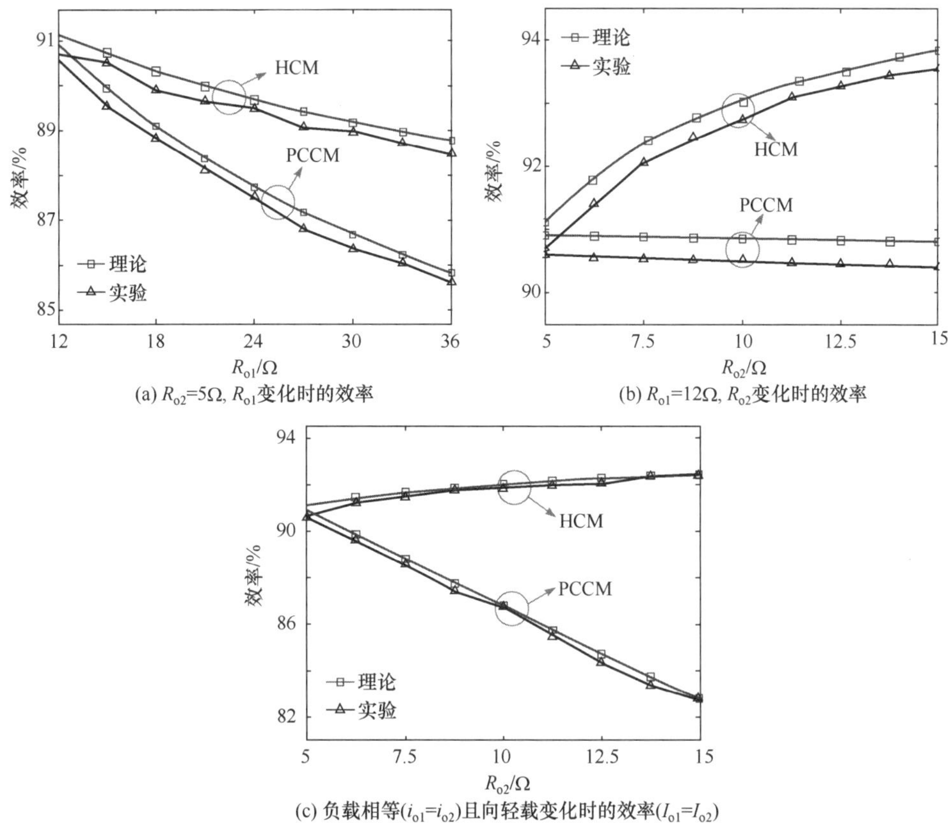

(a) R_{o2}=5Ω, R_{o1}变化时的效率　(b) R_{o1}=12Ω, R_{o2}变化时的效率

(c) 负载相等($i_{o1}=i_{o2}$)且向轻载变化时的效率($I_{o1}=I_{o2}$)

图 9.11　不同工作模式下负载变化时理论和实验的效率曲线

由图 9.11 中理论和实验的效率曲线对比可知，两者的曲线趋势相同，且效率的数值基本吻合，实验结果验证了理论分析的正确性。当 R_{o2} = 6.25Ω 且 R_{o1} = 12Ω 时，电压型纹波动态续流时间控制 HCM SIDO Buck 变换器实验效率和理论效率的误差达 0.43%，为实验效率与理论效率偏差的最大值。理论效率与实验效率之间的数值差异主要是由于理论分析中寄生参数的设定与实验测试中的寄生参数存在偏差，且未考虑开关损耗、二极管损耗对实际效率造成的影响。综上所述，在宽负载范围下，电压型纹波动态续流时间控制 HCM SIDO Buck 变换器技术提高了系统的效率。

5. 与现有文献的性能对比

为了进一步说明电压型恒频纹波恒定续流控制 PCCM SIDO Buck 变换器和电压型纹波动态续流时间控制 HCM SIDO Buck 变换器的性能特点，将上述控制策略与其他 PCCM SIDO 开关变换器的控制策略做对比，性能对比的结果如表 9.2 所示。

在表 9.2 中，7.2 节和 9.1 节分别指电压型恒频纹波恒定续流控制 PCCM SIDO Buck 变换器和电压型纹波动态续流时间控制 HCM SIDO Buck 变换器。由表 9.2 可知，本节所提出的电压型纹波动态续流时间控制技术能有效改善变换器的负载瞬态响应，减小输出支路的交叉影响。并且，电压型纹波动态续流时间控制 HCM SIDO Buck 变换器能显著提高系统的效率。

表 9.2 与现有 PCCM SIDO 开关变换器文献的性能对比

性能	文献[2]	文献[3]	文献[4]	7.2 节	9.1 节(文献[1])
输入电压	1.5V	36V	1.5V	20V	20V
输出功率	0.6W	5.8W	0.6W	17W	17W
开关频率	500kHz	25kHz	500kHz	25kHz	25～35kHz
交叉影响	—	—	0.002	无	无
负载瞬态	—	250T	100T	(1～2)T	(1～2)T
效率	89.4%	—	93.5%	90.6%	93.5%

9.2 动态参考电流控制技术

9.2.1 工作原理

电压型纹波动态参考电流控制 HCM SIDO Buck 变换器的主功率电路与图 9.1(a)相同，其控制电路和控制时序波形如图 9.12 所示[5]。主开关管 S_0 采用电压型纹波控制技术，续流开关管 S_f 采用基于输出电流与电感电流的动态参考电流控制技术，输出支路开关管 S_1、S_2 互补导通。

主开关管 S_0 的控制电路与图 9.1(b)所示电压型纹波动态续流时间控制 HCM SIDO Buck 变换器类似。输出支路开关管 S_1、S_2 的控制电路包括比较器 CMP_3，与门 AND_3 和触发器 RS_1，电感电流 i_L 和续流参考值 I_{on} 为开关管 S_1 和 S_2 控制电路的反馈量。续流开关管 S_f 的控制电路包括采样保持器 S/H，电流采样系数 k_1、k_2，加法器 SUM，比较器 CMP_4，与门 AND_4 和触发器 RS_3。主开关管 S_0、续流开关管 S_f 和输出支路开关管 S_1、S_2 所对应的控制脉冲分别为 V_{gs0}、V_{gsf} 和 V_{gs1}、V_{gs2}。

由图 9.12 可知，输出支路开关管 S_1、S_2 的工作原理为：时钟信号 clk 输出高电平，使触发器 RS_1 置位，$V_{gs1} = 1$，$V_{gs2} = 0$，S_1 导通、S_2 关断；S_1 导通期间，比较器 CMP_3 比较电感电流 i_L 与续流参考值 I_{on}，当 i_L 下降至 I_{on} 时，比较器 CMP_3 的输出信号和与门 AND_3 做逻辑运算，使得 AND_3 输出信号 RR = 1，触发器 RS_1 复位，使得 $V_{gs1} = 0$、$V_{gs2} = 1$，输出支路开关管 S_1 关断、S_2 导通。

续流开关管 S_f 的控制逻辑为：输出支路开关管 S_2 导通期间，即 $V_{gs2} = 1$，比较器 CMP_4 比较电感电流 i_L 与续流参考值 I_{on}，当 i_L 下降至 I_{on} 时，比较器 CMP_4 的输出信号和与门 AND_4 做逻辑运算，使得 AND_4 输出信号 $SS_2 = 1$，触发器 RS_3 置位，输出信号 $V_{gsf} = 1$，使续流开关管 S_f 导通，电感开始续流，直到输出支路开关管 S_2 关断、S_1 导通，续流开关管 S_f 关断。

由上述分析可知，在一个开关周期内，SIDO Buck 变换器的电感电流工作在 CCM 和 PCCM 的 HCM，变换器的续流参考值 I_{on} 由周期开始时刻采样的电感电流 i_L 与输出电流 i_{o1}、i_{o2} 计算得到，每个周期动态更新。在 CCM 输出支路开关管 S_1 导通期间，当电感电流下降至续流参考值时，结束本输出支路开关管 S_1 的导通，因此 CCM 输出支路开关管 S_1 的导通时间随负载的变化而变化；同理，PCCM 输出支路开关管 S_2 的导通时间同样随负载的变化而变化。综上所述，电压型纹波动态参考电流控制技术的本质是基于负载电流和电感电流的电压型纹波恒频控制技术实现的。

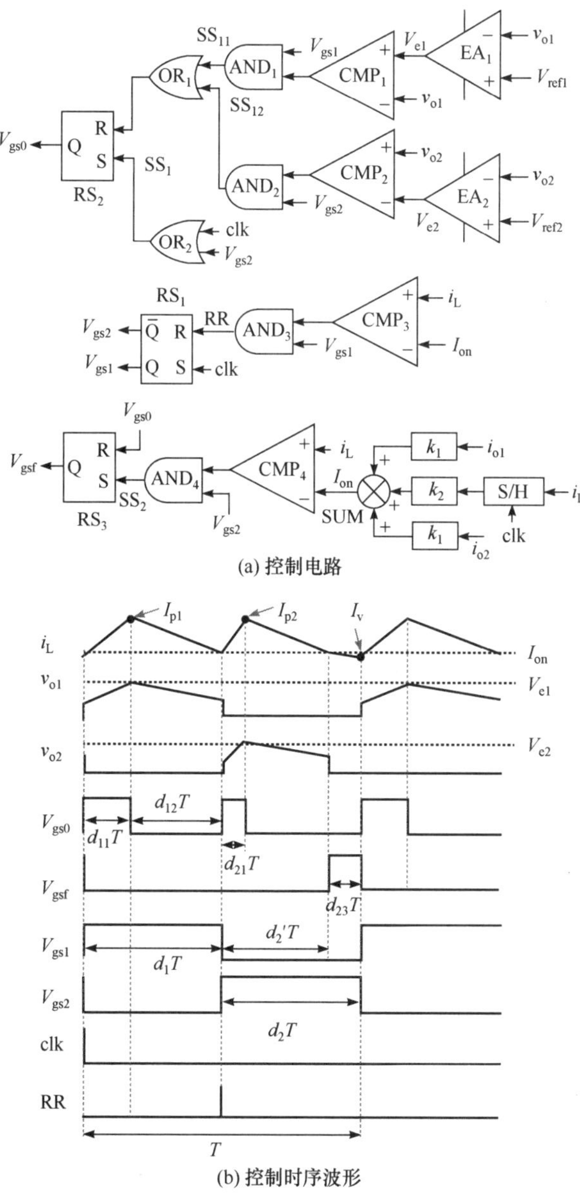

图 9.12　电压型纹波动态参考电流控制 HCM SIDO Buck 变换器的控制电路和控制时序波形

9.2.2 动态参考电流工作原理

图 9.13 为恒定续流控制和动态参考电流控制在负载减轻或加重后的电感电流稳态波形。由图可知：对于恒定续流控制技术，当主功率电路进入轻载状态时，电感充放电时长减小，续流时间增加，续流开关管、二极管的导通时间过长，使得主功率电路效率下降；当主功率电路进入重载状态时，电感充放电时长增加，但续流值不变，使得电感电流值可能还未下降至续流值，电路已经进入新的工作周期，缺少续流阶段，电路工作在 CCM，难以继续工作在 PCCM，如图 9.13(b)中 PCCM 支路重载所示。而动态续流值 I_{on} 由电感电流 i_L 与输出电流 i_{o1}、i_{o2} 通过加权求和得到，I_{on} 随负载呈正相关变化。当主功率电路进入轻载状态时，动态续流值 I_{on} 随之减小，续流时间较短；而在重载情况下，动态续流值 I_{on} 会随之增大，使主功率电路依然存在电感电流续流阶段，变换器工作在 HCM。

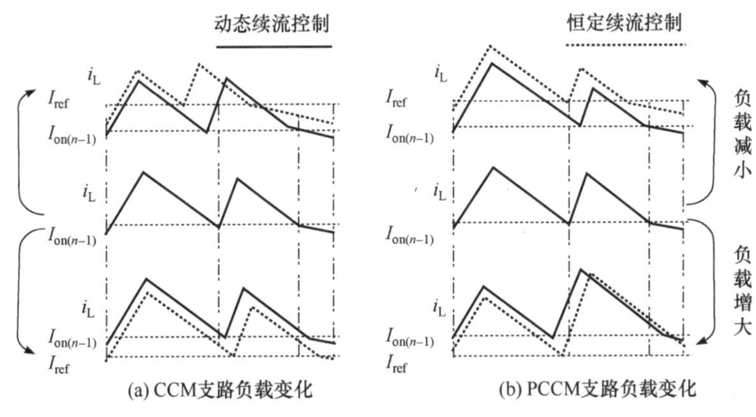

图 9.13　CCM 和 PCCM 支路负载变化时的电感电流波形

本节提出的动态参考电流控制技术的续流参考值由输出电流、电感电流与相应的增益系数加权求和得到，每个开关周期开始时更新续流参考值 I_{on}，以此替代恒定续流控制技术中固定的续流参考值 I_{ref}，其表达式为

$$I_{on} = k_1 i_{o1} + k_1 i_{o2} + k_2 i_L \tag{9.25}$$

由式(9.25)可知，续流参考值由三个采样电流值与其增益系数决定。由图 9.12(b)可知，在每个周期开始时，采样电感电流值 i_L 为 I_v；若忽略续流回路的寄生参数，采用 $I_v = I_{on}$ 代替式(9.25)中的 i_L，得到续流参考值表达式为

$$I_{on} = k_1 \left(i_{o1} + i_{o2}\right) / \left(1 - k_2\right) \tag{9.26}$$

由式(9.26)可知，续流参考值 I_{on} 与增益系数 $k_1/(1-k_2)$为正相关。因此，在设计续流参考值时，可以通过增益系数调整动态参考电流值的大小。在实际中，为了保证主功率电路可以工作在 HCM，避免续流值设置过低而导致电路进入 CCM，可考虑令续流参考值 I_{on} 的平均值大于等于两条支路输出的电流平均值之和，则有

$$k_1 / (1 - k_2) \geqslant 1 \tag{9.27}$$

当采样系数满足$(k_1+k_2) \geqslant 1$ 时，变换器工作在 HCM。为了简化分析，本节设计中选择 $k_1 =$

$k_2=0.5$，此时，当 SIDO Buck 变换器输出支路负载电流均为 1A 时，续流参考值 $I_{on}=2A$。

9.2.3　电感电流表达式

根据 HCM SIDO Buck 变换器的工作过程，下面对其电感电流的五种工作状态列写方程。

1) 工作状态 1

$[0, d_{11}T]$阶段，电感充电为输出支路 1 提供能量，电容 C_2 为输出支路 2 提供能量，有

$$i_L=\int_0^{d_{11}T}\left(\frac{V_g-v_{D1}}{L}-\frac{i_L}{L}R_{12}-\frac{v_{c1}R_{eq1}}{LR_{o1}}\right)dt \tag{9.28}$$

2) 工作状态 2

$[d_{11}T, d_1T]$阶段，电感放电为输出支路 1 提供能量，C_2 为输出支路 2 提供能量，有

$$i_L=\int_{d_{11}T}^{d_1T}\left(-\frac{v_{D1}+v_{D0}}{L}-\frac{i_L}{L}R_{11}-\frac{v_{c1}R_{eq1}}{LR_{o1}}\right)dt \tag{9.29}$$

3) 工作状态 3

$[d_1T, (d_1+d_{21})T]$阶段，电感充电为输出支路 2 提供能量，C_1 为输出支路 1 提供能量，有

$$i_L=\int_{d_1T}^{(d_1+d_{21})T}\left(\frac{V_g-v_{D2}}{L}-\frac{i_L}{L}R_{22}-\frac{v_{c2}R_{eq2}}{LR_{o2}}\right)dt \tag{9.30}$$

4) 工作状态 4

$[(d_1+d_{21})T, (d_1+d_2')T]$阶段，电感放电为输出支路 2 提供能量，$C_1$ 为输出支路 1 提供能量，有

$$i_L=\int_{(d_1+d_{21})T}^{(d_1+d_2')T}\left(-\frac{v_{D2}+v_{D0}}{L}-\frac{i_L}{L}R_{21}-\frac{v_{c2}R_{eq2}}{LR_{o2}}\right)dt \tag{9.31}$$

式中，d_1 为电感电流为输出支路 1 充放电阶段的占空比；d_2' 为电感电流为输出支路 2 充放电阶段的占空比。

5) 工作状态 5

$[(d_1+d_2')T, T]$阶段，电感续流，C_1 为输出支路 1 提供能量，C_2 为输出支路 2 提供能量，有

$$i_L=\int_{(d_1+d_2')T}^{T}\left(-\frac{i_LR_x+v_{D1}}{L}\right)dt \tag{9.32}$$

在式(9.28)～式(9.32)中：$R_{eq1}=R_{o1}r_{c1}/(R_{o1}+r_{c1})$，$R_{eq2}=R_{o2}r_{c2}/(R_{o2}+r_{c2})$，$R_{11}=R_{on}+r_L+R_{eq1}$，$R_{12}=2R_{on}+r_L+R_{eq1}$，$R_{21}=R_{on}+r_L+R_{eq2}$，$R_{22}=2R_{on}+r_L+R_{eq2}$，$R_x=R_{on}+r_L$。

9.2.4 负载范围

1. 不平衡负载

在传统的 PCCM SIDO 开关变换器中，各输出支路工作时长相等，两条输出支路工作占空比最大为 0.5；相比之下，HCM SIDO 开关变换器的各输出支路工作时长可根据不同负载灵活调节。为了简化分析，忽略电路寄生参数，根据两条输出支路输出电流与电感电流之间的关系可知：输出支路 1 的输出电流为电感电流在$(d_{11}+d_{12})T$阶段的平均值，输出支路 2 的输出电流为电感电流在$(d_{21}+d_{22})T$ 阶段的平均值。因此，可得两条支路的输出电流表达式为

$$\begin{cases} i_{o1}=I_{on}\left(d_{11}+d_{12}\right)+\left(d_{11}+d_{12}\right)m_{11}d_{11}T/2 \\ i_{o2}=I_{on}\left(d_{21}+d_{22}\right)+\left(d_{21}+d_{22}\right)m_{21}d_{21}T/2 \end{cases} \tag{9.33}$$

式中，$m_{11}=(V_g-V_{o1})/L$，$m_{21}=(V_g-V_{o2})/L$。

根据伏秒平衡及式(9.33)，可求得恒定续流控制方式各阶段占空比与输出电流之间的关系为

$$\begin{cases} d_{11}=\left(-I_{on}+\sqrt{I_{on}^2+\dfrac{2I_{o1}m_{11}m_{12}T}{m_{11}+m_{12}}}\right)\Big/(m_{11}T) \\ d_{21}=\left(-I_{on}+\sqrt{I_{on}^2+\dfrac{2I_{o2}m_{21}m_{22}T}{m_{21}+m_{22}}}\right)\Big/(m_{21}T) \end{cases} \tag{9.34}$$

式中，$m_{12}=V_{o1}/L$，$m_{22}=V_{o2}/L$。

同样，利用两条输出支路的电流表达式，将式(9.26)代入式(9.34)，可得动态参考电流控制方式下各阶段占空比与输出电流之间的关系为

$$\begin{cases} d_{11}=\dfrac{\sqrt{k_1^2\left(i_{o1}+i_{o2}\right)^2+\dfrac{2i_{o1}m_{11}m_{12}T}{m_{11}+m_{12}}\left(1-k_2\right)^2}}{m_{11}T\left(1-k_2\right)}-\dfrac{k_1\left(i_{o1}+i_{o2}\right)}{m_{11}T\left(1-k_2\right)} \\ d_{21}=\dfrac{\sqrt{k_1^2\left(i_{o1}+i_{o2}\right)^2+\dfrac{2i_{o2}m_{21}m_{22}T}{m_{21}+m_{22}}\left(1-k_2\right)^2}}{m_{21}T\left(1-k_2\right)}-\dfrac{k_1\left(i_{o1}+i_{o2}\right)}{m_{21}T\left(1-k_2\right)} \end{cases} \tag{9.35}$$

将表 9.1 中的电路参数代入式(9.34)和式(9.35)中，利用伏秒平衡得到电压型纹波恒定续流控制与电压型纹波动态参考电流控制 HCM SIDO Buck 变换器的占空比 d_1 与 d_2' 在不同负载条件下的变化曲线，如图 9.14 所示。其中，图 9.14(a)为 $i_{o2}=1\text{A}$ 时，d_1 随负载 i_{o1} 变化的关系曲线；图 9.14(b)为 $i_{o1}=1\text{A}$，d_2' 随负载 i_{o2} 变化的关系曲线。从图 9.14(a)中可以看出，当 $i_{o2}=1\text{A}$、$i_{o1}=2\text{A}$ 时，采用电压型纹波恒定续流控制时，可以使得输出支路 1 的导通占空比达到 0.52；从图 9.14(b)中可以看出，当 $i_{o1}=1\text{A}$、$i_{o2}=2.5\text{A}$ 时，采用电压型纹波恒定续流控制时，可以使得输出支路 1 导通占空比达到 0.53，上述两种工作状况下，占空比均存在大于 0.5 的情况。

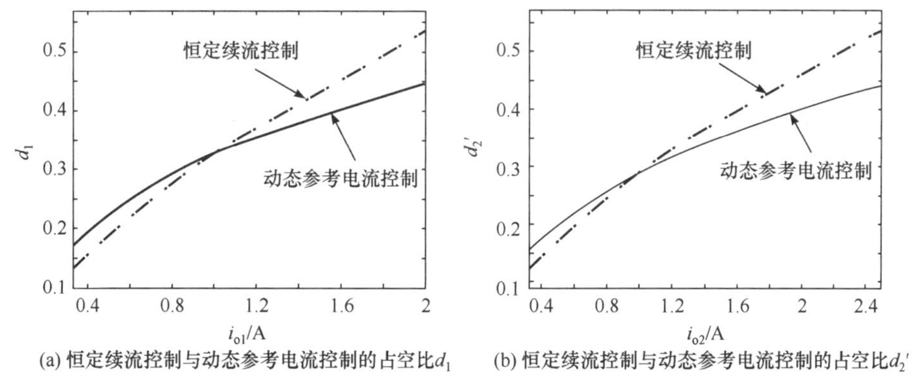

(a) 恒定续流控制与动态参考电流控制的占空比d_1　(b) 恒定续流控制与动态参考电流控制的占空比d_2'

图 9.14　不同控制方式下占空比与负载电流之间的关系曲线

因此，在不平衡负载条件下，HCM 可以灵活调节各输出支路的导通占空比。在不同负载条件下，由于动态参考电流控制不断调节续流参考值，占空比变化趋势较缓慢；在减小增益系数 k_1、k_2 或继续增大负载的条件下，也会出现各支路导通占空比超过 0.5 的情况。

2. 负载与续流占空比之间的关系

根据式(9.34)和式(9.35)以及各阶段占空比之和为 1，可以得到续流占空比 d_{23} 与负载 i_{o1}、i_{o2} 的关系曲面，如图 9.15 所示。由图可知，随着两条支路负载的减轻，动态参考电流控制下的续流阶段变化较小，说明负载的变化对续流阶段的占空比影响较小；而且负载减小时，动态参考电流控制的续流时间远远小于恒定续流控制的续流时间。

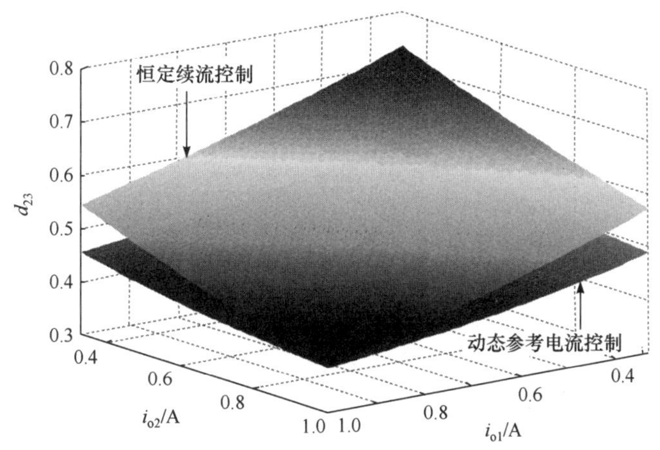

图 9.15　占空比 d_{23} 与负载 i_{o1}、i_{o2} 之间的关系

3. 负载范围

为了比较两种控制方式下的负载范围，在保证电路工作于 HCM 前提下，以各阶段占空比之和为 1 以及 $d_1+d_2'<1$ 为约束条件，利用式(9.34)可得恒定续流控制的两条支路最大负载范围曲线。动态参考电流控制在增益系数均为 0.5 时，理论上可实现全负载范围；本节为

了比较两种控制方式的负载范围，令 $k_1=0.35$ 和 $k_2=0.5$，得到动态参考电流控制的两条支路最大负载范围曲线，如图 9.16 所示。

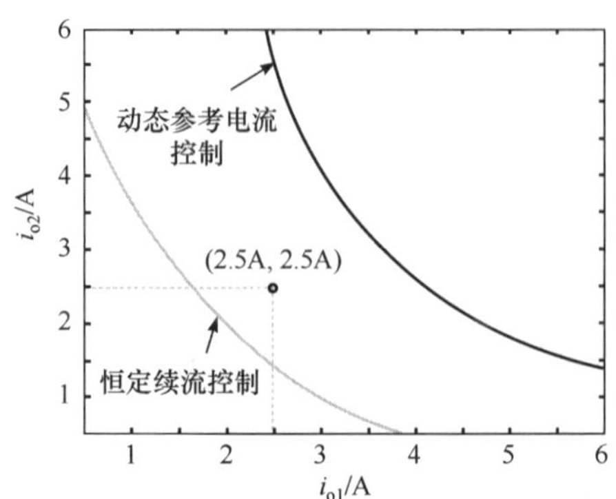

图 9.16　恒定续流控制与动态参考电流控制的负载范围比较

由图 9.16 可知，在保证电路工作在 HCM 下，动态参考电流控制的负载范围远远大于恒定续流控制的负载范围。例如，当两条输出支路的电流均为 2.5A 时，已超出恒定续流控制的最大负载范围曲线，电路不能在 HCM 下继续工作；而动态参考电流控制仍能工作于 HCM。因此，动态参考电流控制方式具有更宽的负载范围。

9.2.5　损耗分析

1. 损耗来源

HCM SIDO 开关变换器的损耗主要来源于二极管损耗、开关管损耗、电感损耗以及电容损耗，下面依次进行分析。

1) 二极管损耗

其损耗主要为二极管导通损耗，由二极管电流的有效值 I_D 与正向导通电压 V_F 的有效值相乘求得。二极管导通电压近似看成幅值恒定的方波，其有效值表达式为

$$V_D=\sqrt{\frac{1}{T}\int_0^{T_{on}}V_F^2\mathrm{d}t}=\sqrt{D}V_F \tag{9.36}$$

导通损耗的表达式为

$$P_D=I_{L1}V_F\sqrt{d_{11}}+2I_{L2}V_F\sqrt{d_{12}}+I_{L3}V_F\sqrt{d_{21}}+2I_{L4}V_F\sqrt{d_{22}}+I_{L5}V_F\sqrt{d_{23}} \tag{9.37}$$

式中，I_{L1}～I_{L5} 为五个工作状态下电感电流的有效值。

2) 开关管损耗

其损耗主要为开关管的导通损耗和开关过程损耗。导通损耗源于开关管导通电阻，表达式为

$$P_{S\text{-}cond}=\left(2I_{L1}^2+I_{L2}^2+2I_{L3}^2+I_{L4}^2+I_{L5}^2\right)R_{on} \tag{9.38}$$

开关管开关过程损耗分为开通损耗、关断损耗及开关损耗，表达式为

$$P_{\text{S-switch}} = \frac{1}{2}V_s I_{ds} t_{on} f_s + \frac{1}{2}V_s I_{ds} t_{off} f_s + \frac{1}{2}C_{oss} V_{ds}^2 f_s \tag{9.39}$$

式中，V_s 为开关管导通前开关管电压；I_{ds} 为开关管的导通电流；f_s 为开关频率；t_{on}、t_{off} 为开关管导通上升、关断下降的时间；C_{oss} 为开关管的输出电容。

3) 电感损耗

其损耗主要为铁损与铜损。其中，铜损的表达式为

$$P_{\text{L\_esr}} = \left(I_{L1}^2 + I_{L2}^2 + I_{L3}^2 + I_{L4}^2 + I_{L5}^2\right) r_L \tag{9.40}$$

铁损的表达式为

$$P_{\text{L\_Fe}} = B^2\left(c_1 f_s + c_2 K_e f_s^2 / \rho\right) \tag{9.41}$$

式中，B 为磁通密度；c_1、c_2 为比例系数；ρ为电阻率；K_e 为常数。

4) 电容损耗

其损耗主要源于自身串联等效电阻。电容 C_1 的损耗表达式为

$$P_{\text{c1\_esr}} = \left(I_{c11}^2 + I_{c12}^2 + I_{c13}^2\right) r_{c1} \tag{9.42}$$

同理，电容 C_2 的损耗表达式为

$$P_{\text{c2\_esr}} = \left(I_{c21}^2 + I_{c22}^2 + I_{c23}^2\right) r_{c2} \tag{9.43}$$

式中，I_{c11}～I_{c13} 为电容 C_1 在电感为输出支路 1 充电、电感为输出支路 1 放电以及电容 C_1 为负载放电三个状态下电容电流的有效值；类似地，I_{c21}～I_{c23} 为电容 C_2 在三个状态下电容电流的有效值。

2. 电感电流有效值计算

在常见的开关变换器中，往往选择电流平均值替代有效值计算损耗，简化计算过程；在本节中，电感电流纹波较大，如图 9.17 所示。不同输出支路的负载变化带来的各阶段电感电流纹波变化趋势不同，利用各阶段电感电流平均值代替有效值不能够准确反映不同负载条件下的损耗情况。因此，本节需对各阶段电感电流的有效值进行求解。

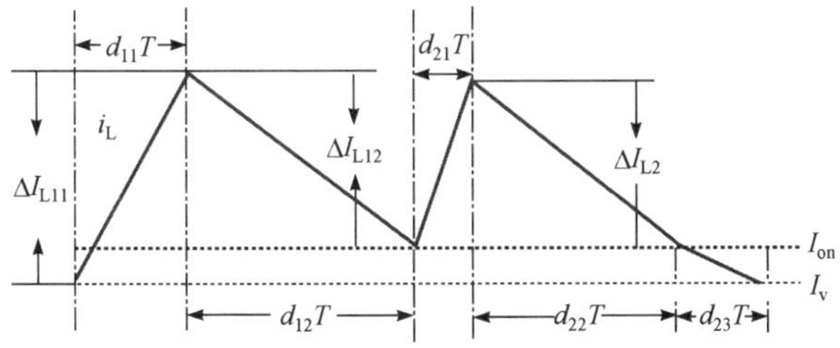

图 9.17　一个工作周期的电感电流波形

输出支路 1 导通期间的电感电流平均值与输出支路 1 的输出电流平均值相等，因此电感电流平均值为 $i_{o1}/(d_{11}+d_{12})$，则电感电流在输出支路 1 充电阶段的有效值表达式为

$$I_{L1} = \sqrt{d_{11}\left[I_{11}^2/\left(d_{11}+d_{12}\right)^2 + \Delta I_{L11}^2/12\right]} \tag{9.44}$$

同理，可以求得电感电流 I_{L2}、I_{L3}、I_{L4} 的有效值表达式。在续流阶段，电感电流平均值为$(I_{on}+I_v)/2$，则续流阶段电感电流有效值表达式为

$$I_{L5}=\sqrt{d_{23}\left[\left(I_{on}+I_v\right)^2/4+\left(I_{on}-I_v\right)^2/12\right]} \tag{9.45}$$

3. 占空比与续流电流值计算

电感电流有效值的求解需要电感电流峰值和谷值以及各阶段占空比等参数。化简式(9.28)～式(9.32)，可依次得到五个工作状态对应的电感电流表达式，为

$$\begin{cases}i_{L1}(t)=I_v\left(1-P_{12}t\right)-Q_{12}t\\ i_{L2}(t)=I_{p1}\left(1-P_{11}t\right)-Q_{11}t\\ i_{L3}(t)=I_{on}\left(1-P_{22}t\right)-Q_{22}t\\ i_{L4}(t)=I_{p2}\left(1-P_{21}t\right)-Q_{21}t\\ i_{L5}(t)=I_{on}\left[1-\left(r_L+R_{on}\right)t/L\right]-v_{D1}t/L\end{cases} \tag{9.46}$$

式中

$$P_{12}=\left[r_L+2R_{on}+R_{o1}r_{c1}/\left(R_{o1}+r_{c1}\right)\right]/L,\quad P_{11}=\left[r_L+R_{on}+R_{o1}r_{c1}/\left(R_{o1}+r_{c1}\right)\right]/L$$

$$Q_{12}=\left[-\left(V_g-v_{D1}\right)+R_{o1}r_{c1}/\left(R_{o1}+r_{c1}\right)\right]/L,\quad Q_{11}=\left[v_{D0}+v_{D1}+v_{c1}R_{o1}/\left(R_{o1}+r_{c1}\right)\right]/L$$

$$P_{22}=\left[r_L+2R_{on}+R_{o2}r_{c2}/\left(R_{o2}+r_{c2}\right)\right]/L,\quad P_{21}=\left[r_L+R_{on}+R_{o2}r_{c2}/\left(R_{o2}+r_{c2}\right)\right]/L$$

$$Q_{22}=\left[-\left(V_g-V_{D2}\right)+v_{c2}R_{o2}/\left(R_{o2}+r_{c2}\right)\right]/L,\quad Q_{21}=\left[V_{D0}+V_{D2}+v_{c2}R_{o2}/\left(R_{o2}+r_{c2}\right)\right]/L$$

根据上述电感电流 $i_{L1}(t)$和 $i_{L2}(t)$的表达式，可依据电感电流 $i_{L1}(t)$结束时刻值与电感电流 $i_{L2}(t)$开始时刻值，推导极大值 I_{p1} 的两个表达式 I_{p11} 和 I_{p12}。同理，可以得到 I_{p2} 的两个表达式 I_{p21} 和 I_{p22}，以及电感电流谷值与续流参考值之间的关系，为

$$\begin{cases}I_{p11}=\left(I_{on}+Q_{11}d_{21}T\right)/\left(1-P_{11}d_{21}T\right)\\ I_{p12}=\left\{I_{on}\left[1-\left(r_L+R_{on}\right)d_{23}T/L\right]\left(1-P_{12}d_{11}T\right)-\left(1-P_{12}d_{11}T\right)v_{D2}d_3T/L\right\}-Q_{12}d_{11}T\\ I_{p21}=\left(I_{on}+Q_{21}d_{22}T\right)/\left(1-P_{21}d_{22}T\right)\\ I_{p22}=I_{on}\left(1-P_{22}d_{21}T\right)-Q_{22}d_{21}T\\ I_v\ =I_{on}\left[1-\left(r_L+R_{on}\right)d_{23}T/L\right]-v_{D2}d_{23}T/L_s\end{cases} \tag{9.47}$$

根据工作状态可知，电感在工作状态 3 与工作状态 4 为输出支路 2 供电，则该阶段的电感电流平均值与输出支路 2 的输出电流平均值相等，为

$$i_{o2}=\frac{\left[I_{on}\left(2-P_{21}d_{22}T\right)+Q_{21}d_{22}T\right]\left(d_{21}+d_{22}\right)}{2\left(1-P_{21}d_{22}T\right)} \tag{9.48}$$

同理，可得输出支路 1 的输出电流 i_{o1} 的表达式为

$$i_{o1}=\frac{\left[I_{on}\left(2-P_{11}d_{12}T\right)+Q_{11}d_{12}T\right]\left(d_{11}+d_{12}\right)}{2\left(1-P_{11}d_{12}T\right)}-\frac{d_{23}\left(d_{11}+d_{12}\right)T\left[\left(r_L+R_{on}\right)I_{on}+v_{D1}\right]}{2L} \tag{9.49}$$

联立式(9.47)中电感电流谷值表达式与式(9.25)中续流参考值，可得

$$k_1 i_{o2} + k_1 i_{o1} = I_{on}\left(1 - k_2 + k_2 R_x d_{23} T/L\right) - k_2 v_{D1} d_{23} T/L \tag{9.50}$$

联立式(9.47)～式(9.50)，可以得到占空比 d_{11}、d_{12}、d_{21}、d_{22} 以及续流参考值 I_{on} 的表达式。

4. 电容电流有效值计算

以输出支路 1 的电容为例，电容电流如图 9.18 所示，其计算方法与电感电流计算方法相似。

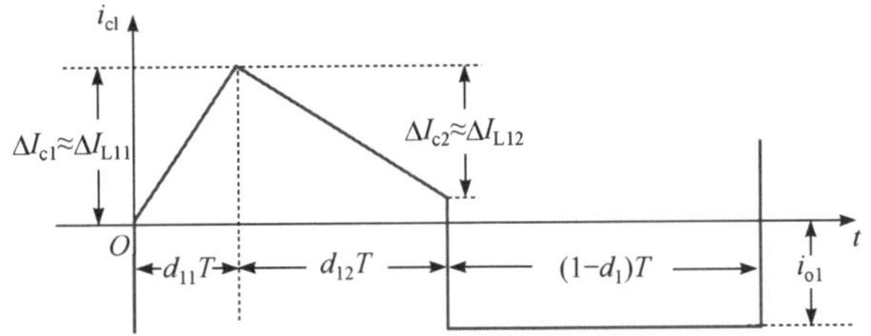

图 9.18　一个工作周期的电容电流 i_{c1} 波形

在输出支路 1 导通时，与电感电流有效值 I_{L1} 的求解过程类似，利用电容电流平均值与纹波进行计算，三个阶段的有效值表达式分别为

$$\begin{cases} I_{c11} = \sqrt{d_{11}\left[\left(I_{p11} + I_v - 2i_{o1}\right)^2/4 + \Delta I_{L11}^2/12\right]} \\ I_{c12} = \sqrt{d_{12}\left[\left(I_{p11} + I_{on} - 2i_{o1}\right)^2/4 + \Delta I_{L11}^2/12\right]} \\ I_{c13} = i_{o1}\sqrt{1 - d_{11} - d_{12}} \end{cases} \tag{9.51}$$

同理，可以求出输出支路 2 电容电流 I_{c21}、I_{c22}、I_{c23} 的有效值为

$$\begin{cases} I_{c21} = \sqrt{d_{21}\left[\left(I_{p21} + I_v - 2i_{o2}\right)^2/4 + \Delta I_{L21}^2/12\right]} \\ I_{c22} = \sqrt{d_{22}\left[\left(I_{p21} + I_{on} - 2i_{o1}\right)^2/4 + \Delta I_{L21}^2/12\right]} \\ I_{c23} = i_{o2}\sqrt{1 - d_{21} - d_{22}} \end{cases} \tag{9.52}$$

5. 损耗计算

本节选用的二极管型号均为 CRS08，正向压降最大值为 0.36V；开关管型号均为 CSD18510KTT，导通电阻为 2mΩ；电感型号为 CPCF2919-150MC。表 9.3 为电压型纹波动态参考电流控制 HCM SIDO Buck 变换器主功率电路参数。

表 9.3 电压型纹波动态参考电流控制 HCM SIDO Buck 变换器的主功率电路参数

变量	描述	数值	变量	描述	数值
T	开关周期	25μs	V_{ref2}	输出支路 2 电压参考值	5V
V_g	输入电压	24V	C_1、C_2	输出电容	470μF
L	电感	15μH	r_{c1}、r_{c2}	输出电容 ESR	50mΩ
r_L	电感 ESR	25mΩ	R_{o1}	输出支路 1 的负载电阻	12Ω
V_{ref1}	输出支路 1 电压参考值	12V	R_{o2}	输出支路 2 的负载电阻	5Ω

依据表 9.3 中的电路参数，可以计算不同负载条件下，电压型纹波恒定续流控制 PCCM SIDO Buck 变换器与电压型纹波恒定续流控制、电压型纹波动态参考电流控制 HCM SIDO Buck 变换器的主功率电路损耗，如图 9.19 所示。图中横坐标为输出支路 2 的负载电流，纵坐标为损耗功率。

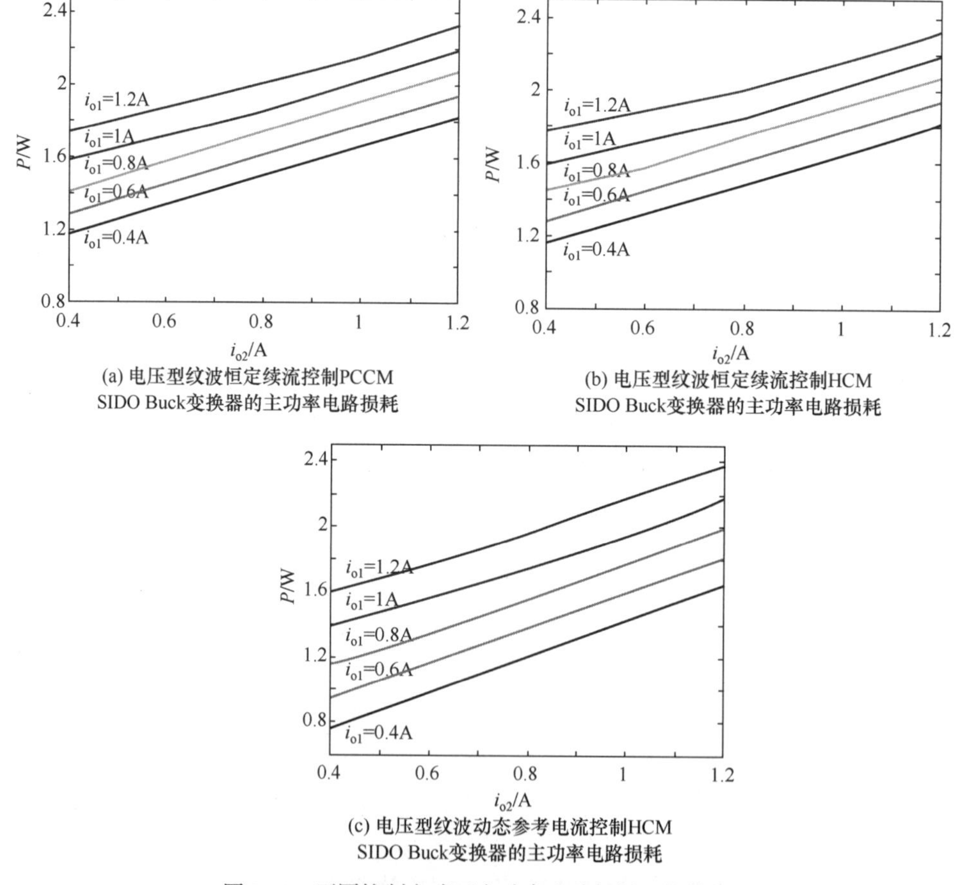

(a) 电压型纹波恒定续流控制PCCM SIDO Buck变换器的主功率电路损耗

(b) 电压型纹波恒定续流控制HCM SIDO Buck变换器的主功率电路损耗

(c) 电压型纹波动态参考电流控制HCM SIDO Buck变换器的主功率电路损耗

图 9.19 不同控制方式下主功率电路损耗比较结果

由图 9.19 可知，恒定续流控制方式下 PCCM 与 HCM 两种工作模式的损耗几乎相同，主要原因在于主电路整体损耗在 1.2～1.8W，PCCM 下续流开关管增加的一次开通关断损耗小于 0.01W，可以忽略不计；电压型纹波动态参考电流控制 HCM SIDO Buck 变换器产生的损耗最少，当负载电流均为 0.4A 时产生的损耗约为 0.8W，相比于恒定续流控制 HCM 与 PCCM，减小了约 25%的损耗。HCM 模式动态参考电流控制方法在大大减少轻载损耗的同时，也保证了重载时的效率。

6. 效率分析

变换器效率η的计算表达式为

$$\eta = P_o / (P_o + P_{loss}) \tag{9.53}$$

式中，P_{loss}为上述损耗计算结果之和；P_o为两条支路输出功率之和。根据式(9.52)，可以计算得到电压型纹波恒定续流控制 PCCM SIDO Buck 变换器、电压型纹波恒定续流控制与电压型纹波动态参考电流控制 HCM SIDO Buck 变换器的效率，如图 9.20 所示；图中横坐标为输出支路 2 的负载电流，纵坐标为效率。

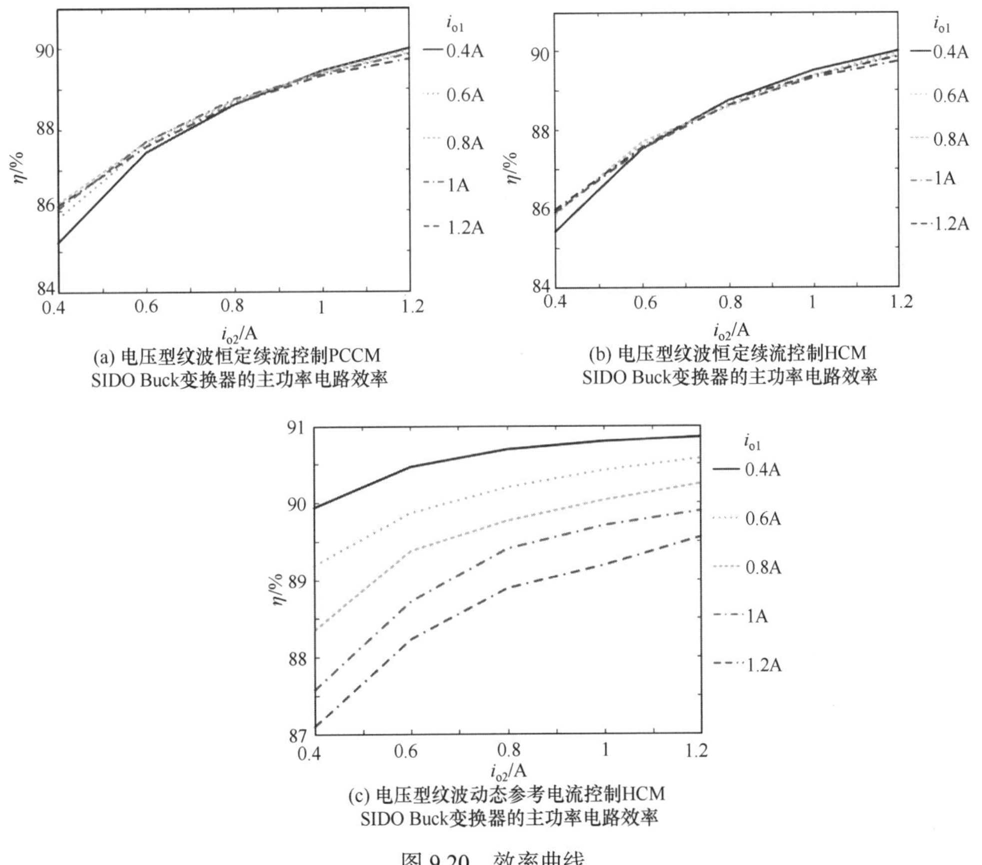

(a) 电压型纹波恒定续流控制PCCM SIDO Buck变换器的主功率电路效率

(b) 电压型纹波恒定续流控制HCM SIDO Buck变换器的主功率电路效率

(c) 电压型纹波动态参考电流控制HCM SIDO Buck变换器的主功率电路效率

图 9.20　效率曲线

由图 9.20 可知，电压型纹波恒定续流控制 PCCM SIDO Buck 与 HCM SIDO Buck 变换器的效率几乎一致，且由于输出支路 2 带载较大，效率变化主要受输出支路 2 负载变化的影响；电压型纹波动态参考电流控制 HCM SIDO Buck 变换器在不同负载条件下均具有较高的工作效率，且相比于另外两种变换器，轻载时电路整体工作效率下降趋势较缓慢，重载时依然保持较高的工作效率。因此，动态参考电流控制方法在不同负载条件下均具有较好的控制效果。

9.2.6 实验结果

1. 稳态性能与不平衡负载验证

电压型纹波动态参考电流控制 HCM SIDO Buck 变换器的稳态实验波形如图 9.21 所示，电感电流续流值为 2A，两条支路输出电压稳定，输出支路 1 工作在 CCM，其输出电压稳定在 5V，电压纹波在 500mV 以内；输出支路 2 工作在 PCCM，其输出电压稳定在 12V，电压纹波在 600mV 以内。

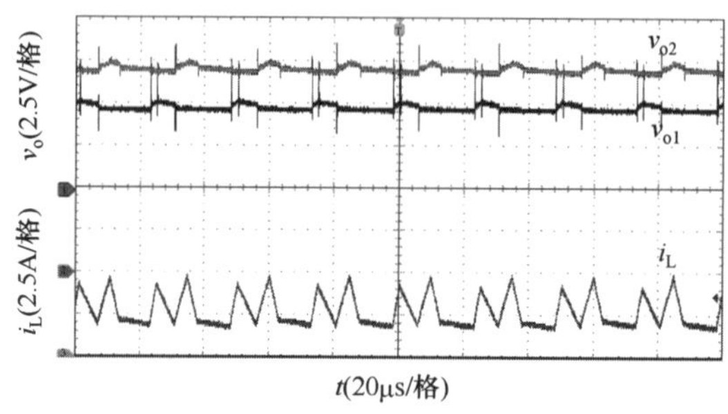

图 9.21 电压型纹波动态参考电流控制 HCM SIDO Buck 变换器的稳态实验波形

为了验证 HCM 在不平衡负载条件下可以灵活调整各输出支路的工作占空比，选定续流值为 0.5A，以及 i_{o1} = 1.5A、i_{o2} = 1A 和 i_{o1} = 1A、i_{o2} = 1.5A 两组负载条件进行实验。实验稳态波形如图 9.22 所示。

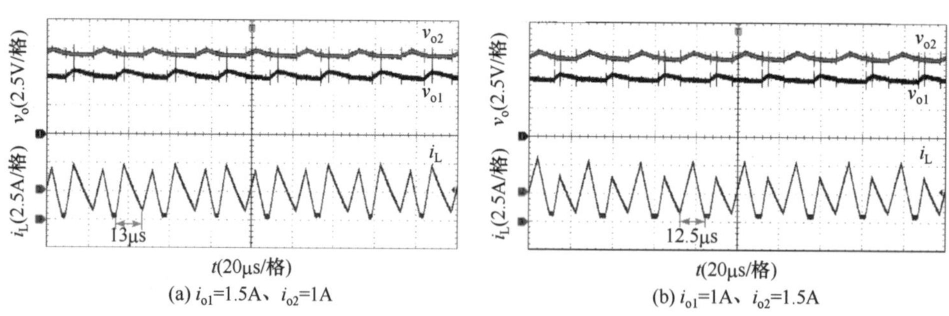

(a) i_{o1}=1.5A、i_{o2}=1A　　(b) i_{o1}=1A、i_{o2}=1.5A

图 9.22 HCM 不平衡负载条件下的稳态实验波形

由图 9.22(a)可知，当输出支路 1 重载、输出支路 2 轻载时，输出支路 1 导通时长为 13μs，占空比为 0.52；由图 9.22(b)可知，当输出支路 1 轻载、输出支路 2 重载时，输出支路 2 导通时长为 12.5μs，占空比为 0.5。这表明，在负载不平衡以及续流值较小等场合下，HCM 可以根据负载条件调整不同支路的工作时长，灵活分配能量；然而 PCCM 的输出支路工作时长均分，且各支路需保留续流阶段，各支路导通占空比必须小于 0.5。因此，与 PCCM 相比，HCM 在不平衡负载条件下具有更大的优势。

2. 交叉影响和负载瞬态性能

电压型纹波恒定续流控制与电压型纹波动态参考电流控制 HCM SIDO Buck 变换器的负载瞬态实验波形如图 9.23 和图 9.24 所示。

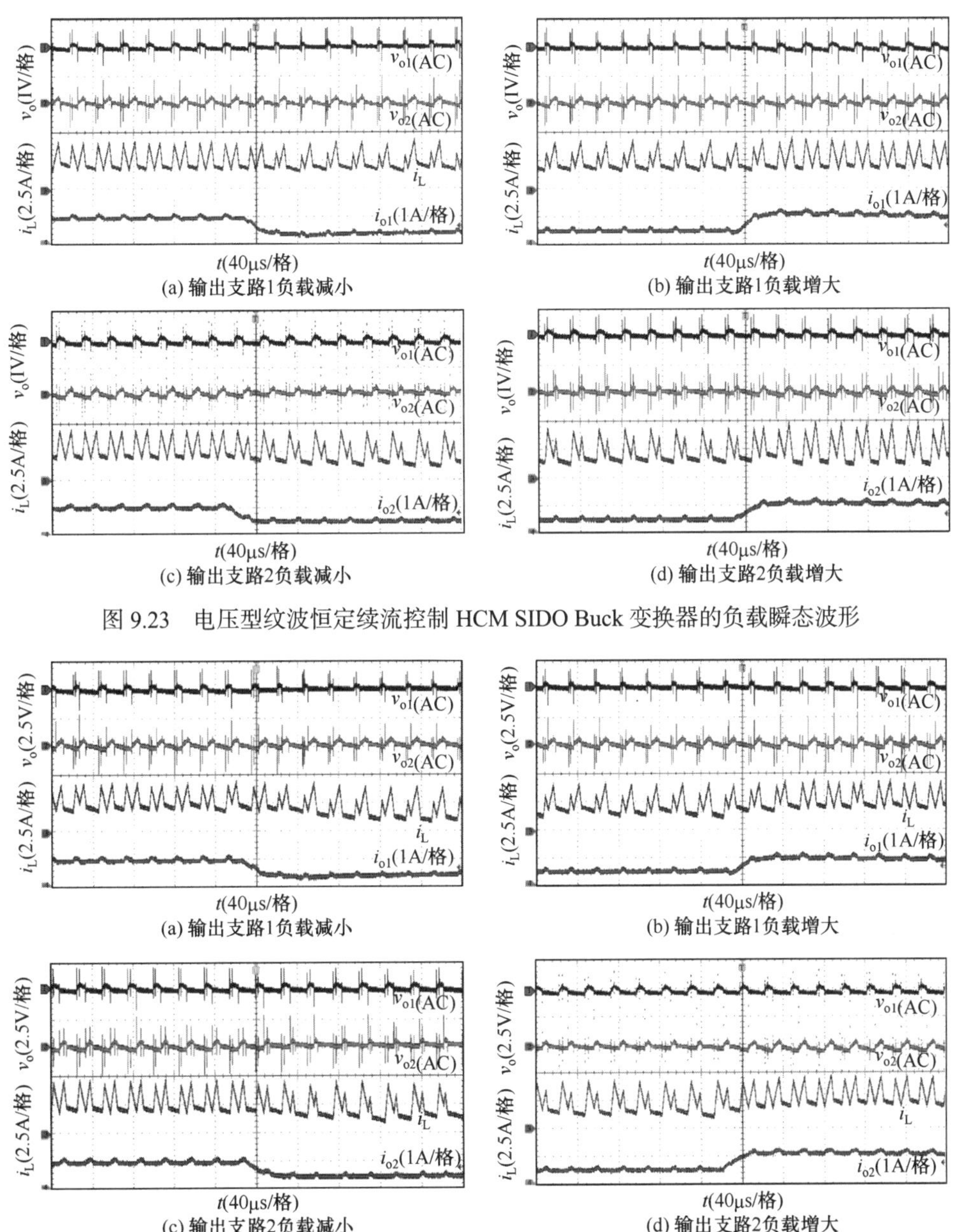

图 9.23　电压型纹波恒定续流控制 HCM SIDO Buck 变换器的负载瞬态波形

图 9.24　电压型动态参考电流控制 HCM SIDO Buck 变换器的负载瞬态波形

图 9.23(a)～(d)分别为电压型纹波恒定续流控制下输出支路 1 和输出支路 2 的输出电流在 1A→0.5A→1A 变化时，两条支路的输出电压及电感电流波形。由图 9.23 可知，电压型纹波恒定续流控制 HCM SIDO Buck 变换器的输出支路 1 在加载或减载后，均在 1 个

周期内可恢复稳态，且输出支路 2 的输出电压纹波仅有微小变化；同样，输出支路 2 在加载或减载后，也可在 1 个周期内恢复稳态，且输出支路 1 的输出电压纹波几乎没有变化。因此，电压型纹波恒定续流控制 HCM SIDO Buck 变换器具有很好的瞬态性能，且输出支路之间几乎没有交叉影响。

图 9.24(a)～(d)分别为电压型动态参考电流控制下输出支路 1、输出支路 2 的输出电流在 1A→0.5A→1A 变化时，两条支路的输出电压及电感电流波形。

由图 9.24 可知，电压型纹波动态参考电流控制 HCM SIDO Buck 变换器的输出支路 1 在加载或减载后，电感电流会有明显的上升或下降趋势，但电路仍可在 1 个周期内恢复稳态，且输出支路 2 的输出电压纹波仅有微小变化；同样，输出支路 2 在加载或减载后，电感电流也会有明显的上升或下降趋势，但在 1 个周期内即可恢复稳态，且输出支路 1 的输出电压纹波几乎没有变化。因此，电压型纹波动态参考电流控制 HCM SIDO Buck 变换器同样具有很好的瞬态性能，且输出支路之间没有交叉影响。

3. 效率分析

电压型纹波恒定续流控制与电压型纹波动态参考电流控制 HCM SIDO Buck 变换器的实验效率曲线如图 9.25 所示，图中横坐标为两条输出支路的负载电流值，纵坐标为效率。

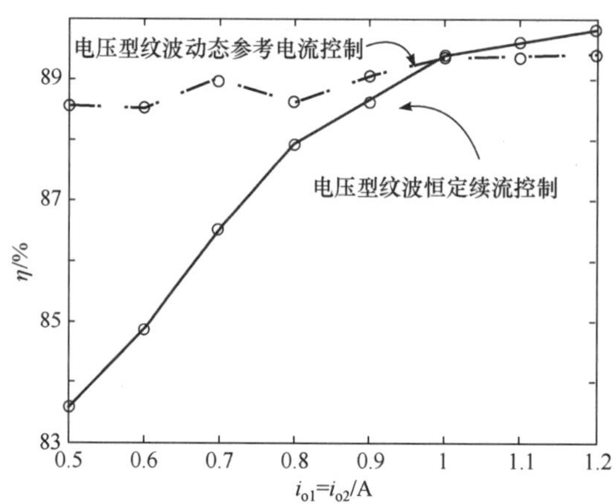

图 9.25 两种控制方式的效率比较结果

由图 9.25 可以看出：在电压型纹波恒定续流控制方式下，当两条支路的输出电流均为 0.5A，输出功率为 8.5W 时，效率降低至 83.58%；而电压型纹波动态参考电流控制方式效率均在 88%以上，当两条输出支路电流均为 1.2A 时，效率达到 89.45%。图 9.25 的实验结果对图 9.19(b)和(c)中电压型纹波恒定续流控制与电压型纹波动态参考电流控制在不同负载条件下的损耗分析结果进行了验证：恒定续流控制在轻载条件下，电路整体工作效率有所降低；动态参考电流控制在轻载和重载时均具有较高的工作效率。

4. 与现有文献的性能对比

在电路功率、开关频率、交叉影响及效率等方面，将本节与现有文献中的 SIDO 开关变换器进行比较，结果如表 9.4 所示。其中，交叉影响系数反映各输出支路之间的交叉影响。

表 9.4　与现有 SIDO 开关变换器文献的性能对比

性能	文献[2]	文献[6]	文献[7]	文献[8]	9.2 节(文献[5])
工作模式	PCCM	CCM	PCCM	HCM	HCM
输入电压	1.5V	3V	12V	4V	24V
输出功率	0.6W	0.3W	8.3W	0.88W	17W
开关频率	500kHz	1MHz	1MHz	1MHz	40kHz
交叉影响系数	—	0.24	0.066	0.58	约等于 0
负载瞬态	—	$7T$	$20T$	$100T$	$(1\sim2)T$
峰值效率	89.4%	73%	86.32%	87.32%	89.45%

由表 9.4 可知，本节提出的电压型纹波动态参考电流控制 HCM SIDO Buck 变换器的交叉影响系数约为零，负载瞬态仅需 1～2 个周期，且峰值效率最高。因此，本节提出的电压型纹波动态参考电流控制 HCM SIDO Buck 变换器具有很好的控制性能。

9.3　本 章 小 结

为了解决电压型纹波恒定续流控制 PCCM SIMO Buck 变换器轻载效率低的问题，本章提出了 HCM SIMO Buck 变换器的电压型纹波动态续流控制技术。以双输出为例，首先提出了基于恒定关断时间控制的电压型纹波动态续流时间控制 HCM SIDO Buck 变换器，在考虑变换器寄生参数的基础上，推导其效率表达式，分析了不同负载条件下恒定续流控制和动态续流时间控制的效率；建立了系统的采样数据模型，通过对采样数据模型平衡点处的 Jacobi 矩阵及其特征值进行分析，对变换器的稳定性进行分析，得到了参数变化时变换器的状态区域分布图。研究结果表明：当输出支路负载不相等时，或者负载相等且均为轻载时，电压型纹波动态续流时间控制技术提高了 HCM SIDO Buck 变换器在输出支路轻载时的效率。

其次，提出了 HCM SIDO Buck 变换器的电压型纹波动态参考电流控制技术。详细阐述了动态参考电流控制 HCM SIDO Buck 变换器的工作原理，比较了电压型纹波恒定续流控制 PCCM SIDO Buck 变换器、电压型纹波恒定续流控制以及电压型纹波动态参考电流控制 HCM SIDO Buck 变换器的电路损耗与效率，推导了占空比与负载关系的表达式，绘制了占空比随各输出支路的输出电流变化曲线及负载范围曲线。研究结果表明：电压型纹波动态参考电流控制 HCM SIDO Buck 变换器可以有效提升主功率电路的轻载效率，且重载时依然可以保持较高的效率；动态参考电流控制方法提高了电路的负载工作范围，HCM 在不平衡负载时可以灵活调整各输出支路的占空比，因此电压型纹波动态参考电流控制 HCM SIDO 开关变换器能够更好地适应不同条件的负载；电压型纹波动态参考电流控制技术在兼顾效率与负载范围的同时，有效抑制了各输出支路之间的交叉影响，交叉影响系数约为零。

参 考 文 献

[1] Zhou S, Zhou G, Liu X, et al. Dynamic freewheeling control for SIDO Buck converter with fast transient performance, minimized cross-regulation and high efficiency. IEEE Transactions on Industrial Electronics, 2023, 70(2): 1467-1477.

[2] Ma D, Ki W H, Tsui C Y. A pseudo-CCM/DCM SIMO switching converter with freewheel switching. IEEE Journal of Solid-State Circuits, 2003, 38(6): 1007-1014.

[3] 何莹莹. 伪连续导电模式单电感双输出反激变换器研究. 成都: 西南交通大学, 2011.

[4] Zhang Y, Bondade R, Ma D, et al. An integrated SIDO Boost converter with adaptive freewheel switching technique. IEEE Energy Conversion Congress and exposition, Atlanta, 2010: 3516-3522.

[5] 周国华, 谭宏麟, 周述晗, 等. 混合导电模式单电感双输出Buck变换器动态续流控制技术. 中国电机工程学报, 2022, 42(23): 8686-8698.

[6] Goh T Y, Ng W T. Single discharge control for single-inductor multiple-output DC-DC Buck converters. IEEE Transactions on Power Electronics, 2018, 33(3): 2307-2316.

[7] Lee T J, Wang C K, Wang C C. 15W SIDO Buck converter with low cross regulation using adaptive PCCM control. The 2nd International Conference on Smart Power & Internet Energy Systems, Bangkok, 2020: 442-445.

[8] Xu J, Weng Z Y, Jiang H J, et al. A high efficiency single-inductor dual-output Buck converter with adaptive freewheel current and hybrid mode control. IEEE International Symposium on Circuits and Systems, Montreal, 2016: 1614-1617.